Sabers per als laics

Beihefte zur Zeitschrift für romanische Philologie

—

Herausgegeben von
Éva Buchi, Claudia Polzin-Haumann, Elton Prifti
und Wolfgang Schweickard

Band 463

Sabers per als laics

Vernacularització, formació, transmissió
(Corona d'Aragó, 1250–1600)

Editat per
Isabel Müller i Frank Savelsberg

DE GRUYTER

Gedruckt mit freundlicher Unterstützung des Deutschen Katalanistenverbands e.V.

ISBN 978-3-11-043899-4
e-ISBN (PDF) 978-3-11-043062-2
e-ISBN (EPUB) 978-3-11-043073-8
ISSN 0084-5396

Library of Congress Control Number: 2021942780

Bibliographic information published by the Deutsche Nationalbibliothek
The Deutsche Nationalbibliothek lists this publication in the Deutsche Nationalbibliografie;
detailed bibliographic data are available on the Internet at http://dnb.dnb.de.

© 2021 Walter de Gruyter GmbH, Berlin/Boston
Typesetting: Integra Software Services Pvt. Ltd.
Printing and binding: CPI books GmbH, Leck

www.degruyter.com

Taula

Formació del llenguatge científic i interacció lingüística

Estratègies de divulgació del saber

Paradigmes del saber

Contextos i co-textos

Traductors i copistes

Abreviatures

aC	abans de Crist
ant.	antic
arag.	aragonès
art.	articulus
c.	circa
cast.	castellà
cat.	català
cap.	capítol
cf.	confer
cols.	columnes
doc. / docs.	document / documents
et al.	et alii
f. / ff.	foli / folis
fr.	francès
gèn.	gènere
gr.	grec
i.e.	id est
inc.	incipit
ital.	italià
llat.	llatí
loc. cit.	locus citatus
m.	mort
mediev.	medieval
mod.	modern
ms.	manuscrit
n.	nota
núm. / núms.	número / números
occ.	occità
p. / pp.	pàgina / pàgines
plur.	plural
p. ex.	per exemple
r	recto
s. / ss.	segle / segles
s.v.	sub voce
trad.	traducció
v	verso
v. / vv.	vers / versos
vern.	vernacular / vernacle
vol.	volum

https://doi.org/10.1515/9783110430622-203

Isabel Müller/Frank Savelsberg

Sabers per als laics

Vernacularització, formació, transmissió (Corona d'Aragó, 1250–1600)

A la baixa edat mitjana la cultura del saber experimenta en tot l'Occident una profunda transformació que es pot descriure amb els termes *vernacularització* i *popularització* (Crossgrove 2000). Durant segles el saber erudit només era accessible a qui dominava el llatí: una elit lletrada composta majoritàriament pel clergat. A finals del segle XIII aquest monopoli comença a trencar-se: a les ciutats —que com a centres d'activitat econòmica havien adquirit un pes notable i havien impulsat unes transformacions socials importants— es comença a formar una classe laica alfabetitzada que tant per raons professionals (com és el cas dels notaris, dels juristes, dels cirurgians, dels mercaders, entre altres) com per raons de prestigi social i cultural (la noblesa i l'alta burgesia) aspiren al saber (cf. Kintzinger 2003, 118–142). A mesura que l'alfabetització progressa i que les equacions fins llavors vigents, *clericus=litteratus, laicus=illitteratus* perden la seva vigència (cf. Grundmann 1985), la divulgació del saber en llengua vernacla cobra protagonisme, fet que es reflecteix també en la producció manuscrita de l'època. La recuperació i l'estudi d'aquest saber laic —ignorat o menyspreat durant molt de temps— segueix sent, des de fa unes dècades, un objectiu central de la recerca.[1]

En el present volum un ampli ventall d'articles es dedica a l'anàlisi dels processos de **vernacularització, formació i transmissió del saber a la Corona d'Aragó** que, per ésser un espai politicogeogràfic, en el qual s'encreuen diferents cultures i llengües, és de particular interès, tant per a historiadors com per a filòlegs, tant per a lingüistes com per a estudiosos de la història literària. La Corona d'Aragó sorgeix

---

1 No pretenem donar una bibliografia exhaustiva del tema, sinó que ens limitem a assenyalar alguns treballs col·lectius que s'han ocupat del mateix espai geogràfic que enfoquem en el present volum: Alberni/Badia/Cabré (2010), Alberni et al. (2012), Badia et al. (2016) i, més recentment, Bellmunt Serrano/Mahiques Climent (2020).

Nota: Volem expressar el nostre agraïment a Maria Moreno Domènech pel seu treball acurat en la realització de la correcció lingüística i estilística dels articles reunits en aquest volum.

Dr.ª Isabel Müller, Ruhr-Universität Bochum, Romanisches Seminar, Universitätsstraße 150, D-44780 Bochum, isabel.mueller@rub.de

Dr. Frank Savelsberg, Georg-August-Universität Göttingen, Seminar für Romanische Philologie, Humboldtallee 19, D-37073 Göttingen, frank.savelsberg@phil.uni-goettingen.de

https://doi.org/10.1515/9783110430622-001

de la unió dinàstica entre el Regne d'Aragó i el comtat de Barcelona (1137). En el decurs de l'expansió territorial dels segles següents s'hi incorporen altres regnes i territoris (Mallorca, 1229; València, 1238; Sicília, 1282; Sardenya, 1323; ducat de Neopàtria, 1377; ducat d'Atenes, 1380; Nàpols, 1442), que la converteixen en una de les gran potències del Mediterrani. Al territori de la Corona d'Aragó eren presents el català, l'aragonès, l'occità (i la seva variant literària: una espècie de koiné en la qual es componia bona part de la literatura catalana a l'edat mitjana), el sicilià, el napolità, el toscà i altres dialectes italians i també el sard. A més, s'emprava el llatí (llengua de l'Església i de la universitat), l'hebreu (utilitzat per les comunitats jueves situades a les ciutats), les llengües de les monarquies veïnes —especialment el castellà i el francès— i l'àrab com a llengua de contacte i d'empreses diplomàtiques tant al sud com a l'est de la conca del Mediterrani. Aquest plurilingüisme que caracteritzava la vida i la política d'aquest període també es reflecteix en els textos que s'estudien a les diferents contribucions del volum aquí presentat.

A la Corona d'Aragó podem constatar a partir de 1250 una quantitat creixent de textos en llengua vernacla —en bona part, traduccions d'altres llengües, sobretot del llatí (cf. Badia 1993 i Pujol 2004)[2]— que transmeten sabers. El terme *saber* el fem servir aquí en un sentit ampli que comprèn tant les *scientiae* ensenyades a la universitat (les *artes liberales*, la teologia, el dret, la medicina) com els coneixements i habilitats que transmeten les *artes mechanicae* (artesania, agronomia, nàutica, comerç, milícia, caça), tant la instrucció doctrinal i religiosa com les pràctiques culturals (bones maneres, cortesia, diplomàcia, cànon cultural). El terme *coneixement*, en forma de plural, designa el conjunt dels continguts d'una disciplina; en forma de singular, l'acte intel·lectual mitjançant el qual s'adquireix coneixença (durant el període estudiat, el coneixement fundat en la raó i l'experiència s'emancipa progressivament del saber obtingut a través de la revelació divina, la qual cosa portarà, més tard, a la separació completa entre coneixement científic i veritat teològica).

Es produeixen una diferenciació i especificació a les diferents àrees del saber que també es reflecteixen en l'ús de la llengua: el llatí queda reservat a àmbits específics com la universitat mentre que el romanç vulgar cobra protagonisme. Així doncs, a les facultats de medicina el saber teòric sobre la fisiologia i la psique de l'home es continua discutint en llatí, mentre que les **llengües vernacles** es fan servir per transmetre el saber pràctic que necessitaven, per exemple, els cirurgians, barbers i apotecaris per a poder exercir llurs professions. En el context de l'erudició jueva, dins el qual el llatí mai no havia tingut un paper preeminent, podem observar un fenomen equivalent: l'àrab —llengua que transmet el saber

---

2 La pàgina web https://translat.narpan.net/ cataloga traduccions al català fins a 1500, pertanyents als camps de l'espiritualitat, la doctrina, la filosofia, la història i la literatura.

grec de les ciències a l'Occident ampliant-lo i enriquint-lo mitjançant innova-
cions dels grans centres intel·lectuals com Bagdad, el Caire i Al-Àndalus— perd
successivament importància com a llengua científica per a la comunitat jueva
amb vincles cada vegada menys estrets amb els territoris islàmics, reduïts al
sud de la península Ibèrica. A partir d'aleshores, la cultura del saber comença a
expressar-se a través de nous llenguatges d'especialitat (*Fachsprachen*) hebreus,
que es basen en part en models bíblics i rabínics. A part d'això, els autors jueus,
arrelats en terres catalanes, occitanes i italianes, empren veus del romanç parlat
per ells mateixos i llur entorn cristià, cosa que explica la multitud de termes
tècnics de les llengües romàniques incorporats en textos de grafia hebrea.

El procés de **formació** del saber en llengua vernacla —terme que utilitzem tant
en referència al contingut (quins coneixements són transmesos?) com a la forma (de
quina manera i amb quins recursos, tant lingüístics com formals, es divulga aquest
saber?)— es duu a terme en diàleg amb la tradició grecollatina i, sobretot al camp
mèdic, també amb la tradició àrab. Aquestes tradicions, que es nodreixen bàsicament
del saber de l'antiguitat, havien fornit durant segles els models formals i discursius
més rellevants així com els textos d'autoritat que encara serveixen com a referència.
A part d'això comencen a establir-se també nous models que sorgeixen a l'òrbita de la
Corona d'Aragó (especialment, Itàlia i el migdia de França). Cada disciplina desenvo-
lupa el seu propi mètode i sistema, els seus propis gèneres (*Fachschrifttum*) i estratè-
gies de divulgació, els seus conceptes i repertoris lingüístics d'expressió.

Gràcies a la labor de nombrosos investigadors, particularment intensa des
de fa unes tres dècades, han sortit a la llum molts dels textos rellevants per a
la nostra matèria (en alguns casos també editats), disposem avui d'una bona
base per poder estudiar de manera sistemàtica la cultura del saber a la Corona
d'Aragó.[3] Tanmateix, no s'ha d'oblidar que els textos que tenim a l'abast *materi-
aliter* només representen una petita part de la **transmissió** del saber al període
que ens interessa —o, com va fer remarcar Lola Badia, al·ludint a la coneguda
citació de Petrarca, només són «les restes d'un naufragi» (Badia 1991, 35)— i que
hem de fer un treball de reconstrucció acudint a testimonis suplementaris per
obtenir un panorama més complet. Un dels primers a reconèixer la importància
de la vasta documentació d'arxiu de la Corona d'Aragó —inventaris de bibliote-
ques que trobem als testaments, llistes per subhastes de béns o encants, antics
repertoris de biblioteques, testimonis dels autors o traductors d'aquestes obres—

---

3 Pel que fa a l'àrea del saber mèdic, dels *scientiae naturales* i dels *artes mechanicae,* destaca la
labor del grup de recerca «ciència.cat», dirigit per Lluís Cifuentes i Antònia Carré; quant al saber
poetològic, cal esmentar els treballs i edicions del projecte «Mimesi» (Universitat de Barcelona),
sota la direcció de Josep Solervicens – estem agraïts que tots tres hagin acceptat col·laborar en
aquest volum.

va ser Rubió i Lluch (1908–1921). Altres, com Jordi Rubió i Balaguer, Josep Maria Madurell i Marimon i Martí de Barcelona, van seguir els seus passos. Per que fa a l'illa de Mallorca Jocelyn N. Hillgarth (1991) ha presentat un exhaustiu estudi dels documents amb referències a llibres i biblioteques del mitjan segle XIII a mitjan segle XVI, permetent així de traçar l'evolució de tendències culturals, gustos literaris i hàbits de lectura en un període de gairebé quatre segles.[4]

A més a més, s'ha de tenir en compte que —encara que parlem d'un moment històric en què nobles, burgesos i professionals urbans ja tenen accés a l'escriptura— gran part de la divulgació del saber encara es fa per via oral. I això no es limita a l'àmbit escolar: sermons i lliçons públiques[5] permetien d'arribar, fins i tot, a aquells que no sabien llegir. Si parlem de transmissió del saber s'han de tenir en compte, doncs, les diferents vies a través de les quals es discutien i difonien els coneixements a l'edat mitjana i al Renaixement.

Per poder enfocar millor els aspectes fins aquí esbossats, hem convidat investigadors de diferents disciplines a contribuir a aquest volum, que hem dividit en cinc apartats temàtics:

El primer apartat, **«Formació del llenguatge científic i interacció lingüística»**, es dedica a la fase formativa de la *Fachsprache* en llengua vernacla, centrant-se en la terminologia medicobotànica i les llengües en contacte. Com ja s'havia esmentat, a partir del segle XIII no sols les llengües vernacles van guanyar terreny en el camp de la literatura i formaven repertoris lingüístics per als diferents gèneres, sinó que també van començar a ésser vehiculars en l'àmbit de les ciències per a l'expressió de conceptes i d'idees al costat de la produc-

---

4 Analitzant aquest tipus de documentació, evidentment cal tenir present la regla –vigent encara avui en dia– que la possessió d'un llibre no implica necessàriament la seva lectura. Tanmateix, aquestes dades ens permeten d'identificar certes tendències: per exemple, segurament no és cap casualitat si en uns temps marcats per pandèmies devastadores i incertituds espirituals bona part dels llibres documentats tractin de la salut de l'ànima i del cos. Quan figuren dones com a propietàries de llibres científics i tècnics en els documents notarials, s'ha d'assumir que en són meres hereves. A l'edat mitjana i al Renaixement només un cercle privilegiat de dones tenia accés a la lectura, les lectures limitant-se sovint a obres d'edificació religiosa o literatura d'entreteniment (que normalment no figurava als inventaris de les biblioteques privades; cf. Cantavella 1988).

5 Per a citar-ne només dos exemples de la ciutat de València: entre 1345 i 1442 els dominicans, amb el vistiplau del bisbe, organitzaven lliçons de teologia, a les quals també podien acudir els laics (ho diuen així els estatuts: «Quod de cetero sit in Valentia Sede perpetue unus lector in Theologia religionis approbatae, qui legat sacram in ipsa Sede Theologiam annis singulis, canonicis, rectoribus et aliis clericis ac laicis, qui dictam scientiam audire voluerint et instrui in eam.» Citació a: Sanchis Sivera 1936, 34–35), i l'any 1424, el magistrat de la ciutat pagà 100 florins d'or perquè un mestre i poeta amb el nom de Guillem venecià fes lectures públiques d'obres llatines, com ja n'havia fet anteriorment de l'*Eneida*, de Virgili, i del *De consolatione philosophiae*, de Boethius (cf. Villanueva 1804, 112–113).

ció textual en llatí. Ramon Llull n'és l'exemple més preeminent, però també la participació anònima d'un nombre elevat de traductors, compiladors i copistes és decisiva possiblement en un grau encara més important tenint en compte el continu procés formatiu d'una *Fachsprache* apta per expressar les innovacions científiques introduïdes a partir de la medicina i la cirurgia àrabs i per establir equivalències vàlides entre plantes, minerals i altres matèries simples i compostes que els metges i apotecaris empraven per a la producció de fàrmacs.

A l'estudi dels repertoris lingüístics de les ciències dins els límits de la Corona d'Aragó i els territoris veïns del migdia de França les tres contribucions d'aquest apartat focalitzen diferents aspectes menys reconeguts fins ara: el tema del primer article són els glossaris i «llistats de sinònims» medicobotànics redactats per metges, compiladors i traductors jueus als segles XIII, XIV i XV. **Gerrit Bos** i **Guido Mensching** hi presenten, per primera vegada, una visió conjunta d'aquest gènere de dipòsit del saber mèdic i un protodiccionari de matèria mèdica que conté elements lèxics en català representats amb lletres de l'alfabet hebreu. Després del panorama històric de la medicina jueva i l'activitat traductora dels jueus a la Corona d'Aragó els dos autors esmenten els glossaris i llistats coneguts fins ara que contenen lexemes catalans. La part principal de l'article s'ocupa del glossari àrab-català contingut en el manuscrit Parma, Biblioteca Palatina 2279, del qual s'editen les primeres vint entrades amb comentaris de les veus catalanes i àrabs que s'hi troben.

Meritxell Blasco Orellana es dedica també al multilingüisme dels textos medicofarmacològics hebreus medievals dels territoris de llengua catalana. Focalitza la interacció entre les diferents llengües en qüestió (sobretot, l'hebreu, l'àrab, el llatí i el romanç) i estudia paraules i expressions breus en llengua vernacla contingudes en doblets i triplets de termes mèdics en els llibres de medicina (*sifre refu'ot*) i en els llistats de sinònims multilingües de terminologia mèdica. Com que la documentació d'aquests mots catalans en grafia hebrea a vegades precedeix l'ocurrència dels termes en textos redactats emprant l'alfabet llatí, els llibres de medicina i llistats de sinònims hebreus constitueixen una font molt valuosa: ajuden a entendre la fase formativa de la terminologia catalana tant des del punt de vista històric com lingüístic i n'aclareixen l'etimologia, la fonètica i la semàntica.

Al tercer article d'aquest apartat **Maria Sofia Corradini** se centra també en el procés formatiu de la *Fachsprache* medicobotànica en romanç, però canvia de perspectiva respecte a la valoració del català. En aquesta contribució, el català no es percep com a «soci menor», o siguí, receptor de la interacció lingüística que s'aprofita dels sistemes terminològics ja plenament desenvolupats d'altres llengües, com el de l'àrab; al contrari, es tematitza la influència del català com a «varietat bessona» i, en part, «soci major» en la formació d'un llenguatge especialitzat de la medicina en llengua d'oc. A través d'un ampli corpus de textos mèdics occitans de diferents etapes de l'edat mitjana l'autora analitza l'impacte que va tenir la llengua catalana en la terminologia vernacla dels centres mèdics del migdia de França. En aquest estudi reben especial atenció, d'una banda, el dialecte montpellerenc i, de l'altra, les varietats als territoris de transició entre el Pirineu i Tolosa de Llenguadoc. Pel que fa als textos llenguadocians, Corradini posa en relleu tant la producció popular com la transmissió erudita, especialment a les corts dels comtes de Foix.

Els treballs reunits sota el lema **«Estratègies de divulgació del saber»** giren entorn de dues figures molt emblemàtiques que, cadascuna a la seva manera, han jugat un paper eminent pel que fa a la divulgació del saber en llengua vernacla: Ramon Llull (1232–1316) i Arnau de Vilanova (c. 1240–1311). Tots dos són coneguts pel seu afany de difondre àmpliament les seves obres —Llull en va desenvolupar realment un sistema perfeccionat de producció i distribució— i fer-les arribar a uns públics ben diversos, un objectiu que, al mateix temps, corresponia a la set de coneixement per part dels laics (cf. Soler 1998). Per tal d'acomplir la seva vocació missionera i d'estendre el seu missatge pertot arreu Llull no dubtava d'aprofitar els diferents gèneres, formes i motius que li proporcionava la tradició. En trobem un exemple al *Dictat de Ramon* (1299), en què se centra l'article d'**Anna Fernàndez-Clot** i **Francesc Tous Prieto**. En aquest poema, escrit en català i dedicat a Jaume II d'Aragó —de qui esperava una llicència per disputar amb jueus i sarraïns en els territoris del regne— Llull proposa de demostrar els principals articles de la fe cristiana mitjançant «arguments necessaris»: proves racionals irrefutables. Presenta els seus arguments en màximes en dístics octosíl·labs, aprofitant així l'eficàcia formal del vers i l'expressió aforística. Aquesta modalitat discursiva no només en facilitava la memorització i invitava a una recitació en veu alta, sinó que, al mateix temps, també corresponia als gustos literaris del monarca i dels seus cortesans, que hi reconeixien recursos literaris i esquemes estròfics molt populars en la poesia narrativa i didàctica de l'època. Però la brevetat i necessitat de condensació dels dístics també en dificultaven la comprensió, raó per la qual, poc després, redacta un autocomentari de l'obra, el *Coment del Dictat*, en què exposa d'una manera analítica el sentit dels arguments expressats sintèticament en el poema. Hi empra un llenguatge clar, que evita els tecnicismes, engrandint d'aquesta manera el cercle de destinataris de l'obra i la fa apta per ser utilitzada per a la instrucció dels laics. L'any següent redacta en llatí una versió lliure d'aquest comentari, el *Tractatus compendiosus de articulis fidei catholicae*, que s'adreça a un públic docte, potser universitari i clerical, segurament ja familiaritzat amb l'Art lul·liana i/o amb la filosofia i la teologia de l'època. En analitzar aquestes tres obres, Fernàndez-Clot i Tous Prieto demostren que Llull va dissenyar una estratègia comunicativa complexa que es pot dividir en tres fases, cadascuna de les quals comporta, segons els objectius i els destinataris de cada text, la selecció d'uns determinats codis lingüístics, gèneres textuals i recursos retòrics.

La contribució de **Maribel Ripoll Perelló** també té com a punt de partida la capacitat extraordinària de Llull d'adaptar lingüísticament i estilísticament el seu discurs al públic al qual es dirigeix. L'autora examina una qüestió que encara no ha rebut l'atenció que mereixeria: el paper de la dona com a destinatària de l'obra lul·liana. De primer, se centra en la figura de Natana, que apareix en el segon llibre del *Romanç d'Evast e Blaquerna* (entre 1276 i 1283), intitulat *Llibre de l'ordre de les dones*. La que havia de ser l'esposa del protagonista Blaquerna, però que decideix entrar al monestir, no només fa prova de la seva capacitat de comprendre l'Art lul·liana, sinó que també és capaç de fer-la comprensible a la resta d'iguals, les altres monges, i, una vegada elegida abadessa, posar-la en pràctica en la reforma de la comunitat monàstica. La manca de formació escolàstica, doncs, no resulta ser un desavantatge, al contrari, la fa més permeable a noves propostes intel·lectuals, com ara la de l'Art (convertint Natana així en una mena d'alter ego de Ramon Llull qui, ell mateix, tampoc no havia cursat estudis universitaris). El desig de fer comprensible el text al receptor femení també es reflecteix en el text mateix. A diferència dels altres llibres del *Romanç*, en el segon llibre Llull prescindeix de llatinismes, explica termes poc comuns i prefereix tractar experiències i situacions reals i viscudes en comptes de recórrer a exemples. La segona obra estudiada per Ripoll, *El Llibre de Santa Maria* (entre 1290 i 1292), és un tractat didàctic de contingut mariològic que s'adreçava tant a homes com a dones (com ho precisa el pròleg). Llull hi basteix una estructura exemplifical, en la qual qualsevol dona del moment es pogués sentir reflectida i en pogués adquirir un coneixement moral pràctic i efectiu. Com a darrer exemple que Llull escrivia pensant expressament en un públic femení, Ripoll cita les dedicatòries de l'*Arbre de filosofia d'amor* (1298) i del *Llibre d'oracions* (1299) a la reina de França Joana de Navarra i a Blanca d'Anjou, respectivament, unes dedicatòries que fan que, en aquest cas, dones «reals» i no pas fictícies siguin les transmissores del seu missatge.

L'aportació d'**Alexander Fidora**, a primera vista, té poc en comú amb els dos treballs precedents. Tracta de la primera obra espiritual d'Arnau de Vilanova escrita en català, la *Confessió de Barcelona* —llegida davant del rei Jaume II l'11 de juliol de 1305—, més concretament, de l'anomenada *Revelació d'Hildegarda de Bingen*, una obra antimendicant molt popular, que s'hi troba inserida. Fidora no s'atura en el contingut d'aquesta profecia, sinó que estudia la seva particular forma: el text es presenta primer transcrit en llatí (al manuscrit, unes tres pàgines) i després se'n dona una versió catalana. La comparació atenta de les dues versions el porta a la conclusió que les divergències entre totes dues no poden ser explicades com a simples errors de transmissió ni pel fet que es tracta d'una traducció lliure, com han sostingut fins ara els estudiosos de l'obra, sinó que tot apunta que la traducció catalana de la profecia no fou preparada a partir del text llatí inclòs a l'obra arnaldiana, sinó d'un altre text llatí de la profecia pertanyent a una família diferent de manuscrits (Fidora identifica un possible grup de manuscrits). Evidentment, aquest constatació planteja la qüestió del sentit del format bilingüe. La resposta avançada per l'autor —basant-se en les paraules del mateix Arnau— és que el text llatí només hi va ser incorporat perquè encara mancava en la seva producció llatina. O, dit d'altra manera: el que motiva Arnau és el seu afany d'assegurar la divulgació de la seva obra, entesa com a *Gesamtwerk* que uneix la seva producció en llatí i la seva producció en vernacle. A l'apèndix al final del article, Fidora recull algunes esmenes a l'edició del text de Batllori.

La formació del saber en llengua catalana no es fa del no-res, sinó que reposa sobre diferents tradicions textuals i discursives. Els articles reunits en el tercer apartat del nostre volum tenen l'objectiu d'identificar aquestes filiacions epistemològiques, estudiant la relació entre textos i els **«Paradigmes del saber»** a què fan referència. La proliferació i la diferenciació de les ciències també impliquen una pluralització de les formes d'accés al coneixement. En lloc d'un saber monolític, hi trobem diferents paradigmes del saber que pretenen imposar-se com a autoritat i que a vegades s'oposen o entren en conflicte els uns amb els altres. Precisament, els dos textos estudiats en la contribució d'**Isabel Müller** posen en escena la rivalitat de dues vies d'accedir al saber: per la ciència humana i per la ciència divina. Enmig d'un clima marcat per la diversificació del coneixement i per una emancipació intel·lectual dels laics, el cèlebre predicador dominicà Vicent Ferrer tracta de reinstaurar l'Església com a única autoritat en matèria del saber i restablir la jerarquia original de les *scientiae*. El seu *Sermo unius confessoris et septem arcium spiritualium*, del qual s'analitza la versió catalana, pren com punt de partida les arts liberals, encarnació prototípica del saber mundà, i en fa una lectura al·legòrica amb l'objectiu de contrastar el va saber humà amb el saber diví —l'únic que promet salvació— i demostrar la incontestable superioritat del darrer. A primera vista, el poema CXIII d'Ausiàs March, compost en forma de sermó literari, comparteix aquest mateix missatge, però al mateix temps que reprova el saber mundà, hi fa constantment referència, creant així una tensió entre allò que el text reclama a la seva superfície i el que posa en pràctica. El que podria semblar una paradoxa és, de fet, característic de l'intent contemporani de reconciliar els «nous» sabers sobre l'home i el cosmos amb la visió cristiana del món.

Com ho mostren els tres articles següents del apartat, no sempre s'han de cercar els paradigmes del saber en l'antiguitat grecollatina o en autoritats medievals. Els estrets vincles entre la Corona d'Aragó i Itàlia —l'any 1442 Alfons el Magnànim va traslladar la seva cort a Nàpols— van afavorir l'intercanvi amb la puixant cultura italiana. A través de la cort napolitana, que va esdevenir un dels centres d'activitat intel·lectual més importants de l'època, les idees humanistes i els autors italians de referència també es divulguen en terres catalanes. L'autor estudiat per **Lluís B. Polanco Roig**, el valencià Joan Esteve, precisament es movia en aquests cercles des que, l'any 1448, havia estat nomenat notari reial del Magnànim. El seu *Liber elegantiarum*, imprès una sola vegada (1489) a Venècia, és un diccionari bilingüe de paraules i frases (català-llatí). La crítica tradicional, que l'ha concebut com una obra merament lexicogràfica, li ha estat poc favorable, atès que l'ha considerat desequilibrada, desordenada i mancada de fil orientador. En contrast amb aquesta posició, Polanco Roig mostra, basant-se en els dos paratextos que acompanyen el cos central del llibre, la carta proemial i les *regulae* retòriques finals, que Esteve persegueix un programa estrictament humanístic: la consideració de l'eloqüència i la retòrica com a font d'admiració i honor per al ciutadà, l'interès per l'art epistolar, la valoració extremadament crítica de l'ús de la llengua llatina per part dels seus conciutadans i la preocupació pel seu millorament, l'atenció a la pedagogia i la selecció com a models d'un elenc canònic d'autors clàssics, que afirma haver «rellegit». En un segon pas, Polanco analitza les diferents tradicions lingüístiques que conflueixen en el *Liber elegantiarum* i les diferents tècniques que empra Esteve per organitzar la seva obra a nivell macroestructural i microestructural. Posa en relleu que l'obra combina materials de procedència molt variada (i, en absolut, exclusivament lexicogràfica), cosa que produeix una juxtaposició de models tipològics també molt diversos. Aquesta ambició sincrètica i innovadora d'Esteve explica la complexitat i originalitat de l'obra, però representa alhora la seva gran feblesa, perquè no s'adapta a les necessitats més concretes dels usuaris.

Al Renaixement, la recuperació dels textos teòrics clàssics, particularment de la *Poètica* d'Aristòtil, forja un nou discurs sobre la poesia. Encara que aquestes noves reflexions es vinculen, en primera instància, a models grecollatins i s'articulen en llatí, el català apareix progressivament en el nou discurs teòric com a llengua vehicular o com a objecte d'anàlisi quan es desplaça l'interès dels autors grecollatins als escriptors de la literatura catalana. En el seu article **Josep Solervicens** pren com a base la fixació textual, la difusió, la traducció, la valoració i la imitació de l'obra d'Ausiàs March durant el Renaixement —a partir de les edicions de Barcelona (1543, 1545 i 1560) i de Valladolid (1555) i del manuscrit impulsat per Carròs de Vilaregut l'any 1546— i analitza les estratègies i els diversos procediments interpretatius que s'hi apliquen per tal de convertir el poeta valencià en un clàssic en vulgar. En destaca tres: l'organització dels poemes a l'estil d'un *canzoniere* petrarquista, l'afegiment de taules de «vocables scurs» —que no obeeixen tant a la necessitat d'aclarir el lèxic, com a la de dotar l'obra de capital simbòlic— i la interpretació de March com a poeta filòsof, estilista i au fènix que es fa als paratextos de les edicions del segle XVI. No en va Solervicens ressalta els paral·lelismes amb les edicions italianes cinccentistes de Petrarca i d'Ariosto: d'Itàlia procedeixen els paràmetres teòrics a través dels quals s'aconsegueix, amb unes composicions encara medievals, construir la imatge d'un poeta renaixentista. Reposant sobre un model literari que ja gaudeix d'autoritat, Ausiàs March pot així esdevenir, ell també, un model literari i un clàssic de la literatura catalana.

L'article de **Cesc Esteve** destaca encara un altre exemple en què Itàlia figura com a mediadora per a un paradigma que, en aquest cas, es remunta a l'antiguitat grega: el del discurs dels orígens divins de la poesia. Aquest relat dels orígens, que ha tingut un fort impacte en la teoria literària de la primera edat moderna, es va difondre sobretot a través de les obres de dos autors italians del segle XV, Landino i Polidoro Virgilio. Per explicar el significat i les dimensions del discurs, Esteve se centra, en un primer pas, en aquestes dues fonts, que, entre totes dues, reuneixen gairebé tots els elements que configuren aquesta narrativa (mites, tesis, arguments, autoritats). En un segon pas, estudia la recepció d'aquesta narrativa per part de la teoria literària de l'àmbit català on, com arreu d'Europa, no només se'n repeteixen els llocs comuns, sinó que també s'adopta de manera dinàmica i crítica. En l'àmbit català, el discurs dels orígens apareix en diversos contextos i amb diferents finalitats: lloances de la poesia (Joan Àngel González i Gaspar Aguilar), un tractat enciclopèdic i historiogràfic (Joan Lluís Vives) i una art poètica (autor desconegut, antigament atribuïda a Francesc d'Olesa). L'anàlisi d'aquest corpus permet a Esteve constatar que el discurs «català» revela un biaix per centrar l'interès en una concepció més humanitzada dels orígens de la poesia, que considera una art inventada i desenvolupada pels homes.

L'estudi de la materialitat dels manuscrits (materials i instruments d'escriptura, tècniques d'enquadernació i de confecció de llibres, formats, *marginalia* i glosses, il·luminacions i il·lustracions, escriptures i *scriptae*) ens permet de treure conclusions sobre els possessors dels textos en qüestió i les funcions que complien (ús professional, ús privat, funció primordialment representativa; cf. Cifuentes i Comamala 2006, 38–49). Però l'anàlisi codicològica i paleogràfica d'un manuscrit, sobretot quan es tracta de còdexs miscel·lanis (que són a l'edat mitjana més aviat la regla que no pas l'excepció), només ens revela una part de la seva història. Per comprendre millor en quins contextos s'originaven i circulaven els textos, és indispensable estudiar també els contextos textuals en els quals han estat transmesos. Per això, el quart apartat del nostre volum porta el títol **«Contextos i cotextos»**. La necessitat d'enfocar el conjunt d'un còdex, i no només alguna de les obres que s'hi inclouen, s'imposa particularment en relació amb aquells manuscrits miscel·lanis que són «miscel·lànies organitzades», o sigui, volums en els quals es recopilen escrits amb una finalitat determinada. Aquest és el cas del corpus de textos que analitza **Lluís Cifuentes i Comamala** en el seu article. El treball es divideix en dues parts. La primera part té la funció d'introducció: l'autor hi esbossa les circumstàncies històriques i socioculturals que afavoreixen l'aparició de miscel·lànies mèdiques en llengua catalana —la revolució en les formes de transmissió i d'accés al saber— i diferencia entre els diversos tipus d'usuari: els professionals que exerceixen la medicina pràctica o altres oficis que hi estan relacionats vs. persones sense vincle amb l'exercici de la medicina que consulten aquest tipus de text per trobar-hi autoajuda mèdica. La segona part consisteix en una proposta de classificació d'un corpus de vint-i-quatre còdexs miscel·lanis amb obres de temàtica mèdica escrites en català o traduïdes al català que van ser elaborats entre la darreria del segle XIII i l'inici del segle XVI, tant al Principat com als regnes de València i Mallorca, i també als territoris italians, particularment als regnes de Sicília i de Nàpols. Cifuentes i Comamala distingeix entre miscel·lànies professionals i miscel·lànies domèstiques (el primer grup és especificat segons el lloc en el qual els possessors practicaven: en les grans ciutats, en localitats menors o en l'àmbit rural, a bord de vaixells de guerra i comercials, a Itàlia o a Castella; el segon grup, segons la classe social dels usuaris: membres de la casa reial o de cases nobles, clergues o ciutadans). La gran quantitat d'informació sobre l'origen, la difusió i l'ús real de les obres que proporciona aquest tipus d'enfocament serveix com a prova de la importància de considerar les miscel·lànies com un tot orgànic, i no la suma d'elements aleatoris.

En la seva aportació, que se centra en els contextos de transmissió del *Facetus* «Moribus et vita» (segle XII) —un text erotodidàctic que fou emprat comunament a l'aula i del qual trobem mostres pertot arreu a l'Europa llatina—, **Rosanna Cantavella** segueix el mateix enfocament. De primer, descriu quin lloc ocupava l'obra en el currículum escolar, per analitzar després en quins conjunts textuals, o sigui, amb quins cotextos fou transmesa. De les quatre miscel·lànies que componen el corpus seleccionat, les dues que contenen el text en llatí el transmeten juntament amb altres textos escolars de primer ensenyament, en la seva gran majoria també en llatí. La versió francesa també és acompanyada de les típiques obres escolars, però tots els textos d'aquest manuscrit miscel·lani són en llengua vulgar, la qual cosa fa suposar que s'adreçava a lectors sense mestria en llatí, o sigui, que no fou utilitzat en un àmbit estrictament escolar. És també el cas de la miscel·lània en la qual trobem la versió catalana del *Facetus* que, a més a més, té la particularitat de compondre's majoritàriament d'obres d'entreteniment (a les quals, tanmateix, es pot atribuir un cert valor educatiu). L'anàlisi del conjunt textual permet, doncs, determinar en quins contextos, per quins lectors i amb quina finalitat l'obra fou llegida: en la seva versió llatina era utilitzada a l'aula; les versions vernacles, per a un públic d'àmbit laic i urbà de cultura mitjana desitjós d'accedir a l'educació escolar al marge de l'escola reglada.

El paper de **«Traductors i copistes»** —que donen títol al nostre cinquè i últim apartat—, mereix una atenció particular a l'hora d'estudiar els processos de transmissió del saber en vulgar. Les feines que durant segles s'havien produït en l'anonimat dins els *scriptoria* monacals i les cancelleries ara comencen a sortir-ne i els transmissors intervenen en el procés de còpia, traducció i compilació com a individus amb consciència crítica. Les traduccions a la llengua vernacla s'efectuaven, en part, per satisfer els desitjos dels sobirans i les necessitats dels laics i se n'ocupaven, en grau creixent, experts en la matèria de l'obra traduïda, fet que estimulava la intervenció, la intercalació i el comentari. El treball d'**Antònia Carré** és una aportació en aquesta línia. S'ocupa dels tres testimonis catalans del *Regimen sanitatis* que Arnau de Vilanova va escriure per a Jaume II entre 1305 i 1308. Els dos primers manuscrits corresponen a la traducció que en va fer Berenguer Sarriera, cirurgià major del monarca, per encàrrec de la reina Blanca d'Anjou. Carré mostra que l'autor del manuscrit més modern actua com a editor perquè copia la traducció catalana amb un text llatí al costat que li serveix per corregir-ne diverses lectures i, a més a més, en modifica l'estructura, fet que deixa concloure que es tracta d'un copista professional. L'origen del tercer manuscrit examinat també s'ha de situar en el context d'un *scriptorium*: conté una versió abreujada de l'obra que probablement parteix d'un original llatí (i no de la traducció de Sarriera). El traductor anònim hi ha suprimit tots els apartats que fan referència directa al rei i amplia així el públic potencial. Totes tres versions es van realitzar durant les primeres dècades del segle XIV, en un moment de consolidació i proliferació del gènere dels *regimina sanitatis*. Tot indica que els usuaris d'aquestes obres eren laics, no mèdics (monarquia, noblesa, burgesia), i també persones vinculades amb la pràctica mèdica. Necessitaven traduccions a la llengua vernacla que estiguessin ben corregides, una tasca que era confiada especialment als professionals sanitaris. El treball de Carré permet copsar millor la importància dels tallers de còpia a l'hora de divulgar el saber mèdic.

Amb l'última contribució al nostre volum, de **Raimon Sebastian Torres**, romanem en el camp de la traducció d'obres científiques grecollatines, però deixem de banda la medicina, en la qual s'ha centrat un nombre considerable dels articles reunits aquí. Girem el focus a la traducció vernacla d'una obra sobre el cultiu de terres, l'*Opus agriculturae*, escrit per l'autor llatí Pal·ladi a la fi del segle V de la nostra era. Aquesta obra va ser molt llegida i divulgada durant l'edat mitjana, ja que tenia una estructura que s'organitzava segons els mesos de l'any i les feines agrícoles que els corresponien, per tant, es podia considerar una mena de calendari per al cultiu i tenia un gran valor pràctic. Això va fer que la reina Elionor de Sicília induís el seu protonotari Ferrer Saiol a traduir aquest text al català, una traducció que es va efectuar als voltants del 1385. Aquesta traducció interessa a Torres, sobretot, per l'elecció i l'ús de les fonts a l'hora de la seva composició, ja que el manuscrit llatí de Pal·ladi no va ser l'únic model. L'anàlisi de les fonts revela els diversos llibres que posseïa Saiol. A més, Torres estudia quan i per què

Saiol necessitava aquests llibres i també les interpolacions a la traducció fetes pel mateix Saiol, de les quals no es pot trobar cap referència en altres fonts. D'aquesta manera, Torres il·lumina el taller de traducció medieval a la segona meitat del segle XIV i la consciència d'un traductor que confronta el saber transmès, l'adapta als coneixements del moment concret i intervé en primera persona.

Com deixa entreveure's ja des d'aquestes breus descripcions dels cinc apartats i de les contribucions que s'hi agrupen, el volum aquí presentat reuneix treballs de diverses disciplines que es dediquen a la història epistemològica medieval i renaixentista i les fa dialogar. Aborda un ampli ventall d'aspectes, des de la materialitat dels textos i les diferents capes i etapes de redacció fins als recursos lingüístics dels diferents discursos del saber, des de la persistència de paradigmes i conceptes del saber nascuts a l'antiguitat fins a la seva reestructuració, adaptació i modificació, mitjançant les quals sorgeixen nous models per a la percepció del món i per a la seva discussió.

Malgrat que no té ni vol tenir el format d'una enciclopèdia o d'un manual epistemològic exhaustiu, el present llibre ajuda a comprendre la constitució del saber a través del marge conceptual històric de la Corona d'Aragó com un dels focus d'amalgamació i innovació que abasta tot el Mediterrani. Comprèn territoris d'un intens intercanvi cultural i lingüístic amb les zones d'influència amb les quals tenia vincles dinàstics, diplomàtics i/o comercials. Destaquen aquí les relacions entre el Principat i el Rosselló, d'una banda, i el migdia de França i els seus centres d'erudició científica al Llenguadoc i a la Provença, de l'altra, entre la costa del llevant de la península Ibèrica i Itàlia respecte a la recepció de l'humanisme i entre els immigrants jueus i el món àrab al sud de la península i al nord d'Àfrica.

A part de l'espai d'interacció cultural, el marge conceptual de la Corona d'Aragó estableix també les pautes temporals al nostre volum, començant amb les obres de Ramon Llull i d'Arnau de Vilanova a la segona meitat del segle XIII, passa, d'una banda, pels sermons de sant Vicent Ferrer i la traducció de l'*Opus agriculturae* de Pal·ladi per Ferrer Saiol al segle XIV i, de l'altra banda, la poesia d'Ausiàs March al segle XV i arribant a la recepció i la implementació de models italians al segle XVI. Amb un panorama polifacètic —des de les petites glosses vernacles inserides en textos hebreus i les plurilingües de matèria mèdica, des dels paratextos i les intervencions dels propis traductors fins a les grans compilacions de poemes, als extensos textos narratius i als voluminosos còdexs miscel·lanis— en aquest passeig pels segles el volum examina el saber per als laics.

Bibliografia

Alberni, Anna/Badia, Lola/Cabré, Lluís (edd.), *Translatar i transferir. La transmissió dels textos i el saber (1200–1500)*, Santa Coloma de Queralt, Obrador Edèndum/Publicacions Universitat Rovira i Virgili, 2010.

Alberni, Anna, et al. (edd.), *El saber i les llengües vernacles a l'època de Llull i Eiximenis. Estudis ICREA sobre vernacularització*, Barcelona, Publicacions de l'Abadia de Montserrat, 2012.

Badia, Lola, *Traduccions al català dels segles XIV i XV i innovació cultural i literària*, Estudi General 11 (1991), 31–50.

Badia, Lola/Santanach, Joan/Soler, Albert, *Ramon Llull as a vernacular writer. Communicating a new kind of knowledge*, Woodbridge (UK)/Rochester (NY), Tamesis, 2016.

Badia, Lola, et al. (edd.), *Els manuscrits, el saber i les lletres a la Corona d'Aragó (1250–1500)*, Barcelona, Publicacions de l'Abadia de Montserrat, 2016.

Bellmunt Serrano, Manel/Mahiques Climent, Joan (edd.), *Literature, science & religion. Textual transmission and translation in medieval and early modern Europe*, Kassel, Edition Reichenberger, 2020.

Broch, Àlex (dir.), *Història de la literatura catalana*, vol. 1: Badia, Lola (dir.), *Literatura medieval (I). Dels orígens al segle XIV*, Barcelona, Enciclopèdia Catalana/Barcino/Ajuntament de Barcelona, 2013.

Broch, Àlex (dir.), *Història de la literatura catalana*, vol. 2: Badia, Lola (dir.), *Literatura medieval (II). Segles XIV–XV*, Barcelona, Enciclopèdia Catalana/Barcino/Ajuntament de Barcelona, 2014.

Broch, Àlex (dir.), *Història de la literatura catalana*, vol. 4: Solervicens, Josep (dir.), *Literatura moderna. Renaixement, Barroc i Il·lustració*, Barcelona, Enciclopèdia Catalana/Barcino/Ajuntament de Barcelona, 2016.

Cantavella, Rosanna, *Lectura i cultura de la dona a l'edat mitjana: opinions d'autors en català*, Caplletra 3 (1988), 113–122.

Cifuentes i Comamala, Lluís, *La ciència en català a l'Edat Mitjana i el Renaixement*, Barcelona, Publicacions i Edicions de la Universitat de Barcelona, [2]2006 (segona edició revisada i ampliada; [1]2002).

Crossgrove, William, *The vernacularization of science, medicine, and technology in late medieval Europe. Broadening our perspectives*, Early Science and Medicine 5:1 (2000), 47–63.

Grundmann, Herbert, *Litteratus–Illitteratus. Der Wandel einer Bildungsnorm vom Altertum zum Mittelalter*, Archiv für Kulturgeschichte 40:1 (1958), 1–65.

Hillgarth, Jocelyn N., *Readers and books in Majorca (1229–1550)*, 2 vol., Paris, Éditions du Centre National de la Recherche Scientifique, 1991.

Kintzinger, Martin, *Wissen wird Macht. Bildung im Mittelalter*, Ostfildern, Jan Thorbecke Verlag, 2003.

Pujol, Josep, *El ámbito de la cultura catalana. Traducciones y cambio cultural entre los siglos XIII y XV*, in: Lafarga, Francisco/Pegenaute, Luis (edd.), *Historia de la traducción en España*, Salamanca, Ambos Mundos, 2004, 623–650.

Rubió i Lluch, Antonio, *Documents per l'historia de la cultura catalana mig-eval*, 2 vol., Barcelona, Publicacions de l'Institut d'Estudis Catalans. Secció Històrico-Arqueològica/Institut d'Estudis Catalans, 1908–1921.

Sanchis Sivera, Josep, *La enseñanza en Valencia en la época foral*, Boletín de la Real Academia de la Historia 109 (1936), 7–80.

Soler, Albert, *Espiritualitat i cultura. Els laics i l'accés al saber a final del segle XIII a la Corona d'Aragó*, Studia Lulliana 38:1 (1998), 3–26.

Solervicens, Josep, *La poètica del Barroc. Textos teòrics catalans*, Barcelona, Punctum, 2012.

Vernet, Joan/Parés, Ramon (edd.), *La ciència en la història dels Països Catalans*, vol. 1: *Dels àrabs al Renaixement*, València, Universitat Politècnica, 2004.

Villanueva, Joaquín Lorenzo, *Viage literario a las iglesias de España*, 22 vol., Madrid, Imprenta Real, 1803–1852, vol. 2: 1804.

Formació del llenguatge científic i interacció lingüística

Gerrit Bos/Guido Mensching
Glossaris medicobotànics multilingües de l'edat mitjana en grafia hebrea

Abstract: This article concerns medico-botanical synonym lists compiled by Jews in the period from the 13th to the 15th centuries. More particularly, the article presents, for the first time, an overview of such lists containing lexical material in Catalan written in Hebrew letters. After a summary of Jewish medicine and the translation activities of Jews in Catalonia and Aragon, the article first deals with the state of research in the field of medical glossaries and synonym lists in Hebrew script, mentioning all glossaries and lists known to date that contain lexical items in Catalan. These appear in the context of Arabic medico-botanical terms, which provide the lemmas or appear as equivalents to the Catalan or other Romance or Latin terms. The reason for the existence of this kind of list is that the Jews continued to study and practice Arabic medicine even after having left Al-Andalus. The main part of the article is dedicated to the Arabic-Catalan glossary of Ms. Parma, Biblioteca Palatatina 2279 (ff. 280v–286r), of which the first 20 entries are edited and commented upon with respect to the lexical items contained therein. The article finishes with a summary and some perspectives.

Keywords: glossaries, synonym lists, medieval terminology of medicine and botany, Arabic medicine, Jewish medicine in Catalonia and Aragon

1 Introducció

El punt de partida del tema que tractarem aquí és l'emigració de jueus —entre ells, molts erudits i metges— d'Al-Àndalus cap als territoris cristians a l'època dels almohades i almoràvits. Aquest fet va causar un canvi de llengües, és a dir, els jueus van adoptar les llengües romàniques dels seus nous territoris i, a més,

Nota: Els estudis sobre els manuscrits tractats en aquest article formen part de diversos projectes finançats per la Deutsche Forschungsgemeinschaft (DFG) i de un projecte pilot finançat pel programa HISPANEX del Ministeri d'Educació, Cultura i Esport d'Estat espanyol, cf. la nota 8.

Prof. Dr. Gerrit Bos, Universität zu Köln, Martin-Buber-Institut für Judaistik, Albertus-Magnus-Platz, D-50923 Köln, gerrit.bos1@googlemail.com
Prof. Dr. Guido Mensching, Georg-August-Universität Göttingen, Seminar für Romanische Philologie, Humboldtallee 19, D-37073 Göttingen, guido.mensching@phil.uni-goettingen.de

https://doi.org/10.1515/9783110430622-002

es va substituir l'àrab, fins aleshores llengua de ciència i cultura, per l'hebreu. En l'àrea de la medicina, aquests fets van comportar una onada de traduccions d'obres mèdiques de l'àrab a l'hebreu, en les quals es van introduir també les llengües romàniques, ja sigui en forma de glosses i explicacions o com a manlleus de paraules tècniques dins la mateixa llengua hebrea. En tot aquest desenvolupament, la medicina jueva va ser particularment important a Catalunya, aspecte central del present article, i al sud de França. Un gènere de textos particular d'aquesta època —estem parlant del període entre els segles XIII i XV— són els glossaris medicobotànics bilingües i els anomenats llistats de sinònims. Aquests llistats, escrits completament en caràcters hebreus, contenen sobretot el vocabulari medicobotànic àrab juntament amb les seves equivalències romàniques (i de vegades també llatines i hebrees). Coneixem un nombre considerable d'aquest tipus de textos lexicogràfics que contenen lexemes en català, dels quals només una petita part ha estat estudiada i, una part encara menor, editada.

En l'apartat 2, presentarem un breu resum dels antecedents històrics de la medicina jueva a la Catalunya medieval així com de l'estat de la qüestió sobre els glossaris i els llistats de sinònims d'origen jueu que contenen material lèxic català. Per donar una imatge més clara d'aquest gènere textual i de les qüestions i els problemes que hi estan relacionats, ens proposem analitzar més detalladament a continuació (apartat 3) un dels llistats de sinònims, conservat en el còdex Parma, Biblioteca Palatina (a continuació breument BP) 2279.

Com a primera orientació podem fer servir l'exemple (1), ja tractat a Bos/Mensching (2015, 28), que presentem en grafia hebrea i en transliteració (ms. Biblioteca Apstolica Vaticana Ebr., a continuació breument Vat. Ebr., 356 f. 1r):[1]

(1) אפסנתין לטי׳ אַבְשֵׁינְסִיאוֹם לעׄ דוֹנֵזִיל

'PSNTYN 'en llatí 'aBǝŠeYNSiY'WuM en la llengua vernacla DWoNZeYL

L'exemple mostra una entrada típica d'un llistat de sinònims de la tradició sefardita medieval. El lema אפסנתין (transliterat com 'PSNTYN) representa la veu àrab أفسنتين (afsantīn), amb el significat d'"absenta". El segueix la correspondència llatina, que es pot reconèixer fàcilment com el llatí medieval absincium (per a absinthium) i un equivalent romànic, clarament identificable com a català, ja que la veu donzell no existeix en altres llengües romàniques. Els llistats en qüestió

---

1 La transliteració segueix el sistema exposat a Bos et al. (2011, 4–5; que a continuació abreugem com ShŠ1). Les majúscules representen signes consonàntics i les minúscules signes vocàlics (de puntuació), que són rars en aquests tipus de textos. El símbol ' representa la lletra àlef (a l'inici d'una paraula l'àlef indica en general un començament vocàlic; en la resta de les posicions, dins i al final de la paraula, l'àlef normalment correspon a la lletra llatina <a> en els textos catalans).

contenen cadascun un gran nombre d'entrades (que oscil·la entre aproximadament 200 i 1500), en un ordre més o menys alfabètic segons les primeres lletres dels lemes. Per al català es coneix fins ara una dotzena d'aquest tipus de llistats, i fora de l'àrea de parla catalana se'n coneixen uns vint, tots amb lexemes romànics (sobretot occitans, però també castellans i italoromànics). Els autors hem tractat detalladament en altres articles les raons per les quals els jueus van redactar aquests llistats (Bos et al. 2011, 5–16; Bos/Mensching 2014; 2015). De forma simplificada, podríem dir que, durant l'època dels almohades i almoràvits, molts jueus van abandonar Al-Àndalus i es van instal·lar en els territoris cristians, en particular al centre i el nord de la península Ibèrica, a Catalunya i al sud de França. Entre ells, es trobaven molts erudits i metges, la base de la ciència dels quals seguia sent la medicina àrab. Però, atès que la major part de la població jueva ja no tenia coneixements de l'àrab, hi va haver la necessitat de traduir o explicar la terminologia mèdica àrab, i per això varen sorgir els glossaris i els llistats de sinònims.[2]

2 Antecedents i estat de la qüestió

2.1 Sobre la medicina jueva i l'activitat traductora dels jueus a Catalunya i Aragó

En general, es pot dir que, durant l'edat mitjana, tant als territoris de dominació musulmana com a les zones cristianes, la teoria mèdica medieval estava basada en la medicina galènica. Al-Àndalus exercia un paper fonamental pel que fa a la transmissió del saber mèdic de l'antiguitat a l'edat mitjana. A partir de mitjan segle IX fins a la caiguda del califat de Còrdova l'any 1031, la medicina d'Al-Àndalus va ser fortament influenciada per les tradicions de l'Orient musulmà, en particular pels escrits d'Al-Rāzī (864–930, Bukhara), conegut a l'Occident medieval pel nom de Rhazes, i Ibn Sīnā (980–1037, Pèrsia), el famós filòsof i metge, que es coneix a Occident fins avui dia amb el nom d'Avicenna. Després del segle XI el desenvolupament de les ciències a les parts musulmanes de la península Ibèrica va adquirir una major independència de l'Orient. De fet, tres dels metges musulmans més importants dels segles XI i XII eren d'origen andalusí: Al-Zahrāwī (936–1013, nascut a prop de Còrdova), conegut com Abulcasis, Ibn Zuhr (1092–1161, nascut a Sevilla), conegut com Avenzoar, i el filòsof Ibn Rushd (1126–98, nascut a Còrdova), conegut com Averrois. Aquests tres personatges van arribar a consolidar una tradició mèdica àrab que va trobar la seva expressió en les traduccions àrabs de les

---

2 Per al gènere dels llistats de sinònims en general, cf. McKinney (1938) i Gutiérrez Rodilla (2007).

obres de Galè i en la recepció del *Qānūn fī-l-Ṭibb* ('Cànon de la medicina') d'Ibn Sīnā. Molts dels savis i metges d'Al-Àndalus eren jueus que escrivien en àrab: entre aquests figura en primer lloc Moisès Maimònides, el famós filòsof jueu (1138–1204, nascut a Còrdova), el qual va haver d'emigrar a Àfrica del nord i després a Egipte a causa de les persecucions dels almohades. Com ell, molts metges jueus d'Al-Àndalus eren també filòsofs, segons la tradició antiga ja establerta per Galè.[3]

Durant els quatre segles que van de 1100 a 1500, centenars de metges i cirurgians jueus treballaven a les parts cristianes de la península Ibèrica. Especialment en els segles XIV i XV —dels quals tenim la major part de les dades— les xifres són de particular interès. A principis del segle XIV els jueus eren una tercera part dels metges esmentats als arxius de Barcelona; en aquesta ciutat els habitants jueus constituïen al voltant del cinc per cent de la població. A València, a la mateixa època, la situació era semblant. A la ciutat més petita d'Osca més de la meitat dels metges i cirurgians eren jueus, i entre 1310 i 1311 els quatre metges de la ciutat eren jueus. Al segle XV la situació era més o menys semblant. Segons algunes estimacions, fins i tot després de la pesta a meitat del segle XIV, entre el 20 i el 30 per cent dels metges que treballaven a Catalunya, Aragó, València i Mallorca eren jueus (cf. McVaugh 2002, en particular 35–67; cf. també Shatzmiller 1994, 107–108).

La influència de la medicina grecoàrab a les parts cristianes de la península Ibèrica és un procés molt complex, al qual els erudits jueus van contribuir considerablement. Aquí i a altres llocs, es traduïen textos àrabs i llatins a l'hebreu. Lleó Josep de Carcassona (1365–c. 1418), que vivia i treballava a Perpinyà, va traduir del llatí a l'hebreu, entre d'altres, el comentari de Gerard de Montpellier (Gerard de Solo) al llibre novè del *Al-Mansuri* d'Al-Rāzī (Shatzmiller 1994, 30–31; Gross 1897, 616). Un altre exemple és Yehošua ben Yosef ibn Vives al-Lorki d'Alcanyís, redactor a principis del segle XV d'un tractat mèdic que va ser traduït a l'hebreu per José Vidal ibn Labi de Saragossa amb el títol de *Gerem ha-Maʿalot* (cf. Olalla Sánchez 2009).

A causa de la manca d'una sòlida terminologia medicobotànica hebrea (cf. Bos 2011–2016; Bos 2019), els traductors utilitzaven sovint les llengües romàniques en forma de glosses i manlleus. Hem estudiat aquests fenòmens sobretot referint-nos a textos produïts al sud de França i amb l'occità com a llengua romànica donadora del lèxic en qüestió (cf. Mensching/Zwink 2014, estudi basat en les edicions de Bos 2015 i Bos/Mensching 2000), però podem proporcionar també un exemple per al català. És el tractat sobre la pesta d'Abraham bar Solomon Ḥen,

---

3 Un altre personatge important és Ḥasday ibn Shaprut (Jaén 915–Còrdova al voltant de 970), erudit i diplomàtic jueu i metge a la cort del califa Abd al-Rahman III. Ḥasday era un dels traductors de la *Matèria Mèdica* de Dioscòrides del grec a l'àrab. Cal esmentar també Yehuda ha-Levi (1075–1141), nascut a Tudela (cf. Steinschneider 1893, 650; 1902, 115–117 i 152–154; Heynick 2002, 98–100).

qui emprava probablement el nom romànic de Gracian i pertanyia suposadament a la famosa família jueva Gracian de Barcelona.[4] A la nostra edició d'un fragment del tractat de la pesta (conservat només en tres folis, Bos/Mensching 2011) hem pogut identificar uns trenta lexemes catalans i uns quinze de llatins. Els metges cristians que volien llegir els textos mèdics àrabs en llatí o en les llengües romàniques depenien en gran mesura dels metges jueus, que traduïen els textos al romanç, de vegades com a base per a una traducció posterior al llatí. Donat que els jueus escrivien també l'àrab en caràcters hebreus, fins i tot aquells cristians que sabien l'àrab necessitaven la seva ajuda. La primera traducció d'un text àrab al català va ser realitzada el 1296–1297 per Benvenist de Porta (o de Saporta) per ordre del rei Jaume II (Rubió i Lluch 1908–1921, vol. 2, 9; doc. XI).[5] El 1313 va ser traduït un altre text de l'àrab al català. El seu traductor era el metge jueu Jafuda Bonsenyor,[6] al qual la mateixa tresoreria reial va remunerar per aquesta tasca (Rubió i Lluch 1908–1921, vol. 2, 22; doc. XXIX).[7] Per a més detalls, cf. McVaugh (2002, en particular 49–50 i 63).

2.2 Estat de la investigació sobre els glossaris i els llistats de sinònims medicobotànics en grafia hebrea

El tractament dels textos àrabs, així com la múltiple activitat traductora, explica la necessitat d'eines lexicogràfiques com ara els glossaris i els llistats de sinònims que conformen el tema del present article. Ja des dels treballs de l'erudit bibliotecari jueu Moritz Steinschneider, del segle XIX, es coneixen alguns d'aquests inventaris lexicogràfics que contenen elements catalans també escrits en caràcters hebreus, encara que en aquella època la llengua romànica en qüestió no s'havia identificat com a català (cf. Steinschneider 1892, 1893 i 1902). El primer que va identificar elements clarament catalans en dos d'aquests llistats lexicogràfics va

---

4 Cf. l'article «Gracian (Ḥen), Zeraḥiah Ben Isaac Ben Shealtiel» en l'*Encyclopaedia Judaica* (vol. 7, cols. 842–843, de l'autor U. Cassuto). Cf. també Bos (2020, 1–9).

5 Cf. també Hernández (2007, en particular 133–134).

6 En el document, el llibre és anomenat *halçahahny*; McVaugh (2002, 49) llegeix *halçahahuy*. Cf. íbidem algunes hipòtesis (més aviat vagues) sobre la identificació del text en qüestió. Cf. Hernández (2007, 134, n. 82), segons el qual Jafuda és també l'autor del *Llibre de paraules de savis i filòsofs*, *Sentències morals* i possiblement dels *Proverbis de Salomó*. L'autor indica el treball de Romano (1978), «donde, sin embargo, pasa desapercibida la estrecha relación de Astruc con los Caballería», i també el de Cardoner Planas (1944).

7 En 1302, per ordre de Jaume II, un professor de medicina de la Universitat de Lleida va demanar prestades als jueus algunes obres mèdiques àrabs per corregir uns textos destinats a ser copiats (Rubió i Lluch 1908–1921, vol. 2, 13–14; doc. 16).

ser Millàs i Vallicrosa (1936). Es tracta de dos llistats continguts en el ms. Vat. ebr. 356, els quals han estat estudiats de nou en Bos/Mensching (2015). D'un d'aquests dos llistats trèiem el nostre exemple (1) de l'apartat 1. Al segon llistat els lemes són romànics o llatins, i sovint no coincideixem amb els que apareixen al primer llistat; vegeu l'exemple (2), tret de Bos/Mensching (2015, 28), en comparació amb el número (1) (ms. Vat. Ebr. 356, f. 26r):

(2)   אשינץ אפסינתין דונזיל
      ŠYNṢ ʾPSYNTYN DWNZYL

Aquí apareix, en lloc del llatí *absincium*, un lexema romànic, que es correspon probablement amb el mot català *axenç*, el qual (segons el DECLC, vol. 3, 185) està documentat en un text del segle XV. En (3) proporcionem una petita selecció d'altres lexemes catalans que es troben en aquests dos llistats (cf. Bos/Mensching 2015, 31, n. 57):

(3)   Selecció d'elements catalans del ms. Vat. Ebr. 356
   a. אולזינה - *ʾWLZYNH* (f. 32v)
      Català *olzina*, segons DCVB (vol. 7, 900a) variant antiga o dialectal d'*alzina Quercus ilex L.*, DCVB, vol. 1, 566b; cf. també DECLC vol. 1, 244b–247a).
   b. טומאני - *ṬWoMaʾNY* (ff. 1r i 26r)
      Català antic *tomaní / tomanyí* (*Lavendula stoechas L.*, DCVB, vol. 10, 335ab; 'romaní', DCVB, vol. 9, 552b–553a).
   c. שילי - *ŠYLY* (f. 37r)
      Català antic *silli* (*Plantago psyllium L.*, DCVB vol. 9, 911b; cf. íbidem: «‹Sement de silli e l'escuma d'aquel›, Tres. Pobr. 16. ‹L'aigua en la qual lo silli aurà estat remullat una nuyt…, estreyn e sana les làgrimes›, Tres. Pobr. 22»).
   d. אישכינאנט - *ʾYŠKYNʾNṬ* (f. 1r i 26r)
      Català antic *esquinant* 'herba de camell, citronela', documentat en textos dels segles XIII i XIV (DECLC, vol. 3, 701b; DCVB, vol. 5, 478; en caràcters hebreus, per exemple, en ShŠ1, 537–38 [occità]).

Aquí s'observa —per exemple en (3c) i (3d)— un nombre elevat de llatinismes, molt freqüents sobretot en el segon llistat, on apareixen classificats sovint com a paraules llatines.

Un ampli llistat de sinònims, que també conté lexemes catalans, del ms. Jerusalem, National Library of Israel (a continuació breument NLI), Heb. 8–85, ff. 79r–108v, va ser editat el 1993 per l'hebraista valencià José Ramón Magdalena Nom de

Déu. En aquest llistat és remarcable que al costat d'elements àrabs, llatins i cata-
lans, apareixen també equivalents en hebreu. No es tracta d'una edició comen-
tada, i des d'una perspectiva romanística és insuficient, perquè alguns lexemes
catalans no s'han interpretat correctament. En la introducció d'aquesta edició —
que, però, s'ha de considerar una obra pionera en ser la primera edició completa
d'aquest gènere lexicogràfic medieval— s'esmenta una altra llista encara inèdita.
Meritxell Blasco (vegeu el seu article en aquest volum) està reeditant aquests dos
llistats. Finalment, el 2009, va aparèixer l'edició del *Gerem ha-Maʻalot* ('Llibre
dels esglaons') de Yehošua Lorki, realitzada per Mónica Olalla Sánchez. Es tracta
d'una traducció feta per José Vidal i conté, en alguns dels seus manuscrits, un
glossari àrab-romanç-llatí, que també caldrà analitzar des del punt de vista de la
filologia romànica i catalana. En canvi, la nostra edició de les dues llistes de sinò-
nims del *Sefer ha-Shimmush* de Shem Tov ben Isaac de Tortosa (Bos et al. 2011; cf.
també Bos/Mensching 2001, Mensching/Savelsberg 2003 i Mensching 2006) no
presenta gairebé cap element clarament català: tot i que l'autor era originari de
Catalunya, havia viscut i treballat durant molts anys al sud de França i, per tant,
utilitza gairebé sempre l'occità.

Fins fa poc temps els únics glossaris i llistats de sinònims que contenen mate-
rial lèxic català coneguts eren aquells que figuren en els punts 1) a 3) en la llista
de sota. A més d'aquests, els darrers anys els autors hem pogut identificar els
llistats esmenatats en els punts 4) a 8):

1) Vat. Ebr. 356, Espanya, 2ª meitat del s. XIV (cf. Richler 2008, 300; Bos/Men-
   sching 2015):
   a. ff. 1r–25v, àrab-llatí-català;
   b. ff. 26r–38r, català/llatí-àrab.
2) Jerusalem, NLI Heb. 8–85, s. XIV–XV, Catalunya o Aragó:
   a. ff. 79r–94r, àrab-català-llatí-hebreu (ed. Magdalena Nom de Déu 1993);
   b. ff. 95r–108v, català-llatí-àrab-hebreu (inèdit).
3) Munic, Bayerische Staatsbibliothek (a continuació breument BSB) 280 i altres
   manuscrits, Yehošua Lorki (trad. de José Vidal), 1400, llistat que forma part
   del *Gerem ha-Maʻalot*, àrab-castellà o català-llatí (ed. Ollalla Sánchez 2009).
4) Cambridge, University Library Add. 2581 (SCR 627), ff. 401v–404r, s. XV,
   àrab-castellà-català-llatí, part de la traducció del *Cànon* de Avicena feta
   per Lorki; presenta una gran similitud amb el número 3 (cf. Reif 1997, 352:
   «ff. 399r–405r contain a glossary and various medical notes and prescripti-
   ons written in a number of later hands», inèdit).
5) Munic, BSB 87, ff. 127v–130r, 1477, Valladolid. Llistat d'equivalències amb
   entrades en català-àrab i castellà-àrab (edició en preparació, cf. Bos/Men-
   sching 2005 i 2006, Köhler/Mensching 2013, Bos/Köhler/Mensching 2015).

6) Parma, BP 2646, ff. 35r–45r, c. 1500, Itàlia. Conté també, a banda de l'àrab i l'hebreu, paraules en grec medieval. El romanç és sobretot occità, però hi ha alguns elements catalans, que s'esmenten normalment com a alternatives a les occitanes (inèdit, cf. Bos/Mensching 2005 i particularment Mensching/ Bos 2011).

7) Parma, BP 2279, ff. 280v–286r. Part del *Sefer Arugat ha-Bosem* ('Llibre de jardí d'espècies') de «Yehuda el metge», àrab-català, s. XV (cf. Bos/Mensching 2005, inèdit).

8) Vat. Ebr. 361:
   a. ff. 131v–166v, 1342, Palerm, àrab-llatí-català i altres varietats romàniques (en particular occità i sicilià; cf. Bos/Mensching 2015, inèdit);
   b. ff. 176r–179v: àrab-llatí-català o occità, meitat a final del s. XIV, fragment fins a la lletra mem; conté de tant en tant lexemes en hebreu (cf. Richler: «f. 176r–181v: Fragment from a medical lexicon. Only from letter bet to end. The names of the drugs are in Arabic. Includes a very brief description in Hebrew and sometimes translations into other languages»);
   c. ff. 180r–181v, meitat a final del s. XIV, fragment de lletres pe–tau, llatí-àrab-català (cf. Richler loc. cit., inèdit).

La llengua romànica als manuscrits dels números 1, 2, 7 i 8c és pràcticament només el català. Els números 3, 4 i 5 contenen també, a part del català, elements castellans, el 8b occitans. Al número 5 les entrades són o bé castellà-àrab o bé català-àrab, amb alternança no sistemàtica. Sembla ser un recull de com a mínim dos glossaris anteriors. Els números 6 i 8a tenen el seu origen a Itàlia o Sicília. Les llengües romàniques representades són occità, català i italoromànic. Sembla que aquests llistats es van originar en l'àrea lingüística occitanocatalana i després —probablement durant l'època aragonesa— van passar a la Itàlia meridional o Sicília, on van ser enriquits amb lexemes italoromànics (Bos/Mensching 2014 i 2015). Aquest fenomen es pot observar molt bé a l'entrada reproduïda a (4) (ms. Vat. ebr. 361, f. 131v, cf. Bos/Mensching 2015):

(4) אסראב ויקאל אסראף והו אלרצאץ לט׳ פולום לע׳ כונבו

'SR'B, és anomenat també 'SR'P, és a dir, 'LRṢ'Ṣ, llatí PWLWM, llengua vernacla KWNBW

'SR'B és l'àrab *usrub* ('plom', cf. GS 243), aquí representat també per la variant addicional 'SR'P (cf. D, vol. 1, 21). 'LRṢ'Ṣ és el sinònim àrab *raṣāṣ* (EI-2, vol. 5, 967) amb article determinat (*al-*). PWLWM no correspon al llatí *plumbum*, contràriament al que diu el text, sinó més aviat al mot català o occità *plom* (DCVB, vol. 8, 668b; FEW, vol. 9, 95b), amb la vocal epentètica que apareix típicament en els casos de *muta cum liquida* (cf. Bos et al. 2011, 52). Finalment, *KWNBW* és la paraula italiana meridional *chiumbu* ('plom'; documentat, per exemple, en calabrès, cf. VDCRI, 103; en salentí, cf. VDS, vol. 1, 142b, i sicilià, cf. VSic, vol. 1, 689a, també en indrets de les províncies de Catània i Messina). La posició al final de l'entrada mostra que es tracta probablement d'un afegitó fet pel copista/redactor italià. Finalment, queda per esmentar que la major part dels llistats en qüestió contenen un petit substrat de paraules mossàrabs, que es deurien trobar als manuscrits d'Al-Àndalus que els jueus havien d'utilitzar per redactar els glossaris i llistats de sinònims (cf. Köhler/Mensching 2012 i Bos/Mensching 2015).[8]

3 El glossari àrab-català del ms. Parma, Biblioteca Palatina 2279, ff. 280v–286r

3.1 Introducció i informació general

El còdex Parma, BP 2279, figura al catàleg antic de De Rossi (1803) amb el número 312 i al nou catàleg de Richler (2001, 471) amb la referència 1559. El còdex està compost per fulls de pergamí i de paper, i mostra tipus de lletres hebrees semi-cursives bizantines i sefardites del segle XV. Conté una col·lecció de diverses obres mèdiques i filosòfiques (cf. Richler 2001, 471):

1) ff. 1v–40v: אפורשמי ונקראים אבוקרט פרקי. Aforismes d'Hipòcrates amb comentaris de Maimònides, traduïts de l'àrab a l'hebreu per Moisès ibn Tibbon.

2) ff. 41r–58v: אלרזי זכריה בן מחמד פסקי. El capítol de medicina d'Al-Rāzī en traducció hebrea.

3) ff. 59r–231v: El comentari mitjà de Averrois sobre la *Física* d'Aristòtil, traduït de l'àrab a l'hebreu per Kalonymus ben Kalonymus.

4) ff. 232v–287r: הבשם ערוגת ספר. El *Sefer Arugat ha-Bosem* de Yehuda el metge. Segons un colofó, es tracta d'una còpia en lletra bizantina de Salomó ben Ḥayyim בדורך (=Badorch?) b. Moisès com a obra feta per el seu professor Yehuda el metge (vegeu més endavant i cf. Steinschneider 1893, 753–754).

El glossari àrab-romanç que aquí ens ocupa es troba al final del *Sefer Arugat ha-Bosem* en els folis 280v–285v i no s'esmenta en el catàleg de Richler. Però ja

---

8 El nostre estudi sobre els elements mossàrabs que apareixen en els glossaris i llistats de sinònims en caràcters hebreus i en particular al manuscrit esmentat a la rúbrica 5) a la nostra llista de manuscrits a 2.2 (Munic, BSB 87) ha merescut una subvenció en el marc del programa HISPANEX del Ministeri d'Educació, Cultura i Esport d'Estat espanyol.

Steinschneider (1893, 753 i n. 620) se n'havia adonat i comenta que el compo-
nent vernacle queda per investigar. Hem examinat breument aquest glossari, que
conté al voltant de 460 entrades, a Bos/Mensching (2005, 198–201) identificant
el component romanç clarament com a català, com demostren les paraules a (5):

(5)   a. *MWRṬ'* (*murta*)   b. *NWBŠ* (*nous*)
         c. *ṬYṬML* (*titimal*)   d. *PNŠ'Š* (*pansas*)

La paraula clau per determinar la llengua és *nous* a (5b), en què el diftong carac-
terístic del català (en lloc de la sibilant original) és clarament visible a la grafia
vau-bet.

Es pot veure la primera pàgina del glossari (el f. 280v) a l'apèndix I. A la
meitat superior de la pàgina es troba el final del *Sefer Arugat ha-Bosem*. L'inici
del glossari mateix es troba en el quart inferior de la pàgina i va precedit per la
introducció següent:

> ועתה נסדר בע״ה שמות עשבים והסמים ונזכור מה שם כל אחד ואחד בלשון ערב ומה שמו בלע׳ ונערוך
> אותם בלוחות על דרך האלפא ביתא למען לא ייגע המחפס ואותן הסמים והבשמים והעצבים (= והעשבים)
> שלא נוכל לבא אל תוכן שמותם נניח מקום פנוי לבאים אחרינו. ובזה יספיק לכל דורש ושואל השמו<ת.>
> והאמת כי אין תכלית לענין זה כלומר לידיעת השמות כלן מפני שהן משתנים כפי השתנו<ת> הלשונות
> והאקלימים והמקומות ועוד כי במקום אחד יתכן שיהיו כמה רופאים ולא יבין זה שפת רעהו. ודי למשתדל בכל
> חקירת ענין שיעשה יכולת. ובראש זה הלוח אשר לפנינו נתחיל אות האלף.

(Traducció: 'I ara, amb l'ajut de Deu, allistaré els noms de les plantes i dels remeis. Indicaré
el nom de cada un en àrab i en *la'az* [és a dir: la llengua vernacla, en aquest cas el romanç;
GB/GM] i els ordenaré alfabèticament en taules, de manera que el lector els podrà trobar
fàcilment. He deixat oberts per als meus successors els llocs dels noms d'aquells remeis,
herbes fragants i plantes dels quals jo no sabia els significats. Això sigui suficient per a
tots aquells que vulguin buscar o preguntar pels noms. En realitat no hi ha fi en aquest
assumpte, és a dir en relació amb tots els seus noms, perquè varien segons els idiomes,
climes i llocs. A més pot haver-hi en un lloc una sèrie de metges que no es comprenen l'un
a l'altre. Tot aquell que investiga sobre una cosa hauria de fer-ho segons la seva capacitat.
Començaré la taula amb la lletra àlef.')

Després comença el llistat per ordre alfabètic amb la lletra àlef. El glossari acaba
al foli 285v (cf. apèndix II), sota l'apartat dedicat a la lletra tau.[9] A continuació hi
ha uns dibuixos d'ocells amb el sotaescrit זה הספר משה ב"ר אברהם רופא («Aquest
és el llibre de Moisès, fill d'Abraham el metge») i el colofó següent:

---

9 Al f. 285v (cf. l'apèndix II) la lletra tau (l'última de l'alfabet hebreu) comença després de la
lletra reix, és a dir, que hi manca la penúltima lletra (xin).

נשלם זה הספר של אדוני מורי ורבי כבוד החכם כבוד ר' יהודה הרופא על ידי הצעיר שלמה בן כבוד מורי

עטרת ראשי וליבי כבוד ר' חיים בדורך בן הצדיק כבוד רב משה זצק״ל.

(Traducció: 'Aquest llibre [és a dir, la còpia?, GB/GM] del meu senyor, mestre i rabí i molt respectat savi Rabí Yehuda el metge, va ser acabat pel jove Salomó, fill del molt respectat Rabí Ḥayyim BDWRK, el meu mestre i la corona del meu cap i del meu cor, fill del just i venerable Rabí Moisès, de beneït record.')

Malauradament encara no hem pogut identificar els personatges esmentats, inclosos el copista i l'autor.

3.2 Edició i comentari de vint entrades

A continuació oferim aquí una mostra que consisteix en l'edició comentada de les primeres deu entrades de la lletra àlef i les darreres deu entrades del glossari, corresponent a la totalitat de les entrades de la lletra tau, l'última lletra de l'alfabet hebreu. Les notes a peu de pàgina contenen paraules o passatges semblants en altres glossaris i llistats de sinònims i serveixen per a il·lustrar que aparentment hi ha entrades que es corresponen entre els manuscrits, almenys pel que fa a la forma. La relació exacta entre els diferents llistats haurà de ser aclarida en el futur en el marc d'un projecte més ampli.

[àlef 1]   אגריקון בלע׳ אַגֲאֲרִיק בלע׳

'GRYQWN en la llengua vernacla 'aGǝ'aRiYQ en la llengua vernacla [sic][10]

'GRYQWN = àrab aġārīqūn (< gr. ἀγαρικόν, Fomes officinales Faull. [Polyporus officinalis Fries], cf. L, 2251 i DT, vol. 3, 1).
'aGǝ'aRiYQ = cat. ant. agaric(h) (DECLC, vol. 1, 71a; DCVB, vol. 1, 278b: «Gènere de bolets de la tribu de les agarícies, que abraça moltes espècies que es fan en els troncs de certs arbres»).

[àlef 2]   אדכיר בלעז פַאלִיא דמיכא

'DKYR en la llengua vernacla Pa'LY' DMYK'[11]

---

10 GHAT 8.118: גאריקון אגאריק אגאריסי (G'RYQWN 'G'RYQ 'G'RYSY); ShŠ2, àlef 2: אגֲריק ב״ל או
אגארישקוש או אגריסי וב״ה אגאריקון ('GRYQ en la llengua vernacla o 'G'RYŠQWŠ o 'GRYSY en àrab
'G'RYQWN); Florència, Biblioteca Laurenziana, ms. Or. 17 (a continuació breument Florència BL
Or. 17), f. 69v: אגריקון ה' אגריקו ('GRYQWN i.e. 'GRYQW [ital.]); Munic BSB 245, f. 156r: אגֲריק עֲר'
אגֲריקון ('GaRYQ àrab 'GRYQWN); íbidem 168r: אגאריקון לטי' אגריק ('G'RYQWN llatí 'GRYQ).
11 GHAT 5.44: אדכר ופקאח פאלא דמיקה והגמלים אוכלים אותה אשקי נאנטי ('DKR WPQ'Ḥ P'L' DMYQH i
els camells mengen 'ŠQY N'NṬY); Munic BSB 87: פאליא די מיקא אדכ'ר (P'LY' DY MYQ' 'DḤR); ShŠ1,

'DKYR = àrab *iḏhir* 'citronela' (*Cymbopogon schoenanthus (L.) Spreng.*).

Pa'LY' DMYK' és una veu romànica (catalana?) *palla de Meca, documentada en altres llengües iberoromàniques: arag. ant. (s. XV) *palla de meque* / *palla de mequa* (LCMA, 277) i cast. ant. *paja de Meca* (Sin, 272b–273a; DETEMA, vol. 2, 1163c–1164a). Es tracta d'un calc de l'àrab *tibn makka* (cf. IBF, vol. 1, p. 304, n° 404).

[àlef 3]   אסארון בלעז רומי אשארא בקארא
'S'RWN en la llengua vernacla romana [sic] *'S'R' BQ'R'*[12]

'S'RWN = àrab *asārūn* 'atzarí' (*Asarum europaeum L.*).
'S'R' BQ'R' = llat. mediev. *asara baccara* ('atzarí', Alphita 360ab), cf. cast. ant. *asarabácara* (DCECH, vol. 1, 370b; Sin, 231b; DETEMA, vol. 1, 158ab). No n'hem trobat documentació per al català antic (per a *atzarí* cf. DCVB, vol. 2, 138a; DECLC, vol. 1, 458a, per a *bacara* com a sinònim de *atzarí*, DCVB, vol. 2, 194a).

[àlef 4]   אנגרה בלע׳ אורטיגאש
'NGRH en la llengua vernacla *'WRṬYG'Š*[13]

'NGRH = àrab *anǧura* 'ortiga' (*Urtica pilulifera L. i var.*; DT, vol. 4, 82; M, 14).
'WRṬYG'Š = forma de plural del cat. ant. *(h)ortiga* (*Urtica dioica L.*; *Urtica urens L.*; DCVB, vol. 8, 62b; DECLC, vol. 6, 127a).

[àlef 5]   אשנה בלעז מושלא דרוברי
'ŠNH en la llengua vernacla *MWŠL' DRWBRY*

'ŠNH = àrab *ušna* 'liquen, en part. l'usnea' (*Alectoria usneoides (Ach.) Ach.*; cf. DT, vol. 1, 18).
MWŠL' DRWBRY = cat. ant. *molsa de roure. La veu *molsa* designa el liquen i plantes similars (DECLC, vol. 5, 759a–763b; DCVB, vol. 7, 514a). *RWBRY* és *roure* (DCVB, vol. 9, 599b–600a: «Arbre de la família de les fagàcies, de diferents espècies del gènere Quercus, i principalment la Quercus robur»).
[f. 281r]

537–38:[קא‏מיקא פאלייא‏ [פאלייא דמיכא פליא דמיכה או אשקיננטי וב״ל תבן מכה וב״ה תבן משא ב (*TBN MS'* àrab *TBN MKH* i en la llengua vernacla *'ŠQYNNṬY* o *PLY' DMYKH* [var. *P'LYY' DMYK'* / *P'LYY' DMYQ'*]).
12 GHAT 4.8: אסארון אשארי אשאב קרא או אשארוס (*'S'RWN 'Š'RY 'Š'B QR'* o *'Š'RWS*); ShŠ2, àlef 12: אסארון אורא בק(א)רא או אשארי או ג׳רופלי דיוילאנש וב״ה אסארון (*'ZR' BQ(')R'* o *'Š'RY* o *ǦYRWPLY DYWYL'NŠ* en àrab *'S'RWN*); Munic BSB 87, f. 127v: אשארה בקרה אסארון (*'Š'RH BQRH 'S'RWN*).
13 GHAT 4.4: אורטיצי אורטיגה אמג׳דא (*'MǦD' 'WRṬYGH 'WRṬYṢY*); Munic BSB 87, f. 128r: אורטיגא אורטיסי או אורטיג(א)ש או אורטיקא וב״ה אנגרה וב׳׳מ מלוח (*'WRṬYSY* o *'WRṬYG(')Š* o *'WRṬYQ'* en àrab *'NGRH* i en hebreu bíblic *MLWḤ*); Munic BSB 245, f. 155v: אורטיגאש ער׳ אניגוסא אניגורא (*'WRṬYG'Š* àrab *'NYGWS' 'NYGWR'*); Florència BL Or. 17, f. 69r: אלנגרה אורטיגה (*'LNGRH 'WRṬYGH*); íbidem 69v: אורטיגה ׳ו חרול ה׳ אנגרה (*'NGRH* i.e. *ḤRWL* i.e. *'WRṬYGH*); íbidem 78r: אורטיגה ׳ה חרול ה׳ חריק (*ḤRYQ* i.e. *ḤRWL* i.e. *'WRṬYGH*); íbidem 72v: בזר אניגרה זרע אורטיגה (*BZR 'NYGRH* la llavor de *'WRṬYGH*).

[àlef 6] אבהל בלעז שבינא

'BHL en la llengua vernacla *ŠBYN'*[14]

'BHL = àrab *abhal* 'savina muntanyenca' (*Juniperus Sabina L.*; DT, vol. 1, 43).
ŠBYN' = cat. ant. *savina* o *sivina* (ídem; cf. DCVB, vol. 9, 774b–775a).

[àlef 7] אפסנתין בלע׳ אשינץ

'PSNTYN en la llengua vernacla *'ŠYNṢ*[15]

'PSNTYN = àrab *afsantīn* 'donzell' (DT, vol. 3, 24; M, 3; ShŠ1, 115 entre d'altres, < gr. ἀψίνθιον).
'ŠYNṢ = prob. el cat. ant. *axenç* (DECLC, vol. 3, 185a, s.v. *donzell*; cf. també *assensi*, DCVB, vol. 2, 80b), cf. l'exemple (2).

[àlef 8] אניסון בלע׳ אניס

'NYSWN en la llengua vernacla *'NYS*[16]

'NYSWN = àrab *anīsūn* 'anís' (*Pimpinella anisum L.*; DT, vol. 3, 54).
'NYS = cat. ant. i mod. *anís* (DCECH, vol. 1, 274b; DECLC, vol. 1, 320b).

[àlef 9] אתרנג בלע׳ פומיצר

'TRNG en la llengua vernacla *PWMYṢR*[17]

'TRNG = àrab *utrunğ* 'poncem', anomenat també *naronja* en català (*Citrus medica L.*; cf. DT, vol. 1, 90, s.v. *utruğğ*).

---

14 GHAT 10.163: דבידאר שוינא (*DBYD'R ŠWYN'*); Florència BL Or. 17, f. 73r: בלאקטיאום ה׳ סבינא (*BL'QṬY'WM* i.e. *SBYN'*); ShŠ2, xin 24: וב׳׳ה ערער [שבינא] שבינה (*ŠBYNH* [var. *ŠBYN'*] i en àrab *'R'R*); Parma BP 3043 (Alphita en lletres hebrees), 265v: ברקטיאוש הוא שאוינא (*BaRəQaṬeY'WoŠ* i.e. *Š'WYN'H*).
15 Vat. ebr. 356, f. 26a: אשינץ אפסנתין דונזיל (*'ŠYNṢ 'PSNTYN DWNZYL*); Oxford, Bodleian Libary, ms. Mich. Add 22, f. 5v: יב׳׳ש א חם אפשנסי לטי׳ אישנץ אפסנתין] (*'PSNTYN 'YŠNṢ* llatí *'PŠNSY* calenta en el primer grau sec); Munic BSB 245, f. 155r: ועוד אבשנתין לע׳ אפסנתון רומי ער׳ שיח הוא אשינץ אפסנתין (*'PSNTYN, 'ŠYNṢ* i.e. *ŠYḤ RWMY*, àrab *'PSNTWN*, vern. *'BəŠeNTYN* i encara *DWBZYL* [llegiu: *DWNZYL*]); GHAT 5.1: אפשינסיאי ונזל אפסנתין (*PSNTYN WNZNL 'PŠYNSY'Y*); es troben moltes altres ocurrències de דונזיל (*DWNZYL*) (= cat. *donzell*) i אישנס (*'YŠNS*) (= occ. *aisens / eisens*) i formes semblants en diversos manuscrits.
16 GHAT 6.58: אניסון אניס אניש׳ (*'NYSWN 'NYS 'NYŠY*); Vat. ebr. 356, f. 1r: אניש לע׳ אַניס לטי׳ אניסון (*'NYSWN 'NYS* llatí *'aNiYŠ* vern. *BaṬ'aPWoLW'aH* [*'RB' DWLSY*]); Munic BSB 245, f. 156r: באטאפולואה (*'NYSWN* llatí *'aNiYŠ* vern. *BaṬ'aPWoLW'aH* [*'RB' DWLSY*]); Munic BSB 245, f. 156r: אניש ער׳ אניסון וחב אלחולוב לע׳ באטאפלואה (*'NYŠ*, àrab *'NYSWN* i *ḤB 'LḤWLWB*, vern. *B'Ṭ'FLW'H*); ShŠ1, 263: אניס וב׳׳ל אניסון ב׳׳ה מתוק כמון (*KMWN MTWQ* en àrab *'NYSWN* i en llengua vernacla *'NYS*); i molts altres més.
17 GHAT 4.1: אתרנג׳ אתרוג פום סיטרי׳ (*'TRNG 'TRWG PWM SYṬRY*); Vat. ebr. 356, llistat 1 (f. 1v): אתרנג׳ לטי׳ פוֹמְסיִטְרי לע׳ פוֹמְסיִרי קוֹרְטיזיש סיטרינִי (*'TRNG*, llatí *PWoMəSiYṬəRiY*, vern. *PWoMəSiYRiY, QWoRəṬiYZiYŠ SiYṬəRiYNiY*); llistat 2 (f. 35a): פום סיטרין אתרנג (*PWM SYṬRYN 'TRNG*); Munic BSB 87 (pe 81, f. 129v): פונסים אתרנג׳ (*PWNSYM 'TRĞ*).

PWMYṢR = cat. ant. *pomcir*, variant de *poncir* (DCVB, vol. 8, 737a: «‹Veer belles flors e bells fruits, axí com. . . bella poma o pell pomcir›, Llull Cont. 104, 19. ‹Limons e ponssirs e toronges›, doc. a. 1317 [RLR, xxxi, 74]. ‹Ponçir, e dien-li los gregs poma ayguanosa›, Medic. Part. 26. ‹Pebre, pèsols, ponsins›, doc. a. 1653 [Hist. Sóller, i, 956]. ‹Rumbeja entre esmaragdes l'or càlid dels poncins›, Oliver Obres, i, 196.») Segons el DCVB (vol. 8, 736a, s.v. *poncem*) és el «[f]ruit del poncemer, semblant a una llimona però més gros, d'olor agradable i polpa menys aspra que aquella (or.); cast. cidra». Cf. també DECLC (vol. 6, 675a–676a).

[àlef 10]   אירסא בלע׳ לירי

'YRS' en la llengua vernacla *LYRY*[18]

'YRS' = àrab *īrisā* 'iris' o 'lliri' (possiblement l'*Iris florentina* L.; cf. DT, vol. 1, 1). *LYRY* = cat. ant. *l(l)ir* (DECLC, vol. 5, 216a; DCVB, vol. 7, 22b). [f. 285v]

[tau 1]   תרבד בלע׳ טורביד

TRBD en la llengua vernacla *ṬWRBYD*[19]

TRBD = àrab *turbid* 'turbit' (*Ipomoea turpethum* R. Brown; cf. DT, vol. 4, 121, n. 4). *ṬWRBYD* = llat. o cat. ant. *turbit* / *torbit* (Alphita 563a; DCVB, vol. 10, 580a; cf. també cast. ant. amb moltes variants: *turbith*, *turbid*, *torbit* entre d'altres dins DETEMA, vol. 2, 1597ab; cf. FEW, vol. 19, 190ab).

[tau 2]   תובל (תנבל[1]?) בלע׳ פולי

TWBL en la llengua vernacla *PWLY*[20]

TWBL = àrab *tūbāl* 'escata o òxid de ferro o coure' (Käs 2010, vol. 1, 350ff.); es podria tractar també d'una confusió amb *tibr* 'pa d'or', que apareix en ShŠ1, 206, on es tradueix per *PLYWLH* (= cat. *fullola*?).

PWLY = cat. *full* (cf. DCVB, vol. 6, 97b, significat 3: «Làmina prima de fusta, de metall, de pedra, etc.; cast. *hoja*.» i el 4: «Defecte que altera l'homogeneïtat en algun punt d'una massa, especialment metàl·lica. ‹Aquesta moneda té full›. ‹Sens que's vejan fulls en ells en els canons›, Barra Artill. 123»). Amb menor probabilitat *PWLY* podria correspondre a la paraula *folli* ('sutge'; DCVB, vol. 5, 951b; DECLC, vol. 4, 77b–78a, s.v. *foll*).

---

18 Vat. ebr. 356, llistat 2 (f. 26r): איריאוש אריסא לירי (*'YRY'WŠ 'RYS' LYRY*); Munic BSB 245, f. 156v: איריש ער׳ אירסא וביירי לע׳ לירי (*'YRYŠ*, àrab *'YRS' WBYYRY*, vern. *LYRY*); îbidem 155r: אוריוש ער׳ (*'WRYWŠ*, àrab *'YRS'*, vern. *LYRY*); îbidem 162v: לירי ער׳ אלסוסן (*LYRY* àrab *'LSWSN*); Vat. ebr. 356, f. 26a: איריאוש אריסא לירי (*'YRY'WŠ 'RYS' LYRY*), îbidem f. 1b: אירסא הו אלסוסאן (*'YR'S'*, i.e. *'LSWS'N 'L'SMNĜWNY*, llatí *'iYReY'Woš*, vern. *ĜWĜL, LYRYW*). Els textos que provenen del territori lingüístic occità presenten *ili*, cf., per exemple, ShŠ2, àlef 62: אילי וב׳ וב׳ה סוסן וב׳מ שושן (*'YLY* en àrab *SWSN*, en hebreu bíblic *ŠWSN*).

19 GHAT 34.732: [---] טורביד (*falta el àrab* [vern.:] *ṬWRBYD*); Munic BSB 87, f. 128v: טורביד תורביד (*ṬWRBYD TWRBYD*); ShŠ2, tau 6: וב׳ה תרבד [תורביט] תורביד (*TWRBYD* [var. *TWRBYṬ*] i en àrab *TRBD*).

20 GHAT 34.706: תובל פוליאום (*TWBL PWLY'WM*). En dos indrets més *TWBL* es tradueix per *rovell*.

[tau 3] תרונגאן בלע׳ תרונגי

TRWNG'N; en la llengua vernacla *TRWNGY*[21]

TRWNG'N = àrab *turunǧān* ('alfàbrega' o 'melissa'; DT, vol. 2, llibre III, p. 98).
TRWNGY = cat. ant. *tarongí* (DCVB, vol. 10, 159b: «Planta labiada de l'espècie *Melissa officinalis* [Bal.]; cast. *toronjil*. ‹Escampa tu... tarongí esmicolat, humil cerinte›, Riber Geòrg. 92. [V. *tarongina*, art. 1]»).

[tau 4] תמר בלע׳ דאטילש

TMR en la llengua vernacla *D'ṬYLŠ*[22]

TMR = àrab *tamr* 'dàtils'.
D'ṬYLŠ = plur. del cat. ant. i mod. *dàtil* (DECLC, vol. 3, 31a; DCVB, vol. 4, 26a).

[tau 5] תורמוס בלע׳ לופינש

TWRMWS en la llengua vernacla *LWPYNŠ*[23]

TWRMWS = àrab *turmus* 'tramús' (*Lupinus termis* L.).
LWPYNŠ = cat. ant. *lopins* (AdV, 478 i 529; cf. ShŠ1, 529–30), forma de plural d'una variant de *l(l)obí*, probablement un occitanisme (cf. *lopin* / *lupin* en DAO, vol. 6, 448 entre d'altres; cf. DCVB, vol. 7, 38ab: ««Naguna persona no gos metra bestiar gros ne manut en lobins ni en erbeyes d'altra›, doc. a. 1370 [BABL, xii, 135]. ‹Farina de lentilles e de lobins›, Cauliach Coll., ll. ii, d. 2a, c. 4. ‹La palla dels llubins tallada té virtut de bons fems›, Agustí Secr. 78»).

[tau 6] תנכאר בלע׳ בוראט [בוראש?]

TNK'R en la llengua vernacla *BWR'Ṭ [BWR'Š?]*[24]

TNK'R = àrab *tinkār* 'bòrax'.
BWR'Ṭ, llegiu *BWR'Š?* = cat. ant. *boraix* / *borraix* (*borraig*) (DCVB, vol. 2, 582ab) o més probablement *borràs* (cf. DECLC, vol. 2, 97a, s.v. *borax*: «forma llatinitzada del cat. *borraix* o *borràs*»).

---

21 GHAT 34.771: תראנג׳אן טורונגינה (*TR'NǦ'N ṬWRWNGYNH*).
22 GHAT 34.716: תמר דאטטיל (*TMR D'ṬṬYL*).
23 GHAT 33.703: תרמוס לופינש (*TRMWS LWPYNŠ*); Munic BSB 245, f. 162v: לופינש ער׳ תרמוס לע׳; תרמוסין ב״ה תרמוס וב״ל (*LWPYNŠ*, àrab *TRMWS*, vern. *PRWLŠ 'MRGŠ*); ShŠ1, 529–30: פרולש אמרגש לופינש (*TRMWSYN* en àrab *TRMWS* i en la llengua vernacla *LWPYNŠ*); Laur. Or. 17, f. 79r: טורביטי (*ṬWRBYṬY* en arameu és l'arrel de *LYMPYDWS* i.e. בלשי׳ ארם ה׳ שורש לימפידוס ה׳ לופיני ה׳ תורמוסים *LWPYNY* i.e. *TWRMWSYM*).
24 GHAT 33.702: תנכאר בורטג (*TNK'R BWRṬG*); ShŠ1, 332–33: מדביק הזהב ב״ה תנכאר וב״ל בור[א]ל יי״ש (*MDBYQ HZHB* en àrab *TNK'R* i en la llengua vernacla *BWR['JYYŠ*); Munic BSB 245, f. 158v: בוראש (*BWR'Š* àrab *TYNQR*); íbidem f. 168r: בורש לטי׳ אטינקר (*'ṬYNQR* llatí *BWRŠ*); ShŠ2, bet 24: בוראסיש [var. *BWR'ŠYŠ*] o *BWR'[Y]YŠ*, בוראסיש [בוראשיש] או בורא[י]׳יש וב״ה תנכאר וב״ח מדביק הזהב (*BWR'SYŠ* en àrab *TNK'R*, en hebreu rabínic *MDBYQ HZHB*).

[tau 7] תרנג׳בין בלע׳ מאגנא

TRNǦBYN en la llengua vernacla M'GN'[25]

TRNǦBYN = àrab taranǧubīn, el 'mannà', és a dir, les secrecions dolces de certes plantes del desert, en particular de Astragalus (cf. M, 386).

M'GN' = cat. ant. magna, variant corrent de manna (DECLC, vol. 5, 429b–430a; DCVB, vol. 7, 206b–207a: «Substància gomosa i sacarina que flueix de certes plantes, especialment d'una varietat de freixe (Fraxinus ornus), i que s'empra en medicina com a purgant suau; confitets molt menuts i medicinals»).

[tau 8] תות בלע׳ מוראש

TWT en la llengua vernacla MWR'Š[26]

TWT = àrab tūt 'morera i els seus fruits', Morus nigra L. (L, 321; DT, vol. 1, 104).
MWR'Š = plural del cat. mora (cf. DCVB, vol. 7, 563b; DECLC, vol. 5, 781a–782b).

[tau 9] תַמַר הִנְדי בלע׳ התמר אנדי

TaMaR HiNəDY en la llengua vernacla HTMR 'NDY[27]

TaMaR HiNəDY = àrab tamr hindī 'tamarinde' (M, 381).
HTMR 'NDY = cat. ant. tamarindi (DCVB, vol. 10, 125b), precedit per l'article determinat hebreu H- (ha).

[tau 10] תפא בלעז מוריטורט תם

TP' en la llengua vernacla MWRYṬWRṬ fi[28]

TP' = àrab ṭuffā, segons IBF vol. 1, 446) un sinònim de ḥurf (Lepidium sativum L.).
MWRYṬWRṬ = cat. ant. morritort / morretort, Lepidium sativum (DECLC, vol. 5, 883a; DCVB, vol. 7, 589b).

L'ultima paraula de l'entrada [tau 10] תם es tradueix per 'fi' i marca el final del llistat de sinònims.

---

25 GHAT 33.700: תרנג׳בין בלע׳ מננא (TRNǦBYN en la llengua vernacla MNN'); Munic BSB 87, f. 129r: מאנה תרנג׳בין (M'NH TRNǦBYN), ShŠ2, mem 21: מאנא וב״ה תרנגבין או מן ובˈמ מן (M'N' i en àrab TRNG-BYN o MN i en hebreu bíblic MN); ms. Florència BL Or. 17, f. 79v: טרנ[ג]בין הוא מנא (ṬRN[G]BYN i.e. MN'); Munic BSB 245, f. 163r: מנא ער׳ תרנג׳בין לע׳ מננא (MN' àrab TRNǦBYN vern. MNGN').
26 GHAT 34.709: תות מורא (TWT MWR'); ShŠ1, 530: תותים ב״ה תות וב״ל מור[א]ש (TWTYM en àrab TWT i en la llengua vernacla MWR[']Š); Munic BSB 87, f. 129r: מוראש תות (MWRŠ TWT).
27 GHAT 33.698: תמר דנדי תמראינדיש (TMR DNDY TMR'YNDYŠ); Munic 87, f. 128v: טמרינדינש תמר (ṬMRYNDYNŠ TMR HNDY); Munic BSB 245, f. 156v: אוקשי פליסיאה ער׳ תמר הנדי לע׳ תמר אינדיאוש (\'WQŠY PLYSY'H, àrab TMR HNDY, vern. TMR 'NDY'WŠ).
28 GHAT 34.720: תפא מניטורט נשטורציאום (TP' MNYṬWRṬ NŠṬWRṢY'WM). En altres manuscrits apareix l'occ. nazitor(t), per exemple, ShŠ1, 503.

4 Resum i perspectives

En el present article hem tractat el gènere dels glossaris i llistats de sinònims mèdicobotànics d'origen jueu. Aquests textos de caràcter lexicogràfic eren molt comuns al període del segle XIII al XV entre els jueus de la península Ibèrica, del sud de França i, parcialment, d'Itàlia. El seu punt de partida és la terminologia medicobotànica àrab de l'època anterior, és a dir, de l'esplendor de les ciències a l'Al-Àndalus, a la qual els jueus havien contribuït de forma fonamental. Atès que l'hebreu, que era la nova llengua de les ciències fora d'Al-Àndalus (en lloc de l'àrab), no posseïa una terminologia apropiada ni per a propòsits científics ni per a la tasca pràctica dels metges en un entorn cristià, l'explicació dels termes àrabs consistia generalment en equivalències llatines i, sobretot, romàniques. Pel que fa al català, hem pogut identificar una dotzena de llistats de sinònims i glossaris, la major part inèdits. Aquests textos són un reflex clar de la important presència de metges jueus a Catalunya i a la Corona d'Aragó en general, i d'una certa convivència d'ells amb els metges cristians.

Com a exemple del gènere en qüestió (sota la seva forma més simple, com és un glossari bilingüe) ens hem ocupat més detalladament del glossari àrab-romanç contingut en el manuscrit Parma, Biblioteca Palatina 2279. La nostra edició de vint entrades que parteixen de lemes àrabs mostra només una petita part d'equivalències que, a part de romàniques, podrien ser interpretades també com a llatines (com *asara baccara*, *savina*), però la major part mostra una forma clarament romànica. Generalment pertanyen a l'àrea catalanooccita (cf. *agaric*, *anís*), però abunden les formes típicament catalanes (tal com **molsa de roure*, *pomcir, tarongí, morritort*). A part de documentar aquests vocables en la terminologia medicobotànica dels jueus catalans del segle XV, hem deixat palès també —sota la forma de notes crítiques— que aquest manuscrit no es pot considerar de forma aïllada, sinó que forma part d'una àmplia tradició jueva mediterrània.

Bibliografia

Sigles i abreviatures bibliogràfiques

AdV   Martínez Gázquez, José/McVaugh, Michael R. (edd.), *Translatio libri Albuzale De medicinis simplicibus*, Barcelona, Publicacions i Edicions de la Universitat de Barcelona [= Arnaldi de Villanova Opera medica omnia, XVII], 2004.

Alphita   García González, Alejandro (ed.), *Alphita. Edición crítica y comentario*, Firenze, SISMEL, 2007.

D   Dozy, Reinhart Pieter Anne, *Supplément aux Dictionnaires arabes*, 2 vol., Leiden, Brill, 1927.

DAO   Baldinger, Kurt (ed.), *Dictionnaire onomasiologique de l'ancien occitan*, Tübingen, de Gruyter, 1975–.

DCVB   Alcover, Antoni Maria/de B. Moll, Francesc, *Diccionari català-valencià-balear*, 10 vol., Palma de Mallorca, Editorial Moll, ²1980–1985.

DCECH   Corominas, Juan/Pascual, José Antonio, *Diccionario crítico etimológico castellano e hispánico*, 6 vol., Madrid, Gredos, 1980–1991.

DECLC   Coromines, Joan, *Diccionari etimològic i complementari de la llengua catalana*, 10 vol., Barcelona, Curial/La Caixa, 1980–2001.

DETEMA   Herrera, María Teresa, *Diccionario español de textos médicos antiguos*, 2 vol., Madrid, Arco Libros, 1996.

DT   Dietrich, Albert (ed.), *Dioscurides Triumphans. Ein anonymer arabischer Kommentar (Ende 12. Jahrh. n. Chr.) zur Materia medica*, 2 vol., Göttingen, Vandenhoeck & Ruprecht, 1988.

EI-2   Gibb, Hamilton Alexander Rosskeen/Kramers, Johannes Hendrik, et al. (edd.), *Encyclopedia of Islam. New edition*, 12 vol., Leiden, Brill, 1960–2004.

FEW   von Wartburg, Walther, et al., *Französisches Etymologisches Wörterbuch. Eine darstellung des galloromanischen sprachschatzes*, 25 vol., Bonn/Heidelberg/Leipzig-Berlin/Bâle, Klopp/Winter/Teubner/Zbinden, 1922–2002.

GHAT   Magdalena Nom de Déu, José Ramón (ed.), *Un glosario hebraico-aljamiado trilingüe y doce «aqrabadin» de origen catalán (siglo XV)*, Barcelona, Universidad de Barcelona, 1993.

IBF   Ibn al-Bayṭār, *Traité des simples*, 3 vol., trad. Lucien Leclerc, Paris, Imprimerie Nationale, 1877–1883.

L   Lane, Edward William, *Arabic-English Lexicon*, 8 vol., London, Williams & Norgate, 1863–1879.

LCMA   Líbano Zumalacárregui, Ángeles/Sesma Muñoz, José Ángel, *Léxico del Comercio Medieval en Aragón (s. XV)*, Zaragoza, Fernando el Católico, 1982.

M   Rosner, Fred, *Moses Maimonides' glossary of drug names. Translated and annotated from Max Meyerhof's French edition*, Haifa, Maimonides Research Institute [= Maimonides' Medical Writings, 7], 1995.

ShŠ1   Bos, Gerrit, et al. (edd.), *Medical synonym lists from medieval Provence (Hebrew, Arabic, Romance): Shem Tov ben Isaac, Sefer ha-Shimmush, book twenty-nine. Critical edition, translation and annotation. Part 1: List 1 (Hebrew-Arabic-Romance)*, Leiden, Brill, 2011.

ShŠ2   Bos, Gerrit, et al. (edd.), *Medical synonym lists from medieval Provence (Hebrew, Arabic, Romance): Shem Tov ben Isaac, Sefer ha-Shimmush, book twenty-nine. Critical edition, translation and annotation. Part 2: List 2 (Romance/Latin-Arabic-Hebrew)*, Leiden, Brill, en prep.

Sin   Mensching, Guido, *La Sinonima delos nonbres delas medeçinas griegos e latynos e arauigos*, Madrid, Arco Libros, 1994.

VDCRI   Malara, Giovanni, *Vocabolario dialettale calabro-reggino-italiano*, Reggio Calabria, Libreria D. Calabrò, 1909.

VDS   Rohlfs, Gerhard, *Vocabolario dei dialetti salentini*, 3 vol., München, Bayerische Akademie der Wissenschaften/Kommission bei Beck, 1956–1961.

VSic   Piccitto, Giorgio/Tropea, Giovanni/Trovato, Salvatore Carmelo, *Vocabolario Siciliano*, 5 vol., Palermo, Centro di Studi Filologici e Linguistici Siciliani, 1977–2002.

Estudis, edicions i catalegs

Bos, Gerrit, *Novel medical and general Hebrew terminology from the 13th century*, 5 vol., Oxford/Leiden, Oxford University Press/Brill, 2011–2021.

Bos, Gerrit, *Ibn al-Jazzār's Zād al-musāfir wa-qūt al-ḥāḍir. Provisions for the traveller and nourishment for the sedentary, book 7 (7–30): Critical edition of the Arabic text with English translation, and critical edition of Moses ibn Tibbon's Hebrew translation (Ṣedat ha-Derakhim)*, Leiden, Brill, 2015.

Bos, Gerrit, *A Concise Dictionary of Novel Medical and General Hebrew Terminology from the Middle Ages*, Leiden, Brill, 2019.

Bos, Gerrit. *Maimonides Medical Aphorisms: Hebrew Translation by Zerahyaḥ ben Isaac ben She'altiel Ḥen*, Leiden, Brill, 2020.

Bos, Gerrit/Mensching, Guido, *Macer Floridus. A middle Hebrew fragment with Romance elements*, Jewish Quarterly Review 91 (2000), 17–51.

Bos, Gerrit/Mensching, Guido, *Shem Tov ben Isaac. Glossary of botanical terms, Nos. 1–18*, Jewish Quarterly Review 92 (2001), 21–40.

Bos, Gerrit/Mensching, Guido, *The literature of Hebrew medical synonyms. Romance and Latin terms and their identification*, Aleph 5 (2005), 169–211.

Bos, Gerrit/Mensching, Guido, *A 15th century medico-botanical synonym list (Ibero-Romance-Arabic) in Hebrew characters*, Panace@ 7:24 (2006), 261–268.

Bos, Gerrit/Mensching, Guido, *The Black Death in Hebrew literature. Abraham ben Solomon Hen's Tractatulus de pestilentia*, Jewish Studies Quarterly 18 (2011), 32–63.

Bos, Gerrit/Mensching, Guido, *Arabic-Romance medico-botanical glossaries in Hebrew manuscripts from the Iberian Peninsula and Italy*, Aleph 15 (2015), 9–61.

Bos, Gerrit, et al. (edd.), *Medical synonym lists from medieval Provence (Hebrew, Arabic, Romance). Shem Tov ben Isaac, Sefer ha-Shimmush, book twenty-nine. Critical edition, translation and annotation. Part 1: List 1 (Hebrew-Arabic-Romance)*, Leiden, Brill, 2011.

Bos, Gerrit, et al. (edd.), *Medical synonym lists from medieval Provence (Hebrew, Arabic, Romance). Shem Tov ben Isaac, Sefer ha-Shimmush, book twenty-nine. Critical edition, translation and annotation. Part 2: List 2 (Romance/Latin-Arabic-Hebrew)*, Leiden, Brill, en prep.

Bos, Gerrit/Köhler, Dorothea/Mensching, Guido, *Un glosario médico-botánico bilingüe (iberorromance-árabe) en un manuscrito hebraico del siglo XV*, in: García Martín, José María (dir.), *Actas del IX Congreso Internacional de Historia de la Lengua Española (Cádiz, 2012)*, vol. 2, de Cos Ruiz, Francisco Javier/ Franco Figueroa, Mariano (edd.), Madrid/ Frankfurt a.M., Iberoamericana/Vervuert 2015, 1763–1776.

Cardoner Planas, Antoni, *Nuevos datos acerca de Jafuda Bonsenyor*, Sefarad 4 (1944), 287–293.

De Rossi, Giovanni Bernardo, *Mss Codices Hebraici Biblioth. I. B. de-Rossi accurate ab eodem descripti et illustrati*, 3 vol., Parma, Ex publico typographo, 1803.

Gutiérrez Rodilla, Bertha, *La esforzada reelaboración del saber. Repertorios médicos de interés lexicográfico anteriores a la imprenta*, San Millán de la Cogolla, Cilengua, 2007.

Hernández, Francisco Javier, *El testamento de Benvenist de Saporta (1268)*, Hispania Judaica Bulletin 5 (2007), 115–51.

Heynick, Frank, *Jews and medicine. An epic saga*, Hoboken, NJ, Ktav, 2002.

Käs, Fabian, *Die Mineralien in der arabischen Pharmakognosie. Eine Konkordanz zur mineralischen Materia medica der klassischen arabischen Heilmittelkunde nebst überlieferungsgeschichtlichen Studien*, 2 vol., Wiesbaden, Harassowitz, 2010.

Köhler, Dorothea/Mensching, Guido, *Romanische Fachterminologie in mittelalterlichen medizinisch-botanischen Glossaren und Synonymenlisten in hebräischer Schrift*, in: Atayan, Vahram/Sergo, Laura/Wienen, Ursula (edd.), *Fachsprache(n) in der Romania. Entwicklung, Verwendung, Übersetzung*, Berlin, Frank & Timme, 2013, 61–82.

Magdalena Nom de Déu, José Ramón (ed.), *Un glosario hebraico-aljamiado trilingüe y doce «aqrabadin» de origen catalán (siglo XV)*, Barcelona, Universidad de Barcelona, 1993.

MacKinney, Loren Carey, *Medieval medical dictionaries and glossaries*, in: Cate, James Lea/Anderson, Eugene Newton (edd.), *Medieval and historiographical essays in honor of James Westfall Thompson*, Chicago, University of Chicago Press, 1938, 240–268.

McVaugh, Michael, *Medicine before the plague. Practitioners and their patients in the Crown of Aragon 1285–1345*, Cambridge, Cambridge University Press, 2002.

Mensching, Guido, *Per la terminologia medico-botanica occitana nei testi ebraici. Le liste di sinonimi di Shem Tov ben Isaac di Tortosa*, in: Corradini Bozzi, Sofia/Periñán, Blanca (edd.), *Atti del convegno internazionale (Pisa 7–8 novembre 2003): Giornate di studio di lessicografia romanza*, Pisa, ETS, 2006, 93–108.

Mensching, Guido/Bos, Gerrit, *Une liste de synonymes médico-botaniques en caractères hébraïques avec des éléments occitans et catalans*, in: Rieger, Angelica (ed.), *Actes du neuvième Congrès International de l'AIEO (Aix-la-Chapelle, 24–31 août 2008)*, 2 vol., Aachen, Shaker, 2011, vol. 1, 225–238.

Mensching, Guido/Savelsberg, Frank, *Reconstrucció de la terminologia mèdica occitanocatalana dels segles XIII i XIV a través de llistats de sinònims en lletres hebrees*, in: *Actes del congrés per a l'estudi dels Jueus en territori de llengua catalana (Barcelona-Girona 2001)*, Barcelona, Universitat de Barcelona, 2003, 69–81.

Mensching, Guido/Zwink, Julia, *L'ancien occitan en tant que langage scientifique de la médecine. Termes vernaculaires dans la traduction hébraique du «Zād al-musāfir wa-qūt al-ḥāḍir» (XIIIe)*, in: Alén Garabato, Carmen/Torreilles, Claire/Verny, Marie-Jeanne (edd.), *Los que fan viure e tresluire l'occitan (AIEO 2011)*, Limoges, Lambert-Lucas, 2014, 226–236.

Millàs i Vallicrosa, Josep Maria, *Manuscrits hebraics d'origen català a la Biblioteca Vaticana*, Estudis Universitaris Catalans 21 (1936), 97–109.

Olalla Sánchez, Mónica (ed.), *Sefer gerem ha-maʿalot. Libro de los peldaños de Yehoshua ha-Lorki*, Cuenca, Alderabán, 2009.

Reif, Stefan C. (ed.), *Hebrew manuscripts at Cambridge University Library. A description and introduction*, Cambridge, Cambridge University Press, 1997.

Richler, Binyamin (ed.), *Hebrew manuscripts in the Biblioteca Palatina in Parma. Catalogue*, palaeographical and codicological descriptions. Malachi Beit-Arié, Jerusalem, Jewish National/University Library 2001.

Richler, Binyamin (ed.), *Hebrew manuscripts in the Vatican Library. Catalogue*, compiled by the Institute of Microfilmed Hebrew Manuscripts, Jewish National and University Library, Jerusalem. Palaeographical and codicological descriptions: Malachi Beit Arié in collaboration with Nurit Pasternak, Città del Vaticano, Biblioteca Apostolica Vaticana, 2008.

Romano, David, *Judíos escribanos y trujamanes de árabe en la Corona de Aragón (reinados de Jaime I a Jaime II)*, Sefarad 38:1 (1978), 71–105.

Rubió i Lluch, Antonio, *Documents per a la història de la cultura catalana medieval*, 2 vol., Barcelona, Institut d'Estudis Catalans, 1908–1921.

Shatzmiller, Joseph, *Jews, medicine and medieval society*, Berkeley/Los Angeles/London, University of California Press, 1994.

Steinschneider, Moritz, *Zur Literatur der «Synonyma»*, in: Pagel, Julius (ed.), *Die Chirurgie des Heinrich von Mondeville*, Berlin, Hirschwald, 1892, 582–595.

Steinschneider, Moritz, *Die hebräischen Übersetzungen des Mittelalters und die Juden als Dolmetscher. Ein Beitrag zur Literaturgeschichte des Mittelalters, meist nach handschriftlichen Quellen*, Berlin, Kommissionsverlag des Bibliographischen Bureaus, 1893.

Steinschneider, Moritz, *Die arabische Literatur der Juden. Ein Beitrag zur Literatur der Araber grossenteils aus handschriftlichen Quellen*, Frankfurt a.M., Verlag von J. Kauffmann, 1902.

Apéndix I
Reproducció de ms. Parma 2279, f. 280v

Apéndix II
Reproducció de ms. Parma 2279, f. 285v

Meritxell Blasco Orellana

La terminologia catalana aljamiada en els *sifre refu'ot* i la importància dels doblets i triplets lèxics

Abstract: This article offers a wide list of words and short phrases as examples of the strong multilingual interaction in medical texts, which were composed and used by the Jews in the Medieval Crown of Aragon. Such an interesting phenomenon is detected especially in ms. Heb 8°-85 from Jerusalem (this manuscript presents a trilingual concordance list – Arabic, Latin and Romance – from the fifteenth century) and in some other medical literature (*sifre refu'ot*) as the ms. Heb-I 338 (Firkovitch's first collection from the National Library of Russia, fourteenth century). These books contain synonym doubles or triples to clarify the meening of a particular name in Hebrew, Romance, Arabic, Greek or Latin. These synonymies will help to define some expressions that designate minerals, vegetables and animals and are difficult to identify.

Keywords: vernacular terminology, medicine, synonym lists, *sifre refu'ot*, aljamiado texts

1 Introducció

El conegut poliglotisme dels jueus peninsulars medievals (segles XIII–XV) es reflecteix en la variada documentació redactada en hebreu tant pels escrivans oficials (*soferim*) de les comunitats (*aljames*) com pels rabins i, fins i tot, pels particulars. En aquests documents s'inclouen veus i de vegades llargues frases en *la'az*, en llengua no hebrea, la pròpia del territori lingüístic (català, aragonès, etc.), tot i emprar, evidentment, l'alefat hebreu, la qual cosa produeix el fenomen de l'*aljamia*. Aquest fenomen es fa palès sobretot als llibres científics de medicina i farmacologia que circulaven pels territoris de l'antiga Corona d'Aragó.

L'objectiu d'aquest article és comentar una sèrie de veus hebraicoaljamiades de provinença romànica, principalment catalana —i potser en alguns casos occitana— incloses en textos hebreus de manuscrits medicofarmacològics medievals, fent especial referència al ms. Heb-I 338 (primera col·lecció Firkovitch, de la Biblioteca Nacional de Rússia, a Sant Petersburg; cf. per a l'edició del manuscrit

Dr.ª **Meritxell Blasco Orellana,** Universitat de Barcelona, Departament de Filologia Clàssica, Romànica i Semítica, Gran Via de les Corts Catalanes, 585, E-08007 Barcelona, meritxell.blasco@ub.edu

https://doi.org/10.1515/9783110430622-003

Blasco Orellana 2006 i per a l'estudi també Blasco Orellana 2015) i el ms. Heb 8°-85 de Jerusalem (glossari trilingüe; cf. per a l'edició dels folis 79–94 Magdalena 1993; la segona part d'aquest glossari està actualment en procés d'edició i d'estudi). Tal com queda reflectit en aquests textos, el plurilingüisme dels autors jueus inclou les nomenclatures dels productes simples (minerals, vegetals i animals), els compostos, termes anatòmics, d'instrumental, etc. Moltes d'aquestes veus són préstecs lingüístics, ja per desconeixement de la paraula exacta, ja per la inexistència d'aquesta veu en hebreu, sempre s'utilitza aleshores la corresponent veu romànica. En altres ocasions, encara que l'autor coneix el terme hebreu, empra directament la paraula del romanç vulgar parlat en el seu territori i entorn lingüístic. També comencen a aparèixer neologismes tècnics creats pels autors jueus.

Són coneguts alguns glossaris i concordances d'elements simples medicofarmacològics, per exemple, el ms. Heb 8°-85 de Jerusalem (s. XV), ja esmentat, i el de Shem Tov ben Isaac de Tortosa (s. XIII; vegeu per a l'edició de la primera part Bos et al. 2011), que serien consultats freqüentment pels professionals de les ciències de la salut (metges, apotecaris, etc.) per tal de resoldre amb exactitud problemes d'identificació dels respectius simples al seu abast.

En altres ocasions, en els llibres de medicina (*sifre refu'ot*) apareixen doblets o triplets lèxics per tal d'aclarir i precisar una determinada veu, sigui hebrea, romànica, àrab, grega, llatina, etc., tenint en compte la gran diversitat i riquesa lèxica en la nomenclatura vegetal a tots els territoris de la Romània en general i a l'àmbit catalanooccità en particular.

L'article aquí presentat s'organitza de forma següent: el capítol 2 es dedica als *simples,* és a dir, vegetals, minerals i animals utilitzats com a fàrmacs, continguts al manuscrit Heb-I 338 (Sant Petersburg) i dona exemples dels distints tipus de sinonímies (doblets i triplets en llengües diferents i amb distribució diversa) fets servir dins els receptes i altres passatges d'aquest primer manuscrit. El capítol 3 tracta alguns termes vernacles que estan introduïts al text hebreu com a manlleus del romanç sense fer la funció de glossa d'un terme hebreu i que no pertanyen al camp lèxic dels medicaments, ni simples ni compostos. El capítol 4 es dedica a la segona part del llistat de sinònims del manuscrit Heb 8°-85 (Jerusalem) encara inèdita i actualment en estudi i dona exemples ara dels diferents tipus de presentar les sinonímies dins aquesta segona prova textual. El capítol 5 ofereix una breu conclusió dels resultats trets del material estudiat.

2 El ms. Heb-I 338 i els seus doblets i triplets lèxics

El manuscrit Heb-I 338 del qual no sabem l'autor, consta de 43 folis, en paper i pergamí, acèfal i, per tant, sense títol, escrit sens dubte en territori català. El seu contingut és un clàssic repertori de receptes i remeis mèdics, copiats d'altres tractats. Conté unes 400 receptes segons la clàssica estructura literària de les farmacopees orientals (*aqrabadin*), que tenen com a denominador comú la formulació galènica, o més ben dit, del nou galenisme medieval posat en circulació mitjançant les traduccions a l'àrab de l'obra del metge de Pèrgam, retraduïdes al llatí i a les llengües romàniques de l'Europa occidental. Com és sabut, els metges i apotecaris jueus també contribuïren de manera decisiva a la tasca traductora i difusora d'aquesta medicina i farmacopea galènica.

Seguint el tradicional recorregut per l'anatomia humana *a capite ad calcem*, hom veu que la major concentració de receptes i remeis correspon a l'apartat temàtic de malalties i afeccions del cap amb 176 entrades, 65 d'oftalmologia, 32 per a afeccions de nas, gola i oïda, 26 d'estomatologia, 25 per als cabells, 20 per a les migranyes i mals de cap i 8 per a les afeccions de la cara. L'apartat dedicat a la ginecologia i cosmètica femenina conté 78 entrades i guarda una certa relació amb el ms. hebreu *Sefer ʾahabat našim* (Caballero Navas 2004), així com amb els catalans *Tròtula* de mestre Joan i *Flos del tresor de beutat* (Cabré 1996).

2.1 Els doblets lèxics

En aquest manuscrit apareixen els següents doblets sinònims (exemples 1–16). Van organitzats aquí pels diferents tipus d'ordre i de llengües d'on estan trets.

2.1.1 Hebreu – català

La glossa dels termes hebreus pels seus corresponents en català forma el doblet de sinònims més freqüent i comú (cf. Blasco Orellana 2015, 53). A continuació en donem alguns exemples (1–8):

(1) בצל הים שקורין אשקטלץ
   'ceba de mar que diuen 'ŚQṬLṢ' (f. 2v.10–11).

Hipòtesi:	*esqui(t)les* ('ŚQṬLṢ – אשקטלץ)
DCVB	s.v. *esquila*: «Prenetz l'esquila blanca, ço és ceba marina», *Medicines particulars,* s. XIII.
Faraudo	s.v. *esquila*: «Les coses calentz e sseques en lo terçer grau: alfaltic, anis, azara, . . . sacapin, scamonea, squilla,. . .»; «E les mediçines que purguen fleuma son aquestes: coloquindita, turbit, agarig,. . . papaver, esquila, armoniac. . .», *Medicines particulars,* s. XIII.
Glosario trilingüe	f. 89v, ítem 493 (Magdalena 1993, 25).
Heb 8°-85	f. 96v, ítem 93: אשקיטלא – 'ŚQYLH (esquila).

ShŠ   Bet 3 (Bos et al. 2011, 130–131): אשקילה או סיבה מרינה – *’ŠQYLH ’W SYBH MRYNH (esquila* o *ceba marina)* en el manuscrit de París i les variants *’ŠQYṬLṢ* en els manuscrits d'Òxford i del Vaticà.

La paraula a (1) que glossa la veu hebrea בצל הים *(baṣal ha-yam,* literalment 'ceba de mar') correspon al plural del cat. ant. *esquila,* **esquitla,* forma catalanitzada del llatí *scilla,* Scilla maritima L. o Urginea maritima (L.) Baker (cf. Blasco Orellana 2006, 9; 2015, 53 i 94).

(2) אבק נהר הוא גְּרְדָא
'pols de riu que és la *GĕRĕDa'* (f. 20.4).

Hipòtesi:	*greda* (*GĕRĕDa'* – גְּרְדָא)
Faraudo	s.v. *greda:* «Iun poch de greda», *Inventari del pintor Pere Baró Perpinyà,* 1399.
Glosario trilingüe	f. 84v, ítem 270 (Magdalena 1993, 15).
Heb 8°-85	f. 98, ítem 169: גרדא – *GRD´ (greda).*

La glossa (2) és cat. ant. *greda* (del llatí *creta)* que denomina l'argila blanquinosa que s'empra principalment per a treure taques i desengreixar draps (cf. DCVB s.v. *greda;* cf. Blasco Orellana 2006, 75; 2015, 53, 107 i 115).

(3) פוקות הוא שנגלוט
'sanglot, és a dir *ŠNGLWṬ'* (f. 9.9).

Hipòtesi:	*sanglot* (*ŠNGLWṬ* – שנגלוט)
DCVB	s.v. *sanglot:* «Val a l'aygua nuz e al sanglot», *Medicines particulars,* s. XIII.
Faraudo	s.v. *sanglot:* «. . .e, quan es donat a beure ab aygua, tol la ventositat e les dolors de l estomag, e ab lo vinagre tol lo ssanglot. . .», *Medicines particulars,* s. XIII; «. . . e mesclats o tot e dats li n a beure: tot vomit colerich fara passar e tot sanglot», *Receptari de la Universitat de València,* s. XIV.
ShŠ	Pe 40 (Bos et al. 2011, 423): שנגלוט – *ŠNGLWṬ (sanglot).*

La glossa *ŠNGLWṬ* a (3) cal interpretar-la com cat. *sanglot,* variant de *singlot,* del llat. *singultu* (cf. DCVB s.v. *sanglot;* cf. Blasco Orellana 2006, 35; 2015, 54 i 239).

(4) לאודם הפנים היא גוטא רושא
'per la vermellor de la cara, és a dir *GWṬ' RWŚ"* (f. 9v.14).

Hipòtesi:	*gota rosa* (*GWṬ' RWŚ'* – גוטא רושא)
DCVB	s.v. *gota:* «De gota rosa e de les rues e d'altres malalties que's fan en la cara», *Tresor dels Pobres,* s. XIV.
Faraudo	s.v. *gota rosa:* «Item contra gota rosa enveylleida. Reebet: caffre una dracma, borrayx .ij. dracmes. . .», *Tresor dels Pobres,* s. XIV.

Veu no documentada a les fonts hebrees consultades.

El terme a (4) que glossa l'hebreu אודם הפנים *('edom ha-panim,* literalment 'vermellor de la cara') correspon a l'expressió en cat. ant. *gota rosa,* que denomina l'afecció de la sang que es manifestava en rojor de la cara (cf. DCVB s.v. *gota).*

L'enunciat corresponent en castellà antic designa l'erupció cutània (DETEMA s.v. *gota*; cf. Blasco Orellana 2006, 37; 2015, 239).

(5) שבלולים הם קרגבלש בלא קלפתם
'caragols, ells són QRGBLŚ sense la seva closca' (f. 17.24–f. 5.1).

Hipòtesi:	*car(a)gols* (QRGBLŚ – קרגבלש)
DCVB	s.v. *caragol*: «Item quaragols bollits e piquats ab lexiu, les porcellanes amolexen e dissolen», *Micer Johan, s. XV.* «Porcellanes an aytal la conexensa que sian semblants a caragolls», *Conex, s. XV.*
Faraudo	s.v. *caragol*: «Caragol. Dix Galien que ls caragols can son crematz dessequen molt, e solven e escuren. . .», *Medicines particulars, s. XIII.*
Glosario trilingüe	f. 84, ítem 246 (Magdalena 1993, 14).
Heb 8°-85	f. 106, ítem 463: קרגבל – QRGBL *(caragol).*

A (5) es tracta del plural del cat. *car(a)gol*, 'mol·lusc de la família del helícids' (DCVB s.v. *caragol*; cf. Blasco Orellana 2006, 63; 2015, 54, 273 i 279).

(6) חומטים לימצש בלע׳
'llimacs, LYMṢŚ en vernacle' (f. 41v.2–3).

Hipòtesi:	*llimaces* (LYMṢŚ – לימצ)
Glosario trilingüe	f. 84, ítem 246 (Magdalena 1993, 14).
Heb 8°-85	f. 106, ítem 463: קרגבל או לימסא – QRGBL 'W LYMS' *(cargol o llimaça).*
ShŠ	Ḥet 32 (Bos et al. 2011, 227–228): לימאסא – LYM'S' *(limasa).*

La veu a (6) no està documentada en català a les fonts llatines que vam consultar, però sí als textos aljamiats en lletres hebrees. Es tractaria del plural de **llimaça*, per al mol·lusc del gènere Limax. En època medieval també com a sinònim de *caragol* (cf. Blasco Orellana 2006, 161; 2015, 54 i 279). Per a la documentació en occ. ant. cf. Bos et al. (2011, 228).

(7) תולעים הם לומבריקש
'cucs, que són LWMBRYQŚ' (f. 13v.15–16).

Hipòtesi:	*lombrics* (LWMBRYQŚ – לומבריקש)
DCVB	s.v. *llombric*: «Engenra en lo ventre los vérmens qui són apelatz lombrics», *Arn. Vil.* ii, 135; «Si és picada ab vi o ab vinagre mata los lombrichs e les tinyes», *Macer Erbes, s. XV*; «Mol donchs los budells e lombrichs», *Caulliach Coll., s. XV*; «Mesclada ab lombrich de terra», *Dieç Menesc. s. XV.*
Faraudo	s.v. *llombric*: «. . . e ssi sson lavades les dentz on aje dolor ab aquela aygua val i molt, e la ssement i la rrail fa aço metex, e l aygua cuyta ab aço mata los lombrics si n beuen», *Medicines particulars, s. XIII*; «Item pren lombrichs que s fan deius terra, e pica ls e cou los ab ciurons negres, e daras de l aygua calda a beure com sera fret e rompra la pedra tantost», *Receptari de la Universitat de València, s. XIV*; «Item la sement de la coll si es mesclada ab vinagre, mata los lombrichs e ls altres cuchs mals que s fan en lo cors de l hom si es beguda», *Macer Erbes, s. XV.*

Veu no documentada a les fonts hebrees consultades.

La glossa (7) és el plural de la forma cat. ant. *lombric(h)*, derivat del llatí *lumbricu*, 'cuc de terra o intestinal' (cf. DCVB s.v. *llombric*; cf. Blasco Orellana 2006, 49; 2015, 54 i 253).

(8) מעפוש העולה אל המוח פוויירימנט
    'de la infecció que puja al cervell: *PWYYRYMNṬ*' (f. 4v.2–3).
    Hipòtesi: *poiriment*   (*PWYYRYMNṬ* – פוויירימנט)

L'expressió romànica a (8) correspon a l'occ. ant. *poirimen(t)* 'podridura, putrefacció', del verb occ. *poirir* 'podrir' (Petit Levy s.v. *poiriguier*). La veu a (8) no està documentada a les fonts catalanes consultades ni tampoc a les fonts hebrees (cf. Blasco Orellana 2006, 17; 2015, 53 i 103).

2.1.2 Català – hebreu

A part del tipus d'un terme hebreu glossat per l'expressió equivalent en català, al ms. Heb-I 338 també troben exemples de l'ordre invertit (9–12) en què un terme hebreu aclareix un manlleu del romanç que està integrat al text hebreu:

(9) וֵירִי הוא החזיר הזכר שמעמידין אותו לעבר הנקבות
    '*WěYRY*, <que> és el porc mascle que posen per prenyar les truges' (f. 22.8–9).
    Hipòtesi: *verre*   (*WěYRY* – וֵירִי)
    DCVB   s.v. *verro*: «Si lo cauall. . . o bocs o verres d'algú enprenyen les egues. . ., cabrs o truges d'altre», *Cost. Tort.* III, ix, 10.
    Faraudo   s.v. *verre*: «Item los genitaris del porc senglar o de verre, beguts ab vi, sanan los epilentics», *Tresor dels pobres*, s. XIV; «Item, que algun Carnicer, ne altra persona, no aucia per carn venal fresca porch que sia stat verre, tro que sien passats tres meses pus serà sanat», *Llibre de Mostassaf* 30 (Mallorca, 1448); «Ajes la scorça de la rayl del setge e pica la ab sagi de verre, e posa ho sobre aquell loch hon es la dolor», *Receptari de la Universitat de València*, s. XIV.
    Veu no documentada a les fonts hebrees consultades.

A (9) la forma manllevada i integrada al text hebreu és la variant dialectal *verre* o *verri*, del cat. *verro*, derivat del llatí *verres*, 'porc mascle no castrat' (DCVB s.v. *verro*; cf. Blasco Orellana 2006, 83; 2015, 54 i 127).

(10) גולינר הוא פרח רמון מדברי
    '*GWLYNYR*, que és la flor del magraner salvatge' (f. 28v.14).
    Hipòtesi: *joliner*   (*GWLYNYR* – גולינר)

La paraula de (10) en llengua vernacla és una forma no documentada, ni en fonts llatines ni hebrees, i correspon probablement a un arabisme **joliner*, **jullaner* o a una forma semblant. Pel manlleu àrab *ğullanār*, del persa *gul-i anār*, cf. Bos et al. (2011, 338); pel manlleu document en altres llengües, cf. el castellà *ajolinar*, 'flor del magraner salvatge' (DETEMA s.v. *ajolinar*), *Punica granatum L.* (cf. Blasco Orellana 2006, 109; 2015, 54 i 157).

(11) פֶּן עשב בלשון חכמים

'*PĕN*, herba en llengua de rabins' (f. 5v.15–5v marge dret.1).

Hipòtesi: *fen*   (*PĕN* – פֶּן)

Faraudo   s.v. *fen*: «. . . estant en sa casa, pres se esment d un ase que tenia, com li donassen civada e fen per a mengar. . .», *Canals, Antoni Valeri Màximo*, s. XIV; «O sia pus pres dell fen o de l estram de l ordi feta. . .», *Tederic Cirurgia dels cavalls*, ss. XIV–XV.

Veu no documentada a les fonts hebrees consultades.

La forma vernacla és el cat. ant. *fen*, variant de *fe*, del llatí *fenu*, nom botànic *Trifolium incarnatum* L. i altres Trifolium (cf. DCVB s.v. *fe o fenc*; cf. Blasco Orellana 2006, 21; 2015, 55 i 277).

(12) גְּרנִיוֹלָא בלעז גרש דגן

'*GĕRaNYWLȧ*, en romanç 'gra de cereal'' (f. 6.12–13).

Hipòtesi: *granyola*   (*GĕRaNYWLȧ* – גְּרנִיוֹלָא)

La forma vernacla de (12) deu ser un derivat del cat. *gra* com **granyola*, segons el manuscrit amb el significat 'gra de cereal'. La veu no es troba documentada a les fonts catalanes consultades ni tampoc a les fonts hebrees (cf. Blasco Orellana 2006, 23; 2015, 55 i 279).

2.1.3 Català – enunciat híbrid hebreu + català

Tan sols en una ocasió (13) es detecta un curiós doblet en què la veu catalana s'explica mitjançant la fusió de dues paraules de diferent origen, el primer component de l'expressió és d'origen hebreu i el segon, clarament català:

(13) רוגיטא הוא רגל קולום

'*RWGYṬ*', que és peu de *QWLWM*' (f. 8v.10).

Hipòtesi: 1)   *rogeta*   (*RWGYṬ*' – רוגיטא)

              2)   *colom*   (*QWLWM* – קולום)

Glosario trilingüe   f. 88v, ítem 455 (Magdalena 1993, 23).

Heb 8°-85   f. 107, ítem 506: רגל היונה (romanç), פידיש קלומבינוש (llatí). A la columna del romanç el compilador utilitza l'hebreu *regel ha-yona* (literalment: 'peu de colom') en lloc del català *peu de colom* i a la columna del llatí surt l'expressió *pedi/es columbinus* (*PYDYŚ QLWMBYNWŚ*).

La primera paraula és el mot cat. *rogeta*, diminutiu de *roja*, del llatí *rubia*, *Rubia peregrina* L. o *Rubia tinctorum* L. (DCVB s.v. *rogeta*). El segon terme híbrid es compon de la paraula hebrea רגל en *status constructus* (*regel*, 'peu de') seguit del substantiu català *colom* (cf. Blasco Orellana 2006, 33; 2015, 55 i 233).

2.1.4 Català – català

Acabem aquest apartat dels doblets lèxics al manuscrit Heb-I 338 amb tres casos (14–16) en els quals no es troba cap element hebreu per a designar un ingredient o una aplicació mèdica, sinó només un terme vernacle que al mateix temps és aclarit per una altra expressió en romanç:

(14) זרקטונא הוא שילי
'ZRQTWN', que és *ŚYLY* (f. 35v.3–4).

Hipòtesis:	1) *sar(a)gatona*	(ZRQTWN' – זרקטונא)
	2) *silli*	(ŚYLY – שילי)
DCVB	s.v. *saragatona*: «Preneu sargatona e mullau-li lo dit cor», *Anim. caçar*, s. XVI.	
Faraudo	s.v. *mazracatona*: «E son aquestes herbes que direm en ssemblant del celiandre en obres: primerament la fulla del ssilium, e la mazracatona, e l linos, e la laor del galocresta, e l alfavega», *Medicines particulars*, s. XIII.	
Tabula antidotarii	זרקטונא, ZRQTWN', sarqatona, saraqatona (McVaugh/Ferre 2000, 43).	
DCVB	s.v. *silli*: «L'aigua en la qual lo silli aurà estat remullat una nuyt. . ., estreyn e sana les làgrimes», *Tresor dels pobres*, s. XIV.	
Faraudo	s.v. *sil·li*, *psilli*, *çilium*, *silium*, *silio*: «Mazra Catona és a lati çilium. Dix .D. que Aquesta és herba que a fulles peloses i branques longues e ssement menuda i dura, i Aquela sement obra om del çilium», *Medicines particulars*, s. XIII; «i meta .i. poch de vedat ab blanch d ou o ab ayga de silium sobre l Uyl . . .», *Alcoatí*, s. XIV; «Item sement de psilli torrada i picada i donada a beure en .i. ou mol, Molt estreny», *Tresor dels pobres*, s. XIV.	
Glosario trilingüe	f. 80v, ítem 93 (Magdalena 1993, 7).	
Heb 8°-85	f. 107v, ítem 525: שיללי – *ŚYLLY* – *silli*.	
Tabula antidotarii	שילי – *ŚYLY* – *silli* (McVaugh/Ferre 2000, 43).	

La primera paraula en vernacle correspon aquí (14.1) al cat. ant. *sargatona* o *saragatona*, (amb la variant *mazracatona*), del àrab بزرقطونا, Plantago psyllium L., dita vulgarment *herba pucera* (cf. DCVB s.v. *saragatona*). El sinònim vernacle (14.2) donat per a aclarir el primer mot és el cat. ant. *silli*, variant de *psil·li*, *silio*, *silis*, *cilium* i *silium*, manlleu del llatí *psillium*, Saragatona L. (McVaugh/Ferre 2000, 43; cf. Blasco Orellana 2006, 137; 2015, 56 i 201).

(15) קנילײדא פ״י גושקיאמי
'*QNYLYYD*', explicat millor - *GWŚQY'MY*' (f. 8.1–8 marge.1).

Hipòtesis:

    1) *canellada*   (*QNYLYYD*' – קנילײדא)

    2) *jusquiame* (*GWŚQY'MY* – גושקיאמי)

Faraudo	s.v. *canellata*: «Item la sement de la erba, la qual es vulgarment dita canellata, fa dormir», *Tresor dels pobres*, s. XIV.
DCVB	s.v. *jusquiam*: «Medicines fredes, axí com opi o jusquiam ho coses mortificants», *Alcoatí*, s. XIV.
Faraudo	s.v. *jusquiam*: «Les mediçines qui amorten e refreden e no estrenyen: La mandragola, e l belenyo, e l jusquiamo e l papaver, ço es, les fulles de tot aço quan son vertz, algun poc d eles no n an poder d endurir solament mas ab esmortiment», *Medicines particulars*, s. XIII; «Item flor de jusquiam seca e cuyta en aygua en tal quantitat que sia espes en loch de mel o metuda en l uyl», *Alcoatí*, s. XIV.
Ahavat Nashim	יושקיימי – *YWŚQYYMY* – *jusquiame* (Caballero Navas 2004, 120, 132, 134, 166 i 168).
Glosario trilingüe	f. 81, ítem 104 (Magdalena 1993, 8).
Heb 8°-85	f. 98, ítem 158: גושקיאמי – *GWŚQY'MY* – *jusquiame*.
Tabula antidotarii	גושקיאמי – *GWŚQY'MY* – *jusquiame* (McVaugh/Ferre 2000, 64).

A l'exemple (15) la primera paraula vernacla és el cat. *canellada*, variant de *canellat*, *Hyoscyamus niger* L., nom vulgar del jusquiam (cf. Blasco Orellana 2006, 35; 2015, 56 i 239). La segona paraula és probablement *jusquiame*, una variant no documentada (en grafia llatina) del cat. *jusquiam*, pres del llatí *iusquiamus*, o el genitiu del singular de la mateixa paraula llatina, *Hyoscyamus albus* i *Hyoscyamus niger*, més coneguda com *herba queixalera* (cf. Blasco Orellana 2006, 35; 2015, 56, 113 i 239).

L'últim exemple per a termes vernacles que es glossa a través d'una expressió en romanç és el següent:

(16) למלמורט לפלקמא שלשא
'pel *MLMWRṬ*, per la *PLQM' ŚLŚ*'' (f. 6v.5).

Hipòtesis: 1) *mal mort*   (*MLMWRṬ* – למלמורט)

             2) *flecma salsa* (*PLQM' ŚLŚ*' – פלקמא שלשא)

Faraudo	s.v. *meselleria*: «... e per ço, dona, davets vos guardar de coses que engenran malencolia, que fa quartana e cranch e maselaria e mal mort...», *Tròtula*, s. XV.
DETEMA	s.v. *flema salada*: «llagas de la cabeça [...] por estos son llamados amelladas e fazese de flema salada», *Tratado de patología general*.
Faraudo	sv. *fleuma salsa*, *fleuma salada*, *fleuma çalada*: «Aliaçemin. -Dix Isahac que es de .ij. maneres: grog e blanc, e es calent e val a les umiditatz de la fleuma salada e quan es la fulla picada e posada sobre ls pans de la cara tol los ne...», *Medicines particulars*, s. XIII; «... e val a les dones qui han tora als cabels, e val a fleuma çalada e a colera vermeyla...», *Tròtula*, s. XV.

Ambdues veus no estan documentades a les altres fonts hebrees consultades.

La primera expressió es compon de les paraules catalanes *mal* + *mort*, per a una espècie de sarna (cf. *Suma de la flor de cirugía*, s. XV: «de la cura del mal muerto que se faze en las piernas que algunos le llaman flema salsa», (DETEMA s.v. *mal muerto*). El segon sintagma, que glossa el primer en romanç, combina una variant del mot del cat. ant. *flegma* o del llatí *phlegma* amb el llatí *salsa* 'coses salades' i és nom d'una espècie de pel·lagra endèmica (per a les dues expressions cf. Blasco Orellana 2006, 25; 2015, 56 i 281).

2.2 Triples sinònims

En tres ocasions (17–19), s'ofereix una explicació encara més àmplia i la correspondència semàntica de la paraula es presenta amb dos sinònims més (Blasco Orellana 2015, 57). En tenim tres tipus diferents: en el primer cas (17) el terme hebreu està glossat a través de dues paraules catalanes seguides, en el segon exemple (18), el terme hebreu està aclarit per una paraula vernacla seguida d'un segon aclariment, una altra vegada en hebreu, i en el tercer i darrer cas (19) trobem un enunciat català que està glossat amb dues expressions afegides en romanç que no són precisament sinònimes, sinó que denominen una planta (aquí l'espart) en les diferents fases de la seva elaboració.

2.2.1 Hebreu – català – català

(17)   אבן הפוך הוא אינטימוניא או קופדייל
      'pedra de antimoni, que és *'YNṬYMWNY'* o *QWPDYYL'* (f. 35v.7–8).

Hipòtesis:	1)	*antimonia*	(*YNṬYMWNY'* – אינטימוניא)
	2)	*cofoll*	(*QWPDYYL* [sc. *QWPWYYL*] – קופדייל)

DCVB   s.v. *antimonia*: «E antimonia dos dragmes», *Flos medic.*, s. XV.

Faraudo   s.v. *antimoni*: «Atamade a nom en lati antimonio. E es el myllor el mes fort que sie clar e luent, e refrede e estreyn e degaste la carn de les nafres», *Medicines particulars*, s. XIII; «Item solament antimoni, donat a beure ab aygua beneyta, sana», *Tresor dels pobres*, s. XIV.

Heb 8°-85   f. 95, ítem 9: אנטימוני – *'NṬYMWNY – antimoni*.

Heb 8°-4344 אנטימוני – *'NṬYMWNY – antimoni*.

DCVB   s.v. *cofoll*: «Quintal de coffoll», *Leuda Coll.* 1249; «Carga de cofoyl», *Cost. Tort.* IX, x, 10; «No pogués aver demanat lo dit coffol ne les altres robes», doc. a. 1301; «Coffoll fa de dret e macions en tuniç», *Conex*, s. XV.

Faraudo   s.v. cofoll: «. . . que pusquen cercar totes menes d argent e de coure e de cofoll e de tots altres metalls e encara en tot loch en lo Regisme del Senyor Rey», doc. a. 1381.

Veu no documentada a les altres fonts hebrees consultades.

El primer sinònim vernacle donat per a aclarir l'hebreu אבן הפוך (*'even ha-pukh*, literalment 'pedra d'antimoni') és la forma catalana *antimonia*, variant femenina del mot en cat. ant. *antimoni*, derivat del llatí *antimonium*. El segon sinònim s'hauria de llegir com el cat. ant. *cofoll* amb el mateix significat (cf. Blasco Orellana 2006, 137; 2015, 57, 201).

2.2.2 Hebreu – català – hebreu

(18)   שרץ שקור' שרף הוא נחש מהמים או מהארץ
'bestiola anomenada *ŚRP*, que es serp d'aigua o de terra' (f. 6v.5–6).
Hipòtesi: serp   (*ŚRP* – שרף)

La paraula catalana és *serp*, del llatí vulgar **serpes*, veu àmpliament documentada a DCVB i Faraudo (s.v. *serp*) i no documentada a les altres fonts hebrees consultades (cf. Blasco Orellana 2006, 25; 2015, 57 i 281).

2.2.3 Català – català – català

(19)   ארבא דובצא הוא שוגיל ויש או' אירבא קרבאדא
''*RB' DWBṢ*' que és *ŚWGYL* i hi ha qui diu '*RB' QRB'D*'' (f. 11v.24–f. 13.1).
Hipòtesis: 1)   *herba de bassa* ('*RB' DWBṢ*' – ארבא דובצא)
              2)   *sogall*   (*ŚWGYL* – שוגיל)
              3)   *herba cribada* ('*RB' QRB'D*' – אירבא קרבאדא)

L'últim i curiós triplet sinònim aquí es refereix a l'espart i fa esment al procés de la seva manufactura, com ja s'ha explicat al començament d'aquest apartat. La transformació de l'espart comença arrencant les mates d'espart. Els esparters fan la recol·lecció, per estendre després l'espart arrencat a terra perquè s'assequi. El següent pas respon al nom de 'coure': l'espart se submergeix en basses d'aigua perquè la fibra s'estovi, i al cap de trenta o quaranta dies s'estén per al seu assecat. Per això l'escrivà fa referència a l'*herba de bassa.* Després l'espart se sotmet a un aixafament amb els malls per desprendre la part llenyosa de la fibra. A continuació, comença el procés de pentinar les fibres d'espart amb rastells de pues d'acer que separen els feixos de fibra de les fulles, per tal d'extreure'n les seves parts llenyoses. I, finalment, es fila per fer les cordes o sogalls (*sogall*, 'corda d'espart cru', veu documentada al DCVB i no documentada a les altres fonts hebrees consultades; cf. Blasco Orellana 2006, 35; 2015, 57 i 249).

3 Els elements vernacles del ms. Heb-I 338: camps semàntics no farmacològics

Als textos mèdics i farmacològics hebreus, a més del lèxic relatiu als simples (minerals, vegetals, animals) hi trobem una altra terminologia especial relacionada amb l'anatomia humana, les malalties, l'instrumental, etc., tal com ja hem pogut veure anteriorment en alguns casos de doblets i triplets lèxics.

A continuació ofereixo algunes veus d'aquesta terminologia especial (20–37), la majoria préstecs del català, extretes del ms. Heb-I 338 i ordenades segons els camps semàntics a què pertanyen:

3.1 Anatomia Humana (cf. Blasco Orellana 2015, 337).

(20)   וינא, וינש (*WYN', WYNŚ*)

Hipòtesi:	cat. *vena, venes* en plural (cf. Blasco Orellana 2006, 163; 2015, 303, 341 i 342).
DCVB	s.v. *vena*: «Sabut és qual uexigua és tanquada o qual té forat o canal o vena que uage a la vexigua», *Micer Johan*, s. XV.
Faraudo	sv. *vena*: «los senyals can se cambien les venes en sequetat, esdeve per aso als uyls apregonament e encuyliment», *Alcoatí*, s. XIV.

Veu no documentada a les altres fonts hebrees consultades.

(21)   וִינָא קַפִּיטָל (*WĕYNaʼ QPiYṬAL*)

Hipòtesi:	cat. *vena capital*, del llatí *vena capitalis*, que és la vena cefàlica, la que constitueix la vena radial a la superfície anterior de l'avantbraç, també coneguda com vena del cap (cf. DETEMA s.v. *vena capital*; cf. Blasco Orellana 2006, 163; 2015, 303, 341 i 342). Aquesta veu no es troba documentada a les altres fonts hebrees consultades.

(22)   ספיליקא, ספליקא (*SPYLYQ', SPLYQ'*)

Hipòtesi:	El terme que correspon al mot cat. *cefàlica*, del gr. κεφαλικός, designa la vena que comença al cap i continua superficialment al costat extern del braç. Normalment és on es practicaven les sagnies (cf. Blasco Orellana 2006, 167; 2015, 306 i 338).
Faraudo	s.v. *vena cefàlica*: «La vena cefalica val a dolor dels ulls e de les orelles e a passio de la gola», *Granollachs, Bernat de Llunari f. sign. fij*, v, s. XV.

Veu no documentada a les altres fonts hebrees consultades.

(23) שׁוּפֿנא – (*ŠWPN'*)

Hipòtesi: El terme *ŠWPN'* (*sofena*) correspon a la paraula cat. *safena*, de l'àrab *safīn*, i designa cada una de les dues venes principals de les cames on també s'aplicaven les sagnies (cf. Blasco Orellana 2006, 59; 2015, 263 i 341).

Faraudo   s.v. *safena*: «La vena saffena, que esta de baix de les canyelles de les cames en la part de dintre, val a dolor de les cuxes e a aliecan que es ictericia», ms. s. XIV; «Si la flor se rete per grossa sanch, sia treta sanch de la vena del fetge, del bras dret o de la vena saffena, so es de la vena dejus la claviyla dintre lo peu. . .», *Tròtula*, s. XV.

Ahavat Nashim   שׁוּפֿינשׁ – *ŠWPYNŠ* – *sofenes* (Caballero Navas 2004, 146).

ShŠ   cf. el terme hebreu en Guimel 32: צאפֿן – *Ṣ´PN* (Bos et al. 2011, 165).

(24) קפֿדי, קפֿדשׁ (*QPDY, QPDŠ*)

Hipòtesi: *coude, 'colze', *coudes en plural. Segons el DCVB (s.v. *colze*): «La forma catalana resultant d'una evolució fonètica normal de *cubitu* seria *coude*; aquesta devia ésser la forma primitiva, que avui no trobem documentada». És aquesta forma la que ens apareix en aquest ms. hebraicoaljamiat. La veu no està documentada a les fonts llatines ni a les altres fonts hebrees consultades (cf. Blasco Orellana 2006, 165; 2015, 305, 338; per a la forma en plural, cf. Blasco Orellana 2006, 127; 2015, 188, 338).

(25) יינייבֿשׁ (*YYNYYVŠ*)

Hipòtesi: La forma correspon al plural del cat. ant. *Ginniva*, amb les seves formes dialectals *genyiva* o *ginyiva* (cf. Blasco Orellana 2006, 29; 2015, 223 i 339).

DCVB   s.v. *geniva*: «A cremadura de boca e de les genives», *Flos. Medic.*, s. XV.

Faraudo   s.v. *geniva, giniva, ginxiva, ginyiva*: «E aquest a gran paor d estrenyer e pren la lengua, e alguns lo coen molt ab lo vi o ab la mel, e aço estreny les ginyves quan son afluxades o n corre umor. . .», *Medicines particulars*, s. XIII; «Aquest es el caliquion, e val al lop can cau en les ginyives e son podrides e caen les dens. . .», *Alcoatí*, s. XIV; «. . . e de aquella substancia axi feta continuats ne de untar les ginives: tota menjadura e pudor qui sia en les ginives o en la bocha guorira», *Receptari de la Universitat de València*, s. XIV, et passim.

Ahavat Nashim   גיגינבֿישׁ – *GYGYNBYŠ* – *geginves, giginves* (Caballero Navas 2004, 138).

ShŠ   Guimel 32: גׄינגׄיבשׁ – *ĞYNĞYBŠ* – *gengives* (Bos et al. 2011, 175).

(26) קבֿלשׁ (*QBiLaŠ*)

Hipòtesi: El terme és el plural del occ. *cavilha* o del cat. *cavilla*, 'turmell', variant antiga de *clavilla* (DCVB s.v.). En català antic surt en la grafia *claviyla*, ja documentada a *Tròtula de Mestre Johan* (f. 23 b): «sia treta sanch de la vena del fetge, del bras dret, o de la vena saffena, so es de la vena dejus la *claviyla* dintre lo peu. . .» (cf. Faraudo s.v. *clavilla* i s.v. *vena safena*). Trobem un sintagma similar al manuscrit Heb-I 338: והקזה מגיד שמתחת הקוילשׁ – 'i faci una sagnia a la vena que està sota els turmells' (f. 24v.22–23; cf. Blasco Orellana 2006, 93; 2015, 139 i 341).

DECLC   s.v. *clau* i el seu derivat *clavilla*: «La paraula s'aplicà a una part del turmell, com en el *fr. cheville*, *oc. cavilha* [. . .] més conegut com a nom del turmell: *clavillar* [. . .] en general és rossellonès [. . .]. En occità se sent al llarg dels Pirineus sobretot, des del Mediterrani a l'Atlàntic».

3.2 Fluids corporals (cf. Blasco Orellana 2015, 342)

(27)   פליומא, פלקמא (*PLYWM', PLQM'*)

Hipòtesi: Cat ant. *flegma* (Blasco Orellana 2006, 103; 2015, 151) o *fleuma* (Blasco Orellana 2006, 163; 2015, 303 i 342), del llatí *phlegma* (DCVB s.v. *flema*). Un dels quatre humors que amb la sang, la còlera i la malenconia, que determinen la complexió humana.

DCVB   s.v. *flema*: «Vós, Sènyer, avets creades en cors humà quatre humors: còlera e malenconia e fleuma e sanc», Ramon Llull, *Libre de Contemplació en Deu*; «La natura d'ome més se delita en la complexió de la sanc que de la còlera de la fleoma e de la malencolia», Ramon Llull, *Arbre de Sciencia*.

Faraudo   s.v. *fleuma*: «. . . e axi se fan quatre elemens en lo cos de la persona e quatre humós que son apellades collera e fleuma e sanch e malenconia; que del foch se fa la collera, de la aygua lla fleuma, de la terra la malenconia, de l ayre la sanch. . .», *Micer Johan*, s. XV; «E si la umor es fleuma que devayl del cap, purgatz la ab jerapigra, o ab pauli, o ab altra medicina que purc fleuma», *Tròtula*, s. XV.

ShŠ   Lamed 26: פליקמה וישקושה – *PLQMH WYŚQWŚH* – *fegma viscosa* (Bos et al. 2011, 297).

(28)   פדמשש – (*PDMŚŚ*)

Hipòtesi: *pedamses*, derivat del cat. *pet*, del llatí *peditu*, 'ventositats'. La veu no està documentada a les altres fonts consultades (cf. Blasco Orellana 2006, 103; 2015, 151).

3.3 Instrumental, formes d'administració i altres aplicacions

(29)   קולירי (*QWLYRY*)

Hipòtesi: cat. *coliri, colliri*, del llatí *collyrium* (cf. Blasco Orellana 2006, 115; 2015, 171).

DCVB   s.v. *colliri*: «Fent ab la sanch un enguent e colliri», doc. s. XV; «Lo ull macat y calculós se guareix ab coliri de encens, mirra, farina de amidó y mel fina», doc. s. XVII.

Faraudo   s.v. *colliri*: E que li meta hom del colliri e de l axief, aixi com avem dit el .iiij. capitol qui es denant, e valen a aço acabadament. . .», *Alcoatí*, s. XIV.

ShŠ   Qof 22: קולירי – *QWLYRY* – *coliri* (Bos et al. 2011, 460).

(30) אשפונגא (*'ŠPWNG'*)

Hipòtesi:	cat. ant. *esponga* o *esponja*, del llatí *spongia* (cf. Blasco Orellana 2006, 63; 2015, 269).
DCVB	s.v. *esponja*: «Lo philosoph dix que la sponja, que és de gran quantitat, és pus leugera que l'aur, que és de menor quantitat», Ramon Llull, *Felix*, s. XIII; «Un hom qui ab esponges mullades men la moneda», doc. a. 1417 (BDC, xxiv, 113); et passim.
Faraudo	s.v. *esponja*: «E dix Galien de la esponja. Dix que la esponja es de dues gises: mascle e femna, e aquel que es mascle es gros e ls foratz menuts, e la femna es a la reversa que es prima e ls foratz grans», *Medicines particulars*, s. XIII.
Ahavat Nashim	אשפונגא – *'ŠPWNG'* – *esponja* (Caballero Navas 2004, 120, 150 i 166).
Glosario trilingüe	f. 79, ítem 13 (Magdalena 1993, 7).
Heb 8°-85	f. 95, ítem 12: אשפונג׳ה – *'ŠPWNǦH'* – *esponja*.
ShŠ	Samekh 37: אשפונגא – *'ŠPWNG'* – *esponja* (Bos et al. 2011, 371).

(31) אשטובא, אשטובה (*'ŠṬWB'*, *'ŠṬWBH*)

Hipòtesi:	cat. ant. *estuba,* 'bany de vapor i lloc on es dona' (cf. Blasco Orellana 2006, 71, 87 i 89; 2015, 109, 111, 131 i 135).
DCVB	s.v. *estuba*: «Tapsus barbatus sie cuyt en ui, e sie'n feyt estuba o foment o emplastre», *Tresor dels Pobres*, s. XIV; «Aprés aquestes purgacions sien fetes stubas ab les herbes dites», *Caulliach Coll.*, s. XV; «Preneu un drap gros de lana. . . e meteu-lo desobre lo cauall. . ., escampau aygua calenta sobre les pedres. . . de manera que tota aquella fumositat prenga lo cors del cauall. . ., e quant haureu feta aquesta estuba. . .», *Dieç Menesc.*, s. XV.
Faraudo	s.v. *estuba*: «Item prenets camamilla gran quantitat / e coets la en aygua / e fets ne estuba o bany; continuant lo bany guoreix tot mal de ronyons qui vingua per pedra», *Receptari de la Universitat de València*, s. XIV; «. . .o pren faves o forment e cou be en aygua e fes li n estuba al cap», *Micer Johan*, s. XV; «. . .que sie feyt aço tot a semblança d enguent, e sie feyta primerament estuba sobre l pitz ab decoccio de malbavisc entro que suu lo malalt e ladoncs sie untat lo pitz. . .», *Tresor dels Pobres*, s. XIV.

Veu no documentada a les altres fonts hebrees consultades.

(32) שֶׁלָה (*ŠeLaH*)

Hipòtesi:	cat. ant. *sella*, del llatí *sella*. En àmbits mèdics medievals es refereix a una cadira foradada dissenyada per fer banys de vapor (cf. Blasco Orellana 2006, 79; 2015, 119).
DCVB	s.v. *sella*: formes documentades *sela* (doc. s. XIII), *cela* (doc. a 1265) i *cella* (en un doc. del s. XV).
Faraudo	s.v. *sella*: «E volem encara a l offici d aquests pertanyer con caminarem sella per los secrets de natura e aquelles coses que hi seran necessaries fer secretament a les azembles portar», *Ordenacions de Pere del Punyalet sobre els oficials de la sua cort*, s. XIV.

Veu no documentada a les altres fonts hebrees consultades.

(33) שופושיטורי (*ŚWPWŚYṬWRY*)

Hipòtesi:	cat. ant. *supositori*, del llatí *suppositorium*, 'que s'ha de posar per sota' (cf. Blasco Orellana 2006, 93; 2015, 139).
DCVB	s.v. *supositori*: «Sia feyt supositori de castor e d'opi», *Tresor dels pobres*, s. XIV.
Faraudo	s.v. *supositori*: «E si hom ne fa supositori de l aygua on el es cuyt, val a la cuytor e a la dolor que es en los budels e en la mare e trau les umors», *Medicines particulars*, s. XIII; «Item suppositori de sabbo de losa untat de mantega, e de part de sus que y sie posada polvora de sal gema o de sal comunal, mou lo ventre», *Tresor dels pobres*, s. XIV; «E sobre tot cascu sia sollicit procurar se degudes hores benefici de ventre: e si sera pereosa natura faça s ab algun suppositori o ab aquesta ajuda. . .», *Alcanyís, Lluís, Regiment curatiu e preservatiu de la pestilència*, s. XV.

Veu no documentada a les altres fonts hebrees consultades.

3.4 Malalties

(34) פשטולא (*PŚṬWL'*)

Hipòtesi:	cat. *fístula* o *fístola*, del llatí *fistula*, 'flauta', 'tub' (cf. Blasco Orellana 2006, 103; 2015, 151 i 317).
DCVB	s.v. *fístula*: «Ha en lo coll gran mal, ço és, una fístula», ms. del 1388; «Exida que's fa el lagremar major e can se creba gita humiditat semblant de clara d'ou, e can molt atura torna fístola», *Alcoatí*, s. XIV; «Lo suc del gram e'ls huylls posat ab cotó la nafra e la fístula sana dels angles dels huylls en IX dies», *Tresor dels pobres*, s. XIV; «Perforació qui's fa per art és generativa de fístules», *Cauliach Coll.*, s. XV.
Faraudo	s.v. *fístula, fístola*: «Dix Galien que les malves ablanexen e ssolven e sson auls e l estomag, e valen als budels e a la vexiga, e la fulla quan es picada ab ssal val a les fistoles que son en los ulls. . .», *Medicines particulars*, s. XIII; «. . .la comptessa de Luna e sa mara ab nostre net, vostre fill, eren vengudes aci. . . e ara torne se n en Regne de Valencia. . . e volien se n menar lo dit nostre net. Mas no u havem volgut per tal car ha en lo coll gran mal, ço es fistula», *Lletra de Pere del Punyalet A l'infant Martí* (Saragossa, 18 de desembre de 1388); «Per guarir de les fistoles. Ajes sagi de gat e cera verge e del such del plantatge, e tot mesclat regalar l as en la paella. . .», *Receptari de la Universitat de València*, s. XIV.

Veu no documentada a les altres fonts hebrees consultades.

(35) טילא (*ṬYL'*)

Hipòtesi:	cat. *tela*, del llatí tardà *telum*, 'tel, opacitat membranosa de la còrnea' (cf. Blasco Orellana 2006, 129; 2015, 191, 321).
Faraudo	s.v. *tela*: «Dix .D. que les leytuges escuren les plages que son en los ulls, aqueles que aduen escuritat, tant que s acosten al negre de l

ull, e son vermelles e plenes de ssang, e aquestes, si molt hi aturen, foraden les teles dels ulls per gran escalfament que an. . .», *Medicines particulars*, s. XIII; «Pus nos avem acabat de dir les malauties que venen en les teles e en les humiditatz e en les altres coses que son de tras la cristalina, direm ara en les malalties que esdevenen en les teles e en les humiditatz qui son denant la cristalina. . .», *Alcoatí*, s. XIV; «Item lo suc de la verdolaga salvatge, gitat en los huyls, desfa la tela dels huyls sens duptanza. Provada cosa es», *Tresor del pobres*, s. XIV.

Codex Soberanas   טיליש – *ṬYLŚ* – *teles* (però referit al tèxtil; Blasco Orellana 2003, 153).

(36)   ורוגש (*WRWGŚ*)

Hipòtesi: plural del cat. *berruga*, del llatí *verruca* (cf. Blasco Orellana 2006, 39; 2015, 241 i 350).

DCVB   s.v. *berruga*: «Del panicol e barruga e carn empatxant e tancant la orella», *Caulliach Coll.*, s. XV.

Faraudo   s.v. *berruga, barrugues, berruc, borruges, burrugues*: «Mas l arbre [palma xrist] es pus ssimple que l oly e quan es picat e fexat tol les berrugues. . .», *Medicines particulars*, s. XIII; «. . .apres que hom tenga gint sa cara e en mova panys e pigues e berruc si n i ha, e totes altres coses que mal hi estien. . .», *Tròtula, s. XV;* «Per guarir de les burruges. Prin lo gaydanum que es dita borrutaria; en alguns lochs dien e l apellen gaveu; e pica la dessus. . .», *Receptari de la Universitat de València*, s. XIV.

ShŠ   Yod 10: בורוגש – *BWRWGŚ* – *borrugues* (Bos et al. 2011, 255).

(37)   מורנש (*MWRNŚ*)

Hipòtesi: plural del cat. *morena*, del baix llatí (< gr.) *haemorrheuma*, 'hemorroide' (cf. Blasco Orellana 2006, 57; 2015, 261).

DCVB   s.v. *morena*: «Aytal menjar és fort covinent a aquels qui an morenes polsans», *Arnau de Vilanova*, s. XIII; «Moltes vegades per via de morenes la natura evacua la sanch gitant sanch negra per aquelles parts», incunable de 1491.

Faraudo   s.v. *morenes*: «A curar e guorir tot mal de morenes e fer les desfer e dexanflar», *Receptari de la Universitat de València*, s. XIV; «Item si les morenes son dintre lo budel que no s puxen veure, pren estopa e fes una cala banyada ab holi blanch fort que la puxes metre per lo budell. . . e met la y dins e ab Deu sera guarit», *Micer Johan*, s. XV.

Veu no documentada a les altres fonts hebrees consultades.

A través d'aquests exemples, es fa evident que la influència de factors lingüístics aliens a l'hebreu destaca en el pla lèxic. La relativa pobresa de l'hebreu medieval en l'àmbit de la terminologia científica va obligar necessàriament els traductors a prendre en préstec un immens cabal lèxic procedent de les llengües de les quals es tradueix. En aquest cas concret del Heb-I 338, préstecs, la majoria catalano-occitans, escrits en aljamia.

4 Les sinonímies del glossari trilingüe Heb 8°-85

El manuscrit Heb 8°-85 de la Biblioteca Nacional d'Israel a Jerusalem és una compilació miscel·lània de diversos tractats mèdics de diferents autors i escrits per diferents escrivans i grafies cursives típiques de territoris catalans medievals (escriptura semicursiva sefardita). Entre els folis 79 i 108v hi ha un interessantíssim glossari amb concordances de veus en romanç (és a dir, català), llatí i àrab. Aquí de vegades observem confusió de llengües deguda a la poca competència lingüística del compilador-ordinador del glossari. Aquest fenomen també és recurrent en altres glossaris i *sifre refu'ot*.

Als següents exemples (Taula 1) de la segona part del glossari trilingüe (ms. Heb 8°-85, ff. 95–108; edició encara en preparació) podem observar com a la primera columna (llengua vernacla/romanç = català) apareix per error la veu en hebreu:

Taula 1: Columna per a termes en romanç amb la veu en hebreu.

עֲרָב 'àrab'	לטין 'llatí'	רומאנס 'romanç'	significat
אתרנג ('TRNG – utrunğ)	פום סיטרי (PWM SYṬRY – pom citrî)	אתרוג ('TRWG – etrog)	'poncem'
ביץ או כציה (BYṢ 'W KṢYH – bayḍ aw ḫaṣiya)	ויטיללורום (WYṬYLLWRWM – vitellorum)	ביצה (BYṢH – beṣa)	'ou'
אס ('S – ās)	מרטיללורום (MRṬYLLWRWM – mirtillorum)	גרגרי הדס (GRGRY HDS – gargare hadas)	'murta'
דם אלכוין (DM 'LKWYN – dam al-aḫawayn)	שאנגיניש דרגוניש (Ś'NGYNYŚ DRGWNYŚ – sanguinis dragonis)	דם תנין (DM TNYN – dam tanin)	'sang de dragó'
עסל ('SL – 'asal)	מילליש (MYLLYŚ – mellis)	דבש (DBŠ – děvaš)	'mel'
חמור (ḤMWR – ḥamor)	אשני ('ŚNY – asnî)	חמאר (ḤM'R – ḥimār)	'ruc'
ליסאן (LYS'N – lisān)	לינגה (LYNGH – linga)	לשון (LŠWN – lašon)	'llengua'
אלכנדר ('LKNDR – al-kundur)	טוריש (ṬWRYŚ – turis)	לבונא (LBWN' – lěvona')	'encens'
באן (B'N – bān)	פיפריש אלבי (PYPRYŚ 'LBY – piperis albî)	פלפל לבן (PLPL LBN – pilpel lavan)	'pebre blanc'

Taula 1 (continuació)

ערב 'àrab'	לטין 'llatí'	לטין 'romanç'	רומאנס significat
פוגיל (PWGYL – fujl)	ראפני (R'PNY – rapaní)	צנון (ṢNWN – ṣĕnon)	'rave'

En alguns casos el compilador desconeix la paraula en llatí i deixa en blanc aquesta columna, com es veu en la Taula 2:

Taula 2: Columna per a termes en llatí en blanc.

ערב 'àrab'	לטין 'llatí'	לטין 'romanç'	רומאנס significat
אצטורד ('ṢTWRK – aṣṭurak)		אצטורק ('ṢTWRQ – estorac)	'estorac'
בדאנג'ין (BD'NĞYN – bāḏinğān)		אלברגיניא ('LBRGYNY' – albarginia)	'albergínia'
בולוט (BWLWṬ – ballūṭ)		אגלאן ('GL'N – aglan)	'gla'
בצל אלפאר (BṢL 'LP'R – baṣal al-fār)		אשפינאלבי ('ṢPYN'LBY – espinalbí)	'espinalb'
גואשיר (GW'ŠYR – ğawšīr)		אפופנאק ('PWPN'Q – opoponac)	'opoponac'
הנדבי (HNDBY – hindibā)		אינדייא ('YNDYWY' – endivia)	'endívia'
זרונד (ZRWND – zarund)		אריסטולוגיאה ('RYŚṬWLGY'H – aristologia)	'aristolòquia'
זרניד (ZRNIK – zarnīṭ)		אברפימינט ('BRPYNYNṬ – aurpiment)	'orpiment'
חונדקוקה (ḤWNDQWQH – ḥandaqūq)		אשקריאולה ('ŚQRY'WLH – escariola)	'escarola'
טין אלמאדול (ṬYN 'LM'DWL – tīn al-madul)		ארג'ילה ('RĞYLH – argila)	'argila'
קריץ (QRYṢ – qurrayṣ)		אורטיגה ('WRṬYGH – ortiga)	'ortiga'

Taula 2 (continuació)

ערב 'àrab'	לטין 'llatí'	רומאנס 'romanç'	significat
קרמאן (QRM'N – qurman)		אוינה ('WYNH – avena)	'avena'
שאגרה מרים (Š'GRH MRYM – šaǧarat Maryam)		ארסימישה ('RSYMYŚH – arsemisa)	'artemisa'
תמר (TMR – tamr)		דאטיל (D'ṬYL – dàtil)	'dàtil'

En alguns altres (cf. la Taula 3), el compilador desconeix la veu en romanç i la substitueix pel seu sinònim en hebreu i no inclou la veu en llatí:

Taula 3: Columna per a termes en romanç amb la veu en hebreu i la columna per a termes en llatí en blanc.

ערב 'àrab'	לטין 'llatí'	רומאנס 'romanç'	significat
בטיך (BṬYK – baṭṭīj)		אבטיח ('BṬYH – 'avaṭiaḥ)	'síndria'
חדיד (ḤDYD – ḥadīd)		ברזל (BRZL – barzel)	'ferro'
אלגובן ('LGWBN – al-ǧubn)		גבנה (GBNH – gĕvinah)	'formatge'
דהב (DHB – ḏahab)		זהב (ZHB – zahav)	'or'
לבן (LBN – laban)		חלב (ḤLB – ḥalav)	'llet'
אלחם ('LḤM – al-laḥm)		בשר (BŚR – baśar)	'carn'
חריר (ḤRYR – ḥarīr)		משי (MŠY – meší)	'seda'
פרס (PRS – fars)		סוס (SWS – sus)	'cavall'
כדו (KDW – kadu)		צואה (ṢW'H – ṣo'ah)	'excrement'

Com en altres llistes de sinònims i *sifre refu'ot* de l'època la distinció entre la terminologia manllevada del llatí i els termes pròpiament vernacles encara no és tan clara. Això també es fa evident en els casos en els quals el compilador es confon i introdueix els noms llatins a la columna dels sinònims en romanç (Taula 4):

Taula 4: Columna per a termes en romanç amb la veu en llatí.

ערב 'àrab'	לטין 'llatí'	רומאנס 'romanç'	significat
קנה (QNH – qinaa)		גלבנום 'gàlban' (GLBNWM – galbanum)	'gàlban'
חצץ (ḤṢṢ – ḥuṣaṣ)		ליציאום (LYṢY'WM – licium)	'lici'
תנבל (TNBL – tanbul)		פוליאום (PWLY'WM – poleum)	'puleig'
קנב (QNB – qunnab)		קנביס (QNBYS – cannabis)	'cànem'

Com en les altres llistes de sinònims i *sifre refu'ot*, també en el ms. Heb 8°-85 apareixen veus mixtes compostes d'una paraula en hebreu i una altra en romanç. En donarem aquí dos exemples que estan integrats a la columna del sinònim en *la'az* (Taula 5):

Taula 5: Columna per a termes en romanç conté veus mixtes hebreu-romanç.

ערב 'àrab'	לטין 'llatí'	רומאנס 'romanç'	significat
גוז בוא (GWZ BW' – ğawz bawwā)	נוסי מוסקאטי (NWSY MWSQ'ṬY – nuci muscatí)	אגוז מוסקאדה ('GWZ MWSQ'DH – egoz moscada)	'nou moscada'
זביב (ZBYB – zabīb)	אובארום ('WB'RWM – uvarum)		'panses netes'
	פשארום מונטארום (PŠ'RWM MWNṬRWM – pasarum montarum)	פאנשיש מנוקות (P'NŚYŚ MNWQWT – panses mĕnuqot)	

Sembla que el nom o adjectiu que especifica la planta o el producte (*moscada*, *pansa*) és en llengua vernacla, mentre que el terme més comú (*nou*, *oli*, *sement*, etc.) o la determinació d'una qualitat (*gran*, *petit*, etc.) es denomina en hebreu (aquí: el producte general אגוז 'nou' i la qualitat מנוק 'petit'; abans a l'exemple 13: רגל 'peu de').

5 Conclusió

El ric multilingüisme (àrab, llatí, grec, romanç, etc.) que inclouen els abundants textos medicofarmacològics hebreus medievals dels territoris de llengua catalana constitueix sens dubte una important font d'on extreure valuosíssimes informacions del lèxic català medieval, tant des del punt de vista etimològic com fonètic, semàntic i històric. Podem trobar noves formes no documentades i primeres documentacions, que ampliaran el cabal lèxic de la llengua catalana medieval, de l'àrab, del llatí. Pel que fa a la llengua hebrea medieval, interessen els neologismes tècnics i científics encunyats i creats pels autors, a vegades hebraïtzant veus àrabs, aramees, llatines i gregues; d'altres vegades utilitzant la metonímia o transferència semàntica basada en la relació de contigüitat lògica i material, passant el significat de la matèria a la cosa; i també fent servir el calc semàntic o traducció-imitació directa a l'hebreu de l'esquema o significat d'una paraula o sintagma no hebreus, i no les seves entitats fonètiques; recorrent a metàfores i, finalment, a través dels préstecs directes d'altres llengües.

Bibliografia

Sigles i abreviatures

Ahavat Nashim   Caballero Navas, Carmen, *The book of women's love and Jewish medieval medical literature on women. Sefer Ahavat Nashim*, London, Rotledge, 2004.

Codex Soberanas   Blasco Orellana, Meritxell, *Manuscrito hebraicoaljamiado de la Biblioteca Nacional de Cataluña «Codex Soberanas» (ms. núm. 3090, siglo XIV)*, Barcelona, PPU, 2003.

DCVB   Alcover, Antoni Maria/de B. Moll, Francesc, *Diccionari català-valencià-balear*, 10 vol., Palma de Mallorca, Editorial Moll, [2]1980–1985.

DECLC   Coromines, Joan, *Diccionari etimològic i complementari de la llengua catalana*, 10 vol., Barcelona, Curial/La Caixa, 1980–2001.

DETEMA   Herrera, María Teresa, *Diccionario español de textos médicos antiguos*, 2 vol., Madrid, Arco Libros, 1996.

Faraudo   *Vocabulari de la llengua catalana medieval de Lluís Faraudo de Sant-Germain*, Institut d'Estudis Catalans. https://www.iec.cat/faraudo/ <04-03-2020> [darrera consulta: 04.03.2020].

Farmacopea Medieval   Magdalena Nom de Déu, José Ramón, *Documento hebreo-catalán de farmacopea medieval*, Anuario de Filología 6 (1980), 159–187.

Font Quer   Font Quer, Pío, *Plantas medicinales. El Dioscórides renovado*, Barcelona, Pensínsula, 2009.

Glosario trilingüe   Magdalena Nom de Déu, José Ramón, *Un glosario hebraicoaljamiado trilingüe y doce «aqrabadin» de origen catalán (siglo XV). Edición paleográfica, introducción y notas*, Barcelona, PPU, 1993.

Heb-I 338   Blasco Orellana, Meritxell, *Manuscrito hebraicocatalán de farmacopea medieval. Edición paleográfica. Ms. Firkovitch I Heb-338 de la Biblioteca Nacional de Rusia. Catalonia Hebraica XI*, Barcelona, PPU, 2006.

Heb 8°-85   Ms. de la Biblioteca Nacional d'Israel (Jerusalem), segona part del *Glosario trilingüe*, en preparació.

Heb 8°-4344   Ms. de la Biblioteca Nacional d'Israel (Jerusalem), en procés d'edició.

Petit Levy   Levy, Emil, *Petit diccionnaire provençal-français*, Heidelberg, Winter, [5]1973.

ShŠ   Bos, Gerrit, et al., *Medical Synonym Lists from Medieval Provence: Shem Tov ben Isaac of Tortosa: «Sefer ha-Shimmush». Book 29. Parts: Edition and Commentary of List 1 (Hebrew – Arabic – Romance/Latin)*, Leiden/Boston, Brill, 2011.

Tabula antidotarii   McVaugh, Michael/Ferre, Lola, *The Tabula Antidotarii of Armengaud Blaise and its Hebrew Translation*, Philadelphia, American Philosophical Society, 2000.

Edicions i estudis

Blasco Orellana, Meritxell, *Manuscrito hebraicoaljamiado de la Biblioteca Nacional de Cataluña «Codex Soberanas» (ms. nº 3090, siglo XIV)*, Barcelona, PPU, 2003.

Blasco Orellana, Meritxell, *Manuscrito hebraicocatalán de farmacopea medieval. Edición paleográfica. Ms. Firkovitch I Heb-338 de la Biblioteca Nacional de Rusia,* Barcelona, PPU, 2006.

Blasco Orellana, Meritxell, *Recetario médico hebraicocatalán del siglo XIV. Descripción, traducción y estudio*, Barcelona, Trialba, 2015.

Bos, Gerrit, et al., *Medical Synonym lists from medieval Provence. Shem Tov ben Isaac of Tortosa: «Sefer ha-Shimmush». Book 29. Parts: Edition and commentary of list 1 (Hebrew – Arabic – Romance/Latin)*, Leiden/Boston, Brill, 2011.

Caballero Navas, Carmen, *The book of women's love and Jewish medieval medical literature on women. Sefer ahavat našim*, London/New York, Routledge, 2004.

Cabré, Montserrat, *La cura del cos femení i la medicina medieval de tradició llatina. Els tractats «De Ornatu» i «De decorationibus mulierum» atribuïts a Arnau de Vilanova, «Tròtula» de mestre Joan, i «Flos del tresor de beutat», atribuït a Manuel Díeç de Calatayud,* Barcelona, PPU, 1996.

Magdalena Nom de Déu, José Ramón, *Un glosario hebraicoaljamiado trilingüe y doce «aqrabadin» de origen catalán (siglo XV). Edición paleográfica, introducción y notas*, Barcelona, PPU, 1993.

McVaugh, Michael/Ferre, Lola, *The Tabula Antidotarii of Armengaud Blaise and its Hebrew translation,* Philadelphia, American Philosophical Society, 2000.

Maria Sofia Corradini

El paper de la terminologia catalana en el procés formatiu d'una *Fachsprache* medicobotànica de l'occità antic

Abstract: A detailed analysis of scientific texts written in Old Occitan clearly shows that Catalan exercised a strong influence on the medical-botanical language of Old Occitan, both from the point of view of language in the narrow sense (e.g., in some graphic-phonetic traits), and from the lexical point of view. The reason for this lies in the fact that, when Occitan was preparing to free itself of the supremacy of Latin even in science, it had to be able to create its own specialized vocabulary and, at the same time, a common language easy to be understood, and also able to establish the correspondence between the two systems. These requirements were met by the use of terms belonging to the Catalan lexical heritage (which penetrated into Occitan area for different geographical, historical, social reasons) and by their integration into the Occitan lexical system.

Keywords: Old Occitan, scientific texts, scientific terms in Old Occitan

1 Introducció

Les obres medievals de la *Fachliteratur* (literatura especialitzada) redactades en les diferents llengües vernacles demostren l'existència d'una dimensió europea comuna. Aquesta base compartida afecta no només el pensament científic, sinó també la terminologia apta per expressar-lo. L'última afirmació segueix sent vàlida fins i tot després de la pèrdua de la predominança cultural i lingüística del llatí, que havia estat fins llavors l'element unificador. L'anàlisi i l'estudi de les tradicions textuals en llengua vernacla permeten no només identificar les fonts comunes, originalment escrites en llatí, en grec o en àrab, sinó també fer ressaltar el joc d'influències mútues en la complexa dinàmica de la transmissió del coneixement. Lingüísticament, això implica un impacte continu entre els diferents usos que, molt sovint, es resol en la permeabilitat dels textos a la introducció d'elements al·loglots. En aquest context, el sud de França ocupa una posició preeminent: la producció textual que gira entorn de la Universitat de Montpeller,

Dr.ª Maria Sofia Corradini, Università di Pisa, Dipartimento di Filologia, Letteratura e Linguistica, Piazza Torricelli 2, I-56126 Pisa, maria.sofia.corradini@unipi.it

https://doi.org/10.1515/9783110430622-004

el notable centre tant de la traducció com de l'ensenyament, pot servir-ne d'exemple. Aquesta institució es trobava en comunicació directa amb el món àrab i les escoles jueves de la medicina de Narbona i Arle i pot ésser presa com un símbol de la intercanviabilitat cultural existent dins la Romània.[1] En l'àmbit lingüístic, aquest clima cultural es reflecteix en la interferència entre diferents idiomes —llatí, àrab, hebreu, llengües romàniques (occità, català, llengües d'oïl, castellà)— que caracteritza els textos de la zona.

2 El corpus i les *scriptae* dels còdexs mèdics occitans

El corpus que des de fa alguns anys és objecte de la nostra anàlisi és constituït per un conjunt de còdexs misceŀlanis de temàtica medicobotànica (per als manuscrits del corpus cf. els apartats 5.1a i b de la bibliografia del present estudi i també Corradini 1991; 1997; 2001; 2002; 2006). Hi tenim identificades obres de diferents tipus (per a les obres contingudes als manuscrits del corpus cf. els apartats 5.1c i d de la bibliografia del present estudi),[2] és a dir:

a. herbaris, que agrupen receptes segons les propietats terapèutiques de la mateixa herba com, per exemple, l'*Herbari* d'Odó de Meung (Erb) o el *Liber de simplici medicinae*;
b. receptaris, en els quals els remeis estan relacionats amb certes malalties, com la *Carta hipocràtica a Cèsar* (Let1 i Let2) o el *Tresor dels pobres*, de Pere d'Espanya (Thes);
c. tractats relacionats amb temes especifics com ara l'*Anatomia porci* o el *Tractat sobre les orines*.

Els textos, si bé redactats en la llengua d'oc, testifiquen amb freqüència la presència d'altres llengües romàniques i del llatí.

Considerat en el seu conjunt, aquest corpus té una gran importància cultural, ja que és una baula clau en la transmissió del pensament que va des de l'antiguitat fins al Renaixement, en tant que fa de testimoni d'aquestes novetats conceptuals que es van desenvolupar a l'època medieval i que van contribuir, si bé amb petits

---

1 L'any 1180 Guillem de Montpeller va ordenar que l'accés a l'escola no fos limitat i que la pogués freqüentar tothom, independentment de la seva nacionalitat d'origen i de la seva religió (Dulieu 1975).

2 A continuació, els còdexs i les obres contigudes s'indiquen a través de les sigles i abreviatures desxifrades a l'apartat 5.1 de la bibliografia.

passos, a l'avenç del coneixement. D'altra banda, des del punt de vista lingüístic i lèxic, el corpus científic en llengua d'oc és un ric dipòsit de dades que proporciona elements importants per al coneixement de la composició de les diferents *scriptae* desenvolupades al sud de França, que es caracteritzen sovint pel fenomen de la interferència de les llengües amb les quals l'occità, per diferents raons, va entrar en contacte, és a dir, a més del llatí, el francès, el gascó i, sobretot, el català.

Les relacions amb el francès es deuen exclusivament a una «interferència secundària», és a dir, a un motiu de nivell sociolingüístic (Swiggers 1998): la imposició del *francien* —procés sancionat per l'edicte de Villers-Cotterêts l'any 1539, però començat ja uns anys abans— implicava a la coexistència de dues normes lingüístiques, una, de la llengua d'oc i l'altra, de la llengua d'oïl, fins al moment en el qual la norma secundària de la llengua d'oïl adquirí la supremacia definitiva. Això es pot observar en col·leccions mèdiques aplegades a partir de la primera meitat del segle XV. Com a exemple, podem indicar alguns dels gal·licismes que apareixen en el manuscrit de Chantilly (C; última mà):

- la diftongació en *ai* de la A tònica llatina davant de la nasal: *souverain, interain, pain, certaine*;
- la palatalització en *ch* de la C llatina davant de la *a*: *chay, chaen, chaut, char, chat, blancha, sechas, boucha* (*bouche*), *vache, ancha, morcha, charachauls, alburdecha, empeticha, canicha, amurescham, persachat, areticha, reticha*;
- la palatalització en *j* de la G llatina davant de la *a*: *jambas*;
- el tancament en *ou* de la *o* tancada àtona: *joursmarin, coucombre, crouvelh*;
- l'ús de la lletra *-x* per a marcar el plural: *claveux, limaux*.

Quan les relacions amb el gascó estan limitades merament a la proximitat geogràfica, els vincles de la llengua d'oc amb el català són molt més forts i s'inscriuen en aquest procés que té les seves arrels en el moment de l'aparició d'aquestes dues llengües vernacles tan properes l'una de l'altra.

3 La influència del català sobre la terminologia mèdica occitana

Amb el pas del temps, la influència entre l'occità i el català es va produir en ambdues direccions. Com és ben sabut, en l'àmbit de la poesia va ser el català la llengua que havia de patir el protagonisme de l'occità: inicialment, aquesta primacia va exercir-se de forma total, quan els autors, des de Guillem de Berguedà fins a Cerverí de Girona, utilitzaven la llengua d'oc de forma exclusiva per als seus versos i aquesta llengua adquirí gairebé l'estatus simbòlic d'una personificació dels temes trobadorescos.

Després, els poetes catalans van fer servir la llengua d'oc en grau cada vegada més decreixent (Riquer 1964, vol. 1, 13). D'altra banda, quan la llengua catalana ja havia adquirit la dignitat per a expressar-se, fins i tot, en la producció lírica, encara pot semblar influenciada pels usos occitans com mostra, per exemple, la llengua del *Cançoner dels Masdovelles* (Gimeno Betí 2000, 119–163).

Dins el context de la producció textual de contingut medicobotànic, en canvi, la relació entre l'occità, d'una banda, i el català, de l'altra, s'inverteix fonamentalment, amb l'excepció d'algunes obres compostes en el català del Rosselló, com, per exemple, en la vernacularització catalana del *Cànon* d'Avicenna, on es poden detectar influències occitanes comparables a les que mostren altres tipus de textos en prosa (Veny 1980). La proliferació d'escrits de contingut medicobotànic, que ja es produïa a partir de l'últim quart del segle XIII, va representar, de fet, una condició favorable perquè el català ocupés una posició rellevant pel que fa a la *Fachsprache* (llenguatge especialitzat) occitana. Les causes contingents d'aquesta influència estan relacionades mútuament i es poden resumir segons una classificació triple:

1) causes històriques: a partir de la croada contra els albigesos (1209–1229), no només els comtes de Tolosa de Llenguadoc, sinó també els senyors de Provença gravitaren en l'òrbita de la influència catalanoaragonesa. L'adopció del català per part dels reis d'Aragó, començant per Jaume I, va ser decisiva i també ho fou l'establiment del Regne de Mallorca, que es va estendre fins a Montpeller.
2) causes de caràcter geolingüístic, que es refereixen a la pròpia naturalesa d'algunes varietats occitanes en les quals el català exerceix un paper important i que estan vinculades a les àrees de producció de textos científics.
3) causes relacionades amb el procés formatiu mateix del llenguatge científic en occità.

Les conseqüències d'aquestes causes per a l'estructura del llenguatge científic occità estan documentades de forma àmplia i sistemàtica dins el corpus aquí analitzat i, a continuació, les exemplifiquem amb més deteniment als tres apartats següents.

3.1 Les causes històriques

La situació històrica i política de la proximitat de la Corona catalanoaragonesa és el motiu d'una influència del català en el dialecte emprat a la zona de les rodalies de Montpeller. Els trets catalans continguts en el llenguatge dels textos mèdics que en provenen coincideixen amb les característiques que apareixen regularment tant en documents d'arxiu com en manuscrits d'altres matèries, per exemple, en la *Vida de sant Trofim* o en la *Vida de sant Honorat*, o en el manuscrit A, segon copista, del *Roman de Jaufré* (Zufferey 1987, 224).

En aquest punt, cal afirmar que una representació de l'evolució del llenguatge de tot el període i una definició de diferents etapes només es poden obtenir a partir de l'anàlisi del conjunt dels còdexs medicofarmacèutics que provenen d'aquesta zona i que daten del segle XIII al XV o, més ben dit, a través de la identificació de superposicions de diferents usos lingüístics en la composició de la *scripta* de cada còdex (Corradini 2003). La primera etapa comprèn els còdexs més antics (des de la meitat del segle XIII fins al principi del XIV), que es distingeixen pels usos lingüístics específics dels copistes que van efectuar l'última redacció dels manuscrits de Cambridge, Trinity College 903 (T) i Princeton, Garrett 80 (P): d'una banda, la varietat de la llengua d'oc emprada en aquests manuscrits correspon al límit del dialecte montpellerenc (com va ser definit per Balmayer 2000) i coincideix amb l'extensió de les senyories de Montpeller i d'Omeladès. De l'altra banda, els receptaris que figuren en aquests còdexs mostren elements inserits clarament catalans. Aquests catalanismes es poden categoritzar segons els diferents nivells del llenguatge:

a. trets grafemàtics com l'ús de la convenció catalana per a la representació de la nasal i de la lateral palatalitzades, és a dir, a través de les lletres geminades <nn> i <(i)ll> i no pas pels dígrafs occitans <nh> i <lh>, com en *castanna* (T [Ric], f. 129r), *aureillas* (T [Ric], f. 151v i f. 152r; P [Let1 30], f. 27v), *mellor* (T [Ric], f. 156v). En alguns casos, el mateix ús de les lletres nasal i lateral geminades reflecteix el fenomen de la palatalització present en el mot català, en què, per contrast, l'equivalent occità derivat del mateix ètim llatí no la mostra pas. Un exemple es troba en la grafia del verb occità *bolir* ('bullir') dins el manuscrit T (cf. *boillida* a T [Ric], f. 128r);

b. trets fonètics tals com els tancaments de la /e/ en /i/ davant de la nasal, com, per exemple, en *prin* (P [Ric 5, 8, 9], f. 1r, entre altres), o de la /e/ i /o/ pretòniques seguides d'una palatal en /i/ o /u/, respectivament, com en *remullar* (P [Ric 46], f. 6r; P [Ric 69], f. 9r; P [Ric 93], f. 21v, entre altres), *mullas* (P [Let1 38], f. 28r), *cullier* (P [Ric 112], f. 23v), *cullitz* (P [Erb 54], f. 20v), *culles* (P [Ric 92], f. 21v);

c. manlleus d'elements lèxics pertanyents al patrimoni de la terminologia científica catalana, integrats de vegades a través del sistema grafemàtic occità.

A continuació, analitzem alguns exemples dels nombrosos manlleus d'elements lèxics d'origen català que s'inscriuen en el camp semàntic de la botànica:

(1) *Atriplex hortensis L.*, 'armoll':
     Un document català dels anys 1040/1075 conté la forma *almols* (DECLC, vol. 1, 393); el terme apareix al còdex P (Ric 25), f. 4r, com a *armol*. Això fa recordar les formes *armols* i *ermoll*, documentades als manuscrits de Chantilly (C [Febr

IV,4], f. 24v; C [Febr V,31], f. 26r) i d'Aush (A [índex], f. 1r; A [Erb arg. 15, 83], f. 5v), en què la presència dels catalanismes es deu a la naturalesa específica del dialecte occità emprat per a la redacció del text (cf. l'apartat 3.2).

(2) *Clematis recta L.*, 'herba bromera' o 'vidalba recta':
El còdex P (Let2 93), f. 10v, documenta el terme *erba beenera*, el qual es troba també a la Vall de Núria (DECLC, vol. 2, 266: *bromera* 'espuma espessa'; DCVB, vol. 6, 923: *herba bromera*).

(3) *Nigella arvensis L.*, 'nigella':
Per a la denominació d'aquesta planta el manuscrit P documenta les formes *niella* (Ric 76), f. 14v, i *nieill* (Ric 112), f. 23r. El terme català, ben documentat a la llengua de Mallorca (DECLC, vol. 5, 898), és present també al manuscrit C (Ag.Thes V,6), f. 30v, que empra el dígraf <lh> de la grafia occitana: *nielha*.

La forma *arnaves*, documentada al còdex P (Ric 9), f. 1v, per a la denominació de *Paliurus australis Mill.*, 'espinavessa', al contrari, no s'ha d'encloure dins l'apartat dels termes d'origen català. Efectivament, la base *arn* de la qual es deriva aquest nom de planta és idèntica a les dues llengües i la primera documentació catalana d'*arnaves* es troba només en un text de l'any 1472 (DECLC, vol. 1, 393), mentre que el còdex P data de l'inici del segle XIV.

Una etapa posterior a la de la llengua montpellerenca s'exemplifica amb els usos del copista del manuscrit de Basilea (B; segle XIV), que documenta una llengua més pura, lligada a la zona en qüestió, en què no apareixen els trets catalans. Una tercera etapa, al contrari, és representada per un idioma que mostra una important infiltració de la llengua d'oïl, evident en la versió final del manuscrit C (per al contacte entre l'occità i el francès, vegeu més amunt l'últim paràgraf de l'apartat 2), coincidint amb el que s'observa en altres zones (Brun 1923; Pansier 1924–1927). Una quarta i última etapa, a la fi, demostra la predominança del francès, fet que es pot observar a les col·leccions mèdiques produïdes el segle XV (vegeu, per exemple, els còdex París, BnF nouv. acq. fr. 11649 o París, BnF nouv. acq. fr. 19994).

3.2 Les causes geolingüístiques

A l'època medieval, la producció de textos científics era particularment abundant en algunes zones on l'occità i el català estaven estretament relacionats, tant que, de vegades, va donar lloc a un idioma original, caracteritzat per una «interferència primària». En aquest sentit, cal tenir en compte dues àrees en particular, encara avui caracteritzades per una barreja de les dues llengües (Veny 1991).

La primera àrea és la regió entre Comenge, Volvestre i Coserans (marge dret de la Garona i marge esquerre de l'Arieja), al sud de l'Alta Garona. Aquí raons geogràfiques i històriques han contribuït a la formació d'un idioma caracteritzat —des dels orígens de les llengües romàniques— per una estreta relació entre la varietat de Tolosa de Llenguadoc, el gascó i el català. El sistema resultant és, alhora, unitari i únic: Plini ja havia assenyalat l'especificitat d'aquesta zona habitada pels consorans; per a l'era moderna, el significat d'aquesta interferència va ser especificat per Bec (1968) i definit per les anàlisis de Jacques Allières (1991, entre altres) i per les investigacions de Jean Louis Fossat (2003, entre altres). Tenint en compte les variacions d'extensió a les quals els diferents fenòmens han estat sotmesos durant un temps tan llarg, la comparació dels trets que caracteritzen els parlars moderns amb les dades extretes d'antics documents d'arxiu demostra que el llenguatge d'alguns textos medicofarmacèutics del corpus considerat coincideix amb el de la zona acabada de descriure. Ens referim, en particular, a la redacció original d'algunes obres transmeses pel manuscrit C, com el *Tresor dels pobres* (Thes), les dues versions, una en prosa i l'altra en vers, de l'*Herbari* d'Odó de Meung (Erb) i els *Receptaris* (Ric1, Ric2, Ric3 i Ric4), a més de les receptes contingudes al manuscrit París, BnF fr. 14974.

La segona àrea de contacte entre les dues llengües és l'Arieja, especialment la zona de Foix, que es caracteritza per un llenguadocià fortament impregnat de catalanismes, fet que documenten les obres científiques procedents principalment de l'entorn dels comtes de Foix. Aquest llenguatge s'utilitza en els textos transmesos pel manuscrit de París, Bibl. Sainte Geneviève 1029 (S. Genev), és a dir, l'*Elucidari* i el *Receptari* que s'hi afegeix. De la mateixa manera, algunes receptes contingudes al manuscrit B, pertanyents a la redacció original, així com una recepta afegida per una mà posterior d'una banda i les receptes presents al manuscrit de Bordeus, Bibl. Municipale 355, de l'altra, demostren els trets específics d'aquesta zona.

En el llenguatge utilitzat en les obres que provenen de les dues àrees indicades, els catalanismes tenen un paper decisiu. Aquests catalanismes es mostren en els nivells de la grafia i de la fonètica (com, per exemple, l'ús de -*ch* per a *c*, o el sufix -*er*, -*era* per a -*ier*, -*iera*) i, en una mesura encara més gran, al nivell lèxic. La influència catalana dins la *Fachsprache* occitana s'exemplifica, a continuació, a través d'alguns termes vernacles relacionats amb les entitats botàniques determinades segons la nomenclatura científica.[3]

---

3 Per als noms de plantes vernacles corresponents a *Cucumis sativus L.*, *Lepidium sativium L.* i *Prunus spinosa L.*, cf. també Corradini 2014.

(4) *Citrus medica L.*, 'poncem':
Clasa és un terme de l'àmbit català que significava originalment 'peces d'escorça de cedre', emprat en la vernacularització del *Thesaurus pauperum* amb el significat de 'goma aràbiga' (C [Thes XXIX,13], f. 11v) com a sinònim del més comú *goma arabiqua* (C [Thes XXVI,3], f. 10r). Amb la mateixa accepció amb la qual es presenta als textos mèdics occitans provinents del sud del departament de l'Alta Garona, la paraula està documentada en la variant *classa* dins el parlar de Narbona del segle XIII i en el dialecte montpellerenc del segle XIV. A més, és present en la varietat del Cantal, en què es registra la forma *glassa* l'any 1380 (DAO 566; FEW, vol. 21, 73b).

(5) *Cucumis sativus L.*, 'cogombre':
La forma *alburdecha* del manuscrit C (Thes XXXV,3), f. 15r, s'ha de posar en relació amb la paraula catalana *albudeca*, que apareix per primera vegada en un document de l'any 1252 (DECLC, vol. 1, 157), abans de passar a l'àmbit occità, en particular a l'Aude, on està documentada l'any 1320 (DAO, 863 2-1).

(6) *Lepidium sativum L.*, 'morritort':
Com a denominació d'aquesta espècie de nasturci el corpus ofereix un terme de provinença catalana, expressada en tres variants: *morretort* (C [Thes LI,6], f. 20v); *morretot* (C [Ag.Thes I,14], f. 27r); *meritort* (C [Thes III,2], f. 1v). En català es documenta la forma *morritort* (Albertí 1973, 996; Font Quer 1992, 268).

(7) *Matricaria chamomilla L.*, 'camamilla':
Aquesta planta es designa al corpus mitjançant el terme occità *camamilla* (C [Thes XXXIX,7], f. 16v), i hi apareixen també les variants *camamilha* (A [índex], f. 1v; A [Erb arg. 45, 240], f. 11v) i *camamilhas* (C [Ag.Thes XI,2, f. 32r), en què la grafia emprada reflecteix una palatalització deguda a la pronúncia catalana. Al còdex C també existeixen, més enllà, formes de derivació catalana directa. Es tracta de les afèresis *mayol* (cf. el plural *mayols* a C [Thes III,1], f. 1v), *malola* (C [Thes XXXIX,7], f. 16v; C [Febr V,37], f.), *mallola* (cf. el plural *mallolas* a C [Febr V,36], f. 26r) i *manolhar* (C [Ag.Thes XI,2] f. 32r). La forma *mallol* està documentada en el diccionari de Coromines per al català ja en un document de l'any 1043, on designa la vinya nova, significat que, de seguida, passa al de 'camamilla' a causa de la semblança morfològica entre les dues plantes (DECLC, vol. 5, 394).

(8) *Ocimum basilicum L.*, 'alfàbrega':
Com a denominació d'aquesta planta el manuscrit C —al costat dels termes *ozimum* i *santi*— fa servir un catalanisme d'origen àrab amb les variants

alfàbrega (C [Thes XXV,5], f. 10r; C [Thes XXXII,5], f. 13v; C [Febr I,5], f. 23r; C [Ag.Thes II,5], f. 27v) i *alfabreca* (C [Thes XXV,1], f. 10r). El manlleu de la designació àrab amb l'article definit aglutinat és present en totes les llengües iberoromàniques, amb dos tipus d'accentuació diferents, però: *alfávaca* en portugués i *alfàb(r)ega* en català amb l'accent a l'antepenúltima, contrastant amb *albaháca* en castellà amb l'accent a la penúltima. En català trobem les dues formes *alfàbega* i *alfàbrega* (DCVB s.v.), l'última documentada al Rosselló en un document de l'any 1397, i després també en textos mèdics catalans (DECLC, vol. 1, 175).

(9) *Prunus spinosa L.*, 'aranyoner':_
Una expressió catalana inserida en el patrimoni lèxic de l'antic occità és la denominació del suc de les fruites de l'arbust *Prunus spinosa L.*: *suc d'aranhons* (C [Thes XXIX, 42], f. 12r), que apareix al còdex C amb la variant *suc de ranhons* (C [Thes XVII, 7], 7r). Conté la base /araɲu/, característica de les àrees catalana i pirinenca: vegeu, a tal propòsit, les paraules catalanes *aranyó*, *aranyoner* (REW 294; Font Quer 1992, 342), la forma aranesa *aranyus* i també l'aragonès *arañon*. La base llenguadociana autòctona, al contrari, és /agraɲu/ (Seguy 1953, 219) de la qual es deriven les formes *agrenièr* (Escudier 1982, n°206) o *agrunelièr* (Farenc 1973, 19) per a denominar el mateix arbust.

En aquesta línia, *lavor* (C [Ric1 34], f. 35r) és el terme utilitzat per anomenar la llavor al manuscrit C i recorda la denominació catalana, documentada a Tortosa de Llenguadoc el 1252 (DECLC, vol. 5, 108). En aquest context de préstecs lèxics també és d'interès l'ús del verb català *estomir* ('sacsejar convulsivament'), que es troba al mateix manuscrit en la forma flexiva «estomon» (C [Thes X, 9], f. 5v). El DCVB (s.v.) documenta només una altra ocurrència d'aquest verb («s'estomí»), que apareix en un còdex amb obres de Llull en correspondència amb la variant «s'estremí», que fan servir altres testimonis i que pertany al paradigma del verb *extremir*, sinònim del primer.

3.3 El doble origen de la *Fachsprache* occitana

Si ara considerem el procés formatiu de la llengua científica occitana, tal com emergeix de l'anàlisi de tota la tradició textual de les diverses àrees, és evident que té un doble origen.

El primer ens condueix a importants entorns culturals com les escoles de medicina de Montpeller i Tolosa de Llenguadoc, on l'ús del llatí en els textos canònics per a l'ensenyament, sovint de Salern, es va substituir aviat per vernacularitzacions en romanç. Això també va passar a les corts altament sensibles a la cultura científica de l'època, com la dels comtes de Foix. El segon origen del llenguatge científic en llengua vernacla es troba en l'àmbit popular, en què la producció de receptes i manuals de salut sorgeix de la trobada entre les reelaboracions de textos produïdes als cercles cultes i la cultura del poble arrelada al territori. En un moment en què la llengua d'oc es preparava per a alliberar-se de la supremacia del llatí, fins i tot en l'àmbit científic, i per a disposar d'un repertori apte per expressar el coneixement a gran escala havia de ser capaç de crear el seu propi vocabulari especialitzat i, al mateix temps, un llenguatge d'ús comprensible en les diferents àrees, que reflectís, doncs, les variants locals. Aquest llenguatge tècnic també havia de ser capaç de fer explícita la correspondència entre els diferents registres i, a més, havia d'adaptar-se als canvis conceptuals que es poguessin produir al llarg del temps (Corradini 2012). En relació amb aquest moment concret que travessava el llenguatge utilitzat per transmetre continguts científics en territoris de parla occitana, el paper del català és considerable i forma part de la complexitat de totes les varietats (diafàsiques, diatòpiques, diacròniques) que el caracteritzen.

Per tant, en els cercles més cultes van ser els traductors els que van ser decisius en el procés de la transmissió del coneixement científic i en la formació d'un lèxic tècnic apte per transmetre'l. Per poder satisfer totes les necessitats que la naixent *Fachsprache* requeria, també havien de fer ús, sovint, del sistema lèxic al qual l'occità estava estretament lligat, és a dir, de la terminologia catalana que —per causes de caràcter històric i geogràfic, a les quals hem fet referència anteriorment— tenien a l'abast. Al mateix temps, en alguns contextos populars el català va contribuir al caràcter del llenguatge adoptat en la composició de textos de registre més baix.

La consciència de l'existència de relacions sinonímiques precises entre termes d'origen diferent també es documenta amb freqüència en el corpus analitzat aquí, com bé es representa al còdex C. Es tracta de l'esment dels termes llatins i dels vernacles que se'n deriven directament o de combinacions de diversos llatinismes expressats de forma incorrecta o de connexions d'aquests llatinismes i de les realitzacions populars corresponents o de cadenes de diferents sinònims vernacles provinents, novament, de diferents àrees geogràfiques.

Un exemple d'aquest fenomen és el cas de les denominacions de l'*Inula viscosa L.* en diferents passatges del corpus analitzat aquí: aquesta planta rep el nom llatí *peligonia* al còdex d'Aush (A). El còdex C designa aquesta planta a través del terme occità derivat d'aquest fitònim llatí, que s'hi presenta en diverses variants (*pellicarda*, *pelicaria*, *policaria*, entre altres) o, de nou, hi fa servir formes corresponents al terme vernacle en català (*olivarda*, amb la variant *olivart*), una veu d'origen mossàrab i documentada des de 1100 (DECLC, vol. 6, 509). En aquest context, és interessant de remarcar com el traductor del *Tresor dels pobres* i dels *Remeis per a les febres* fa explícit en diferents llocs el vincle sinònim entre els termes que pertanyen a les dues llengües, a la naixent *Fachsprache* occitana, d'una banda, i, de l'altra, a la ja establerta i ben coneguda terminologia catalana:

(10) a. suc de pellicarda, so e[s] olivarda   (C [Thes VIII,17], f. 5r)
      b. item pelicaria, qui es olivarda   (C [Thes XXXI,6], f. 13v)
      c. item policaria, qu'es oliva[r]da   (C [Thes XXXIV,4], f. 14v)
      d. ite(m) suc de pollicaria(n), q(ue) es olivarda   (C [Febr V,32], f. 26r)
      e. pollicaria, q(ue) es olivart `   (C [Febr V,38], 26r)

4 Conclusions i perspectives

Tot i que les causes del contacte entre el català i l'occità són múltiples i han produït influències de diferents tipus sobre les *scriptae* d'obres medicobotàniques, és evident, que en totes les situacions els elements catalans apareixen plenament integrats a la *Fachsprache* medicobotànica en llengua d'oc, a la formació de la qual han contribuït de manera decisiva. De vegades juguen el paper de variants intercanviables, de vegades representen els únics recursos lèxics als quals podrien recórrer els compiladors o traductors de textos científics, de vegades perden la seva identitat en presentar-se amb la disfressa de la fonètica occitana.

L'últim fenomen es mostra en el cas del nom d'una espècie de creixen (*Nasturtium officinale* W.T. Aiton): mentre que al manuscrit P s'usa el terme occità *crison* (P [Let1 62], f. 29v), al manuscrit A apareixen les formes *creyssas* (A [índex d'Erb], f. 1r; A [Erb arg. 28], f. 9r) i *creysses* (A [Erb 166], f. 9r), que recorden —tot i que fan acte de presència en una grafia diferent— les variants *créixens*, *créixens*, *créixems* i *créixecs* que estan documentades per al terme català *creixen* anteriorment esmentat (DECLC, vol. 2, 1032; Albertí 1973, 771; Font Quer 1992, 73). El terme també es pot trobar en sard, aquesta vegada representat per la mateixa grafia catalana (*creixen*; cf. Paulis 1992, 348), i això no és d'estranyar si tenim en compte el deute comú de Sardenya i del migdia de França envers el patrimoni lèxic de la llengua de Llull.

Només mitjançant una anàlisi de la *scripta* dels textos occitans que arriba —tan lluny com sigui possible— a la distinció entre la llengua original i les redaccions posteriors és possible fer ressaltar de forma adequada els diferents tipus de trets lingüístics i, en conseqüència, situar els catalanismes presents en la dimensió proporcionada.

Bibliografia

Corpus

Manuscrits principals

A	Auch, Arch. Dép. du Gers I 4066
Ashb	Firenze, Ashb. 105
B	Bâle, Bibl. de l'Univ. D II 11
C	Chantilly, Musée Condé 330
P	Princeton, Garrett 80
Rav	Ravenna, Bibl. Classense 215
T	Cambridge, Trinity College 903
S. Genev	Paris, Bibl. Sainte Geneviève 1029

Manuscrits complementaris

Paris, BnF nouv. acq. lt. 317
Paris, BnF fr. 14974
Bordeaux, Bibl. Municipale 355

Obres principals

Ag.Thes	Afegits al *Tresor dels pobres* de Pere d'Espanya, contingut al ms. C (ed. Corradini 1997).
Erb	*Herbari* d'Odó de Meung, contingut als mss. A, C i P (ed. Corradini 1997).
Febr	*Remeis per a les febres* de Pere d'Espanya, contingut al ms. C (ed. Corradini 1997).
Let1, Let2	*Carta d'Hipòcrates a Cèsar*, contingut als mss. A, B, P i T (ed. Corradini 1997 i 2001).
Thes	*Tresor dels pobres* de Pere d'Espanya, contingut al ms. C (ed. Corradini 1997).
Ric	*Receptari en dues redaccions*, contingut als mss. B, P i T (ed. Corradini 1997 i 2001).
Ric1, Ric2, Ric3, Ric4	*Receptaris*, continguts al ms. C (ed. Corradini 1997).

Obres complementàries

Anatomia porci, contingut als mss. B i C (ed. Corradini 2006).
Anatomia de Galè, 1ª i 2ª redacció, contingut als mss. B, C i R (Corradini en prep.).
Antidotarium Nicolai, contingut al ms. T (ed. Corradini 2001).
De aqua vitae, contingut al ms. Rav (ed. Corradini 2002).
Epistola Aristotelis ad Alexandrum (fragment), contingut al ms. B (ed. Corradini 2001).

Liber de simplici medicinae, contingut al ms. T (ed. Corradini 2001).
Llibre de les raons de Peyre de Serras, contingut al ms. Ashb (Corradini en prep.).
Secret dels Secrets, contingut al ms. B (ed. Corradini 2001).
Tractat sobre les orines, contingut al ms. B (ed. Corradini 2001).

Diccionaris

DAO   Baldinger, Kurt, *Dictionnaire onomasiologique de l'ancien occitan*, Tübingen,
        Niemeyer, 1975–2007.
DCVB   Alcover, Antoni Maria/Moll, Francesc de Borja, *Diccionari català-valencià-balear,* 10
        vol., Palma, Moll, [8]1993.
DECLC   Coromines, Joan, *Diccionari etimològic i complementari de la llengua catalana*, 10
        vol., Barcelona, Curial, 1980–2001.
FEW   von Wartburg, Walther, et al., *Französisches Etymologisches Wörterbuch. Eine
        Darstellung des galloromanischen Sprachschatzes*, 25 vol., Bonn/Heidelberg/
        Leipzig-Berlin/Bâle, Klopp/Winter/Teubner/Zbinden, 1922–2002.
REW   Meyer-Lübke, Wilhelm, *Romanisches etymologisches Wörterbuch*, Heidelberg,
        Winter, [3]1935.

Estudis

Albertí, Santiago, *Diccionari castellà-català i català-castellà*, Barcelona, Difusora General,
        1973.
Allières, Jacques, *Note sur l'alternance f-/h- dans les parlers gascons du haut Couserans
        (Ariège) limitrophes du Languedocien*, in: *Mélanges de langue et de littérature occitanes
        en hommage à Pierre Bec*, Poitiers, Centre d'études supérieures de civilisation médiévale,
        1991, 27–31.
Balmayer, Louis, *Lignes dialectrométriques et isoglosses sur le domaine du Montpelliérain*,
        Revue de linguistique romane 64 (2000), 409–426.
Bec, Pierre, *Les interférences linguistiques entre Gascon et Languedocien dans les parlers du
        Comminges et du Couserans*, Paris, Presses Universitaires de France, 1968.
Brun, Auguste, *Recherches historiques sur l'introduction du français dans les provinces du
        Midi*, Paris, Champion, 1923.
Corradini, Maria Sofia, *Sulle tracce del volgarizzamento di un erbario latino*, Studi Mediolatini e
        Volgari 37 (1991), 31–132.
Corradini, Maria Sofia, *Ricettari medico-farmaceutici medievali nella Francia meridionale*,
        Firenze, Olschki, 1997.
Corradini, Maria Sofia, *Per l'edizione del corpus delle opere mediche in occitanico e in catalano.
        Nuovo bilancio della tradizione manoscritta e analisi linguistica dei testi*, Rivista di Studi
        Testuali 3 (2001), 127–195.
Corradini, Maria Sofia, *Il ms. 215 della Biblioteca Classense di Ravenna. Tradizione latina e testi
        volgari di materia medica*, Studi Mediolatini e Volgari 48 (2002), 1–15.

Corradini, Maria Sofia, *Fenomeni di interferenza linguistica catalana, guascone e oitanica in testi occitanici medievali. Il caso del ms. di Chantilly, Musée Condé 330*, in: Castano, Rossana/Guida, Saverio/Latella Fortnata (edd.) *Scène, évolution, sort de la langue et de la littérature d'oc. Actes du VIIe Congrès International de l'A.I.E.O., Reggio Calabria-Messina, 7–13 juillet 2002*, Roma, Vieilla, 2003, 243–255.

Corradini, Maria Sofia, *Due testimoni occitanici della Anatomia porci attribuita a Cofone salernitano*, in: Beltrami, Pietro, et al. (edd.), *Studi di Filologia romanza offerti a Valeria Bertolucci Pizzorusso*, Pisa, Pacini, 2006, 463–492.

Corradini, Maria Sofia, *Nouvelles acquisitiones et connaissances pour l'étude de la variation (diachronique, diatopique et diaphasique) du lexique médical occitan du Moyen Âge*, in: Ducos, Joëlle (ed.), *Sciences et langues au Moyen Âge. Wissenschaften und Sprachen im Mittelalter. Actes de l'atelier franco-allemand, Paris, 27–30 janvier 2009*, Heidelberg, Winter, 2012, 105–118.

Corradini, Maria Sofia, *Lessico e tassonomia nell'organizzazione del «Dictionnaire de termes Médico-botaniques de l'Ancien Occitan (DiTMAO)». Considerazioni sulla denominazione di alcune piante*, Revue de linguistique romane 78 (2014), 87–132.

Dulieu, Louis, *La médecine à Montpellier*, vol. 1: *Le Moyen Age*, Avignon, Les Presses universelles, 1975.

Escudier, Francis, *Plantas medecinalas e toxicas del Lengadoc*, Pinhan, La Bonheta, 1982.

Farenc, Gustave, *Flore occitane du Tarn*, ed. Nègre, Agen, Cap e cap, 1973.

Font Quer, Pio, *Plantas medicinales. El Dioscórides renovado*, Barcelona, Labor, 1992.

Fossat, Jean Louis, *La densité d'un objet dialectal occitan en linguistique de corpus*, in: Castano, Rossana/Guida, Saverio/Latella Fortnata (edd.), *Scène, évolution, sort de la langue et de la littérature d'oc. Actes du VIIe Congrès International de l'A.I.E.O., Reggio Calabria-Messina, 7–13 juillet 2002*, Roma, Vieilla, 2003, 913–960.

Gimeno Betí, Lluís, *Català i occità. A l'entorn de la llengua del* Cançoner dels Masdovelles, Romania 64:1 (2000), 119–163.

Pansier, Pierre, *Histoire de la langue provençale à Avignon, du XIIe au XIXe siècles*, Avignon, Aubanel, 1924–1927.

Paulis, Giulio, *I nomi popolari delle piante in Sardegna*, Sassari, Delfino, 1992.

Riquer, Martín de, *Història de la literatura catalana*, 3 vol., Barcelona, Ariel, 1964.

Rolland, Edmond, *Flore populaire ou histoire naturelle des plantes dans leurs rapports avec la linguistique et le folklore*, 6 vol., Paris, Maisonneuve et Larose, 1967.

Seguy, Jean, *Les noms populaires des plantes dans les Pyrénées centrales*, Barcelona, Monografías del Instituto de Estudios Pirenaicos, 1953.

Swiggers, Pierre, *Okzitanisch und Romanisch / L'occitan et les langues romanes*, in: Holtus, Günter/Metzeltin, Michael/Schmitt, Christian (edd.), *Lexikon der Romanistischen Linguistik (LRL)*, vol. 7,1, Tübingen, Niemeyer, 1998, 67–82.

Veny, Joan, *Sobre els occitanismes del rossellonés*, in: Bruguera, Jordi/Massot i Muntaner, Josep (edd.), *Actes del V Col·loqui internacional de llengua i literatura catalanes (Andorra, 1–6 d'octubre de 1979)*, Barcelona, Publicacions de l'Abadia de Montserrat, 1980, 441–494.

Veny, Joan, *Katalanisch: Areallinguistik / El catalán. Areas lingüisticas*, in: Holtus, Günter/Metzeltin, Michael/Schmitt, Christian (edd.), *Lexikon der Romanistischen Linguistik (LRL)*, vol. 5,2, Tübingen, Niemeyer, 1991, 243–261.

Zufferey, François, *Recherches linguistiques sur les chansonniers provençaux*, Genève, Droz, 1987.

Estratègies de divulgació del saber

Anna Fernàndez-Clot/Francesc Tous Prieto

«Plàcia ausir est nostre mou, lo qual havem en disputar»: el *Dictat de Ramon* (1299) de Ramon Llull i els seus autocomentaris

Abstract: The purpose of this paper is to study the communicational strategy used by Ramon Llull in a set of three closely related works: the *Dictat de Ramon* (1299), the *Coment del Dictat* (1299) and the *Tractatus compendiosus de articulis fidei catholicae* (1300). The first one contains a series of propositions condensed in rhymed couplets that provide "necessary arguments" proving the most important articles of Christian faith. The book concludes with a petition addressed to King Jaume II, requesting permission to preach to the infidels of the Kingdom of Aragon. Later, Llull wrote the *Coment del Dictat*, an analytic commentary of every maxim of the *Dictat*. Finally, he prepared a version of the *Coment* in Latin, the *Tractatus*. The analysis of paratextual information (prologues, colophons) and formal features of these texts helps us to understand Llull's purposes and the way these works are linked to different communicational contexts.

Keywords: Ramon Llull, religious dispute, logical propositions, rhetoric

1 Introducció

Entre 1299 i 1301, Ramon Llull va desenvolupar la seva activitat missionera i intel·lectual a Mallorca. Es tracta de la primera estada llarga que el beat va fer a l'illa després de molts anys d'absència. Ramon va decidir deixar París —on havia arribat el 1297— i el seu ambient universitari per tornar a la seva terra natal. Allí va consagrar tots els seus esforços a convertir els infidels i a enfortir la fe catòlica

Nota: Aquest treball forma part del projecte de recerca coordinat FFI 2014-53050-C5-1-P, finançat pel Ministeri de Ciència i Innovació espanyol, que es desenvolupa al Centre de Documentació Ramon Llull de la Universitat de Barcelona. També ha estat possible gràcies a les beques predoctorals FPU (AP2010-0242, Anna Fernàndez-Clot) i FPI (BES-2009-015667, Francesc Tous Prieto).

Dr.ª Anna Fernàndez-Clot, Universitat de Barcelona, Departament de Filologia Catalana i Lingüística General, Gran Via de les Corts Catalanes, 585, E-08007 Barcelona, afernandez.clot@ub.edu

Dr. Francesc Tous Prieto, Universitat de Girona, Institut de Llengua i Cultura Catalanes, francesc.tous@udg.edu

https://doi.org/10.1515/9783110430622-005

a partir del contacte directe amb la comunitat cristiana i les no cristianes de l'illa. Tal com informa la *Vita coaetanea*, a Mallorca, Llull «conatus est tam disputationibus quam etiam praedicationibus trahere Saracenos innumeros ibi morantes in uiam salutis» (Llull 2013, 84). També es va dedicar amb energia a dinamitzar el funcionament de l'escola de Miramar i a promoure el seu projecte apologètic i missioner, tant amb la redacció de noves obres com amb la producció de col·leccions manuscrites. A Mallorca, Llull va compondre diversos opuscles teològics i morals en vulgar en un context no escolar, i pretenia traduir alguns dels textos a l'àrab.[1]

A finals de 1299, durant el viatge de París a Mallorca, Ramon Llull va fer escala a Barcelona amb el propòsit d'atraure el rei Jaume II d'Aragó i obtenir-ne el suport per als seus projectes missioners. La *Vita coaetanea* no documenta aquesta curta estada a Barcelona, però tenim constància de les relacions que Llull va establir amb la cort de Jaume II gràcies als colofons de dues obres: el *Dictat de Ramon*, un text escrit «en vinén de París» i dedicat al rei d'Aragó, i les *Oracions de Ramon*, una obra que Llull va escriure a Barcelona per encàrrec directe de Jaume II i la seva esposa, Blanca d'Anjou.[2] A més, el monarca va signar una autorització perquè Llull pogués predicar a les comunitats d'infidels en els territoris de la Corona d'Aragó.[3] Tal com veurem tot seguit, aquest permís està íntimament lligat amb el primer dels dos llibres que Llull dedicà al monarca, el *Dictat de Ramon*.

Aquesta obra, escrita en vers i dedicada a presentar arguments necessaris per demostrar els articles de la fe cristiana, encapçala la producció literària i intel·lectual del període 1299–1301, i és potser el text que il·lustra d'una manera més diàfana els objectius de Llull durant aquest període i els procediments i les estratègies que posa en pràctica per tal d'aconseguir-los. Al pròleg, Llull presenta les característiques principals del text:

---

1 Per a una caracterització de l'activitat i la producció de Llull durant aquest període, cf. Domínguez (1993, ix–xlix) i Badia/Santanach/Soler (2012, 32–36).

2 Cf. el colofó del *Dictat de Ramon* a l'apartat 2 d'aquest article. Copiem l'inici del colofó de les *Oracions de Ramon*: «Fenit es aquest *Libre de Oracions e de Doctrina de amar Deu* en la ciutat de Barchinona en lany .M.CC.lxxxxviiij. lo qual *Libre* es fet a requesta del molt noble senyor en Jacme rey d'Aragó et de la molt alta dona Blancha, reyna de Aragó» (Llull 1935, 392).

3 A partir d'aquest moment, Jaume II d'Aragó es va convertir en un dels principals protectors de Ramon Llull, tal com mostren diversos documents conservats. El 24 de juny de 1305 el rei concedeix a Llull, pels seus serveis, una pensió vitalícia, i uns mesos més tard, el 17 de setembre, un donatiu per valor de 500 sous (cf. Hillgarth 2001, 74–76, docs. 37–38). Anys més tard, el 1309, Llull escriu a Jaume II des de Montpeller perquè l'ajudi a sufragar la seva estada a la cort papal d'Avinyó (78–79, doc. 40). Malgrat això, Ramon no només busca el suport econòmic del monarca, sinó que també hi recorre per aconseguir col·laboradors que l'assisteixin en els seus projectes. El 1315, de Tunis estant, es posa en contacte amb el seu senyor i li demana que li enviï fra Simó de Puigcerdà, antic deixeble seu, per tal que tradueixi al llatí diverses obres que ha escrit en romanç (94–100, docs. 48–51).

A conèxer Deu en lo mon
comença·l Dictat de Ramon.

A cells qui dihen que provar
hom no pot la fe, ni donar
null necessari argument,   5
volem donar ensenyament
de .vii. articles principals,
los quals, per rahons naturals,
provam per nous començaments,
qui mostren inconvenients   10
esser en Deu sens unitat,
sens trinitat, sens encarnat,
sens crear, sens resuscitar.
Encara volem demostrar
Deus esser de necessitat.   15
Emperò est nostre Dictat
requer haver ensenyador,
qui mostre la força major
qui està per los consequents
qui ixen dels antecedents,   20
nous començaments appellats.
Comensem donchs ab la clardats
del Sant Spirit gloriós,
qui complesca nostres rasós
e enlumín hom obstinat,   25
qui no pot veser la claredat
sotsposant que no·s pusca far
que nostra fe·s pusca provar.
Provem anans que Deus es,
en aprés que sol un Deus es;   30
puys provarem pluralitat
qui en Deu mostra trinitat;
e que Deu ha volgut mostrar
sa bontat volent-se encarnar;
e que·l mon nou es començat;   35
e c'om serà resuscitat,
a gloria o a turment,
per Deu qui es omnipotent.
Ara comencem en axí
per lausar Deu qui anch no mentí.   40
(Llull 1936, 263–264, vv. 1–40)

Tal com es pot observar, l'autor es proposa ensenyar «per nous començaments»
(v. 9) que els articles de la fe són demostrables mitjançant «rahons naturals»
(v. 8), és a dir, arguments racionals, i ho exemplifica amb la demostració de sis

articles, que corresponen als sis capítols en què es divideix l'obra: l'existència de Déu, la unicitat de Déu, la trinitat, l'encarnació, la creació del món i la resurrecció (vv. 11–15, vv. 29–38).[4] La seva intenció, de fet, és mostrar els «inconvenients» (v. 10) que se segueixen de la negació dels articles, un objectiu que, com veurem més endavant, marca l'ús d'un determinat tipus d'estructures lògiques. Llull construeix els arguments necessaris que han de demostrar cada un dels sis articles en forma de proposicions breus, codificades a partir d'un esquema mètric regular: els apariats octosíl·labs. Els quatre primers capítols contenen vint proposicions —és a dir, quaranta versos—; el cinquè deu, i el sisè, dotze. Al final de cada capítol, Llull afegeix un apariat que funciona com a corroboració o confirmació de la demostració de l'article en qüestió. Per exemple, el primer capítol, dedicat a la demostració de l'existència de Déu, es tanca amb el dístic següent: «Provat es, donchs, e demostrat / que Deus es de necessitat» (I, vv. 81–82).

La modalitat discursiva que Llull tria per mostrar els arguments necessaris —la llista paratàctica de màximes en dístics octosíl·labs— facilita la memorització dels continguts, però, d'altra banda, implica una certa dificultat de comprensió que cal resoldre. L'autor era molt conscient d'aquesta qüestió i és per això que poc després d'acabar el *Dictat*, ja a Barcelona, va redactar un autocomentari de l'obra, el *Coment del dictat*, en què exposa d'una manera analítica el sentit dels arguments expressats sintèticament al poema. Al cap de poc, el juliol del 1300, a Mallorca, va preparar una versió lliure en llatí d'aquest comentari, el *Tractatus compendiosus de articulis fidei catholicae*. El *Dictat*, l'autocomentari i la traducció llatina són tres obres que posen de manifest algunes de les múltiples estratègies utilitzades per Llull en la transmissió del saber, i connecten de manera especial amb els interessos de l'autor durant la seva estada a Barcelona i Mallorca al tombant del segle XIII al XIV. Els estudis de Fernando Domínguez a propòsit de l'edició de les versions llatines i castellana del *Coment* i del *Tractatus* són fonamentals per conèixer la naturalesa dels textos i el seu context de producció (cf. Domínguez 1993; Domínguez 1991; Domínguez 1996); d'altra banda, les aportacions de Lola Badia, Joan Santanach i Albert Soler permeten situar l'operació d'autocomentari i la traducció en relació amb les estratègies retòriques i lingüístiques de Llull (cf. Badia/Santanach/Soler 2012, 31–36; Badia 2013, 84–85). D'acord amb aquestes contribucions, doncs, i prenent com a punt de partida els textos, l'objectiu d'aquest article és mostrar la complexitat de l'operació intel·lectual i comunicativa que lliga totes tres obres.

---

4 L'afirmació del pròleg segons la qual els articles de la fe que es demostren són set és un error que transmet tota la tradició del text. Tant les enumeracions dels capítols fetes al pròleg com la mateixa estructura de l'obra i dels comentaris posen de manifest que els articles de la fe que Llull demostra a partir de màximes són sis i no pas set.

2 Una operació comunicativa complexa i multifuncional

Partint del que Llull mateix diu als paratextos del *Dictat*, del *Coment* i del *Tractatus*, i tenint en compte la natura de cada un d'aquests textos, ens podem fer una idea dels objectius comunicatius de Llull. En primer lloc, com es pot llegir a l'inici del pròleg del *Dictat de Ramon*, l'autor té la intenció de revocar la idea que la fe no es pot demostrar amb arguments racionals. Per això, comença amb una apel·lació directa: «A cells qui dihen que provar / hom no pot la fe, ni donar / null necessari argument» (vv. 3–5). Al final del mateix pròleg, quan sol·licita «la clardats» (v. 22) de l'Esperit Sant per facilitar la comprensió del mètode de demostració dels articles per màximes, es torna a referir al mateix col·lectiu i al mateix problema: «e enlumín hom obstinat / qui no pot veser la claredat / sotsposant que no·s pusca far / que nostra fe·s pusca provar» (vv. 25–28). Al pròleg del *Tractatus*, apareixen aquestes mateixes referències quan Llull remarca el caràcter exemplar del seu mètode de demostració: «Cum aliqui dicunt, quod fides christiana per rationes necessarias minime probari potest, nos exemplificare uolumus per aliquos fidei articulos, quod probari potest per necessarias rationes tenendo modum *Artis generalis*» (Llull 1993, 466).

És ben sabut que un dels principals cavalls de batalla de Llull al llarg de tota la seva trajectòria és convèncer els intel·lectuals i les autoritats polítiques i religioses del seu temps que els articles de la fe es poden demostrar amb arguments racionals. De fet, per a Ramon, la predicació als infidels i la disputa interreligiosa s'han de fonamentar en «raons necessàries» que l'intel·lecte de l'interlocutor per força ha d'acceptar. Cal recordar que Llull es queixa constantment que l'error més greu dels cristians a l'hora de disputar amb els infidels és que, un cop han desmuntat les seves creences, no són capaços d'aportar cap prova o raó que els convidi a abraçar el cristianisme i els demanen que abandonin la fe dels seus pares per unes altres creences que tampoc no tenen fonament.[5] El fet que al pròleg Llull anomeni les màximes del *Dictat* «nous començaments» (v. 9) posa de manifest la seva voluntat de convèncer els receptors de l'obra que el mètode que exposa és innovador i que és el més adequat per disputar amb els infidels i persuadir-los que els dogmes cristians són vertaders.

---

5 Recentment, Ruiz Simon (2014, 47–49) ha destacat que un dels trets bàsics del perfil intel·lectual dels infidels que Llull pretenia convèncer amb l'Art és que estan disposats a convertir-se al cristianisme si se'ls ofereixen demostracions o proves racionals que certifiquin que aquesta religió està més a prop de la veritat que no la seva. L'autor mostra que l'Art està concebuda en bona part com un artefacte que permet demostrar que la fe cristiana s'ajusta a les exigències racionals dels *falasifa*, els filòsofs àrabs.

A l'epíleg del *Dictat de Ramon* es pot observar que aquest objectiu persuasiu es focalitza en darrer terme en una petició: Llull dedica el text a Jaume II amb la voluntat de mostrar-li el seu mètode racional de disputa, guanyar el rei per la seva causa i aconseguir que li doni el permís per disputar amb jueus i sarraïns dins dels regnes de la Corona d'Aragó.

> A honor del Sant Spirit
> començà e finí son scrit,
> Ramon, en vinén de París;
> e·l comana a sant Luys   260
> e al molt noble rey d'Aragó,
> Jacme, en l'Encarnació
> de M.CC.XC nou.
> Plàcia ausir est nostre mou,
> lo qual havem en disputar   265
> contra·ls infaels, e mostrar
> de nostra fe la veritat;
> e que hi sien li prelat,
> Preycadors, frares Menors,
> e atressí li grans senyors   270
> qui han enteniment levat:
> e sien jueus appellat
> e serrayns, al disputar;
> e adonchs mostrarem tot clar
> que nostra fe es veritat,   275
> e que·ls infaels són errat.
> E si eu, sènyer, mostre el ver,
> plàcia-us que·m donets poder
> per vostres regnes e comtats,
> castells, viles e ciutats,   280
> que·ls serrayns faça ajustar,
> e los judeus, al disputar
> sobr' est novell nostre Dictat.
> E, sènyer, per gran caritat,
> humil rey d'alta corona,   285
> comencem en Barchinona.
> E sia Jhesu Xrist lausat
> car vostres gents vos han cobrat
> sá, alegre, ab dever,
> on havets fayt vostre poder.   290
> (Llull 1936, 273–274, vv. 257–290)

La petició que Llull adreça al final del text al seu dedicatari ens autoritza a llegir el *Dictat de Ramon* com una *captatio benevolentiae* per aconseguir allò que espera del rei. Com a arguments per convèncer el monarca d'obtenir el permís,

Llull apel·la a la utilitat del seu model de demostració dels articles de la fe («est nostre mou», v. 264) per a la disputa contra els infidels i per a la predicació, en remarca el caràcter general —el poden utilitzar tant religiosos de qualsevol orde com grans senyors (vv. 268–271)—, i mostra plena confiança en l'efectivitat del mètode que proposa (vv. 274–276). Tal com hem assenyalat en l'obertura d'aquest article, Jaume II, a través d'un document signat a Barcelona el 30 d'octubre de 1299, va atorgar al beat l'autorització que demanava:

> Iacobus, etc. Tenore presencium notum fieri volumus universis presentes litteras inspec-
> turis, quod Nos concedimus et damus licenciam magistro R[aymund]o Lulli quod, electis
> per eum quinque vel sex probis hominibus et sibi adhibitis, possit predicare in sinagogiis
> iudeorum diebus sabbatinis et dominicis, et in mesquitis sarracenorum diebus veneris et
> dominicis, per totam terram et dominacionem nostram, et exponere iudeis et sarracenis
> predictis fidei catholice veritatem, admissis religiosis quibuscumque ad predicacionem
> ipsam accedentibus (Hillgarth 2001, 71, doc. 35).

Aquesta petició i aquest document connecten amb la perspectiva d'aplicació del text que Llull contempla a l'epíleg del *Dictat de Ramon*: la predicació i la disputa religiosa amb jueus i musulmans. És per això que, tal com ha observat Fernando Domínguez (cf. 1996, 59–61), el text es configura com un guió apte per a l'ús de predicadors. S'ha de tenir en compte, però, que les circumstàncies que van motivar la redacció de l'obra desborden aquesta possible aplicació del text, perquè no es tracta només de convèncer els infidels que són en l'error, sinó també de persuadir els cristians que Ramon disposa d'un mètode infal·lible per convertir els infidels i que cal que tothom —especialment les elits polítiques— s'impliqui en aquesta comesa. Per poder-la assumir, cal, en primer terme, que els cristians enforteixin les seves pròpies conviccions religioses i, en segon terme, que coneguin tècniques d'argumentació efectives per persuadir el contrari.

A la introducció del *Coment del dictat* aquests objectius s'exposen de manera més clara:

> Aquest Dictat es bo contra aquells qui dien que Deus no es, e contra los eretges qui dien que
> són molts deus; e es bo a provar la santa fe xrestiana; e molt de be contén en sí matex, so
> es a saber, que los xrestians ne poden esser fortificats en lur creença, en poden destruyr e
> confondre, per necessaries rahons, tots aquells qui no són xrestians e volen destruyr la fe
> xrestiana per necessaries rahons (Llull 1936, 277).

L'assoliment dels propòsits assenyalats depèn en bona part del disseny d'una operació retòrica i persuasiva adequada. Amb la preparació, primer, del *Dictat* i, després, del comentari català, Llull desenvolupa unes estratègies discursives i comunicatives encaminades a atraure les classes laiques als seus projectes missioners. L'autor ha de parlar un llenguatge adequat perquè aquestes classes el puguin entendre i es convencin de la bondat del seu projecte, i per això selecciona un ventall de recursos que s'hi adeqüin: l'ús de la llengua vernacla, l'aprofitament de recursos literaris i persuasius com el vers, la rima i l'expressió sentenciosa per a la construcció de les proposicions lògiques, i finalment, la preparació d'un autocomentari amb intencions didàctiques, que expliqui el sentit obscur de les proposicions breus. Un cop assolit aquest propòsit, Llull adapta la matèria i la forma del *Dictat* i el *Coment* amb la voluntat de disposar d'un nou material que pugui funcionar més enllà del context local que havia motivat la redacció dels dos primers textos; el títol que Llull tria per a la versió llatina —*Tractatus compendiosus de articulis fidei catholicae*— és prou simptomàtic en aquest sentit. Tenint en compte, doncs, les característiques de les tres obres i la relació que presenten, és possible constatar que Llull va dissenyar una estratègia comunicativa complexa que es pot dividir en tres fases, cadascuna de les quals comporta, segons els objectius i els destinataris de cada text, la selecció d'uns determinats codis lingüístics, gèneres textuals i recursos retòrics. En els tres apartats successius analitzarem cada una d'aquestes fases.

2.1 Primera fase: les proposicions o els començaments del *Dictat de Ramon*

Els recursos persuasius i formals que Llull utilitza en les proposicions en vers del *Dictat*[6] estan clarament vinculats als gèneres literaris consumits a la cort i, molt especialment, als interessos intel·lectuals del rei Jaume II d'Aragó. En efecte, d'una banda és ben sabut que el monarca, influït per la política cultural que el Casal de Barcelona havia desplegat des del s. XII, no només va protegir i promoure la poesia dels trobadors, sinó que també la va cultivar. Al pròleg de les *Regles de trobar*, Jofre de Foixà informa que les ha redactat per manament del rei —que en aquell moment només ho era de Sicília—, el qual «en trobar pensa e·s adelita grantmen» (Marshall 1972, 56). Jaume II és, de fet, l'autor d'una dansa al·legòrica de contingut polític que Arnau de Vilanova va comentar en llatí (cf. Cabré 2011, 354; Mensa 2013, 484–485).

Tot i que el *Dictat* és un text en vers clarament allunyat de les convencions de la tradició trobadoresca i orientat exclusivament a la difusió dels projectes missioners i intel·lectuals de Ramon, connecta de manera evident amb el marc cultural i els gustos literaris del monarca i dels cortesans catalanoaragonesos. Com en altres casos, Llull recorre al motlle de les noves rimades, un metre que els

---

6 Per a una anàlisi detallada d'aquests recursos, cf. Fernàndez-Clot/Tous (2014).

destinataris laics del *Dictat* havien de reconèixer fàcilment perquè es tracta d'un dels esquemes estròfics més utilitzats en la poesia narrativa i didàctica de l'època (cf. Di Girolamo 2003, 62–67). Llull utilitza la versificació en diverses ocasions per tal de transmetre i facilitar la memorització de determinats continguts doctrinals, complint, d'aquesta manera, la funció instrumental que des del *Llibre de contemplació* l'autor reclama per a la poesia.[7] El *Dictat de Ramon* s'ha d'entendre com una mostra del tipus de poesia alternativa que, segons les idees del beat, cal que sigui recitada a la cort en substitució de les composicions trobadoresques habituals, tal com deixen intuir el vers 264 («plàcia ausir est nostre mou») i la dedicatòria al rei d'Aragó.

En el *Dictat*, Llull aprofita les noves rimades per formalitzar proposicions lògiques. L'ús d'aquest esquema mètric permet construir un discurs format per unitats de sentit de caràcter breu (els apariats) amb una estructura sintàctica molt marcada per la disposició formal del vers. En altres obres de Llull també s'observa com l'apariat facilita la formació d'unitats de sentit que ajuden el lector a retenir millor la idea o el concepte que l'autor vol transmetre. El següent passatge de la *Lògica del Gatzell* il·lustra aquesta tendència: «Ech-vos los .v. universals, / lurs noms sabiats que es aytals: / genus, sots sí specia, / après es diferencia; / propri-etat e accident / són quart e cinquén exament» (Llull 1936, 4, vv. 13–18). Ara bé, aquestes unitats no funcionen autònomament, com els dístics del *Dictat*, sinó que presenten una relació discursiva amb el conjunt de versos que formen un capítol o una estrofa (cf. Fernàndez-Clot 2017, I, 127–128).

De fet, els versos del *Dictat* s'acosten molt més a la modalitat discursiva pròpia de les col·leccions de proverbis de Llull, especialment la dels dos reculls de proverbis versificats que Ramon va redactar més tard, els *Proverbis de la Retòrica Nova* (1301) i els *Proverbis d'ensenyament* (1309?), tots dos també en apariats octosíl·labs (cf. Tous 2015, 272–311 i 505–530). La formulació breu i sentenciosa i l'ordenació paratàctica dels materials —dos dels trets fonamentals de les col·leccions de proverbis— són el segon pilar persuasiu sobre el qual es construeix l'edifici del *Dictat*. L'ús d'aquests recursos també es pot vincular a les preferències literàries de Jaume II, atès que està ben documentat l'interès del monarca per la literatura didàctica i sapiencial. Arnau de Vilanova, que fou el seu metge, li va adreçar l'*Alphabetum catholicorum* per a la formació de l'infant Jaume, nascut el 1296 (cf. Mensa 2013, 481), i el trobador Amanieu de Sescars li dedicà un *ensenha-*

---

7 Llull exposa les seves idees sobre aquesta qüestió al capítol 118 del *Llibre de contemplació*, «Com hom se pren guarda de ço que fan los joglars» (Llull 1906–1914, vol. 3, 97–103). Per a Ramon, els objectius i les orientacions de la literatura del seu temps són totalment immorals i, per això, planteja un canvi radical de perspectiva. La literatura sempre ha de ser una eina al servei de la difusió de les veritats del cristianisme (cf. Badia/Santanach/Soler 2013, 395–409 i 414–420).

men en occità (cf. Cabré 2005, 393–395). Pel que fa a les col·leccions de proverbis, Jafudà Bonsenyor va escriure el *Llibre de paraules e dits de savis e filòsofs* per encàrrec directe de Jaume II i, gràcies a una carta de 1309, també sabem que el mateix Ramon Llull li envià un llibre de proverbis destinat a la formació moral dels infants (cf. Hillgarth 2001, 78–79, doc. 40).

Així doncs, en el *Dictat* Llull aconsegueix reunir dos recursos formals altament eficaços per sintetitzar continguts doctrinals i imprimir-los en la memòria del lector. Tant el vers com l'expressió sentenciosa són formes literàries que tenen una finalitat clarament pràctica i que busquen l'interès i la complicitat del lector laic. Són recursos, per tant, adequats per elaborar un text que ha de ser enviat i recitat a la cort, i que ha de captar l'interès d'un auditori poc avesat a l'argumentació racional. D'altra banda, l'anàlisi de la forma de les proposicions mostra que, més enllà de l'aprofitament de diversos gèneres literaris, Llull és capaç d'adaptar a un nou context apologètic i divulgatiu procediments desenvolupats per la lògica escolàstica.

En efecte, el *Dictat* està estretament vinculat a dues obres que Llull va escriure entre 1299 i 1300, el *Liber de geometria nova* (París) i els *Començaments de filosofia* (París/Palma). En aquestes obres, Llull utilitza llistes de màximes —que ell anomena *començaments/principia*— per establir els fonaments teòrics de cada disciplina. Els començaments estan associats a llistes correlatives de *conclusiones* o *consequentiae* en les quals s'extreuen corol·laris lògics a partir del seu contingut. Un exemple dels *Començaments de filosofia*: a partir de la màxima «Negun ents es non ents» es pot formar la conseqüència «Si negun ens es no ens, inpossible cosa es que no ens sia ens» (Llull 2003, 7 i 13). Fernando Domínguez (1993, 46–56; 2003, xxviii–xxx) ja va assenyalar que l'ús d'aquest procediment lògic està lligat al desenvolupament de la teoria medieval de les conseqüències, un mètode de raonament que neix per completar la lògica sil·logística, ja que aquesta darrera no cobreix el camp de tots els raonaments possibles. En general, les conseqüències s'expressen mitjançant una proposició condicional formada per dos membres: l'antecedent i el conseqüent. Per tal que una conseqüència sigui veritable, hi ha d'haver una vinculació evident entre l'antecedent i el conseqüent, en el sentit que el primer només és veritable si el segon també ho és.

Al *Dictat*, Llull reaprofita aquest mètode i l'aplica a la demostració indirecta dels dogmes de la fe cristiana. Llull anomena *proposicions* els enunciats que formen part del text, però també, tal com hem vist, *començaments*. Bona part de les proposicions, especialment les dels dos primers capítols, són de tipus condicional, com les *consequentiae* de les dues obres que hem mencionat: «Si Deus no es, privació / es fi de generació» (I, 6, vv. 51–52). Al pròleg de l'obra, Llull remarca que els conseqüents de les proposicions tenen una «força major» que els antecedents (vv. 18–21). Si ens fixem en el dístic que acabem de reproduir, és evident que

Déu no pot no existir perquè la privació no pot ser la finalitat de la generació. La falsedat del conseqüent anul·la la hipòtesi plantejada per l'antecedent.

Tot i així, el *Dictat* no és una obra de caràcter sistemàtic com els *Començaments de filosofia* o el *Liber de geometria nova*. A partir del tercer capítol, la presència de les proposicions condicionals disminueix i Llull utilitza altres motlles sintàctics amb finalitats similars. Un dels que més s'acosta a la construcció condicional és la fórmula *Sense X, no Y*: «Sens granea e magnifficar, / negú esser pot gran estar» (III, 15, vv. 153–154). Ramon també recorre de tant en tant a les oracions causals («Car Deus s'es homenificat, / es mays entès e mays amat», IV, 6, vv. 177–178) i a les comparatives («Mays val un hom deyficar, / que mil milia mons crear», IV, 1, vv. 167–168). També hi ha proposicions que expressen una veritat de forma categòrica mitjançant construccions atributives: «La major fi de tota gent, / es Deus esser nostre parent» (IV, 4, vv. 173–174). Així, i malgrat que el falsejament d'hipòtesis contràries als dogmes cristians sigui el procediment lògic principal del *Dictat*, Llull proporciona també premisses i principis bàsics que contribueixin a apuntalar les creences dels cristians i a fonamentar-ne la demostració.

2.2 Segona fase: l'autocomentari de les proposicions

El significat de les màximes del *Dictat de Ramon* no sempre és diàfan; com tampoc no ho són les relacions lògiques que Llull estableix entre els membres constitutius de les màximes ni els principis implicats en els enunciats. És evident que la formalització de proposicions lògiques en unitats breus comporta una certa obscuritat en l'expressió i dificultats de comprensió que poden resultar insalvables per al lector poc avesat a les subtilitats teològiques i filosòfiques. Llull ja va preveure en el pròleg del *Dictat* la necessitat d'un «ensenyador / qui mostre la força major / qui està per los consequents / qui ixen dels antecedents» (vv. 17–20). El *Coment del dictat* es proposa, justament, com una «declaració» o «exposició» que explica el significat de les proposicions que conté el *Dictat*, per tal que el text pugui ser entès «sens maestre» (Llull 1936, 177).

Aquesta relació de continuïtat que presenten les dues obres és evident en la còpia i transmissió dels textos.[8] Cal advertir que tots els testimonis conservats del *Dictat de Ramon* presenten només el poema, generalment copiat al costat d'altres obres en vers de Llull i sense el comentari. D'altra banda, tots els testimonis del *Coment del dictat* presenten només el text en el format de proposició i comentari, sense el poema a l'inici. No obstant això, els paratextos que presenta

---

8 Per a la tradició manuscrita de les obres, cf. les fitxes corresponents de la Llull DB.

el *Coment* (íncipit, pròleg i epíleg) remarquen clarament la relació del text amb el *Dictat*. Els dos testimonis catalans i el testimoni llatí del *Coment* copien l'íncipit i el pròleg del *Dictat de Ramon* com a encapçalament del text i, a continuació, presenten la rúbrica que identifica el comentari com un text autònom («De la esposició dels començaments d'est Dictat») i el pròleg que explica com funciona aquest comentari i quina relació manté amb el *Dictat*: «Com cascuna proposició d'est Dictat sia posada en .ii. versets, declaram-la per ço que sia entès ço que la proposició significa: e primerament declararem la primera proposició, e aprés les altres per horde; e açò fem per ço que lo Dictat pusca esser entès sens maestre» (Llull 1936, 177).[9]

Sembla que l'estratègia de col·locar l'íncipit i el pròleg del *Dictat* abans de la identificació del *Coment* com a nova obra —amb rúbrica i pròleg propi— ha de remetre a Llull. El pròleg en vers del *Dictat* identifica la divisió del text en capítols, el mètode demostratiu i el format dels arguments necessaris, de manera que és vàlid com a presentació general de l'estructura i del funcionament de les proposicions lògiques, tant si van soles com acompanyades d'un comentari. D'altra banda, la rúbrica «De la esposició dels començaments d'est Dictat» i el pròleg en prosa identifiquen les característiques específiques del nou text com a comentari de les proposicions del *Dictat*. El segon text, el *Coment*, es presenta com una nova forma del *Dictat*, que inclou l'estructura d'aquest text com a part fonamental —els capítols i les proposicions en vers formalitzades com a arguments necessaris—, però que aporta el comentari, exposició o declaració de les proposicions com a característica distintiva. L'epíleg del *Coment* indica clarament aquesta identificació entre els dos textos per relació d'inclusió (la cursiva és nostra):

Finit es aquest *Coment, qui es del Dictat qui en ell se conté*; e es finit en la ciutat de Barchinona en l'any de .M.CC.l.xxxxviiii. de la encarnació de Jhesu Xrist: en la guarda del qual comane est *Coment e Dictat*, que ell lo montiplich a sí conèixer e amar en lo mon per ço que en lo mon sia molt amat e que molt home ne pusca esser salvat (Llull 1936, 324).

---

9 En els testimonis catalans (l'un és fragmentari i només conté els pròlegs i el comentari de la primera proposició, i l'altre és complet), el pròleg del *Dictat* és copiat en vers, però en tots dos casos el full de paper ha estat mutilat i no s'han conservat els últims versos d'aquest pròleg: Barcelona, Arxiu del Regne d'Aragó, Ripoll, ms. 129, f. 186, i Roma, Collegio di Sant'Isidoro, ms. 1/103, f. 1. El testimoni llatí, rubricat amb l'íncipit del *Dictat* («Ad cognoscendum deum in mundo incipit dictamen quod fecit reuerendus magister Raymundus»), presenta el pròleg del *Dictat* traduït en prosa i seguit del pròleg nou, sense cap rúbrica que identifiqui el *Coment*: C. Vaticano, Bibliotheca Apostolica Vaticana, Ottob. Lat. 375, f. 62r (vegeu-ne l'edició a Llull 1993, 351–352). El testimoni castellà, en canvi, comença directament amb el pròleg propi del *Coment*, sense presència de cap rúbrica que identifiqui l'obra: London, British Library, Add. 14040, f. 86r (vegeu-ne l'edició a Domínguez 1991, 185).

Aquestes dades, que marquen la relació entre totes dues obres —cosa que Llull té cura d'advertir de manera explícita a partir dels paratextos—, permeten interpretar l'autocomentari com una segona fase de l'estratègia comunicativa iniciada amb el *Dictat de Ramon*. L'operació retòrica de comentar el sentit de les proposicions formalitzades en dístics octosíl·labs és, de fet, un recurs literari més del *Dictat*. Ara bé, no es tracta d'un recurs que condicioni les característiques intrínseques del *Dictat* —com sí que ho són la tria formal del metre i la rima, la tria de les estructures lògiques o la tria de recursos sintàctics i semàntics que determinen la forma de cada proposició—, sinó que és un complement afegit amb posterioritat a la construcció de les proposicions del *Dictat* per tal de resoldre els problemes de comprensió dels dístics. Com a tal, és un complement necessari, que fa la funció expositiva que Ramon ja preveu al pròleg del *Dictat* mitjançant la figura de l'«ensenyador» (v. 17), però tampoc hauria estat estrany que no l'hagués arribat a escriure: només cal recordar que els versicles del *Llibre d'amic e amat*, per altres motius, també requereixen «exposició» i, en canvi, l'autor no en va escriure mai cap comentari.[10] El *Coment* aporta una nova dimensió a l'operació comunicativa encetada amb el *Dictat*, en el sentit que desplega les possibilitats dialèctiques i demostratives del mètode exposat en les proposicions del poema, però no és part de la construcció primària del text. Llull mateix s'encarrega d'advertir-ho distingint *coment* i *dictat* com a entitats diferenciades, però identificant-ne la relació de dependència i d'inclusió. El *Coment*, com a nou text format per la repetició dels dístics del *Dictat* i pel comentari en prosa, pot funcionar i circular de manera independent, tal com mostra la tradició manuscrita conservada.

Atès que Ramon escriu el *Coment* quan encara és a Barcelona, és possible que el text sorgís com a necessitat a la mateixa cort. Si bé en aquest cas no adreça el comentari de forma explícita al monarca,[11] podria molt ben ser que es veiés

---

10 Al cap. 99 del *Romanç d'Evast e Blaquerna*, Blaquerna, que acaba de renunciar al papat per fer vida d'ermità, es proposa d'escriure un llibre de «paraules d'amor» a l'estil dels sufís. Aquestes paraules i «exemplis abreuyats [. . .] han mester espusició e per la spusició puja l'enteniment mes a ensús, per lo qual puyament muntiplica e puja la volentat en devoció» (Llull 2009, 427). Sobre l'obscuritat didàctica en el *Llibre d'amic e amat* i en altres obres de Llull, cf. Santanach 2015. Llull remarca en altres llocs la vinculació entre la brevetat i la dificultat de comprensió, com, per exemple, en el pròleg de l'«Arbre qüestional». Aquesta darrera part de l'*Arbre de ciència* inclou un gran nombre de qüestions relacionades amb els continguts exposats en les parts precedents de l'enciclopèdia. Per respondre aquestes preguntes, Llull utilitza algunes vegades «màximes condicionades segons les natures dels arbres». Llull avisa que «si la màxima és a alguns escura, consellam que recorren a les natures dels arbres e dels locs d'aquells ab los quals la màxima ha concordança, així com si vol traure conclusió d'aquesta màxima» (Llull 1957, 842–843).
11 És interessant, però, indicar la connexió amb la dedicatòria del *Dictat* que un lector va assenyalar al manuscrit català del *Coment* de Sant'Isidoro (f. 19r): després del colofó del *Coment*,

obligat —per petició de Jaume II o per iniciativa pròpia— a preparar l'explicació i l'aclariment que requereixen les màximes del *Dictat*. Tant al pròleg en prosa del *Coment* com a l'epíleg, Llull ja no fa cap referència ni al rei i ni al permís per disputar, però, en canvi, insisteix en la utilitat del text en un sentit més ampli. Com a text vàlid per fortificar la fe dels cristians, el *Dictat* comentat pot ser utilitzat com a lectura didàctica entre grups de cristians. D'altra banda, com a text que aporta arguments racionals vàlids per demostrar la veritat dels articles de la fe catòlica en un context de disputa amb infidels, heretges o gentils, el *Dictat* comentat pot ser utilitzat com a text escolar per aprendre a formalitzar arguments racionals i per poder desglossar fàcilment els principis i les relacions implicades en cada màxima. Pel fet d'explicar els arguments continguts en les màximes, també pot servir perquè un auditori no especialitzat en teologia i en lògica es convenci de l'efectivitat del mètode de demostració de la fe per raons necessàries; així mateix, l'explicació pot facilitar que un auditori especialitzat però no predisposat a acceptar l'efectivitat del mètode s'acabi convencent de la bondat de la proposta de Llull. Amb el comentari, doncs, Llull desenvolupa la dimensió didàctica del *Dictat* i, amb això, amplia l'horitzó de destinataris i l'aplicabilitat dels objectius inicials del text.

Fernando Domínguez (1996, 67) ja va remarcar que les *expositiones* del *Coment* estan redactades en un llenguatge comú i senzill per tal de fer-les accessibles al públic laic. L'anàlisi dels diversos comentaris permet detectar quines són les característiques lingüístiques i discursives utilitzades amb aquesta finalitat. En primer lloc, cal remarcar l'ús d'una estructura bàsica que Llull aplica a tots els comentaris:

a. Paràfrasi: aclariment o breu desenvolupament de la proposició, introduït per fórmules declaratives com *so és a saber, que. . .* o *so és, que. . .*

b. Desenvolupament de l'argument: derivació de les premisses de la proposició, explicació dels principis i, en els casos de proposicions hipotètiques, indicació de la contradicció que comporten les conseqüències. Introduït per connectors com *on, con. . ., cové que. . .* o *per què cové que. . .*

c. Conclusió: corroboració de la veritat de la proposició en relació amb la demostració de l'article de la fe corresponent a cada capítol. En els comentaris de proposicions hipotètiques, es corrobora la veritat de la hipòtesi contrària (com a conseqüència de la negació de la primera hipòtesi).

---

una mà diferent de la del copista afegeix el dístic de tancament del sisè capítol i els cinc primers versos del colofó del *Dictat*.

En segon lloc, destaca la tendència a l'ús de referències concretes que contextualitzen el sentit de les proposicions. En la paràfrasi, Llull utilitza referències que situen l'argument en el marc dels constituents del dogma que cal demostrar. Fixem-nos, per exemple, en la paràfrasi de la segona proposició del quart capítol, «La fin qui·n crear es major / cové amar nostre Senyor»: «So es, que *con Deus creà lo mon, la sua saviesa* sabia la fin per que·l mon creava e sabia la major fin a la qual crear lo podia, la qual major fi es que *faés home de Deu e Deu home*» (Llull 1936, 306; la cursiva és nostra). En el desenvolupament de l'argument, aquesta tendència es pot concretar en l'ús de referències a les dignitats divines, a comportaments humans o a realitats sensibles. Un bon exemple es troba al comentari de la desena proposició del primer capítol, «Si Deus no es, fi es obrar / e no fi està en estar»:

> So es saber, que si Deus no es res, la fin e perfecció està en les obres que fan lo cel, esteles, elements, arbres, besties, aucels, pexs, homens, e no està en aquells qui fan les obres: així com lo cel, e totes les coses, qui en sí matex contén totes obres per servir home qui ha nom Pere, Martí, Guillem, Ramon, e los altres [. . .] (Llull 1936, 283).

En alguns casos, Llull utilitza semblances o comparacions, un recurs que permet traslladar els constituents de l'argument a un altre nivell de referencialitat, apte per a ser comprès per qualsevol lector. És significatiu el comentari de la sisena proposició del segon capítol, «Si són .ii. deus, estan mesclat / en loch finit no termenat»:

> So es, que si són molts deus, tots són infinits per granea, com sia açò que granesa infinida sia pertanyent a Deu; e si cascun deu ha granea infinida, .i. deu està en altre, e si cascú està en l'altre, estan en loch finit la hu en l'altre, lo qual loch, en qui lo hu està en l'altre, es finit: així com lo loch del diner d'aur e d'argent, qui es finit en quant l'argent e l'aur són finits; e si l'argent e l'aur fossen infinits, lo loch en que lo hu fóra en l'altre, no fóra termenat, ans fóra infinit. A semblant manera fóra de .ii. deus. On, com loch no puxa esser finit e infinit, per açò es demostrat que no poden esser molts deus, mas que sia .i. Deu tan solament, e que sia infinit (Llull 1936, 290).

Cal remarcar, també, el cas del comentari de la vuitena proposició del segon capítol, «Si són .ii. deus, cascú ha mon / qui fa buyt defors en redon». L'argument és explicat amb un exemple que va acompanyat, en la tradició manuscrita, d'una figura diagramàtica que il·lustra la posició de cada un dels components de l'exemple:[12]

---

12 La figura manca al testimoni castellà del text. Cal considerar que es tracta d'un recurs introduït per Llull, tal com justifica el fet que es trobi tant als testimonis del *Coment* (amb els cercles disposats horitzontalment) com als testimonis del *Tractatus* i, específicament, als dos testimonis

So es, que si són .ii. deus, cascú ha hun setgle, con sia açò que a Deu pertanya aver setgle per rahon de sa noblesa, e que sia causa que aja efectu. Hon, posem que .a. sia hun setgle que sia de hun deu, e que .b. sia altre setgle qui sia de altre deu: seguir-s'a que .c. .d., qui són defora los dos setgles, facen buyt lo qual cové esser entre dues figures redones, segons que apar per .a. .b.; e car buyt no pot esser, es inpossíbol que sien dos deus ni més, mas que sia .i. Deu tan solament e que aja aquest setgle en que som (Llull 1936, 291).

Pel que fa al llenguatge, es pot observar que Llull tendeix a evitar la terminologia tècnica, pròpia de la lògica escolàstica o de l'Art. Apareixen conceptes generals com les dignitats divines (principis de la Primera Figura de l'Art lul·liana) o conceptes relacionals com *concordança* i *contrarietat* (propis de la Segona Figura de l'Art), però sempre al costat d'un llenguatge d'ús quotidià, referencial. El discurs es construeix, principalment, a partir de frases declaratives; també s'observen diverses subordinades explicatives que completen el sentit de determinats principis o de determinades afirmacions. L'ús d'oracions condicionals, causals i finals permet a Llull desenvolupar els arguments de manera expansiva, però sense arribar a una complexitat sintàctica que no permeti seguir el sentit de l'argumentació. Finalment, cal destacar l'ús de connectors discursius que es repeteixen en els diversos comentaris, la qual cosa permet mostrar de manera clara la seqüència de l'argumentació i facilitar-ne la comprensió al lector.

L'ús d'aquestes característiques discursives apunta, principalment, a un públic laic, poc coneixedor dels tecnicismes propis de la lògica i de la teologia, al qual Llull pretén de fer accessibles uns determinats models d'argumentació relacionats amb la demostració dels articles de la fe. Encara que el text sorgeixi d'unes circumstàncies concretes a la cort de Jaume II d'Aragó, Llull és conscient de les possibilitats didàctiques del comentari i les explota amb uns recursos que li permeten que funcioni amb objectius diferents i, fins i tot, en àmbits diferents. Més endavant, d'acord amb algunes de les funcions didàctiques i persuasives previstes al *Coment*, l'obra és adaptada a un nou format, en llatí i amb un llenguatge més tècnic. Aquesta adaptació és la darrera fase de l'estratègia comunicativa iniciada amb el *Dictat de Ramon*.

---

d'aquest text contemporanis a Llull (amb els cercles disposats en vertical): Munic, Bayerische Staatsbibliothek, Clm. 10504, f. 4v, i París, Bibliothèque Nationale, lat. 16615, f. 18r.

2.3 Tercera fase: la versió llatina

El *Tractatus compendiosus de articulis fidei catholicae*, escrit l'estiu de l'any 1300, quan Llull ja es trobava a Mallorca, es presenta, al colofó, com una traducció llatina *ad sensum* d'un text vulgar, però no s'informa sobre quin és el text de partida: «Translatus est iste tractatus de uulgari in latinum non tamen in pluribus de uerbo ad uerbum, sed ad sensum, ut rationes multiplicarentur» (Llull 1993, 504). D'altra banda, a la introducció, Llull recicla les idees prologals del *Dictat de Ramon* sobre la intenció i l'estructura del text, i les del *Coment* sobre els objectius últims i els destinataris de l'obra, però només fa referència al text que presenta, el *Tractatus compendiosus*:

> Cum aliqui dicunt, quod fides christiana per rationes necessarias minime probari potest, nos exemplificare uolumus per aliquos fidei articulos, quod probari potest per necessarias rationes tenendo modum *Artis generalis*.
>
> El primo (I) uolumus probare Deum esse faciendo maximas necessarias. Et (II) sicut per illas maximas probabimus Deum esse, sic per ita necessarias maximas probabimus unum Deum esse tantum, quod est primus articulus fidei. Deinde (III) probabimus in Deo pluralitatem, per quam beata Dei trinitas erit significata. Postmodum (IV) probabimus incarnationem Filii Dei. Deinde (V) probabimus creationem mundi et (VI) resurrectionem mortuorum.
>
> Intentio, quare praedictos articulos fidei probabimus, est hoc, ut illi, qui dubitant in fide christiana, sint firmi et constantes in fide, et ut illi, qui fidem uidere desiderant, ipsam clare uidere possint sub breuibus uerbis. Item ut illi, qui disputant cum infidelibus, rationes cogentes habeant, per quas contra infideles ueritatem concludere possint de fide christiana (Llull 1993, 466–467).

Només cal comparar tots tres pròlegs per detectar les interferències entre els tres textos. Ara bé, a l'inici del pròleg del *Tractatus*, Llull afegeix una novetat respecte de les obres anteriors: especifica que demostrarà els articles de la fe «tenendo modum *Artis generalis*», tal com sol fer en moltes obres. Cal advertir que l'Art és al rerefons tant del *Dictat* com del *Coment*, encara que l'autor no hi faci referència de manera explícita. En efecte, la metodologia pròpia de l'Art es detecta en la construcció de les proposicions i en l'argumentació dels comentaris i, malgrat els canvis que introdueix al text llatí, una característica que es manté en totes tres obres és l'absència explícita d'estructures sistemàtiques de l'Art. D'acord amb això, el fet que al *Tractatus* Ramon adverteixi explícitament que l'Art és en la base del text posa de manifest un canvi en l'operació intel·lectual i comunicativa. Si al *Dictat* les referències a la novetat i a l'efectivitat del mètode encara estaven lligades a un context concret —la petició a Jaume II i la voluntat de predicar i disputar amb els infidels de la Corona d'Aragó—, amb aquesta breu referència a l'Art, Llull atorga autoritat a l'obra i en valida el caràcter universal.[13] Els àmbits d'aplicació del text que l'autor ja formulava al pròleg del *Coment* queden emmarcats, ara, en un ús menys local. El nou text es presenta com un model didàctic amb valor general per demostrar els articles de la fe a partir de proposicions breus i comentaris expositius, que l'autor adreça a un auditori docte, segurament familiaritzat amb l'Art i/o amb la filosofia i la teologia de l'època. Són diverses les modificacions que s'observen en la traducció i que estan relacionades amb aquest canvi en l'operació intel·lectual i comunicativa iniciada amb el *Dictat*.

Pel que fa a la forma de les proposicions, un canvi substancial de la translació del text al llatí és la pèrdua de la rima i de la mètrica. Es tracta d'una operació semblant a la de la traducció dels *Proverbis de la Retòrica nova*.[14] Ara bé, si en el cas dels proverbis les diferències entre les dues versions són més aviat minses pel que fa al contingut i l'estructura rimada, en el cas del *Tractatus* s'observen algunes modificacions importants en aquest sentit. La manca de rima i de constricció mètrica permet desenvolupar i, fins i tot, fer més específica la formalització de la proposició. El primer exemple de la Taula 1 mostra com Llull indica clarament la introducció de la forma interrogativa i defineix de manera més precisa el subjecte, l'acció i el seu resultat. El segon permet mostrar com es passa d'una proposició pràcticament incomprensible a una proposició formalitzada amb més components que especifiquen i ordenen els referents semàntics de l'enunciat. Finalment, el tercer exemple mostra la possibilitat d'afegir components especificadors que connecten amb el llenguatge tècnic de l'Art.

A més, s'observen canvis en la formulació de les proposicions, que permeten precisar tant els conceptes com els connectors de les màximes. Pel que fa als conceptes, es pot detectar que Llull passa d'un llenguatge més al·lusiu i marcat per la referencialitat a un llenguatge més general i més tècnic. Els exemples de la Taula 2 mostren alguns d'aquests canvis (la cursiva és nostra).

---

13 Per a les característiques de l'Art i la seva aplicació en les obres de Llull, és fonamental Bonner (2012).

14 El text complet de la *Retòrica nova* només s'ha conservat en versió llatina, tot i que gràcies al colofó de l'obra sabem que Llull la redactà primerament en català el 1301. Malgrat això, els ff. 63r–64r del ms. O 87 Sup. de la Biblioteca Ambrosiana de Milà transmeten la versió catalana dels cinquanta proverbis continguts en la secció 2.7 del tractat, els anomenats *Proverbis de la Retòrica nova*. Els editors del text català de la *Retòrica nova* (Llull 2006), retraduït a partir del llatí, van aprofitar aquest testimoni per a la seva versió. A més, van destacar que la versió catalana és anterior a la llatina perquè transmet algunes lliçons superiors des d'un punt de vista ecdòtic.

Taula 1: Desenvolupament de les formulacions.

	Dístics del *Dictat* (Llull 1936)	Proposicions del *Tractatus* (Llull 1993)
I, 18	Si Deus no es, e qui ha mès tant bell orde en ço que es? (vv. 75–76)	Si Deus non est, quaeritur: Quid est illud ens aut quae sunt illa entia, quae ita bene, ita pulchre et ita perfecte naturaliter mundum ordinauerunt?
II, 12	Si són molts deus, e mi e vos n'amam menys lo Deus qui es de nos. (vv. 105–106)	Si sunt plures dii, nos, qui sumus unius Dei, non tenemus ipsum tantum diligere, sicut si esset unus solus tantum.
IV, 5	En fi on Deus mays no pot dar, han ses dignitats repausar. (vv. 175–176)	In illo fine, in quo Deus magis dare non potest neque addere de bonitate, magnitudine, duratione, potestate, etc., quiescunt suae dignitates.

Taula 2: Ús d'un llenguatge més tècnic.

	Dístics del *Dictat* (Llull 1936)	Proposicions del *Tractatus* (Llull 1993)
I, 5	Si Deus no es, no està fi *en meyt dia, vespre e maytí.* (vv. 49–50)	Si Deus non est, finis perfectionis *in nullo tempore* consistit.
I, 16	Si Deus no es, mays val *sentir* que *rasó, mèrit, ni desir.* (vv. 71–72)	Si Deus non est, plus habet de esse et perfectione *potentia sensitiua* quam *intellectiua.*
II, 8	Si són dos deus, cascú ha mon que *fa buyt deffors en redon.* (vv. 97–98)	Si sunt duo dii, quilibet per se habet unum mundum, et *extra quemlibet mundum est uacuum.*
II, 17	Si són molts deus, no es .j. fi, e tot quant es, *es pelagrí.* (vv. 115–116)	Si sunt plures dii, non est unus finis generalis et quicquid est, *est a casu et fortuna.*

Els comentaris del *Tractatus* també presenten alteracions. Pel que fa a l'estructura, Llull elimina la paràfrasi que aclaria el sentit dels versos al *Coment*; la major precisió en la formulació de les proposicions permet saltar-se aquest pas i centrar el comentari en el desenvolupament de l'argument que sintetitza la màxima, introduït per fórmules com *quoniam, ratio huius est, quia. . ., unde sequitur, quod. . .* o *videlicet.* El comentari es tanca amb la corroboració de la veritat de la proposició i la demostració de l'article de la fe corresponent. En segon lloc, com passa amb les proposicions, s'observa una tendència a substituir la referencialitat pròpia del llenguatge quotidià per un llenguatge més especialitzat: Llull introdueix l'ús dels correlatius i utilitza amb més freqüència principis de l'Art i termes filosòfics i teològics. Fixem-nos en la comparació del comentari de la proposició II, 2 en el *Coment* (*C*) i en el *Tractatus* (*T*):

(*C*)   Si són .ii. infinitats,
        so que hom entén no es vertats.

> So es, que hom entén que .ii. essencies infinides no poden esser, com sia açò que la una covendria que termenàs en l'altra, encontrant-se la una ab l'altra segons les .vi. dreceres jenerals, les quals son: alt e bax, destre e sinestre, davant e detràs. On, si dues essencies són, e que sien infinides, so que hom entén que fossen termenades la una per l'altra, no es veritat: d'on se seguex que ço que hom entén que sia veritat, es fals, e ço que es fals, es veritat; e car ayçò es impossíbol e contradicció, seguex-se de necessitat que no sia mas .i. Deu, una essencia infinida, qui mesura e comprèn tot quant es (Llull 1936, 289).

(*T*)   Si sunt duo dii infiniti, hoc, quod intelligitur, est falsum, et quod ignoratur, est verum.

> Quoniam non est intelligibile, quod duae aut plures essentiae distinctae per essentiam possint esse infinitae et habere actus infinitos, immo intelligibile est in oppositum, scilicet, quod duae essentiae per essentiam distinctae simul et semel non possunt esse infinitae. Et intelligibile est, quod unus sit Deus tantum habens omnem perfectionem in existendo et agendo. Vnde, cum hoc, quod est intelligibile, affirmare debet et suum oppositum negari, concluditur ergo de necessitate, quod unus Deus est (Llull 1993, 476).

D'altra banda, les semblances desapareixen com a element explicatiu de l'argumentació.[15] A tall d'exemple, el comentari de la proposició II, 6 «Si sunt duo dii, sunt mixti in loco finito et infinito», no conté la comparació dels diners d'or i d'argent que hem vist al mateix paràgraf del *Coment*:

> Ratio huius est, quia unus alii obuiat in se ipso in tantum, quod quilibet est locus alterius per obuiationem, in qua quilibet alium collocat terminate; et quilibet est extra alium, cum sit infinitus. Et quare hoc est impossibile et contradictio, concluditur necessario, quod unus solus Deus est (Llull 1993, 477).

Totes aquestes qüestions posen de manifest que, en primer lloc, el *Tractatus* s'ha desvinculat de les circumstàncies concretes que hi havia al darrere de la redacció del *Dictat de Ramon* i del *Coment*; en segon lloc, que la traducció al llatí introdueix transformacions importants que modifiquen determinades característiques del text, tant de les proposicions com dels comentaris; finalment, i com a conseqüència dels dos punts anteriors, que el públic al qual s'adrecen les proposicions i els seus comentaris ha canviat considerablement: ja no es tracta d'un

---

15 En la proposició II, 8, però, Llull conserva la imatge dels mons i el buit a partir de cercles i lletres, i la representa amb la mateixa figura diagramàtica.

públic cortesà o laic amb poca formació en filosofia i teologia, sinó segurament d'un públic més docte, potser universitari i clerical, que pot exercir directament la predicació i la disputa amb els infidels. Per les seves característiques lingüístiques i discursives, el nou text pot funcionar com a model formatiu per formular màximes fàcils de recordar i de desenvolupar, que permeten demostrar els articles de la fe i disputar amb infidels, i és apte per ser usat com a model no només als territoris de la Corona d'Aragó, sinó a tot l'àmbit cristià.

Malgrat això, cal tenir en compte que, tal com han assenyalat Badia/Santanach/Soler (2012, 36), en el cas de Llull no es pot parlar d'una distribució diglòssica nítida pel que fa a l'elecció de la llengua —això és, el vulgar per a les obres didàctiques i divulgatives, i el llatí per als textos teològics i filosòfics.[16] Cal remarcar que el *Tractatus* és una versió lliure en llatí feta a partir d'un text en vulgar, per la qual cosa, i a diferència del que sol ser habitual, en l'obra de Llull la divulgació del saber no segueix sempre una progressió lineal des del llatí —la llengua de l'alta cultura— cap a les llengües vernacles. El *Tractatus* no és un cas aïllat en el conjunt de la producció intel·lectual de Llull, ben al contrari: la majoria de textos lul·lians que s'han conservat en vulgar i en llatí, i molt especialment les obres escrites a Mallorca entre 1300 i 1301, entre les quals hi ha opuscles teològics de caràcter tècnic com el *Llibre de l'ús de Déu*, foren escrites originalment en català i traduïdes posteriorment al llatí —l'única excepció és els *Començaments de filosofia*, que Llull va començar a redactar en llatí quan encara era a París.[17]

3 Recapitulació

L'anàlisi dels tres textos realitzada en els apartats precedents posa de manifest l'enginy i la capacitat de Llull per adaptar el seu discurs al públic al qual pretén adreçar-se i per triar els gèneres literaris i els codis lingüístics que permeten transmetre les seves idees de manera més eficaç. El *Dictat de Ramon* i els seus autocomentaris constitueixen, per diverses raons, un cas singular de difusió del saber. En primer lloc, perquè estan orientats a divulgar un mètode original

---

16 Aquests autors mencionen els casos del *Llibre del gentil e dels tres savis* i el *Llibre de demostracions*, dos textos escrits originalment en català i d'una complexitat considerable, o el de la versió catalana de l'*Art demostrativa*.

17 Per a una valoració general de l'ús de diverses llengües com a estratègia de transmissió i difusió de l'obra de Llull, cf. Pistolesi (2009).

de disputa basat en arguments racionals —identificats per l'autor com a «nous començaments»— que, encara que només s'expliciti en el *Tractatus compendiosus*, enfonsa les seves arrels en l'Art de Llull. Ja hem vist que un dels objectius bàsics de tots tres textos és convèncer intel·lectuals i autoritats polítiques i religioses que els dogmes de la fe cristiana es poden demostrar i que el seu sistema, que li ha estat revelat per Déu mateix, és l'eina idònia per fer-ho. En segon lloc, perquè, tal com hem intentat mostrar al llarg de l'article, el beat dissenya una operació retòrica complexa i multifuncional que, a partir de la selecció dels recursos i els codis adequats, permet optimitzar els esforços i arribar al nombre més gran possible de destinataris.

Un dels trets fonamentals d'aquesta operació és la hibridació i la superposició de gèneres i procediments que provenen de tradicions culturals i intel·lectuals diferents. Per tal d'atraure el públic laic i cortesà, Llull aposta per utilitzar els apariats octosíl·labs, vinculats a la tradició didàctica i narrativa de la poesia vernacla, però no ho fa pas simplement per comunicar continguts catequètics bàsics o preceptes morals, sinó també per formular proposicions lògiques que han de fonamentar la demostració dels articles de la fe i que, pel fet d'estar emmotllades en dístics, són fàcils de memoritzar. A més, cal recordar que molts dels apariats del *Dictat* inclouen proposicions condicionals el funcionament de les quals està vinculat amb l'ús que Llull va fer de les *consequentiae* als *Començaments de filosofia* i al *Liber de geometria nova*. D'altra banda, tal com ha assenyalat Lola Badia (2013, 84–85), l'operació posterior de redactar un autocomentari d'aquestes proposicions per tal de declarar el seu significat és un recurs literari pràcticament inèdit en l'àmbit de la literatura vernacular. El breu examen que hem ofert d'algunes de les glosses que inclou el *Coment del dictat* revela que aquest segon text desenvolupa les potencialitats didàctiques implícites en el *Dictat*; malgrat que no estableix cap vincle explícit amb la cort de Jaume II, és evident que Llull té com a horitzó principal del text —però no únic— el mateix perfil de destinataris. Finalment, l'anàlisi del *Tractatus compendiosus* posa de manifest que el canvi de codi lingüístic i les modificacions que s'hi observen en relació als dos textos anteriors permeten a l'autor d'apropar el text a un altre tipus de públic, potser d'un perfil més clerical, i de fer-lo més universal. Es tracta d'una mostra més de la capacitat de Llull per aprofitar recursos existents i adaptar-los a contextos diferents, sempre d'acord amb els objectius que guien tota la producció lul·liana: demostrar la veritat de la fe cristiana mitjançant arguments racionals i convertir els infidels.

Bibliografia

Badia, Lola, *Nova retòrica i pràctica d'escriptura en Ramon Llull*, Quaderns d'Italià 18 (2013), 79–91.

Badia, Lola/Santanach, Joan/Soler, Albert, *Ramon Llull, escriptor vernacle*, in: Ripoll, Maribel/ Tortella, Margalida (edd.), *Ramon Llull i el luŀlisme. Pensament i llenguatge. Actes de les jornades en homenatge a J.N. Hillgarth i A. Bonner*, Palma/Barcelona, Universitat de les Illes Balears/Universitat de Barcelona, 2012, 27–47.

Badia, Lola/Santanach, Joan/Soler, Albert, *Ramon Llull*, in: Broch, Àlex (dir.), *Història de la literatura catalana*, vol. 1: Badia, Lola (dir.), *Literatura medieval. (I) Dels orígens al segle XIV*, Barcelona, Enciclopèdia Catalana/Barcino/Ajuntament de Barcelona, 2013, 377–476.

Bonner, Anthony, *L'Art i la lògica de Ramon Llull. Manual d'ús*, Barcelona/Palma, Universitat de Barcelona/Universitat de les Illes Balears, 2012.

Cabré, Miriam, *Wisdom for the Court. The «Verses proverbials» of Cerverí de Girona*, in: Billy, Dominique/Buckley, Ann (edd.), *Études de langue et de littérature médiévales offertes à Peter T. Ricketts*, Turnhout, Brepols, 2005, 393–404.

Cabré, Miriam, *Cerverí de Girona. Un trobador al servei de Pere el Gran*, Barcelona/Palma, Universitat de Barcelona/Universitat de les Illes Balears, 2011.

Di Girolamo, Constanzo, *La versification catalane médiévale entre innovation et conservation de ses modèles occitans*, Revue des langues romanes 107:1 (2003), 41–74.

Domínguez, Fernando, *El «Coment del Dictat» de Ramon Llull. Una traducción castellana de principios del siglo XV*, in: *Studia in honorem prof. M. de Riquer*, vol. 4, Barcelona, Quaderns Crema, 1991, 169–232.

Domínguez, Fernando, *El «Dictat de Ramon» y el «Coment del dictat». Texto y contexto*, Studia Lulliana 36 (1996), 47–67.

Domínguez, Fernando, *Introducción general*, in: Llull, Ramon, *Raimundi Lulli Opera Latina, Tomus XIX, 86–91, Parisiis, Barcinonae et in Civitate Maioricensi annis MCCXCXIX–MCCC composita (86. Principia philosophiae, 87–88. Dictatum Raimundi et eius Commentum, 89. Liber de orationibus, 90. Medicina peccati, 91. Compendiosus tractatus de articulis fidei catholicae)*, ed. Domínguez, Fernando, Turnhout, Brepols [= Corpus Christianorum, Continuatio Mediaevalis, CXI], 1993, ix–lxi.

Domínguez, Fernando, *Introducció*, in: Llull, Ramon, *Començaments de filosofia*, ed. Domínguez, Fernando, Palma, Patronat Ramon Llull [= Nova Edició de les Obres de Ramon Llull, VI], 2003, xxi–xli.

Fernàndez-Clot, Anna, *Estudi i edició crítica de la «Medicina de pecat» de Ramon Llull*, 2 vol., tesi doctoral, Universitat de Barcelona, 2017.

Fernàndez-Clot, Anna/Tous, Francesc, *La persuasió de la lògica i la lògica de la persuasió. Les proposicions en vers del «Dictat de Ramon» (1299) de Ramon Llull*, Scripta. Revista Internacional de Literatura i Cultura Medieval i Moderna 4 (2014), 200–220.

Hillgarth, Jocelyn N., *Diplomatari luŀlià. Documents relatius a Ramon Llull i a la seva família*, Barcelona/Palma, Universitat de Barcelona/Universitat de les Illes Balears, 2001.

Llull DB = Anthony Bonner (dir.), *Base de dades Ramon Llull (Llull DB)*, Centre de Documentació Ramon Llull, Universitat de Barcelona. <http://orbita.bib.ub.edu/llull/> [darrera consulta: 31.07.2015].

Llull, Ramon, *Libre de contemplació en Déu. Toms I–VII*, ed. Obrador, Mateu/Ferrà, Miquel/ Galmés, Salvador, Palma, Comissió Editora Lulliana [= Obres de Ramon Llull, II–VII], 1906–1914.

Llull, Ramon, *Llibre d'intenció. Arbre de filosofia d'amor. Oracions e contemplacions del enteniment. Flors d'amors e flors d'entelligència. Oracions de Ramon*, ed. Galmés, Salvador, Palma, Comissió Editora Lulliana [= Obres de Ramon Llull, XVIII], 1935.

Llull, Ramon, *Rims. Tom*, vol. 1, ed. Galmés, Salvador/Alòs-Moner, Ramon d', Palma, Comissió Editora Lulliana [= Obres de Ramon Llull, XIX], 1936.

Llull, Ramon, *Rims. Tom*, vol. 2, ed. Galmés, Salvador, Palma, Comissió Editora Lulliana [= Obres de Ramon Llull, XX], 1938.

Llull, Ramon, *Obres essencials*, vol. 1, Barcelona, Selecta, 1957.

Llull, Ramon, *Raimundi Lulli Opera Latina, Tomus XIX, 86–91, Parisiis, Barcinonae et in Civitate Maioricensi annis MCCXCXIX–MCCC composita (86. Principia philosophiae, 87–88. Dictatum Raimundi et eius Commentum, 89. Liber de orationibus, 90. Medicina peccati, 91. Compendiosus tractatus de articulis fidei catholicae)*, ed. Domínguez, Fernando, Turnhout, Brepols [= Corpus Christianorum, Continuatio Mediaevalis, CXI], 1993.

Llull, Ramon, *Començaments de filosofia*, ed. Domínguez, Fernando, Palma, Patronat Ramon Llull [= Nova Edició de les Obres de Ramon Llull, VI], 2003.

Llull, Ramon, *Retòrica Nova*, edd. Batalla, Josep/Cabré, Lluís/Ortín, Marcel, Turnhout/Santa Coloma de Queralt, Brepols/Obrador Edèndum [= Traducció de l'Obra Llatina de Ramon Llull, 1], 2006.

Llull, Ramon, *Romanç d'Evast e Blaquerna*, ed. Soler, Albert/Santanach, Joan, Palma, Patronat Ramon Llull [= Nova Edició de les Obres de Ramon Llull, VIII], 2009.

Llull, Ramon, *Vida de mestre Ramon*, ed. Bonner, Anthony, Barcelona, Barcino, 2013.

Marshall, J.H., *The razos de trobar of Raimon Vidal and associated texts*, London, Oxford University Press, 1972.

Mensa, Jaume, *Arnau de Vilanova*, in: Broch, Àlex (dir.), *Història de la literatura catalana*, vol. 1: Badia, Lola (dir.), *Literatura medieval. (I) Dels orígens al segle XIV*, Barcelona, Enciclopèdia Catalana/Barcino/Ajuntament de Barcelona, 2013, 476–509.

Pistolesi, Elena, *Tradizione e traduzione nel corpus lulliano*, Studia Lulliana 49 (2009), 3–50.

Ruiz Simon, Josep Maria, *El Arte de Ramon Llull y la filosofía política de las leyes religiosas de los falasifa*, Ámbitos 31 (2014), 47–57.

Santanach i Suñol, Joan, *Ramon Llull i l'obscuritat que il·lumina. Apunts sobre l'origen i rendibilitat literària d'un recurs exegètic*, Anuario de Estudios Medievales 45:1 (2015), 331–354.

Tous, Francesc, *Les col·leccions de proverbis de Ramon Llull. Estudi de conjunt i edició dels «Mil proverbis» i dels «Proverbis d'ensenyament»*, tesi doctoral, Universitat de Barcelona, 2015.

Maribel Ripoll Perelló

El paper de la dona en la transmissió de l'Art lul·liana

In memoriam Charles Lohr (1925–2015)

Abstract: Ramon Llull devoted his literary production to explaining and disseminating the Art, the apologetic philosophical–theological system. From this instrumental perspective of literature, Llull adapts the discourse to the audience he directs linguistically and stylistically. Proof of that is the dedication to the "polite son" of certain works, a literary resource that connects with the didactic literature and is used to address a secular audience, lacking of specific knowledge. In this sense, a question that should be asked concerns women as the addressee of Llull's works. While the female figure's appearance in the literature of Llull has been widely analyzed, women as recipients of the work itself have not been taken into account sufficiently. It is significant that Natana, the great female protagonist of *Blaquerna*, was a girl educated in the Art, like wise women who have the leading role in the examples of the *Llibre de Santa Maria*. In this paper, the aspects that make us think of women as recipients and transmitting persons of the Art will be analysed.

Keywords: Ramon Llull, stylistical strategies, women and Llullian *Ars*

1 Introducció

És prou sabut que Ramon Llull va dedicar tota la seva producció literària a explicar i difondre l'Art, el sistema apologètic que, segons declarava, li havia estat revelat per Déu mateix. És des d'aquesta perspectiva instrumental de la literatura que cal entendre l'adaptació lingüística i estilística del discurs lul·lià al públic al qual es dirigeix. Certament, els infidels esdevingueren l'objectiu principal, però no l'únic de l'obra lul·liana: reis i reines, papes, clergues i universitaris de la Sorbona i altres cristians, laics o no, eren destinataris potencials del missatge lul·lià. Aquesta multiplicitat de receptors possibles féu que mestre Ramon s'adaptés a cada cas en particular. D'una banda, i prenent els mots a Michela Pereira, el multilingüisme lul·lià tenia per objectiu la difusió de l'Art no només en un sentit

Dr.ª Maribel Ripoll Perelló, Universitat de les Illes Balears, Departament de Filologia Catalana i Lingüística General, Carretera Valldemossa, km 7,5, 07122 Palma - Illes Balears, catedra.ramonllull@uib.es

https://doi.org/10.1515/9783110430622-006

geogràfic, sinó sobretot «sociològic» (Pereira 2012, 30), fet que es confirma amb l'existència de les obres de doble tradició que, com va explicar Elena Pistolesi, foren redactades originalment en català o en llatí i traduïdes posteriorment arran de les necessitats específiques de difusió entre diferents receptors (cf. Pistolesi 2009; Pistolesi 2012). D'altra banda, l'adaptació estilística també s'ha d'entendre en termes d'eficàcia comunicativa, com a fruit de la necessitat per fer-se comprendre de la millor manera possible per qualsevol tipus de receptor.[1] Conseqüència directa en són no solament els tractats tècnics, sinó també les narracions novel·lades —*Blaquerna* o *Fèlix*—, l'ús del diàleg —*Llibre de Santa Maria* o *Consolació d'ermità*—, el recurs de l'al·legoria —*Llibre de Santa Maria, Arbre de filosofia d'amor, Ciutat del món*—, els reculls proverbials —*Proverbis de Ramon, Mil proverbis*— o les composicions poètiques —*Desconhort, Hores de nostra Dona*. A tall d'exemple, la dedicació a l'«amable fill» que trobem a la *Doctrina pueril*, al *Llibre d'intenció* o a l'*Arbre de Filosofia desiderat*, a més de constituir un recurs literari que entronca amb la literatura didàctica —a banda de la lectura en clau autobiogràfica que pot fer-se'n—, serveix al nostre autor per adreçar-se a un laic cristià que necessita aprofundir en els coneixements filosòfics i morals (cf. Santanach 2005; Ripoll 2013).

En aquest mateix sentit, un aspecte que, des del nostre punt de vista, ha passat parcialment desapercebut és el de la dona com a destinatària de l'obra lul·liana. Malgrat que s'ha analitzat globalment com apareix la figura femenina en la literatura de Llull —Badia (1981), Llinarès (1983), Cantavella (1986) i (1988), Carré (2013)— i quina funció que hi fa, potser no s'ha tingut prou en compte la dona com a receptora de l'obra mateixa: així, d'una banda un dels personatges femenins més emblemàtics de la literatura lul·liana, l'abadessa Natana, coneix, explica i aplica l'Art a la quotidianitat del convent, i, de l'altra, a l'*Arbre de filosofia d'amor* de 1298 hi consta una dedicatòria explícita a la reina Joana perquè difongui l'Art al seu regne. Quin paper juga la dona en l'estratègia de difusió de l'Art? Com encaixa en la transmissió del coneixement lul·lià? N'és destinatària potencial o bé pel fet de ser dona *a priori* no hi té accés? Intentarem resoldre aquests interrogants a partir de tres casos succints, que introduirem cronològicament: 1. Natana i el «llibre de l'orde de les dones» del *Romanç d'Evast e Blaquerna* (*REB*, a partir d'ara); 2. El pròleg del *Llibre de Santa Maria* (*LSA* a partir d'ara); 3. Les dedicatòries de l'*Arbre de filosofia d'amor* (1298) i del *Llibre d'oracions* (1299).

---

1 Com assenyala Michela Pereira (2012, 30): «A suscitare l'amore della verità capace di trasformare il mondo e a costruire una filosofia basata su questo amore mira il coinvolgimento attraverso la parola, che dunque dev'essere portata a tutti in maniera che sia a tutti comprensibile: il che spiega non soltanto i plurilinguismo ma anche la molteplicità dei generi di scrittura nella produzione lulliana».

2 La dona en la literatura lul·liana: característiques

L'any 1981 Lola Badia advertia de la presència femenina en la literatura de Ramon Llull. En l'article inaugural «A propòsit dels models literaris lul·lians de la dona: Natana i Aloma», la investigadora assenyalava que Ramon Llull feia servir diferents models de dona al llarg de l'obra, n'apuntava una possible classificació —figures al·legòriques, la Mare de Déu, dones que representen virtuts i vicis i, finalment, les dues heroïnes, Aloma i Natana— i advertia del comportament contextualment atípic que hi detectava, en tant que Llull «ens presenta tot d'una uns personatges notabilíssims pel que tenen d'anticonvencional medievalment parlant i de profundament lul·lià» (Badia 1981, 28). El caràcter anticonvencional, en el marc de la preponderant misogínia medieval (cf. Kelly 1984; Cantavella 1988; Ensenyat 2014; Viera/Piqué 1987), es manifestaria especialment en l'episodi de la disputa matrimonial entre Evast i Aloma, disputa en la qual l'esposa perfecta —i mare del protagonista heroic— convenç el marit de l'error de voler deixar l'estament matrimonial, tot aplicant la indispensable doctrina de les dues intencions:[2] per a Aloma, Evast no pot desfer el sagrament mitjançant el qual ha entrat voluntàriament en l'estat de matrimoni per tal de servir Déu.[3] Sobretot, el caràcter poc convencional es manifestaria en «la intel·ligència, la tenacitat i la combativitat» (Badia 1981, 28) demostrades tant per Aloma com per l'altra gran protagonista, Natana, personatge sobre el qual requeia, segons Rosanna Cantavella, l'originalitat de Ramon Llull quant a l'aprenentatge femení en l'edat mitjana, en afirmar que «[. . .] En aquest panorama l'autèntica nota d'originalitat fou donada, com en tants d'altres casos, per Ramon Llull. L'autor mallorquí considerà al *Blaquerna* que una dona imaginària, però model de conducta, Natana, era digna d'estudiar la seva Art i de portar-la a la pràctica en la reforma dels monestirs» (Cantavella 1988, 122). A continuació ens centrarem en l'actuació d'aquest personatge per comprendre l'abast de la reflexió sobre la possible difusió de l'Art entre les dones.

---

2 La doctrina de les dues intencions és fonamental en la concepció lul·liana perquè és la que explica la correcta ordenació dels objectius finals i de les causes intermèdies o secundàries. Sense una correcta ordenació, el món està en pecat o, com diu Llull, «en torbat estament». Llull l'esbossa a la inicial *Lògica del Gatzell* i a l'inaugural *Llibre de contemplació en Déu* i la desenvolupa al *Llibre d'intenció*, escrit entre 1276 i 1289 i dedicat a un amable fill (cf. Rubio 1997; Ruiz Simon 2002; Ripoll 2013).

3 Cal advertir, això no obstant, que segons els textos canònics, l'esposa havia de corregir secretament els defectes o errors del marit que posassin en perill la seva salvació, com s'esdevé en el cas suara esmentat.

3 Natana i el «llibre de l'ordre de les dones» del *Romanç d'Evast e Blaquerna*

El *Romanç d'Evast e Blaquerna* fou escrit per Llull, probablement a Montpeller, entre 1276 i 1283. S'hi explicita la reforma del món per mitjà de l'ordenació correcta de les intencions, a partir de la labor dels quatre grans protagonistes virtuosos: Evast, Aloma, Blaquerna i Natana.[4] S'estructura en cinc llibres, el segon del quals és el que tracta de religió i és protagonitzat per Natana, un dels tres personatges femenins designats antroponímicament en el corpus literari lul·lià.[5] Natana, que havia de ser l'esposa de Blaquerna segons el pacte de les mares —un pacte motivat, en darrer terme, per Aloma, per evitar la partida del fill—, entra al monestir,[6] malgrat l'oposició inicial de sa mare Nastàsia, motivada per una qüestió clarament econòmica: la pèrdua de l'herència del marit. A partir d'aleshores, Natana representa l'estament religiós, així com Aloma representa el de l'esposa i mare sublim i Nastàsia, el de les vídues prototípicament medievals (cf. Orts 1989, 98; Vinyoles 2005). A la jove protagonista la caracteritzen no sols la bellesa, la bondat i la tenacitat, sinó sobretot la preparació i l'eficàcia intel·lectuals, dues qualitats que li permeten resoldre tot tipus de situacions difícils o complicades, la més important de les quals és la reforma de la comunitat monàstica, que duu a terme mitjançant l'aplicació pràctica, un altre cop, de la teoria de la doble intencionalitat lul·liana o, el que és el mateix, segons l'ordenació correcta de les causes finals i de les causes intermèdies o secundàries.

Un primer aspecte a considerar en la caracterització de Natana és que —a diferència del protagonista masculí Blaquerna, de qui coneixem exhaustivament la formació intel·lectual rebuda des dels vuit anys fins als divuit— no coneixem cap detall del seu aprenentatge previ a l'ingrés al monestir.[7] De fet, és possible

---

4 Sobre el caràcter pràctic i no utòpic del *REB* com a concreció de la teoria de la doble intencionalitat, cf. Ripoll (2012).

5 Quant a aquests tres antropònims femenins, formulem la hipòtesi d'una intencionada càrrega simbòlica en l'elecció: Aloma seria un derivat de l'àrab AL-UMM, la «mare» per antonomàsia com suggereix Rosselló-Bordoy (1997). D'altra banda, el nom de procedència grega Nastàsia remetria a la resurrecció (autèntica resurrecció del personatge en reconvertir-se a la fe). Fonamentaríem finalment la hipòtesi sobre l'origen del nom Natana en l'hebreu NATAN, nom d'un dels personatges de la genealogia de Jesús i del profeta que fou enviat a cantar les veritats al rei David.

6 Cal advertir la relació amb la història de Sant Francesc i Santa Clara, tant pel que fa a l'episodi de la «conversió» de Natana arran del mestratge de Blaquerna, com a l'episodi de l'entrada «heroica» al monestir (cf. Badia 1981, 26; Orts 1989, 98; Badia et al. 2013, 439).

7 La formació de Blaquerna és detallada al capítol segon del primer llibre, «Del naixement de Blaquerna i del seu nodriment», on es relata el projecte educatiu a què el sotmet son pare, Evast. S'ha de posar en relleu, primer, que el model seguit remet a la *Doctrina pueril*, i segon, que el

inferir que la preparació intel·lectual va ser posterior a l'entrada al monestir, com s'insinua al començament del capítol 21, «En qual manera Natana fo sacristana»: «Natana aprés molt be de letra e aprés lo cant e·l hufici en breu de temps» (Llull 2009, 156). D'entrada, aquestes són les dues úniques informacions referides a les destreses adquirides ràpidament per la protagonista, informacions que són ampliades en el capítol dedicat a l'elecció de la nova abadessa; llavors es fa efectiu el coneixement actiu que la protagonista té de l'Art lul·liana: «Totes les dones volgueren eleger abadesa segons la manera en la qual havien acustumat a eleger,[8] mas Natana dix que ella havia entesa novella manera d'elecció, la qual está en art e en figures, la qual Art segueix les condicions del *Llibre del gentil e dels III savis*, lo qual segueix la *Art de atrobar veritat*» (Llull 2009, 162). Les monges hi estan d'acord i preguen a Natana que els l'expliqui i ella respon que «De la art de eleccio vos diré breument los començamens» (Llull 2009, 162). Ambdues citacions no són gens gratuïtes, en tant que permeten definir el caràcter innovador del personatge femení, però sobretot són les pistes que avancen la consideració lul·liana sobre la capacitat de raonament que pot tenir la dona. Amb aquest capítol i en boca de Natana —d'una dona!—, Llull introdueix en la novel·la la nova teoria de l'elecció, fonamentada en els principis artístics i establerta en el tractat *Artificium electionis personarum* —de la mateixa època del *REB*— i consolidada en el *De arte electionis* —París, juliol de 1299.[9] La nostra protagonista no es limita a mostrar-ne el procediment, sinó que també resol els interrogants que genera l'aplicació artística en algunes monges; a tall d'exemple, una monja demana què prescriu l'art si en alguna cambra hi ha «eguals veus».[10] Resolts els dubtes i un cop les monges han entès perfectament com s'ha de realitzar la votació, procedeixen a l'elecció, que es resol «[a]prés pochs dies» (Llull 2009, 164). L'originalitat de l'exposició dels fets es tanca amb una nova intervenció de qui, a partir d'aquell moment, serà l'electa nova abadessa: quan ja se'n sap el resultat, Natana comprova que les

---

futur reformador del món «sabia entendre i parlar llatí» (Llull 2009, 95). Als divuit anys, Blaquerna, «il·luminat de ciència e bones costumes», és requerit per son pare, que en comprova la maduresa intel·lectual («De la qüestió que Evast féu a son fill Blaquerna», I, 3; Llull 2009, 97). Per la qüestió que el pare li formula i, a banda de les obres lul·lianes citades en la formació del protagonista, és evident que Blaquerna domina l'Art lul·liana.

8 Per als procediments habituals en les eleccions medievals, circumscrites especialment en l'àmbit monacal, cf. Colomer (2011, 318–320).

9 Com han explicat Josep Colomer i Julián Barenstein, amb aquesta tècnica Llull pretenia resoldre els diversos problemes generats pels diferents models d'elecció vigents en la cristiandat medieval (cf. Colomer 2011; Barenstein 2013). Colomer afirma que Ramon Llull «should be considered the earliest founding father of voting theory and social choice teory» (2011, 317).

10 «Si s'esdevé que en les cambres haja qui hagen eguals veus, que·n mana fer l'art?» (Llull 2009, 164).

monges electores han fet la feina correctament i que no s'han equivocat en l'aplicació de la tècnica: «Natana e les altres dones [. . .] veeren la manera que havien hauda segons Art, en la elecció, e atrobaren que la art havien seguida segons que·s convenia» (Llull 2009, 164). Des d'aquell mateix instant, l'abadessa pren consciència de la responsabilitat que suposa el càrrec en virtut del qual ha d'emprendre l'ordenació correcta del microcosmos exclusivament femení del monestir: «En gran pensament entrá Nathana con pogués e sabés regir si matexa e a les dones e tots jorns cogitava com pogués ordenar lo monestir a bones custumes» (Llull 2009, 164). No debades, aquest episodi suposa un dels punts àlgids en la consideració de la dona com a possible receptora i difusora de l'Art: encara que sigui en l'àmbit del monestir —per tant, en l'ambient medieval per antonomàsia on la dona pot tenir accés a una certa intel·lectualitat (cf. Coderch 2012)— es demostra que l'Art lul·liana és perfectament comprensible per a una dona, que així mateix la fa comprensible a la resta d'iguals.

Tal volta, i entrem aquí en el pla de la suposició més absoluta,[11] la figura femenina de Natana actuaria com una mena d'*alter ego* de Ramon Llull, en el sentit que, en no tenir Natana la formació escolàstica que podria tenir un home —que s'intueix en l'aprenentatge de Blaquerna referit *supra*— i que Llull mateix tampoc no tenia pel fet de no haver-se format universitàriament, seria més permeable a noves propostes intel·lectuals, com ara la de l'Art.

De fet, el que realment caracteritza l'abadiat de Natana és la formació moral de les dones, formació que la protagonista duu a terme des de diferents actuacions; una de les més significatives es produeix quan inicia l'exercici del càrrec recorrent el monestir de dalt a baix per detectar-hi situacions susceptibles de millora. D'aquesta manera, troba que hi ha monges disperses que filen a l'hort i al dormitori. Des de les fonts bíbliques l'acció de filar era una de les activitats prototípicament femenines, idònia per evitar l'ociositat en tant que era font de disciplina necessària per posar fi a la peresa i, consegüentment, a la promiscuïtat —en una cadena «ociositat→tedi→promiscuïtat» (cf. Viera/Piqué 1987, 25–44).[12] Davant de la dispersió esmentada entre l'hort i el dormitori, l'abadessa convoca el capítol i s'hi estableix «que totes les dones filassen en un loch e que alcuna dona legís alcun libre qui fos en romanç per ço que les dones lo poguessen entendre [. . .]» (Llull 2009, 166). El llibre en qüestió havia de ser de contingut edificant, havia de

---

11 Agraïm aquí els suggeriments i les observacions d'Anthony Bonner, arran d'una primera lectura de la redacció d'aquest treball.

12 L'esment de la filatura ens obliga a fer referència a altres *topoi* propis de la literatura sobre dones que apareixen en el *Blaquerna*, com el de la dona finestrera, el de la *sponsa Christi*, o el de la feblesa física femenina (quan Blaquerna es refereix al martiri de les santes Caterina, Eulàlia i Margalida).

tractar de la passió i mort de Crist, de la Mare de Déu, dels màrtirs, etc., i havia de llegir-se sovint:

> E aquell libre legissen a les festes e als altres dies, segons que cascuna dona venria per tanda e per orde. Aquel libre fo encercat e aquell ordenament fo fet en aquell monestir e en molts d'altres que d'aquell ne prengueren exempli. Molt fortment volch l'abadessa que fos tengut aquel stabliment per ço que per ohir aquell libre l'ànima no cogitás en vanitats ni en desordenats pensaments per los quals s'inclinás a peccat (Llull 2009, 166).

Notem que, d'una banda, a diferència de les prescripcions dels autors patrístics i canònics, segons Llull la tasca de filar ha de ser acompanyada d'una formació intel·lectual. Crida poderosament l'atenció el fet que s'estableix una roda de lectura, amb la qual cosa es constata que, a més de Natana, d'altres monges saben llegir i, per tant, poden exercir el càrrec de lectores.[13] I és del tot significatiu el fet que el llibre que han de llegir les monges cal que sigui en «romanç», i no en llatí, per facilitar-ne la comprensió al destinatari femení, en clar contrast amb el domini de la llengua llatina que li sabem al protagonista Blaquerna.

D'altra banda, l'afany perquè el text sigui entès pel receptor femení fa que el nostre autor vagi una passa més enllà i hi faci, al mateix llibre segon, un intent d'adaptació lèxica. És el que ocorre al capítol 35 «De fortitudo», que comença de la manera següent: «Enaxí com apellam prudència ‹saviea›, apellam fortitudo ‹força› per ço que les dones n'agen pus leugerament conexença» (Llull 2009, 189). Al llarg de tot aquest capítol no es fa servir la forma llatina *fortitudo*, que sí que s'ha fet servir en la resta de capítols anteriors i posteriors. A més, l'eficàcia comunicativa en la transmissió del coneixement artístic provoca també l'ús de la definició; per exemple, quan l'abadessa defineix «temprança» perquè en la ficció literària una dona no en sap el significat: «Una dona respós e dix que ella no havia hauda conexença de temprança e per açó no sabia si havia errat contra temprança. L'abadessa dix a la dona que temprança era virtut que stava en lo migá de massa o de poch [. . .]» (Llull 2009, 192). El recurs de definir el terme en qüestió també es fa servir en el capítol dedicat a les potències de l'ànima, concretament en l'explicació sobre l'enteniment:

---

13 Aquesta consideració podria ser, d'una banda, simptomàtica de la procedència culta i benestant de les dames del convent, si ens atenem a l'afirmació de Rosanna Cantavella, per a qui «llegir és també signe de distinció» (1988, 121). Tanmateix, malgrat la procedència socialment benestant de Natana, ja s'ha dit que aprèn «de lletra» del convent estant. És suggerent, d'altra banda, el fet que en la regla de Santa Clara es distingia entre «les germanes que saben de lletra» (i que per tant podien participar en els oficis llegint els breviaris, sense cantar) i les que no en sabien, de llegir, les quals no tenien l'obligació d'aprendre'n (cf. d'Assís 1993, 13).

> Sor Nathana abadesa dix a les dones que enteniment era lum speritual qui inlumina l'anima com entenés veritat de son creador e de les sues obres; e con la sua volentat, ans que·s mogués a voler o a irar nulla cosa, reebés la lum de l'enteniment per ço que no errás en ses obres. Cor enaxí con los homens cechs erren les carreres per on van per defalliment de vista corporal, enaxí l'anima erra en son membrar e voler con no reb lum de l'enteniment (Llull 2009, 196).

Destaquem, així mateix, que la definició és reforçada pel recurs de la comparació, que es produeix també en altres situacions. En canvi, allò que resulta excepcional al llarg del segon llibre del *Romanç d'Evast e Blaquerna*, és l'absència del recurs de l'exemple, el recurs que precisament caracteritzarà el *Llibre de Santa Maria*, l'altra gran obra lul·liana dedicada a un possible receptor femení, els exemples de la qual són protagonitzats majoritàriament per dones. En el llibre sobre religió protagonitzat per la sàvia Natana el nostre autor prefereix tractar experiències i situacions reals i viscudes —en la ficció literària, s'entén— per les monges mateixes, situacions a partir de les quals l'abadessa podrà corregir-los els vicis i podrà adoctrinar-les en el reeiximent de les virtuts. És el que s'esdevé, posem per cas, en el capítol de justícia: una monja es lamenta de la malaltia que pateix perquè no entén quin és el vertader sentit del seu estat, atès que no sap ordenar correctament les intencions, i l'abadessa la hi ha d'instruir correctament. En general, les explicacions de l'abadessa s'articulen en forma de diàleg amb la resta de les dones, que li demanen consell, li exposen dubtes o, senzillament, reaccionen a la iniciativa de la mateixa Natana, que respon amb profusió de coneixements i de saviesa. No debades, ja hem explicat anteriorment que l'abadessa coneix l'Art i la bibliografia lul·liana, fet que es demostra quan remet la interlocutora a la *Doctrina pueril*. Des d'aquesta perspectiva, la nostra protagonista dista molt de la dona medieval per excel·lència. Com ho advertia Cantavella, «era moralment reprovable que les dones exhibissen coneixements, car, a més de fer-ho malament per la seua menor intel·ligència, això anava en contra de la humiltat que li pertocava al sexe femení» (1988, 120).

Amb una actuació sàvia, pacífica i exemplar, la nostra protagonista és capaç d'ordenar el microcosmos femení, en el sentit que ensenya les seves monges a restablir l'ordre correcte de les intencions, per la qual cosa, en el combat quotidià entre vicis i virtuts resulten victorioses les segones. Tot plegat fa que les monges coneguin els seus errors i la manera de reeixir-ne, i, en conseqüència «lloen e beneeixen Déu qui tanta de saviesa havia donada a l'abadessa, ni cor lur havia donat tant bo pastor qui per sciencia e per santa vida tant fortment les adoctrinava en amar e coneixer lur espós Jesucrist e ses obres» (Llull 2009, 178). D'aquesta manera, Llull va articular el llibre segon del *Blaquerna* com el «llibre de l'orde de les dones» —tot anticipant el tractat didacticomoral del *Llibre de les dones* d'Eiximenis de 1396—, va voler que «una dona imaginària i model de conducta», reprenent Cantavella (1988, 122), preludiés l'acció reformadora universal de l'heroi masculí i que ho fes des del coneixement i des de la ciència.

4 El *Llibre de Santa Maria*

Entre 1287 i 1289 Llull intentava explicar l'Art als homes savis de la Sorbona, intent fallit, com ens conta l'autor mateix a la *Vida coetània* (1311), a causa de la «feblesa de l'enteniment» de l'elit universitària,[14] els membres de la qual eren incapaços de copsar la complexitat formal de l'Art. Entre 1290 i 1292 —i, per tant, mentre Egidi Romà componia el tractat didàctic *De regimine principum*—, just després d'aquell fracàs i de la conseqüent reformulació artística, Ramon Llull va redactar el *Llibre de Santa Maria*, un tractat didàctic de contingut mariològic en el qual tres dames al·legòriques —Lausor, Oració i Intenció— dialoguen primer amb un ermità barrut i després amb un de savi, sobre el desordenament del món. Ja el 1900 Mateu Obrador havia advertit que la particularitat d'aquesta obra raïa en el fet que Llull pensava explícitament en un possible —però no únic— receptor femení, com s'explicita en el pròleg:

> Car aquest libre es de nostra Dona e nostra Dona es regina verge e dona, per açò nos majorment fem aquest libre a regines verges e dones a honor de nostra Dona; e a la major explanació que podem e ab les pus desplanades paraules lo liuram, e subtilitats esquivam aytant quant podem per ço que sia entès; emperò en partida l'art e la doctrina de l'*Art demostrativa inventiva e amativa* tenim (Llull 1915, 5).[15]

El receptor és, en termes generals, el mateix que el del *Blaquerna*: un laic, cristià, sense coneixements específics sobre l'Art. I existeix la possibilitat explícita que sigui una dona, la qual s'ha d'emmirallar en la figura virtuosa de Maria que actua d'intercessora i mitjancera entre Déu i l'home.[16] Segons Viera (1990, 26), amb el *LSA* Llull manifesta un objectiu clarament didàctic i devocional. Per aquest motiu, el savi medieval organitza el llibre en trenta capítols que versen sobre les dignitats o característiques pròpies de la Mare de Déu, tractades, com s'especifica

---

14 Diu textualment a la *Vita coaetania* «propter fragilitatem humani intellectus, quam fuerat expertus Parisius» (Llull 2013, 60).

15 Domínguez/Garí (2005, xli–xlii) ho afirmen categòricament: «Es handelt sich also um ein Buch über die Gestalt der Mutter Gottes, Königin, Jungfrau und Frau, geschrieben für Frauen. Darum vermeidet es die komplizierten, verschlungen Pfade der Abstraktion.»

16 Per a la concepció mariològica lul·liana, cf. Domínguez (2001).

al pròleg, per mitjà de «qüestions, definicions, lausors, oracions i intencions» (Llull 1915, 3). L'establiment de la mateixa estructura per a cada un dels capítols té, per a Sarah Boss, un conseqüent efecte didàctic:

> [. . .] The effect of this is rather like that of a work shanty or ritual chant. The repetitive form draws the reader into the work, and its content is imparted not only intellectually, but also "intuitively". Thus, the reader does not just acquire knowledge, or arguments, but is changed at a deep devel: she gradually sees the world differently. This process is enhanced by the liberal use of anecdotes and topics for discussion (Boss 2011, 44).

Com en el cas del *Llibre de l'ordre de religió* del *REB*, la jerarquització correcta de les intencions és el motiu principal del *LSA*. Ja s'ha dit, en aquest sentit, que l'ordenació de les intencions és un dels eixos del pensament lul·lià. Per això mateix, en l'aparició en escena la dama Intenció plora desconhortadament, perquè ja no és coneguda ni estimada pels homes, amb la qual cosa el món resta «en torbat estament» o, el que és el mateix, en pecat.[17] Per aquest motiu, els exemples que reportarà serviran per demostrar que és possible reeixir del pecat si se saben ordenar correctament els objectius vitals, empresa en la qual serà fonamental la intercessió de la Mare de Déu com a model de virtut en tant que «Maria has a virtue which exceeds the normal human condition» (Boss 2011, 30).[18] Per fer copsar al lector les virtuts marianes, en les quals s'hauria de reflectir, Llull articula un seguit d'exemples pràctics, referits a la quotidianitat. En aquestes situacions, el personatge protagonista, femení en la majoria dels casos, haurà de resoldre un dilema moral, per a la resolució del qual rebrà la intercessió de la Mare de Déu. Aquesta intervenció, però, no serà en cap cas un miracle espectacular, sinó que serà la conseqüència de l'activitat intel·lectual, del raonament i la reflexió.

Les dones que protagonitzen aquests exemples pertanyen a tots els estaments i condicions. Són donzelles, reines, dones burgeses, esposes de mercaders, germanes, esclaves, criades, dones belles, contemplatives, sàvies, castes, volenteroses, però també poden ser luxurioses, irades i injurioses. Són dones sàvies i belles —com les que trobem a les cròniques històriques del moment— que esdevenen model de conducta, en contraposició a «males fembres vicioses», perdudes sobretot per la luxúria, que també es converteixen en models negatius per a la societat. Atenció, però: això no vol dir, en cap cas, que siguin només les figures femenines les representants dels vicis. Els homes també resten ben caracterit-

---

17 L'inici és similar a molts altres casos, en què Llull —o un personatge al·legòric— es lamenta que Déu és poc —o gens— conegut i estimat. En són exemples clars el *Llibre d'intenció*, l'*Arbre de ciència*, la *Consolació d'ermità* o la *Ciutat del món*, entre d'altres.

18 Sobre la teorització dels exemples lul·lians, cf. Gayà (1979). Per a la caracterització dels exemples al *Llibre de Santa Maria*, cf. Viera (1990).

zats, sobretot aquells que pel seu càrrec polític o eclesiàstic haurien de tenir un comportament moral impecable que, tanmateix, no duen a la pràctica.[19] A tall d'exemple, hi apareixen reis que estimen la justícia, però també reis luxuriosos que es relacionen i fan tractes immorals amb falsos beguins.

Entre l'elenc dels personatges femenins, una característica que cal destacar és el coneixement intel·lectual que manifesta alguna de les dones, com ocorre en el capítol cinquè «De saviesa», la protagonista del qual ens recorda l'abadessa Natana, en tant que «[. . .] Aquesta dona sabia de letra e havia saviea en moltes sciencies» (Llull 1915, 54). Per això no és estrany que sàpiga pregar i contemplar correctament la Mare de Déu, tot aplicant la correcta ordenació de les dues intencions. En altres ocasions, es produeix un contrast entre una dona que aprèn a ser virtuosa i l'altra que continua en pecat, com en l'exemple en el qual dues germanes, esposes de mercaders, havien pecat de luxúria arran de l'absència dels marits respectius, que eren en terres llunyanes a causa de llurs professions. En adonar-se del pecat, ambdues anaren a l'església a pregar. Una va rebre la gràcia divina, però l'altra, no. Com a conseqüència de la intervenció divina, la primera va ser capaç de mantenir-se casta durant la resta de la vida, per la qual cosa pregava Santa Maria per amor. En canvi, l'altra va continuar en el pecat de luxúria i pregava la Mare de Déu pel temor que sentia de la venjança i del càstig que li infligiria el marit si, a la tornada, s'assabentava de la seva infidelitat. La conclusió final, a manera d'ensenyament moral, resol qualsevol dubte sobre l'ordenació intencional: «E car no pregava nostra Dona per raó de sa bondat e per entenció d'ella a servir, per açò no poc reebre gracia, mas si ella la pregàs per vera entenció, ja nostra Dona no li pogra dir de no e donara li ço que li demanava» (Llull 1915, 84). El caràcter planer i sense complicacions formals que caracteritza el *Llibre de Santa Maria* es completa amb l'ús de les definicions, talment com s'esdevenia en el *Llibre de l'ordre de religió* comentat anteriorment. Són diversos els casos en què Lausor defineix a l'ermità interlocutor el terme o concepte a què fa referència el capítol, com s'esdevé als capítols de «virtut», d'«esperança» o de «continència» (citacions a Llull 1915, 61, 155 i 164), només per citar-ne alguns dels casos més representatius.

En conclusió, doncs, es pot afirmar que Ramon Llull tenia *in mente* un receptor femení per al *Llibre de Santa Maria*, per la qual cosa bastí una estructura exemplifical, en la qual qualsevol dona del moment es pogués sentir reflectida i en pogués adquirir un coneixement moral pràctic i efectiu.

---

19 Citem, tan sols a tall d'exemple, els capítols del *Llibre de contemplació* referits a aquesta qüestió. Lola Badia (2007, 131) assenyalava que «El repartiment equitatiu de les culpes entre homes i dones que Ramon sempre té present fa que construeixi situacions simètriques», cosa que justifica que ambdós sexes siguin clars representants de reeiximents o fracassos segons el coneixement i l'aplicació, o no, de l'Art.

5 La dedicatòria de l'*Arbre de filosofia d'Amor* i del *Llibre d'oracions*

En l'obra del nostre autor no només s'hi localitzen dones imaginàries, algunes plenes de seny i d'altres que necessiten ajuda per trobar el camí de la Veritat. També fan part d'aquest univers lul·lià algunes dones reals, i reials, que fan part del context històric del moment, com són els casos de Joana de Navarra (1273–1305), reina de França, i de Blanca d'Anjou (1280–1310), reina de la Corona catalanoaragonesa. Així, l'octubre de 1298 Ramon Llull enllestia, a París, l'*Arbre de filosofia d'amor*, obra en la dedicatòria de la qual feia explícit que oferia el llibre a la reina de França Joana de Navarra, per tal d'assegurar-se'n la transmissió i difusió en terres franceses.[20] Aquest fet no tindria més transcendència si no fos perquè se'n preveia una versió llatina per al rei, Felip IV el Bell, i una versió «en vulgar» per a la noble dama, per tal que l'escampés arreu dels seus dominis:

> E la dona d'amor dix a Ramon que presentàs filosofia d'Amor en latí al molt noble senyor savi e bo rey de Fransa, e en volgar a la molt nobla savia e bona reyna de Fransa, per so que·l montipliquen en lo regne de Fransa, a honor de nostra dona Santa Maria que es subirana Dona d'amor (Llull 1935, 227).

L'any següent, el 1299, a Barcelona, el nostre autor feia servir la mateixa estratègia, atès que dedicava al rei Jaume II d'Aragó i a la seva esposa, Blanca d'Anjou, el *Llibre d'oracions*:

> Fenit es aquest *Libre de Oracions e de doctrina de amar Déu*, en la ciutat de Barchinona en l'any MCCLXXXXVIIII, lo qual *libre* es fet a requesta del molt noble senyor en Jacme rey de Aragó et de la molt alta dona Blancha reyna de Aragó, sa muyler, qui dixeren a Ramon que faés aquest *Libre* qui donàs doctrina e ensenyament per la qual aquells qui no saben pregar Deus lo sapien pregar, e aquells qui Deus no amen molt, lo qual desiren molt amar, lo sapien molt amar (Llull 1935, 392).

D'aquesta manera, les dues esposes dels reis amb què Ramon Llull va tenir una relació més estreta i ferma per als interessos de la missió autoimposada, esdevingueren transmissores efectives del missatge lul·lià.

---

20 Sobre la preocupació lul·liana per a la difusió de l'obra pròpia, cf. Soler (2005) i Gayà (2006).

6 Conclusions

Al llarg d'aquest treball, s'ha vist com una de les característiques de la producció de Ramon Llull és l'adaptació a un públic ampli i divers, que inclou la dona com a receptor immediat. Fins ara, havia perviscut l'evidència que la figura femenina és present al llarg de tota la producció lul·liana sota diferents manifestacions, i que el tractament que se'n fa, en general, surt dels paràmetres habituals del context medieval. L'esposa capaç de demostrar al marit que s'equivoca i l'abadessa que reforma el monestir o les dones sàvies capaces de revertir les intencions són mostres clares i evidents dels personatges instruïts que actuen des de la intel·ligència i des del coneixement de l'Art.

Encara que Llull no es refereixi explícitament a la formació femenina, sí que es detecten evidències, com hem pogut demostrar, sobre la consideració lul·liana d'un receptor femení, fet que concorda perfectament amb els plans missionals del nostre autor, per a qui el missatge salvífic s'havia de propagar entre totes les gents, amb tot el que aquesta propagació suposava en termes d'adequació lingüística i estilística.

En definitiva, que la dona sigui, en la ficció literària, receptora potencial de l'Art, suposa que Llull reconeix la capacitat que pot tenir per assolir el coneixement, aspecte que, una vegada més, ens anuncia en boca de Natana:[21] «On, dementre que la abadesa dehia subtilment aquestes paraules, una dona dix a l'abadesa que no era leguda cosa que a fembra fossen dites tan subtils paraules. E l'abadesa respós dient que pus l'enteniment les podia entendre, cuvinent cosa era que la volentat volgués que·l enteniment se·n exalçás a entendre e que mills ne pugués la volentat contemplar e entendre Déu e ses obres» (Llull 2009, 198). Sens dubte, això és el que fa de Ramon Llull, malgrat les arrels que encara el lliguen a la tradició, un autor original i excèntric —en el sentit etimològic del mot— en el context medieval europeu.

Bibliografia citada

Badia, Lola, *A propòsit dels models literaris lul·lians de la dona. Natana i Aloma,* Estudi General 2 (1981), 23–28.

Badia, Lola, *Generació o luxúria. Què diu Ramon Llull sobre el sexe,* vol. 1: *La teoria,* in: Ripoll Perelló, Maria Isabel (ed.), *Actes de les Jornades Internacionals Lul·lianes. Ramon*

---

21 És la constatació del que es desenvolupa a Badia (2005 i 2007).

Llull al s. XXI (Palma, 1, 2 i 3 d'abril de 2004), Palma/Barcelona, Universitat de les Illes
    Balears/Universitat de Barcelona, 2005, 13–45.

Badia, Lola, *Generació o luxúria. Què diu Ramon Llull sobre el sexe?*, vol. 2: *La casuística*,
    in: Martí, Sadurní/Cabré, Miriam/Feliu, Francesc/Prats, David (edd.), *Actes del tretzè
    Col·loqui internacional de llengua i literatura catalanes (Girona, 2003)*, Barcelona,
    Publicacions de l'Abadia de Montserrat, 2007, 125–144.

Badia, Lola, et al., *L'accés dels laics al saber. Ramon Llull i Arnau de Vilanova*, in: Broch, Àlex
    (dir.), *Història de la Literatura Catalana*, vol. 1: Badia, Lola (dir.), *Literatura medieval.
    (I) Dels orígens al segle XIV*, Barcelona, Enciclopèdia Catalana/Barcino/Ajuntament de Barcelona,
    2013, 373–509.

Barenstein, Julián, *Los escritos electorales de Ramon Llull. Una nueva teoria de la votación en la
    segunda mitad del s. XIII*, Revista Española de Filosofía Medieval 20 (2013), 85–99.

Bonner, Anthony, *The art and logic of Ramon Llull. A user's guide*, Leiden/Boston, Brill, 2007.

Boss, Sarah, *Ramon Llull's «Llibre de santa Maria». Theodicy, ontology and initiation*, Studia
    Lulliana 51 (2011), 25–51.

Cantavella, Rosanna, *La dona als textos de Llull*, Estudios Lulianos 26 (1986), 93–97.

Cantavella, Rosanna, *Lectura i cultura de la dona a l'Edat Mitjana. Opinions d'autors en català*,
    Caplletra 3 (1988), 109–117.

Carré, Antònia, *Ramon Llull i les dones (algunes)* in: *Món Llull. La influència invisible d'un savi*,
    Barcelona, diari ARA, 23 d'abril de 2013, 32–34.

Coderch, Marion, *Actituds davant les dones entre l'edat mitjana i el Renaixement*, in: Bellveser,
    Ricard (ed.), *Dones i literatura entre l'edat mitjana i el Renaixement*, vol. 2, València,
    Institució Alfons el Magnànim, 2012, 527–554.

Colomer, Josep, *From De arte electionis to Social Choice Theory*, in: Fidora, Alexender/Sierra,
    Carles (edd.), *Ramon Llull. From the Ars Magna to artficial intelligence*, Barcelona, Artificial
    Intelligence Research Institute (IIIA)/Consejo Superior de Investigaciones Científicas,
    2011, 61–83.

d'Assís, Francesc/d'Assís, Clara, *Escrits*, Barcelona, Proa, 1993.

Domínguez Reboiras, Fernando, *El discurso luliano sobre María*, in: Clelia Maria Piastra (ed.),
    *Gli studi di mariologia medievale. Bilancio storiografico. Atti del I Convegno Mariologico
    della Fondazione Ezio Franceschini. Parma 7–8 novembre 1997*, Sismel, Edizioni del
    Galluzzo, 2001, 277–303.

Domínguez, Fernando/Garí, Blanca, *Einführung*, in: Ramon Llull, *Das Buch über die heilige
    Maria. Libre de sancta Maria. Katalanisch–deutsch*, ed. Domínguez, Fernando Reboiras,
    trad. Padrós Wolff, Elisenda, Stuttgart/Bad Cannstatt, Frommann/Holzboog, 2005, i–xlvii.

Ensenyat, Gabriel, *Introducció*, in: Font Jaume, Alexandre, et al. (edd.), *Joan Baptista Binimelis.
    Sobre els vicis de les dones i el seu tarannà variable. Catàleg de dones especialment
    sàvies*, Palma, Lleonard Muntaner, 2014.

Gayà, Jordi, *Els exemples lul·lians. Noves referències a la influència àrab*, Estudios Lulianos 23
    (1979), 206–211.

Gayà, Jordi, *«Que el llibre multiplicàs», Ramon Llull i els llibres*, Palma, Publicacions del Centre
    d'Estudis Teològics de Mallorca, 2006, 3–30.

Hägele, Günter, et al., *Llull's writings on electoral systems*, Studia Lulliana 4 (2001), 3–38.

Kelly, Joan, *Did women have a renaissance?*, in: *Women, history & theory. The essays of Joan
    Kelly*, Chicago, The University of Chicago Press, 1984, 19–50.

Llinarés, Armand, *La femme chez Raymond Lulle*, in: *La femme dans la pensée espagnole*, Paris,
    Éditions du CNRS, 1983, 23–37.

Llull, Ramon, *Llibre de Santa Maria*, in: *Obres de Ramon Llull. Libre de Sancta Maria. Hores de Sancta Maria. Libre de Benedicta tu in mulieribus*, ed. Galmés, Salvador, Palma, Comissió Editora Lul·liana [= Obres de Ramon Llull, X], 1915, 3–228.

Llull, Ramon, *Arbre de filosofia d'amor*, in: *Obres de Ramon Llull. Libre d'intenció. Arbre de filosofia d'amor. Oracions e contemplacions del enteniment. Flors d'amors e flors d'entelligència. Oracions de Ramon*, ed. Galmés, Salvador, Palma, Comissió Editora Lul·liana [= Obres de Ramon Llull, XVIII], 1935, 67–227.

Llull, Ramon, *Romanç d'Evast e Blaquerna*, ed. Soler, Albert/Santanach, Joan, Palma, Patronat Ramon Llull [= Nova Edició de les Obres de Ramon Llull, VIII], 2009.

Llull, Ramon, *Vida de mestre Ramon*, ed. Bonner, Anthony, Barcelona, Barcino, 2013.

Orts Molines, Josep-Lluís, *El ideal de religiosidad femenina en el «Blanquerna» de Ramon Llull*, in: Muñoz Fernández, Ángela (ed.), *Las mujeres en el cristianismo medieval. Imágenes teóricas y cauces de actuación religiosa. VII Jornada de Historia de las Mujeres*, Madrid, Asociación Cultural Al-Mudayna, 1989, 91–101.

Pereira, Michela, *Comunicare la verità. Ramon Llull e la filosofia in volgare*, in: Alberni, Anna, et al. (edd.), *El saber i les llengües vernacles a l'època de Llull i Eiximenis. Estudis ICREA sobre vernacularització / Knowledge and vernacular languages in the age of Llull and Eiximenis. ICREA studies on vernacularization*. Barcelona, Publicacions de l'Abadia de Montserrat, 2012, 21–44.

Pistolesi, Elena, *Tradizione e traduzione nel corpus lulliano*, Studia Lulliana 49 (2009), 3–50.

Pistolesi, Elena, *Retorica, lingue e traduzione nell'opera di Ramon Llull*, in: Ripoll, Maria Isabel/Tortella, Margalida (edd.), *Ramon Llull i el lul·lisme. Pensament i llenguatge. Actes de les jornades en homenatge a J.N. Hillgarth i A. Bonner*, Palma/Barcelona, Universitat de les Illes Balears/Universitat de Barcelona, 2012, 313–327.

Ripoll, Maria Isabel, *Una lectura no utòpica del «Romanç d'Evast e Blaquerna»*, *Studia Lulliana* 52 (2012), 3–24.

Ripoll, Maria Isabel, *Introducció*, in: Ramon Llull, *Llibre d'intenció*, ed. Ripoll, Maria Isabel, Barcelona/Palma, Patronat Ramon Llull [= Nova Edició de les Obres de Ramon Llull, XII], 2013, 25–114.

Rosselló-Bordoy, Guillem, *Noves dades sobre algunes arrels àrabs del català de Mallorca. Actes del IV Congrés [sobre la Defensa de] El Nostre Patrimoni Cultural: El català, patrimoni de Mallorca*, Palma, Societat Arqueològica Lul·liana, 1997, 173–178.

Rubio, Josep Enric, *Les bases del pensament de Ramon Llull. Els orígens de l'Art lul·liana*, València/Barcelona, Publicacions de l'Abadia de Montserrat, 1997.

Ruiz Simon, Josep Maria, Josep Maria, *«En l'arbre són les fuyles per ço que y sia lo fruyt». Apunts sobre el rerafons textual i doctrinal de la distinció lul·liana entre la intenció primera i la intenció segona en els actes propter finem*, Studia Lulliana 42 (2002), 3–25.

Santanach, Joan, *Introducció*, in: Ramon Llull, *Doctrina pueril*, ed. Santanach i Suñol, Joan, Palma, Patronat Ramon Llull [= Nova Edició de les Obres de Ramon Llull, VII], 2005, xxvii–cxii.

Soler, Albert, *Difondre i conservar la pròpia obra. Ramon Llull i el manuscrit lat. paris. 3348*, Randa 54 (2005) [= Homenatge a Miquel Batllori, 7], 5–29.

Vinyoles Vidal, Teresa, *La història de les dones a la Catalunya medieval*, Vic, Pagès Editors/EUMO, 2005.

Viera, David J.,/Piqué, Jordi, *La dona en Francesc Eiximenis*, Barcelona, Curial, 1987.

Viera, David J., *Exempla in the «Libre de Sancta Maria» and traditional Medieval marian miracles*, Catalan Review 4 (1990) [= Homage to Ramon Llull], 221–231.

Alexander Fidora

Arnau de Vilanova, traductor de la pseudo-Hildegarda de Bingen

Observacions i esmenes al text de la *Confessió de Barcelona*

Abstract: In the first of his Catalan works, the *Confessió de Barcelona* pronounced in 1305 before King James II, Arnau de Vilanova quotes *in extenso* pseudo-Hildegard of Bingen's famous antimendicant polemic *Insurgent gentes*. While he provides both a Latin text of the work and a Catalan translation thereof, a close philological comparison of the two versions reveals that Arnau's translation must go back to a different Latin redaction. The paper tries to account for this striking inconsistency while also drawing some conclusions concerning the relation between the Latin and the vernacular in the *Confessió*. In addition, some textual emendations to the 1947 edition of the *Confessió* are suggested.

Keywords: Arnau de Vilanova, Hildegard of Bingen, *Insurgent gentes*, antimendicant polemic

1 Introducció

La *Confessió de Barcelona*, llegida davant del rei Jaume II l'11 de juliol de 1305, és una de les obres catalanes més emblemàtiques de Mestre Arnau, que ha estat qualificada de «resum autèntic de totes les seves doctrines apocalíptiques i espirituals» (així Miquel Batllori dins la seva edició a Arnau de Vilanova 1947, 56).

Tot i estudis recents,[1] el nostre coneixement d'aquest escrit i, sobretot, del seu funcionament com a text vernacular —recordem que és la primera obra espiritual d'Arnau escrita en català—, està lluny de ser complet. De fet, queden oberts molts interrogants pel que fa a la formació, a l'organització i a la transmissió del saber en llengua catalana a l'edat mitjana.

Un d'aquests interrogants fa referència a un text que forma part de la *Confessió de Barcelona*: l'anomenada Revelació d'Hildegarda de Bingen, una obra

---

1 Destaquem els treballs de Jaume Mensa i Valls, com ara Mensa i Valls (2012).

Prof. Dr. Alexander Fidora, ICREA - Universitat Autònoma de Barcelona, Departament de Ciències de l'Antiguitat i de l'Edat Mitjana, Universitat Autònoma de Barcelona, MRA, E-08193 Bellaterra, alexander.fidora@icrea.cat

https://doi.org/10.1515/9783110430622-007

antimendicant molt popular, atribuïda a Hildegarda de Bingen, però que, probablement, fou escrita per Guillem de Saint-Amour a mitjan del segle XIII.[2] Es podria dir molt sobre l'aportació doctrinal que aquesta profecia de la pseudo-Hildegarda fa a la *Confessió de Barcelona*, ja que hi fou utilitzada per a mostrar que els dominicans —que aleshores atacaven Mestre Arnau per la seva predicció de la fi del món— eren, en realitat, missatgers de l'Anticrist. Amb tot, aquí no ens aturarem en el contingut de la profecia,[3] sinó que ens fixarem en la forma del text.

En aquest sentit, el que singularitza aquesta profecia dins de la *Confessió de Barcelona* és la seva presentació bilingüe. Així, la *Confessió de Barcelona* primer transcriu el breu text llatí, que introdueix amb les paraules «lo latí és aytal», i, seguidament, en dóna una versió catalana, que s'obre amb les paraules «vol dir» (cf. Arnau de Vilanova 1947, text llatí: 124–127; text català: 127–130). No és que la producció de textos bilingües fos del tot insòlita a l'època d'Arnau de Vilanova; només cal recordar el monumental *Pugio fidei* del seu mestre Ramon Martí, farcit de textos hebreus i arameus amb la seva corresponent traducció llatina.[4] Amb tot, al bell mig d'una obra escrita en vulgar, la presència de tres pàgines en llatí sobta i demana una explicació. Quin sentit té aquest format bilingüe?

Aquesta pregunta fa necessari examinar la relació entre ambdós textos, és a dir, el text llatí i el text català, i és per aquí per on voldríem començar aquestes reflexions arran de la profecia de la pseudo-Hildegarda. Fins ara, els estudiosos de l'obra arnaldiana, com ara Miquel Batllori, han subratllat que el text català de la profecia de la pseudo-Hildegarda que es troba a la *Confessió de Barcelona* és una traducció molt lliure del text llatí que el precedeix. Tanmateix, aquesta afirmació no és del tot correcta. No es pot negar que ambdós textos presenten moltes diferències, però no sembla que siguin el resultat d'una traducció catalana lliure del text llatí contingut a la *Confessió de Barcelona*.

2 Errors de transmissió

Per començar, entre el text català i el llatí hi ha diferències que no es poden atribuir al traductor, sinó que provenen de la transmissió manuscrita de la *Confessió de Barcelona*. Malgrat que l'únic manuscrit de la *Confessió de Barcelona* ja no es

---

2 Sobre la història d'aquest escrit, cf. Embach (2003, 228–237).
3 Sobre el contingut de l'obra i la seva contextualització històrica, vegeu la meva introducció a la traducció alemanya de les obres espirituals d'Arnau de Vilanova (2016).
4 Editat al segle XVII i reimprès en 1967, el lector disposa ara d'una selecció bilingüe d'aquesta important obra: Raimundus Martini (2014). Sobre Arnau i Martí, cf. Fidora (2014).

pot consultar, atès que es perdé durant la Guerra Civil, l'evidència filològica és prou clara.[5] En donem dos exemples:

a. En el primer cas, la profecia de la pseudo-Hildegarda adverteix els falsos religiosos que arribarà el dia que el poble descobrirà els seus crims:

> E lavores iran entorn les cases, famolents com a cans rabiosos, e banyaran los hulls (Arnau de Vilanova 1947, 129, línies 2–3).

> Tunc ibunt circa domus famelici sicut canes rabidi, submissis oculis (Arnau de Vilanova 1947, 126, línies 1–2).

En aquest lloc els «hulls banyats» són un clar error de copista per «hulls baixats» del llatí («submissis oculis»). És a dir, el text hauria de dir: «baixaran los hulls».

b. Com diu el segon exemple, és llavors que aquests pseudo-religiosos haurien de recordar el seu mal comportament per penedir-se'n:

> Menbren-vos les vostres perversitats, ço és, quant éreu benanants envegoses, pobres abundants, simples poderosos, devots lausengers, savis ypòcrits [. . .] (Arnau de Vilanova 1947, 129, línies 14–16).

> Mementote cum eratis beati emulatores, pauperes divites, simplices parentes, devoti adulatores, sancti ypocrite [. . .] (Arnau de Vilanova 1947, 126, línies 10–12).

També aquí, entre altres coses, sembla haver-se introduït un error al text català al llarg de la seva transmissió. La ‹n› de «sants» (en llatí: «sancti») hauria estat llegida com a ‹v›, i el pal de la ‹t› com a ‹i›, convertint el que serien «sants ypòcrits» en «savis ypòcrits».

3 Les dues versions de la profecia de la pseudo-Hildegarda

Si aquestes diferències són relativament fàcils d'explicar, n'hi ha que plantegen problemes més greus; en tornem a donar dos exemples, que es podrien multiplicar fàcilment:

c. Al principi de la profecia es diu que els pseudo-religiosos enganyaran els poderosos per fer mal al poble innocent:

---

5 Abans de perdre's, el manuscrit I, núm. 37 de l'Arxiu de l'Arxiprestal de Morella, del segle XV, fou transcrit per Mn. Manuel Betí. Aquesta transcripció fou publicada per Ramon d'Alòs (1921) i represa a l'edició de Miquel Batllori (= Arnau de Vilanova 1947).

> Fortment s'estudiaran com [. . .] pusquen ab los poderoses destrouir los innocens, e enganar los majors (Arnau de Vilanova 1947, 127, línies 13–16).

> Studebunt nimium qualiter [. . .] cum potentibus innocentes destruant, et peccatores seducant [. . .] (Arnau de Vilanova 1947, 124, línies 7–10).

Crida l'atenció la traducció de «peccatores» per «majors». Som davant d'un dels casos que justificarien parlar d'una traducció molt lliure de la profecia de la pseudo-Hildegarda? De fet, es tractaria d'una traducció no només molt lliure, sinó, a més a més, semànticament del tot diferent.

Amb tot, no creiem que aquesta divergència sigui un exemple de traducció lliure, ans apunta al fet que la traducció catalana de la profecia de la pseudo-Hildegarda no fou preparada a partir del text llatí inclòs a l'obra arnaldiana, sinó d'un altre text llatí de la profecia pertanyent a una família diferent de manuscrits. Així, d'entre els manuscrits que transmeten la profecia, n'hi ha que presenten el text següent:

> Studebunt nimium qualiter [. . .] cum potentibus innocentes destruant, et potentes seducant [. . .] (Fulton/Hayton/Olsen 2004, 191, línies 10–11).[6]

Sembla que el text llatí traduït dins de la *Confessió de Barcelona* és aquest i que «majors» és una traducció alternativa de «potentes» que pretén evitar la repetició de «poderoses» per tal de donar més varietat lèxica al text. O tal vegada, el traductor llegia *parentes* en lloc de «potentes». En cap cas, però, tenia al davant un text que digués «peccatores», tal i com resa el text llatí inclòs a la *Confessió de Barcelona*.

d. La llista, citada més amunt a l'exemple b., dels crims comesos pels pseudo-religiosos continua i se n'esmenten més immoralitats, com ara:

> Menbren-vos les vostres perversitats, ço és, quant éreu benanants envegoses [. . .] confessors bregoses [. . .] mercaders de matrimonis (Arnau de Vilanova 1947, 129, línies 14–25).

> Mementote cum eratis beati emulatores [. . .] confessores Luciferi [. . .] mercatores domorum (Arnau de Vilanova 1947, 126, línies 10–19).

Aquí assistim a dos canvis semàntics importants. Primer, cal observar que el text català parla de *confessors bregosos*, allà on en llatí trobem els 'confessors de Lucifer'. Novament, la clau per a entendre la gran distància entre el text llatí i la traducció catalana es troba en la tradició manuscrita de la profecia de la pseudo-Hildegarda, ja que hi ha manuscrits que, en lloc de *Lucifer*, donen «lutei», de

---

6 Dels sis manuscrits col·lacionats en l'edició semi-crítica de la tradició anglesa de la profecia de la pseudo-Hildegarda, quatre donen «potentes» i dos «peccatores».

luteus,[7] és a dir, 'qui val poc' (Kerby-Fulton/Hayton/Olsen 2004, 192, línia 40). Sembla força probable que el traductor català tingués al davant un manuscrit d'aquesta tradició i no el text llatí inclòs a la *Confessió de Barcelona*. En lloc del *luteus* d'aquesta família, llegí alguna forma de *lucta*, és a dir, 'lluita', que el portà a la traducció de *bregós*. En segon lloc, observem que, mentre el text català presenta els pseudo-religiosos com a matrimoniers que arrangen casaments per al seu profit, és a dir «mercaders de matrimonis», el text llatí els descriu com una mena d'agents immobiliaris medievals, «mercatores domorum». Un cop més, l'explicació d'aquesta traducció aparentment arbitrària es troba a la tradició manuscrita de la profecia perquè, efectivament, existeixen manuscrits que diuen: «Mementote cum eratis [. . .] mercatores matrimoniorum» (Kerby-Fulton/ Hayton/Olsen 2004, 192, línies 37–43).[8]

Prescindim d'enumerar més casos en els quals una diferència entre el text llatí de la profecia, tal com es recull a l'obra d'Arnau, i la seva traducció catalana apunta a una tradició manuscrita diferent: queda fora de dubte que la traducció de la profecia de la pseudo-Hildegarda continguda dins la *Confessió de Barcelona* no fou feta sobre el text llatí que s'inclou a l'obra. Tot i el fet de presentar la traducció catalana conjuntament amb un text llatí de l'obra, l'anàlisi filològica mostra molt clarament que aquest text llatí no és la *Vorlage* de la traducció.

4 La *Confessió de Barcelona* com a punt d'unitat de la producció d'Arnau

Aquest resultat és força sorprenent. D'entrada, hom podria intentar d'explicar-lo suposant que la versió llatina hagués estat afegida al text en data posterior, tal vegada per un escrivà a l'escriptori de Pere Jutge. El document notarial, però, que acompanya la *Confessió de Barcelona*, dóna fe que el text llatí ja hi era des del primer moment.[9] D'altra banda, la baixa qualitat del text llatí (cf. Miquel Batllori dins la seva edició a Arnau de Vilanova 1947, 124, n. 50) fa inversemblant que hagués estat revisat i retocat posteriorment. La pregunta roman, doncs, així: com pot ser que Arnau inclogui en la seva obra un text llatí de la profecia de la pseudo-

---

7 Cinc manuscrits diuen «lutei» i un «lucidi».

8 Cinc manuscrits diuen «matrimoniorum» i un «domorum».

9 Aquí el notari fa constar que el primer pergamí del document que contenia la *Confessió de Barcelona* acabava amb la paraula llatina «tribuant», que correspon al nostre text de l'edició a Arnau de Vilanova (1947, 125, línia 5).

Hildegarda i que, seguidament, per a la seva traducció, no utilitzi aquest text, sinó una altra versió? Només hi veig dues solucions:

Si es vol mantenir l'autoria d'Arnau com a traductor, s'ha de suposar que, prèviament a la redacció de la *Confessió de Barcelona*, s'hauria topat, en algun dels seus viatges, amb el text llatí de la pseudo-Hildegarda, l'hauria traduït al català i, en redactar la *Confessió de Barcelona*, en un altre emplaçament geogràfic, hauria tingut accés a un altre text llatí de la profecia i l'hauria incorporat a la seva obra. És plausible, fins i tot, que Arnau tingués a la seva biblioteca diverses còpies del text d'Hildegarda, com fou el cas de la profecia de la *Revelació de Ciril* (cf. Arnau de Vilanova 1947, 112 i *passim*).[10]

La segona solució és que la traducció de la profecia de la pseudo-Hildegarda no sigui d'Arnau de Vilanova, i d'aquest supòsit, se'n dedueixen les dues alternatives següents: o bé Arnau l'encomanà a algú, que va preparar la traducció sobre un text llatí diferent del seu, o bé va trobar una traducció en vernacle ja en circulació, feta igualment sobre un text llatí diferent de l'inclòs a la *Confessió de Barcelona*.

De moment, però, no hem sabut trobar el rastre de cap versió catalana prèvia a la d'Arnau. De fet, hem pogut identificar només un text medieval en català que es faci ressò de la profecia, a saber la *Doctrina moral*, escrita vers l'any 1440, possiblement per Lluís de Pax (Martí 2014); al capítol «De jutges et de advocats» d'aquest recull sapiencial s'hi pot llegir:

> Diu Forforis: Aquell de qui sa lealtat es poqua, sos enamichs son molts; e lo iutie dezleal porta closa huna cosa en los pits e laltra en la bocha. E aquests ab cara discordant ab les paraules son hereus dels fraus de lurs pares. E per ço poden esser dits fills de iniquitat, pares de malvestat e doctors de perversitat sens fermetat de bon exemple. (Bofarull i Mascaró 1857, 268; cf. també Llabrés i Quintana 1889, 114–115)

L'autor de la *Doctrina moral* glossa aquí un text que també apareix al *Llibre de doctrina*,[11] tot afegint-hi les expressions que remeten clarament a la traducció catalana de la profecia de la pseudo-Hildegarda: «fills de iniquitat», «pares de malvestat» i «doctors de perversitat sens fermetat de bon exemple».[12] No és l'únic text que la *Doctrina moral* manlleva de l'*opus* arnaldià.[13]

---

10 Arnau havia reunit fins a cinc manuscrits d'aquest text; cf. l'inventari dels seus béns (Chabàs 1903, números 97, 145, 265, 266 i 368). Cf. també Santi (1994, 362, n. 53).

11 Jaume d'Aragó (1977, 50): «En lo sagell de Forfolis hauia escrit: que aquell qui té ab la feeltat, ten-se ab agreament; e d'aquell de qui sa lealtat és poca, sos enemichs són molts».

12 Cf. Arnau de Vilanova (1947, 129, línies 18–19): «doctors sens fermetat de bon exemple», i (130, línies 3–5): «Vets-vos-en, doctors de perversitat, pares de malvestat, fills de iniquitat».

13 Citem, com a exemple, el passatge següent de Bofarull i Mascaró (1857, 208); cf. també Llabrés i Quintana (1889, 37): «Diu per ço mestre Arnau de Vilanova que alguna creatura no fa obres

Tanmateix, com que ara per ara no hem pogut identificar cap traducció prèvia al català, d'entre les possibilitats suara esmentades, el més probable és que Arnau hagués manejat diferents versions de la profecia de la pseudo-Hildegarda.[14]

Tornem ara a la pregunta plantejada a l'inici, a saber, el sentit de la presentació bilingüe de la profecia de la pseudo-Hildegarda a la *Confessió de Barcelona*. Després del que s'ha dit, és força evident que no es tracta d'una edició bilingüe en el sentit de text original i traducció, ja que el text llatí no és l'original de la traducció. Per tant, no sembla que la intenció d'aquest format fos facilitar al lector la comprovació de la fidelitat de la traducció catalana per tal de recolzar així l'argument de l'obra.

Sembla que la resposta s'ha de buscar en les paraules amb què Arnau introdueix la secció dedicada a la profecia de la pseudo-Hildegarda. Diu així:

> Així mateix per lurs perversitats los done a conèixer en la revelació de santa Aldegardis per menut e largament. E per ço car en les altres scriptures que he scrites o fetes no·y són les paraules d'aquella revelació, ací les posaré en latí, així com jahen lla, e puxes, al mills que poré, aromançar-les he (Arnau de Vilanova 1947, 123, línies 16–22).

Si interpreto correctament aquest passatge, la intenció d'Arnau en publicar un text llatí de la profecia juntament amb una traducció catalana no té gaire a veure amb la relació existent entre ambdós textos. De fet, aquesta relació es relativitza força quan Arnau declara que el text llatí es transcriu amb absoluta fidelitat («així com jahen lla») mentre que la traducció catalana es realitzarà de la millor manera possible («al mills que poré»). El motiu d'incloure un text llatí de la profecia de la pseudo-Hildegarda no és, doncs, la seva relació amb la traducció catalana; de fet, Arnau diu clarament que la raó principal d'incorporar aquest text llatí és que manca en la seva producció llatina. El text llatí hi és, per tant, per tal de completar la seva obra llatina, més que no pas com a part constitutiva de la seva incipient producció en vernacle.

Això porta a una observació de caire més sistemàtic: sembla que, per a Arnau, la seva producció en llatí i la seva producció en vernacle conformen una obra

---

de noblesa quan fa ço quis pertany a pus minnue de si, car lo lebrer que cassa rates no es noble per ço car fa obres de gat ni lo falco qui cassa los polls de la gallina no es noble per ço car fa obres de mila; mas si lo lebrer cassava ço que lo leo cassa, e lo falco ço que la aguila pren, serien nobles». Cf. el *Raonament d'Avinyó* dins Arnau de Vilanova (1947, 191, línies 3–8): «[. . .] car qui·ls demanave si falcó que no caçàs sinó polets de loca seria noble, ells dirien que no, car faria obra de milà; e alò metex dirien de lebrer qui caçàs rates, co és, que seria trop vil, car faria obra de gat».

14 Sembla molt inversemblant, en canvi, que les diferències observades en aquest apartat derivin de la transmissió del text de la *Confessió de Barcelona*, com suggereix Santos Paz (1997, 565).

estrictament unitària, les parts de la qual es complementen mútuament.[15] Així doncs, l'obra en vernacle no és purament derivativa de la producció llatina, ans té el potencial d'afegir-hi nous elements. La relació entre el llatí i el català a l'obra d'Arnau no es pot descriure com a unidireccional: no només va del llatí al català, sinó també, a l'inrevés, del català al llatí. Per tant, si busquéssim el punt d'unió de la producció arnaldiana llatina i catalana, el podríem localitzar amb precisió en el fragment que hem examinat. La *Confessió de Barcelona* no només obre el cicle de la producció catalana d'Arnau de Vilanova, ans marca el punt d'unitat indestriable del seu *Gesamtwerk*.

5 Apèndix: Algunes esmenes a l'edició de la *Confessió de Barcelona*

Per a concloure aquestes reflexions sobre el text de la *Confessió de Barcelona*, recollim algunes esmenes a l'edició de Miquel Batllori que es refereixen tant a problemes de transmissió del text, tal com els casos a. i b. presentats més amunt, com també a problemes de lectura i interpretació.

D'entrada, aquest exercici pot semblar gratuït, ja que, com s'ha dit abans, l'únic testimoni textual de la *Confessió de Barcelona*, el manuscrit I, núm. 37 de l'Arxiu de l'Arxiprestal de Morella, es perdé durant la Guerra Civil. Així doncs, qualsevol esmena de l'edició que es vulgui proposar no pot ser corroborada sobre la base del manuscrit. Tanmateix, creiem que la crítica interna del text exigeix clarament algunes correccions importants que s'exposen tot seguit:

e. A les pàgines 117, línia 14–118, línia 4, descrivint els precursors de l'Anticrist, Arnau es refereix a la Revelació de Joan. L'edició de 1947 diu així:[16]

> E d'aquests aytals parla nostre Senyor en l'*Apochalipsi*, especialment en dos lochs. E en la hun los compara a bèstia pujant de la terra, segons que és declarat en lo *Libre dels falses religioses*. E diu així: que enganaran lo poble dels christians, per ço car hauran en parença los dos corns del àngel, ço és, les dues excel·lències e perfeccions de nostre senyor Jesu-christ, ço és, sentedat de vida e de saber la veritat de Déu. Així, per aquestes dues parences e semblances, hauran auctoritat de parlar entre·l poble [. . .].

---

15 Aquesta afirmació es veu corroborada pel fet que la *Confessió de Barcelona* també tradueix bona part de la *Confessio Ilerdensis* d'Arnau de Vilanova, de l'any 1303; cf. Mensa i Valls (2014).
16 El subratllats en aquesta cita i en els passatges següents són meus.

Miquel Batllori indica que el passatge es refereix a Ap 13,11, tot afegint, amb relació a les paraules subratllades, que es tracta d'«interpretacions enterament arbitràries» (Arnau de Vilanova 1947, 117, n. 35). Efectivament, tal com està editat, el text fa l'efecte que és una interpretació bastant fantasiosa i poc ortodoxa del text bíblic, ja que l'angelologia mai no ha atribuït corns als àngels. Tanmateix, la imatge de l'àngel cornut no és d'Arnau, sinó un error o bé de còpia en el manuscrit de Morella o bé de la transcripció. El que el text devia dir, i sens dubte digué, és que la bèstia cornuda es podia confondre amb l'*anyell de Déu*. Aquesta esmena, que proposa corregir una mala lectura d'«àngel» per «anyell», és plenament consistent amb Ap 13,11: «[Bestia] habebat cornua duo similia agni», i amb el comentari que fa Arnau d'aquest passatge en l'*Apologia de versutiis atque perversitatibus pseudotheologorum.*[17]

f. Poc després, a les pàgines 118, línia 21–119, línia 8, Arnau confessa haver declarat el següent:

> Aprés açò, confés haver scrit que, per ço car nostre senyor Jesuchrist sabie e conexie que la perversitat e la malesa d'aquests falses religioses farien perillar lo poble simple, que·s guayt diligentment d'aquells. E diu així en l'avangeli de sent Matheu: ‹Guardats-vos e guaytats-vos dels falses prophetes, qui vindran a vós ab falses vestidures d'ovelles.› Ço és, diu la *Glosa*: ‹En semblant de religió; e là yns, ab lur coratge seran lops rabats, ço és, plens de cobesa e d'enteniment e desig de sostraer los béns temporals.› La segona cosa de què son <u>curos[es]</u> és de donar doctrine e informament com puguen ésser coneguts, per tal que negú no·s leix a ells enganar. E aquesta doctrina <u>dóna</u> complidament.

Llegint aquest passatge amb l'esmena introduïda pels editors («curos» > «curoses»), el lector ha d'entendre que Jesucrist crida els fidels a armar-se contra els falsos profetes, els quals, paradoxalment, serien «curoses» d'explicar a tothom com se'ls pot reconèixer. És obvi que aquest no pot ser el sentit del text d'Arnau.[18] A més, aquesta esmena dificulta la lectura de la frase següent, amb un aparent canvi de *numerus* en

---

17 Cf. Arnau de Vilanova (2001, 117–119): «*Apocalipsis* etiam decimo tertio aperte dicit Johannes: ‹Et uidi aliam bestiam ascendentem de terra, et habebat duo cornua similia agni›, etcetera. Sicut enim bestia, quam in eodem capitulo dixerat se uidisse ascendentem de mari, est caterua reproborum ascendens in sublimitatem potentie secularis de populo infideli, cuius caput est Antichristus, ita dicit *Expositio*, bestia ascendens de terra est caterua reproborum ascendens in sublimitatem alicuius status de populo fidelium, habens duo cornua similia Agni, hoc est, duas excellentias, quantum ad apparentiam similes excellentiis Christi, scilicet, sublimis sapientia, qua uidebuntur et diuina et humana cognoscere; et sublimis religio, qua uidebuntur apud uulgares aut seculares, eximie sanctitatis, cum tamen intus pleni sint uiciis et immundiciis, quod per bestiam denotatur». (Agraeixo a Jaume Mensa haver-me senyalat aquest text.)

18 Cf. el text citat sota g., on Arnau afirma explícitament que les forces de l'Anticrist no es poden delatar a si mateixes.

el subjecte gramatical: els falsos profetes «són curosos» de descobrir-se i «aquesta doctrina dóna (i no: donen!) complidament». El mateix Batllori s'adonà d'aquesta incongruència, ja que anota a peu de pàgina que, pel context, el subjecte omès de «dóna» hauria de ser la Bíblia.

Tanmateix, roman el contrasentit que els falsos profetes es descobriran a si mateixos. Al meu entendre, cal suprimir l'esmena i, a més, llegir «fon curos» en lloc de «son curos», perquè el subjecte principal de tot el paràgraf és Jesucrist:

> La segona cosa de què fon [o: fou] curos és de donar doctrine e informament com puguen ésser coneguts [. . .].

Des d'un punt de vista paleogràfic, és fàcil de suposar un error de lectura de «son» en lloc de «fon», sigui en la còpia de Morella, sigui en la transcripció de Betí.

g. En darrer terme, comentem un passatge del final del llibre (p. 135, línies 11–24), on Arnau afirma que els falsos religiosos criticaran la Revelació d'Hildegarda i d'altres, però que, tot i així, hom pot autentificar aquestes revelacions per dues raons:

> [. . .] totes revelacions particulars, scrites o no scrites, diran que són fetes per sperit maligne, e no hauran vergonya de dir monçònega, jatsia açò que clarament puga tot hom conèixer lo contrari per dues coses: la huna, car serà de tals coses sdevenidores que neguna persona no les pot saber abans que sdevinguen; l'altra, car maniffestament aquelles revelacions daran a conèixer e les faŀlàcies e les perversitats del maligne sperit, les quals ell mateix no descobrirà, car seria contra si. <u>E aquesta rahó: perquè los damunt dits, per ço com són plens de maligne sperit e ministres seus, menyspreen e dampnen lo poble.</u>

La dificultat d'aquest passatge resideix en el fet que Arnau anuncia dos criteris que poden autentificar una revelació vertadera, criteris que introdueix clarament amb les paraules «la huna» i «l'altra». Al final del passatge, però, sembla afegir una tercera raó («e aquesta rahó»), la qual, curiosament, no estableix cap criteri que permeti reconèixer les revelacions autèntiques; Per tant, hi ha un problema, tant d'estructura com de contingut.

Per a resoldre la qüestió, cal remarcar que el text del manuscrit de Morella —i també la transcripció— deia «per qui» (d'Alòs 1921, 23) en lloc de «perquè», que és una conjectura de Batllori. Ara bé, aquesta conjectura, juntament amb la puntuació introduïda, s'ha d'eliminar. Certament, el text correcte és el de la transcripció:

> E aquesta rahó per qui [o: què] los damunt dits, per ço com són plens de maligne sperit e ministres seus, menyspreen e dampnen lo poble.

El sentit correcte d'aquesta frase, que Batllori jutjà aparentment poc intel·ligible, s'obté si la paraula «E» és llegida com a forma dialectal del verb *ésser* (3ª persona del singular) i no amb el valor de conjunció, és a dir: 'És aquesta la raó per la qual . . .'.

No cal dir que aquestes esmenes no desmereixen, en absolut, el treball curós dels qui intervingueren en l'edició de la *Confessió de Barcelona*. Tan sols pretenen aclarir alguns *loci obscuri* del seu text i desmentir, definitivament, que els àngels tinguin corns!

Bibliografia

Arnau de Vilanova, *Obres catalanes*, vol. 1: *Escrits religiosos*, ed. Batllori, Miquel, Barcelona, Barcino, 1947.

Arnau de Vilanova, *Apologia de versutiis atque perversitatibus pseudotheologorum (= Libre dels falses religioses)*, ed. Perarnau, Josep, Arxiu de Textos Catalans Antics 20 (2001), 7–348.

Arnau de Vilanova, *Über den Antichrist und die Reform der Christenheit*, trad. Fidora, Alexander, Barcelona/Münster, Barcino/LIT, 2016.

Bofarull i Mascaró, Pròsper de, *Documentos literarios. Antigua lengua catalana (siglos XIV y XV)*, Barcelona, Imprenta del Archivo, 1857.

Chabàs, Roc, *Inventario de los libros, ropas y demás efectos de Arnaldo de Villanueva (pergamino O.7430 del Archivo Metropolitano de Valencia)*, Revista de Archivos, Bibliotecas y Museos 9 (1903), 189–203.

d'Alòs, Ramon, *Arnau de Vilanova. «Confessió de Barcelona»*, Quaderns d'Estudis 13 (1921), Annex.

Embach, Michael, *Die Schriften Hildegards von Bingen. Studien zur Überlieferung und Rezeption im Mittelalter und der Frühen Neuzeit*, Berlin, Akademie-Verlag, 2003.

Fidora, Alexander, *Ramon Martí in context. The influence of the «Pugio fidei» on Ramon Llull, Arnau de Vilanova and Francesc Eiximenis*, Recherches de théologie et philosophie médiévales 79:2 (2012), 373–397.

Jaume d'Aragó, *Llibre de doctrina*, ed. Solà-Solé, Josep Maria, Barcelona, Borràs Edicions, 1977.

Kerby-Fulton, Kathryn/Hayton, Magda/Olsen, Kenna, *Pseudo-Hildegardian prophecy and antimendicant propaganda in late medieval England. An edition of the most popular insular text of «Insurgent gentes»*, in: Morgan, Nigel (ed.), *Prophecy, apocalypse and the Day of Doom. Proceedings of the 2000 Harlaxton Symposium*, Donington, Shaun Tyas, 2004, 160–194.

Llabrés i Quintana, Gabriel, *«Doctrina moral» del mallorquí en Pax, autor del segle XV*, Palma, Felip Guasp, 1889.

Martí, Sadurní, *Exemples i miracles. La «Doctrina moral» d'en Pacs*, in: Broch, Àlex (dir.), *Història de la literatura catalana*, vol. 2: Badia, Lola (dir.), *Literatura medieval (II). Segles XIV–XV*, Barcelona, Enciclopèdia Catalana/Barcino/Ajuntament de Barcelona, 2014, 91–103.

Mensa i Valls, Jaume, *La vernacularització al català de textos profètics, bíblics i teològics en la «Confessió de Barcelona» d'Arnau de Vilanova*, in: Alberni, Anna, et al. (edd.), *El saber i les llengües vernacles a l'època de Llull i Eiximenis – Knowledge and vernacular languages in the age of Llull and Eiximenis*, Barcelona, Publicacions de l'Abadia de Montserrat, 2012, 45–56.

Mensa i Valls, Jaume, *Un llarg fragment de la «Confessio Ilerdensis» d'Arnau de Vilanova traduït al «romanç» en la «Confessió de Barcelona». Estudi i observacions crtíques*, Medioevo Romanzo 38 (2014), 392–414.

Raimundus Martini, *Texte zur Gotteslehre*, ed. i trad. Hasselhoff, Görge, Freiburg i.Br., Herder, 2014.

Santi, Francesco, *Note sulla fisionomia di un autore. Contributo allo studio dell'«Expositio super Apocalypsi»*, Estudis Romànics 13 (1994), 345–376.

Santos Paz, José Carlos, *La recepción de Hildegarde de Bingen en los siglos XIII y XIV*, tesi doctoral, Universidade de Santiago de Compostela, 1997.

Paradigmes del saber

Isabel Müller

Reflexió epistemològica i divulgació del saber al sermó doctrinal i al sermó literari: Vicent Ferrer i Ausiàs March

Abstract: The two texts studied in this article – one a doctrinal sermon, the other a literary sermon – expose two conflicting paths to knowledge: through "scientia divina" on the one hand, and through "scientia humana" on the other hand. Amidst a climate of change in which the laity becomes more and more intellectually emancipated, the famous Dominican preacher Vicent Ferrer tries to reinstate the Church as the only authority in matters of knowledge and to re-establish the original hierarchy of the *scientiae*. His sermon *Sermo unius confessoris et septem arcium spiritualium*, of which we analyse the Catalan version, interprets the *artes liberales* – the prototypic incarnation of human (secular) knowledge – allegorically as *artes divinae*, in order to prove the superiority of the divine knowledge. At first glance, the poem CXIII of Ausiàs March propagates the same message. But while it forcefully condemns human knowledge, it repeatedly refers to it, thereby creating a tension between what the text proclaims and what it puts into practice. What could seem to be a paradox, is, in fact, characteristic of contemporary attempts to reconcile the new knowledge about man and cosmos with the Christian world vision.

Keywords: epistemological reflection, divulgation of knowledge, sermon, Vicent Ferrer, Ausiàs March

1 L'accés dels laics al saber: possibilitats, reptes i conflictes

El creixement de les ciutats que es va produir a partir del segle XIII va tenir un fort impacte pel que fa a llur activitat econòmica, comercial i intel·lectual. No només es transformen en l'indret predilecte d'intercanvi de mercaderies i de negocis, sinó que també esdevenen les principals cruïlles del saber, com bé ho reflecteixen les paraules de Francesc Eiximenis: «[E]n les ciutats l'om és mils informat a tota res de bé que vulla saber, car aquí ha més hòmens scients, e més libres, e més sermons,

Dr.ª Isabel Müller, Ruhr-Universität Bochum, Romanisches Seminar, Universitätsstraße 150, D-44780 Bochum, isabel.mueller@rub.de

https://doi.org/10.1515/9783110430622-008

e més liçons,· e més bons eximplis de moltes bones persones que no ha en los lochs menors» (Eiximenis 2005, cap. 22, 44). La disponibilitat de nous coneixements en llengua vernacular, fruit en bona part de la intensiva labor de traducció empresa ja sota el regnat de Joan el Caçador i intensificada sota el seu successor Martí l'Humà, no només facilita la formació dels professionals —metges, mercaders, notaris, juristes etc., proveint-los amb els coneixements tècnics de les seves disciplines (*Fachliteratur*)—, sinó que també posa a l'abast dels laics unes àrees de saber anteriorment reservades al clergat. Aquest saber erudit va esdevenir aviat una marca de distinció social per a la noblesa i l'alta burgesia. Una prova eloqüent d'aquesta nova set de coneixement la trobem al pròleg de la traducció catalana del *De providentia*, de Seneca, que el dominicà Antoni Canals (1352–1419) va compondre al voltant de 1401 i en la qual diu:

> Confés, en veritat, que moltes e diverses veguades me abstinch de apparèxer devant persones de gran stament, tement-me que no·m entremesclen en alguna difficultat de la qual no·m puscha descabollir. [. . .] E, en aytals qüestions [teologals], és major perill entre hòmens de paratge, per ço com ligen molt e tots los libres adés seran vulguaritzats, e per ço com conversen ab molt abte hom, e per la rahó natural en què habunden, e per la gran speriència de diverses coses en les quals són fets regidors (Canals 1935, 86).

Les queixes de Canals per la seva incapacitat de respondre satisfactòriament a les preguntes que li fan alguns nobles es deuen, òbviament, a una retòrica de modèstia molt usual en textos proemials. I també l'elogi de les capacitats intel·lectuals de les «persones de gran stament» (de les quals també feia part el destinatari de l'obra, Ramon Boil, regent del regne de València), pot ésser entès com una tradicional *captatio benevolentiae*.[1] Però, fent abstracció d'aquests *topoi* proemials, el text és tanmateix testimoni de les transformacions socials i culturals en curs al moment de la redacció.[2] Ens trobem ací, a la València del canvi de segle, amb una classe alta que no només és alfabetitzada i verdaderament àvida de lectura («per ço com ligen molt»), sinó que també treu del saber adquirit una nova autoconfiança. Aquesta confiança es manifesta, entre altres, en el fet que aquests laics no vulguin acceptar doctrines teologals com a tals —es tracta aquí concretament del tema de la providència divina—, sinó que n'exigeixen explicacions racionals. Canals insisteix en aquest aspecte quan justifica la seva decisió «de traure lo dit llibre en romanç»:

> E fo-m'hi determinat per dues rahons, principalment: la primera, per ço com veig la matèria fort pròpria; la segona per ço com no·m direu que lo dit Sènecha sia propheta ne patriarcha,

---

1 Pel caràcter tòpic d'aquest pròleg, cf. Martínez Romero (2007, 20–29).
2 En aquest sentit també ho entén Fuster (1968, 319–320).

qui parlen figurativament, ans lo trobarets tot philòsof, qui funde tot son fet en juy e rahó natural (Canals 1935, 87).

No és cap coincidència que els conceptes «juí» i «rahó natural», associats amb la capacitat humana de coneixement, siguin contrastats amb l'autoritat del text bíblic («propheta ne patriarcha»), la interpretació exegètica del qual («parlen figurativament») estava en mà dels eclesiàstics, no dels laics. Només la paraula d'un «philòsof», fundada en la raó (i no en la fe) aconsegueix persuadir el públic de Canals, nodrit amb els escrits dels autors clàssics. El discurs filosofal i el discurs teologal apareixen aquí en una relació de competència ben característica de l'època; tanmateix, seria erroni voler interpretar el recurs a Sèneca com una mena de capitulació del teòleg davant el poder de la filosofia pagana (de totes maneres, a l'edat mitjana es considerava Sèneca un cristià *avant la lettre*). Com Martí de Riquer ha remarcat justament, actua amb la convicció «que per a lluitar contra els escèptics calia prendre llurs mateixes armes i combatre en llur propi terreny» (Riquer 1980, 433). El dominicà no deixa cap dubte que el rodeig que emprèn per satisfer els seus lectors només pot tenir una sola fi: guiar l'home a la «sciènca de Déu» que, en la seva darrera conseqüència, sempre és inescrutable:

[. . .] ja no·m resta sinó demanar a Déu, ab les altes veus, que·m trameta doble spirit: la hu ab què·us respongue, l'altre ab què·us informe e·us face adolcir les sentències e les escriptures que stan més en la inuestigable sciència de Déu que en nostra rahó natural [. . .] (Canals 1935, 86).

En aquest sentit, Canals actua com a bon tomista, seguint el conegut *dictum* de la filosofia com una «praeambula fidei».

El text de Canals il·lustra quines possibilitats, però també quins reptes i conflictes es presenten en un moment en què les estructures del saber són sotmeses a canvis substantius (la multiplicació i diversificació de les àrees del saber, la reorganització i la nova jerarquització del saber, l'aparició de nous agents i receptors del saber etc.; cf. Gumbrecht 1988 i Cifuentes i Comamala 2006, 27–49). En aquesta contribució ens proposem estudiar dos sermons —un doctrinal i un literari— que es fan eco d'aquesta situació i reflecteixen, cadascun a la seva manera, les dues maneres d'accedir al saber esmentades per Canals: a través de la ciència mundana o a través de la ciència divina, o sigui, la fe. Anteposem un breu excurs sobre el sermó que al període estudiat era un mitjà privilegiat per a la divulgació de coneixements. Les informacions aquí exposades són necessàries per a l'explicació dels textos de Ferrer i March que és farà en continuació.

2 Del sermó doctrinal al sermó literari: tècniques i estructura

Quan parlem de divulgació de saber a l'edat premoderna pensem probablement d'antuvi en gèneres com l'enciclopèdia, el tractat o el diàleg, o sigui, en textos escrits. Tendim a perdre de vista que durant tota l'edat mitjana la transmissió del coneixement es feia majoritàriament de forma oral, tant a l'escola o a la universitat com als altres àmbits de la vida coetània. Un dels gèneres més importants per a la instrucció religiosa era el sermó, destinat a divulgar les doctrines de l'Església, a transmetre el missatge de salvació i a portar l'home pel camí de la fe i de la pietat. En termes d'abast, era summament *eficaç*, ja que la seva oralitat implicava que podia adreçar-se tant a homes com a dones, tant a joves com a vells, tant a un públic lletrat com a gent que ni tan sols disposava d'una educació bàsica. La predicació era una de les activitats principals de les ordes mendicants que al segle XIII s'instal·laren a les ciutats amb la intenció d'instruir els laics —fundant escoles i *estudis generals*, publicant obres divulgatives (com és el cas del *Crestià* d'Eiximenis, citat més amunt)— i de vigilar la seva ortodòxia. Per tal de preparar i formar els religiosos per a aquesta tasca homilètica, es redactaren manuals teòrics i pràctics, les *artes praedicandi*, que no només ensenyaven com compondre un sermó, sinó que també s'estenien sobre aspectes de la *performance* (veu i gestos) i fins i tot sobre el caràcter i els estudis necessaris per a ser un bon predicador (cf. Kienzle 2002). A banda d'aquests manuals —en conservem més de tres-cents, escrits des de principis del segle XIII fins al segle XV, sovint per frares dominicans o franciscans (cf. Murphy 1974, 275–276)[3]—, els predicadors disposaven també d'altres recursos per facilitar-los el treball, com bíblies glossades, col·leccions d'exemples i símils, concordances, llistes alfabètiques i altres ajudes bibliogràfiques per trobar el material adequat, i col·leccions de sermons que podien servir com a model o fonts d'inspiració (cf. Roberts 2002). Tot aquest conjunt d'obres —que Murphy ha anomenat el «rhetorical system» de l'art de predicació (1974, 342)— juntament amb les *reportationes* que ens han arribat, o sigui, les transcripcions més o menys completes de sermons efectivament pronunciats, ens dona una bona impressió de quines tècniques empraren els predicadors per assegurar-se l'atenció de l'auditori: feien servir un llenguatge vívid i plàstic, interpel·lant sovint directament els fidels, utilitzaven una varietat de registres que podien incloure cançons o proverbis populars, modulaven la veu en acord amb allò declarat i l'acompanyaven de mímica i gestos expres-

---

3 El ja citat Francesc Eiximenis també és l'autor d'una *Ars praedicando populo* (editada en traducció catalana i comentada a Eiximenis 2009).

sius, recorrien a exemples, semblances i anècdotes, assegurant-se sempre que l'estil de l'oració s'adaptava als oients (evidentment, no s'havien d'adreçar a un príncep i a la seva cort de la mateixa manera que al poble ignorant). Pel que fa a l'estructura, el sermó escolàstic, anomenat també *sermo modernus* per diferenci-ar-lo de l'homilia tardoantiga i altmedieval (*sermo antiquus*), obeïa a un esquema fix, les *partes sermonis*: es començava anunciant el *thema* del sermó —una cita de la Bíblia, sovint treta de l'Evangeli o de l'Epístola del mateix dia—, seguia el *prothema* —una mena de preludi amb el qual el predicador preparava l'auditori pel que havia de seguir i s'assegurava de la seva benevolència, atenció i docili-tat— que acabava amb una oració, normalment un *Ave Maria* o un *Pare Nostre*. En aquest punt, se solia repetir el tema que de seguit era especificat a la *intro-ductio thematis*, en la qual es podia justificar la tria del tema i recórrer a altres autoritats (sants, filòsofs, poetes) per substanciar-lo. La peça central del sermó començava amb la *divisio thematis*, la parcel·lació del tema en diferents aspectes o idees que eren desenvolupades, a continuació, a la *dilatatio*, explorant així tots els seus diferents significats. Al final de cadascuna de les parts i subdivisions es remetia de nou al tema inicial, de manera que el sermó s'assemblava a un arbre amb rames i branques que partien totes d'un mateix tronc. Era a la *dilatatio* que els predicadors feien abundant utilització d'exemples i semblances perquè el seu discurs fos més entenedor, i de citacions bíbliques i patrístiques per donar-li més pes d'autoritat. Al final del sermó (*clausio*) es recapitulava el missatge central, s'amonestava els fidels i s'acabava amb una formula de tancament o una oració (cf. Wenzel 2015, 45–86).

Tenint en compte que la predicació formava part de la vida quotidiana de l'home baixmedieval no és gaire sorprenent que, fins i tot autors i poetes seglars recorreguessin a les tècniques emprades pels predicadors —com ara l'ús freqüent de comparacions o exemples— o que, de manera explícita o implícita, estructu-ressin els seus escrits prenent com a model les *partes sermonis*. Un exemple de la literatura catalana, sovint citat en aquest context, és el poema humorístic *Sermó* de Bernat Metge (c. 1350–després de 1419) que reprodueix gairebé fidelment l'es-quema del gènere que invoca al títol:[4]

---

4 El títol *Sermó* nomes apareix a la rúbrica del ms. 832 (BdC); el *Cançoner Vega-Aguiló* (ms. 8, BC) el transmet sense títol. L'obreta i la seva filiació amb gèneres medievals com els *fabliaux* o els *Sermons de bisbetó* han estat estudiades per Badia (1988, 65–75).

«Seguesca el temps qui viure vol;   *thema* (vv. 1–3)
si no, poria's trobar sol
  e menys d'argent.»
Per ço que hage bon fondament   *prothema et oratio* (vv. 4–9)
  nostre sermó,
digats amb gran devoció:
  Ave Maria;
consell-vos que de tot lo dia
  no en digats pus.
Lo tema que us he dit dessús   *introductio thematis* (vv. 10–17)
  és prou notori,
e lloat per lo consistori
  dels grans doctors
e dels solemnes glosadors
  de l'Escriptura.
Doncs, fèts ab sobirana cura
  ço que ausirets.
Jamés almoina no darets,   *dilatatio* (vv. 18–201)
  que això us perdríets.
No us confessets, si dir devíets
  les veritats.
En dejú missa no ojats,
  ne begats poc.
[. . .]
Injúries farets e torts
  generalment,
e puis haurets gran estament
  e bona fama,
e serets quiti de la flama
  que en infern crema.
E, doncs, provat és nostre tema;
  així us port Déu,
quan vós morrets, al regne seu
  e us gard de mal.
La confessió general   *clausio* (vv. 202–211)
  ja la sabets:
Del bé que en lo món fet haurets,
  vos penedits;
les malvolences retenits
  mentre viscats;
sobre tota res comportats
  los hòmens rics,
e cells que es fan vostres amics
  quan ops vos han.
(Metge 1927, 44–51)

El poema comença anunciant el *thema* (vv. 1–3) del sermó, però en comptes d'una cita bíblica tenim ací un refrany popular amb un missatge cínic i materialista que marca des del principi la intenció paròdica del text. Segueix el *prothema* amb l'oració obligatòria i una amonestació a l'auditori de mantenir el silenci —no tan sols per la duració del sermó sinó, molt millor, per la resta del dia (vv. 4–9). A la *introductio thematis* (vv. 10–17), tal com ho prescriuen les *artes praedicandi*, es justifica la tria del tema basant-se en l'autoritat de «lo consitori / dels grans doctors / e dels solemnes glosadors / de l'Escriptura» (vv. 12–15) —que, super- flu és de dir-ho, mai no s'haurien adherit a un tema tan immoral com el propo- sat ací. En lloc de la *divisio thematis* que hauria de seguir, Metge enllaça amb una *dilatatio* (vv. 18–201) formalment extravagant, ja que només consisteix en l'enumeració d'unes màximes que no obeeixen a cap ordre lògic o temàtic i que, d'aquesta manera, contrasten amb l'habitual estructura deductiva d'un sermó. I, evidentment, també contrasta pel que fa al contingut: les sentències propaguen un comportament diametralment oposat a l'ideal cristià (i moral, simplement). Culmina en la promesa que aquell que visqui segons aquests preceptes immo- rals serà salvat de les flames de l'infern («serets quiti de la flama / que en infern crema», vv. 196–197), burlant així la por a l'infern que generaven els predicadors amb els seus sermons. La represa del tema al vers 198 («E, doncs, provat és nostre tema») és de nou conforme amb les tradicionals *partes sermonis* i, des del punt de vista formal, també ho és la *clausio* (vv. 202–211), encara que la «confessió general» (v. 202) que aquí s'exigeix a l'auditori inverteix de nou el sentit d'una confessió cristiana.

Si Metge fa servir el model del sermó amb una clara intenció còmica —juga amb el contrast entre forma i contingut—, el recurs a les *partes sermonis* també podia servir per ennoblir un text i dotar-lo d'autoritat suplementària. És el cas de l'*Espill* de Jaume Roig (c. 1405–1460) que, com ho ha assenyalat Antònia Carré (1994, 189–190; cf. també Ysern i Lagarda 1996–1997), adapta la macroestructura d'un sermó: als darrers versos del poema introductori, *Consulta a Joan Fabra*, s'anuncia (literalment!) el *thema* de l'obra, que és tret de la Sagrada Escriptura (*Càntic dels Càntics* 2,2) i l'autoritat del qual és subratllada pel fet que és citat en llatí: «Spill, llum e regla, / hòmens arregla, / dones blasona, / lo llir corona, / spines, cards crema, / ço diu lo tema: / *Sicut lilium inter spinas / Sic amica mea inter filias.*» (Roig 2006, 72, vv. 41–48). Al *Prefaci* quadripartit es procedeix a la *divisio thematis*: «[A]quest trellat / [. . .] / serà partit / en quatre tals / parts prin- cipals / com la present / lo pròleg fent» (Roig 2006, 96, vv. 731–736; continua amb una breu descripció del contingut de cada llibre) i els quatre llibres que segueixen constitueixen el seu desenvolupament, o sigui, la *dilatatio*. Com que la intenció del jo fictici és que el lector prengui exemple de les decisions bones i dolentes que en matèria de dones ha pres a la seva vida,[5] aquestes quatre parts reflecteixen el seu passat (Llibre Primer: *De sa joventut*, Llibre Segon: *De quan fou casat*) i el seu present (Llibre Quart: *De enviudat*). Al Llibre Tercer (*De la lliçó de Salomó*) es narra com Salomó se li apareix en somnis i el convenç, amb un llarg discurs sobre la malvestat de les dones, de mantenir-se apartat del sexe femení, d'ara endavant, i dedicar la seva vida només a l'oració i a obres de caritat (decisió posada en pràctica al llibre quart quan el narrador-protagonista muda per complet la seva vida i retroba així la serenitat). Roig, doncs, fa servir aquí dos procediments habituals de la *dilatatio*: el recurs a l'exemple (llibres I, II i IV) i el recurs a l'autoritat (llibre III).[6] El versos finals de l'obra funcionen com una mena de *clausio*: encara que no es reprenguí literalment el *thema*, s'hi al·ludeix clarament i es precisa quina lliçó s'ha de treure de tot plegat: «Lo que jo et dic / és mai pratiques / ni t'emboliques / gens ab les dones, / sols te consones / ab l'alta Mare / qui ab Déu Pare, / l'Esperit Sant / d'ells emanant, / té Fill comu, / qui viu Déu u, / en unitat / e trinitat / eternalment» (Roig 2006, 598, vv. 16.228–16.241). Fins i tot hi trobem l'oració que solia cloure els sermons: «Tots, finalment, / hòmens e fembres, / pròmens, profembres, / vixcam deçà, / salvats dellà. / Direm ‹Amén›» (Roig 2006, 598, vv. 16.242–16.247).

Tots dos exemples, Metge i Roig, mostren que els autors seglars estaven ben familiaritzats amb els principis segons els quals s'havien de compondre els sermons, sense que això signifiqui necessàriament que haguessin estudiat les *artes praedicandi* (és poc probable que hi haguessin tingut accés): havien adquirit els seus coneixements per la pràctica d'assistir rutinàriament a missa. I el mateix era cert per als seus lectors que, evidentment, reconeixien el model al qual es feia al·lusió i el tenien en compte a l'hora de reconstruir el sentit d'un text.

3 Vicent Ferrer i les set arts de l'escola de Jesucrist

El més cèlebre predicador del seu temps, conegut i escoltat per tot Europa, era el dominicà Vicent Ferrer (1350–1419, canonitzat l'any 1455), originari de València. Pel que ens conten els comentaris dels seus contemporanis, no només devia ser

---

5 «En procés clos, / ma negra vida / —de mals fornida— / vull recitar / per exemplar / e document, / car molta gent / veent penar, / altri passar / mal e turment, / ne pren scarment / he se'n castiga» (Roig 2006, 96, vv. 716–727).

6 «La part terçera, / a mi cartera / de lluny tramesa, / una cortesa / instrucció / diu, e lliçó / speritual / e divinal» (Roig 2006, 96–98, vv. 771–778).

un orador meravellós, sinó que també tenia un do particular per fer de les seves predicacions uns veritables *happenings*,[7] atraient multituds de gent de tots els sexes, edats i classes socials (cf. Martínez Romero 1990). Sabem que sempre viat-java acompanyat de *reportadors* —clergues, teòlegs o juristes— que transcrivien mot a mot els seus sermons, i que posteriorment aquestes transcripcions *esteno-gràfiques* eren passades en net i sovint traduïdes al llatí per poder servir com a model a altres predicadors (cf. Riquer 1980, 216–221; així ens han estat transme-sos uns 280 dels seus sermons). El sermó amb el títol *Sermo unius confessoris et septem arcium spiritualium*, que analitzarem a continuació, forma part d'aquests sermons modèlics i és per aquesta raó que en disposem de dues versions vernacu-lars (en català i en castellà) —totes dues han estat sense dubte pronunciades real-ment, encara que no ens sigui possible determinar-ne les dades exactes— i d'una versió en llatí, més teòrica, amb una part introductòria lleugerament diferent de les altres dues.[8] Ens centrarem en la versió catalana (impresa a Ferrer 1934, 221–241)[9] que, encara que sigui la més sòbria de totes tres, té l'avantatge d'ésser completa (el manuscrit castellà és acèfal: comença en plena *divisio thematis*).

El sermó tracta d'un tema pres de l'Antic Testament —«Venit in me spiritu sapientiae» (*Llibre de Sapiència* 7,7)— que, al començament, és citat en llatí (amb indicació de la seva ubicació al text sagrat).[10] Com Ferrer acostumava a fer, al *prothema* fa referència al sant del dia que, en aquest cas, és sant Tomàs d'Aquino, la gran saviesa del qual serveix per a establir una connexió amb el tema que Ferrer es proposa desenvolupar a continuació: «yo preycaré huy de les sciències

---

7 Vegeu, per exemple, la descripció que fa un informant anònim al príncep castellà Ferran d'Ante-quera, de l'entrada triomfal del predicador a la ciutat de Toledo el juny de l'any 1411: «Primeramen-te, señor, sabed que él entró aquí en esta çibdad martes, postrimero día de junio, a ora de viespras, que avía comido en Nambroca. E salieron quantos avía en la çibdat fasta Santa Ana a lo resçebir a pie porque quesieron, mas non por mandado de la çibdat. [. . .] E entró ençima de un pobre asno e un sonbrero de paja de palma en la cabeça, e santyguando e bendeziendo a unos e a otros. E todos nosotros asaz avíamos qué fazer en defender que los omes e mugieres non llegasen a él a le besar las manos e ropas. E delante dél venían en proçesión fasta trezientos omes vestidos de pardo de su conpañía e fasta dozientas mugieres, todos faziendo muchas oraçiones» (Cátedra 1994, 665).

8 El sermó llatí, conegut amb el títol *De Christiana prudentia, quae certo modo septem artes libe-rales complectitur* (imprès a Ferrerius 1729, 114–118) parteix d'un *thema* diferent de les versions vernaculars tret de l'epístola de sant Pau als romans —«Nolite esse prudentes apud vosmet ipsos» (12,16)— i inclou, a la introducció, una discussió sobre les relacions entre *prudentia*, *sci-entia* i *sapientia* (ha estat estudiat a Franco/Costa 2016).

9 La versió catalana del sermó ha estat estudiada per Ysern i Lagarda (1998–1999) i Esponera Cerdán (2006); la versió castellana es troba editada a Cátedra (1994, 303–322; cf. també les expli-cacions sobre el sermó a les pàgines 120–121 i 266–288).

10 «*Venit in me spiritus sapiencie*» (*Habetur uerbum istud originaliter in libro Sapiencie, VIIº caº, et recitatum est statim in Epistola hodierne solemnitat.*)» (Ferrer 1934, 221, cursiva al text).

que havem de saber necessàriament» (Ferrer 1934, 221).[11] Acabat el *prothema* amb l'oració habitual,[12] comença la *introductio thematis*, en la qual, després de l'obligatòria represa de la cita bíblica, Ferrer justifica la tria del tema declarant que la saviesa és necessària per a la salvació de cadascú, «en tant que hom ni dona, per rud o neci que sia» (Ferrer 1934, 222). Ferrer dona suport a aquesta afirmació recorrent de nou a la Bíblia.[13] Segueix la *divisio thematis*, en la qual primer diferencia entre la «sciència humanal» i la «sciència divinal»:

> Ara dira ací algú: «¿Que faré yo, que só rud e no he sciència? Donchs, no hauré la gloria en paraís?». A açò te dich: que dues maneres hi ha de sciència: ha·y sciència humanal, e sciència divinal. Sciència humanal és la que trobaren los hòmens, axí com los poetes e philòsofs, e mostrava'ls conèxer hun Déu, com vehyen saber hun principi e una causa, e conèxer les creatures o les planetes. Mas, ¿com o sabien? Per invenció de judici humanal, o disputant, o pensant, o argüint; e axí o sabien. E dapnaven-se molts ab esta, trobada per invenció de home. E per ço yo de aquesta no·n curaré, ni és tan necessària, ans te dich que per tal sciència se perdé la glòria de paraís, que tal sciencia inflà lo cor del hom; e guarda com o diu la auctoritat: «*Sciencia inflat, caritas autem edificat*» (*Prima ad Cor., ·VIII° ca°*). Diu que la sciència de aquest món infla lo cor del hom, e la caritat lo edifica; e per ço no curem de tal sciència. E sent Pau o dehya: «*Non ne stultam fecit Déus sapienciam huius mundi*» (*P^a ad Cor., ca° p°*): «nostre senyor Déus Jesuchrist ha feta e donada per folla saviesa de aquest món» (Ferrer 1934, 222, cursiva al text).

---

11 «En lo nostre orde dels preycadors, huy fem solemnitat de aquel gloriós mossènyer sent (*dic eum uti*: sent Tomàs de Aquí, o tal, o tal). E perquè ell fo axí ple de saviesa, axí com la font plena en la Església de Déu, yo preycaré huy de les sciències que havem de saber necessàriament. E serà matèria speculativa per a persones spirituals» (Ferrer 1934, 221, cursiva al text). Com ho indica el reportador, el sant podia ser reemplaçat amb un altre de comparables qualitats inteŀlectuals («o tal, o tal») si convenia, ja que aquest sermó devia poder servir també en altres contextos i ocasions.
12 «[M]as, *primo*, ab gran reverència, axí com és de costuma santa e bona, saludarem la humil verges Maria, mare del salvador nostre senyor Jesuchrist, dient axí: ‹*Aue Maria*›, etc. . . » (Ferrer 1934, 221).
13 «‹*Venit in me spiritus sapiencie*› (*libro et capitulo sicut ante*). Yo he proposada aquesta paraula del tema en persona del gloriós mossènyer sent tal, dient axí: ‹Vengut és en mi l'esperit de saviesa›. E per declaració d'esta paraula e instrucció de la matèria que tinch de preycar, sapiau que sobre totes les coses és mester a la creatura humanal saviesa, en tant que hom ni dona, per rud o neci que sia, no pot ésser salvat sens saviesa divinal, axí que pareix bé que és necessària e que sia veritat. Vet ací la auctoritat, com o diu: ‹*Neminem enim diligit Deus nisi eum qui cum sapiencia inhabitat*› (*In libro Sapiencie, VII° ca°*): ‹nostre senyor Déus no ama la creatura humanal, sinó aquella que ha saviesa›. Guarda, donchs, com dich que no ama sinó al que ha saviesa; do[n]chs, guarda si és necessària, quant sens ella no podem haver deçà la gràcia de Déu, ni en l'altre món la glòria, e si ab aquesta la havem, segueix-se, donchs, que és necessària» (Ferrer 1934, 221–222, cursiva al text).

La ciència humanal, associada aquí amb «los poetes e philòsofs», segons Ferrer és fruit de «l'invenció de judici humanal», o sigui, que es basa en la lògica i en arguments racionals. Encara que això permeti a l'home de reconèixer que Déu és el primer principi i causa de tot i d'explicar les lleis que regeixen el món i el cosmos («conèxer les creatures o les planetes»), no només un saber inferior, sinó que també és una «follia», que condueix inevitablement a la damnació. És digne de remarcar que els termes associats amb la cognició humana (*judici humanal, enteniment, pensar* etc.) —que Antoni Canals, en el pròleg anteriorment comentat, utilitzava per il·lustrar les facultats intel·lectuals dels seus lectors— apareixen aquí sota signes negatius: no solament l'home és incapaç d'escrutar el misteri de Déu racionalment, sinó que el seu saber vanitós el condemna inevitablement. La crítica de la ciència humanal fins i tot inclou els instruments emprats per a l'ensenyament escolàstic —*disputar, argüir, mostrar*—, la qual cosa fa pensar que la invectiva de Ferrer es dirigia explícitament a la ciència practicada a les universitats (aquesta lectura guanya pes si tenim en compte que la versió castellana del sermó fou predicada probablement el 7 de marc 1412, dia de sant Tomàs, a Salamanca o a prop, o sigui, en un moment que els estudis salmantins —gràcies a la protecció del cardenal Pero Martínez de Luna— es trobaven en plena florida; cf. Cátedra 1994, 120–121). I Ferrer tampoc no estalvia els seus confrares, que acusa de perdre de vista llur vocació donant-se a l'estudi de «coses vanes e folles»:[14]

> E segueix-se, aprés: «*Videte enim uocacionem uestram, fratres, quia non multi sapientes*»: ‹guardau vostra vocació què tal és, que pochs hi ha que hajen tal sciència de saviesa divinal›, que ni la han religiosos, ni clergues, ni altres, ni ha en ells sapiència, ans studien coses vanes e folles, e confonen-se ab elles. E de aquesta tal saviesa, diu sent Pau: «Sapiencia huius mundi stulticia est apud Deum» (*Pª ad Cor., caº 3º*); diu que la sapiència de aquest món follia és, segons Déu, que tota regla de philosofia ha los principis falsos e han fi folla, e de ella se guarde qui la usa; e de tal no·m cur, mas en la ley de Déu se avise quiscú (Ferrer 1934, 222–223, cursiva al text).

El seu raonament és escortat per diverses citacions de la primera carta als Corintis de San Pau, que era un referent constant per a aquells que argumentaven a favor d'imposar límits a les aspiracions de saber de l'home (Agustí, Bernard de Clairvaux, Bonaventura etc.). És precisament a partir d'aquest text bíblic que Agustí havia elaborat la divisió entre la *scientia humanarum* (la cognició racional de les

---

14 Més tard en el sermó introdueix l'exemple d'un «mestre en teologia, gran sophista, que a tot hom que ab ell se prenie, concloïa, e tots temps curava de les regles de lògica» que, tombant greument malalt, només se salva per les oracions dels seus confrares, la qual cosa li fa reconèixer que l'estudi de la lògica l'havia portat cap al camí de l'infern («[e]l diable me tenia conclòs en hun fort argument»; Ferrer 1934, 227–228).

coses temporals) i la *scientia divinarum* o *sapientia* (la cognició intel·lectual de les coses eternes) a què Ferrer es refereix aquí.[15] Però a diferencia amb el pare de la Església, qui acceptava el saber mundanal sempre que fos el mitjà per a arribar a la *sapientia* («tendimus per scientiam ad sapientiam», Augustinus 1968b, XIII, 19, 24), Ferrer aquí condemna aquest saber categòricament acusant-lo de basar-se en principis falsos i mancar de veritable fi. És digne de remarcar que la versió llatina del sermó —que s'adreçava a predicadors en cerca de material, o sigui, un cercle culte i format— és molt més matisada (i tomista) a l'hora de tractar la relació entre ambdues ciències, per exemple no prohibeix l'estudi de la filosofia, només exigeix que es respecti la jerarquia: «Scientia enim Philosophorum non debet recipi in dominam divinae scientiae, vel uxorem, sed in ancillam vel captivam. Et bonus Theologus potest sibi sumere in obsequium Philosophiam, sed non nimis cum ea stare debet» (Ferrerius 1729, 114). A l'hora de predicar al poble Ferrer prescindeix d'aquest tipus de subtilitats, vol construir un contrast fort i evident entre ciència mundanal —a la qual refereix a continuació també com a «sciència mala [. . .] dels philòsofs» (Ferrer 1934, 223)— i la ciència divinal, a la qual dedica el paràgraf següent:

> Mas, ha·y altra sciència, que és infusa, no trobada per enteniment de hòmens, així com los articles de la fe, que hom nunqua o troba, ni·n sabria dar rahó. Bé; ara que Déus nos o ha revelat, trobam rahó. E tal rahó, que Déus se sia fet home, qui la poria dar, que ni àngels ans que·s fes no la sabrien dar [. . .] E de aquesta [cf. sapiencia] parlava sent Thomàs gloriós de si, dient el tema [del sermó] que sabem: «*Venit in me spiritus sapiencie*»: ‹véngut és en mi l'espirit de saviesa›; e no dehya venguda és en mi la sciència solament, mas lo spirit de saviesa, car la saviesa divinal no ve sens l'Esperit sant (Ferrer 1934, 221–223).

És ben possible que fins i tot oients sense estudis universitaris hagin estats familiaritzats amb el terme tècnic *scientia infusa* —que descriu el saber que es revela a l'home per la gràcia de l'Esperit Sant, en oposició amb la *scientia acquisita vel experimentalis* que s'adquireix per aprenentatge i experiència—, ja que feia part dels temes tractats en obres catequètiques per a laics (cf., per exemple, Ramon Llull, *Doctrina pueril*, cap. 34). En tot cas, Ferrer explicita tot seguit que es refereix als articles de la fe i també en dona un exemple: l'encarnació de la paraula divina en Jesucrist —que no es pot provar racionalment, sinó que s'ha de creure. Després d'un petit excurs etimològic en el qual Ferrer fa derivar sapiència de «in sapida sciencia (sciència ab sabor)» (Ferrer 1934, 223), repeteix de nou la cita bíblica

---

15 «Si ergo haec est sapientiae et scientiae recta distinctio, ut ad sapientiam pertineat aeternarum rerum cognitio intellectualis; ad scientiam vero, temporalium rerum cognitio rationalis, quid cui praeponendum, sive postponendum sit, non est difficile iudicare» (Augustinus 1968a, XII, 15, 25).

inicial, amb la qual la *divisio thematis* queda conclosa i comença la peça central del sermó, la *dilatatio*: «Ara só en la matèria, pus lo tema és declarat. Bona gent!» (Ferrer 1934, 223).

La *dilatatio* és particularment extensa, es tracta d'una llarga *similitudo* en la qual Ferrer fa una lectura al·legòrica de les set arts liberals començant, com era l'ordre tradicional, amb el *trivium* (gramàtica, lògica, retòrica) i acabant amb el *quadrivium* (música, aritmètica, geometria, astrologia). Des del principi declara que el seu propòsit és el de contrastar la «sciència mala [. . .] dels philòsofs» (Ferrer 1934, 223), representada per les arts liberals —que formaven part del currículum de les escoles monàstiques i catedralícies i que, a la universitat, s'havien d'estudiar com a propedèutica abans de cursar qualsevol carrera universitària— amb les ciències que s'ensenyen a «la scola de nostre senyor Jesuchrist» (Ferrer 1934, 223). Aquestes darreres no solament són superiors en relació amb el seu contingut i efecte —salven l'ànima del pecador de les flames de l'infern—, sinó que també tenen un altre avantatge innegable respecte als estudis universitaris: no necessiten gaire temps, com assenyala Ferrer, no sense una bona dosi d'ironia: «e veureu quinya maravella, car per ésser hun mestre en philosofia haurà mester ·XXX· anys per a què sapia bé specular; e que vosaltres sapiats ara ací set scièncias, bé serà gran maravella, e yo ensenyar-les-vos sus ara» (Ferrer 1934, 224).[16]

El tractament de les arts estructura la *dilatatio* en set gran parts i totes obeeixen al mateix esquema: primer s'explica breument el contingut de la disciplina en qüestió: «[g]ramàtica és una sciència que mostre parlar, construir e ajectivar» (Ferrer 1934, 224), «lògica és una sciència que mostra disputar e rahonar» (Ferrer 1934, 226), «retòrica mostra guanyar per rahons ço que hom vol» (Ferrer 1934, 228), etc. Després, aquests coneixements profans són transposats *a lo divino*, per exemple, s'explica que la música entesa com a art celestial «mostra concordar les veus [. . .] en la penitència» (Ferrer 1934, 231), que l'aritmètica celestial serveix per «comtar los propis peccats; e qui no·ls sabrà comtar, no·s confessarà bé» (Ferrer 1934, 235) i que la retòrica celestina ensenya a trobar els bons arguments a l'hora d'adreçar-se a Déu en l'oració (Ferrer 1934, 229–231). A cada pas Ferrer insisteix a subratllar les diferències entre la ciència mundanal i la ciència divina, per exemple, quan explica la particularitat de la gramàtica celestial:

---

16 Al llarg de la *dilatatio* Ferrer torna repetidament a aquest argument *econòmic*, la qual cosa reforça la impressió que el seu veritable adversari són els estudis universitaris. Cal notar que a la versió llatina no es troben aquestes al·lusions al temps estalviat.

Jesuschrist [. . .] és substantiu, en la Església sua, ell mateix: que ell és Déu en ell estan totes les coses, e si totes no les concordes ab lo sustantiu, qui és Déu, guarda que no ajustaràs bé lo ajectiu ab lo sustantiu; aixì com ara si dius al stròlech: «¿Per què corre tal malaltia o tal temps?», si·t diu: «Perquè tal planeta regna ara», mal latí és. Donchs, com dirà? «Perquè aixì vol Déus»; ara ajectiva bé (Ferrer 1934, 224).

A vegades, la ciència divina revela trobar-se en oposició directa amb les lliçons profanes, aixì la lògica celestial consisteix a evitar tota mena de disputació o argument lògic, perquè és l'única manera de vèncer el diable:

[. . .] lo dyable te argüeix contra la fe, e posar t'a hun inconvenient en ta voluntat, e dirà: «¿Com se pot fer que en aquella òstia tan petita sia Déus, tan gran senyor? E com o creus tu?». He guarda quiny argument te fa de impossibilitat; mas tu respon-li ab possibilitat e sopte lo taparàs, e digues aixì: «Aço e molt més pot nostre senyor Déus», e no li digues pus, e no·t metes més avant (si més entres a disputar per lògica, vençut és) (Ferrer 1934, 227).[17]

Com era habitual en aquesta part d'un sermó, Ferrer recorre a varis exemples bíblics, anècdotes, miracles, citacions d'autoritats, etc. per convèncer el seu auditori de la validitat de les lliçons que li està impartint. Al final de cada secció repeteix de nou el *thema* del sermó: «vengut és en mi l'esperit de la saviesa» i procedeix a l'art següent. El camí d'aprenentatge culmina en l'astrologia, que és considerada «la més alta sciència», ja que, contràriament a les altres que «mostren apendre e saber», aquesta «mostra contemplar» (Ferrer 1934, 239).[18] Una vegada acabada aquesta llarga dissertació, Ferrer clou el sermó d'aquesta manera: «Vet set arts spirituals. E qui les sabrà, porà dir lo tema: ‹venit›, etc.» (Ferrer 1934, 241; com en el nostre cas, a les *reportationes* sovint es prescindia de reproduir la *clausio* en la seva integritat, ja que aquesta part del sermó solia ésser molt estandarditzada —recapitulació, amonestació, oració— per la qual cosa no era necessari de reprendre el text literal del discurs).

---

17 De nou, la versió llatina del sermó es menys categòrica en la seva recusació de la lògica que les dues versions vernacles. Ferrer no devalua l'art en si, sinó que precisa que només té utilitat «ut homo cum homine, sed non cum diabolo disputet» (Ferrerius 1729, 115).

18 També és l'art en la qual Ferrer s'esforça més a explorar totes les analogies (el *tertium comparationis*) entre la ciència mundanal i la ciència divina: el sol —només n'hi ha un en tot lo món— s'equipara a l'únic i totpoderós Déu; les propietats de l'astre major serveixen per explicar el misteri de la Trinitat; els signes zodiacals corresponen als articles de la fe; la lluna és comparada, d'una part, a l'Església —pel que fa a la seva existència («no ha llum de si, sinó per lo sol», Ferrer 1934, 240) i pel que fa a les diferents fases de la seva història)— i, per l'altra part, a la verge Maria; l'estel de l'alba que anuncia el nou dia és semblant a sant Joan Batista que anuncià la vinguda de Jesucrist, aixì com l'estel del vespre al final del dia recorda a l'home la fi del món; i els diferents planetes són comparats als sants i pares de l'Església.

Quines conclusions hem de treure d'aquest sermó? Primerament, el que destaca és que Ferrer a l'hora de presentar la seva ciència divina no substitueix les set arts liberals per un altre possible *septenari*[19] —com les set virtuts cristianes o els set dons de l'Esperit Sant—, sinó que en fa una lectura al·legòrica. Al mateix temps, però, no sembla gaire interessat a explorar totes les possibilitats del recurs de la *similitudo*: en comptes de senyalar de manera sistemàtica les semblances (el *tertium comparationis)* entre cada art liberal i la seva art espiritual corresponent, només se centra en certs aspectes de la matèria (deixant de banda altres congruències que semblarien òbvies, com ara relacionar els diferents tipus d'oració enumerats en l'apartat sobre la retòrica divina amb els diferents *genera orationis* de la retòrica tradicional). Tampoc no hesita a inserir-hi altres al·legories, més aptes per al seu propòsit que l'al·legoria *incial*, com és el cas de la extensa al·legoria de la guitarra —representant l'acte de la penitència— que ocupa gairebé tot l'apartat de la música divina.

Segonament, si examinem el contingut d'aquestes arts espirituals, ens adonem que quasi totes obeeixen a un sol objectiu: el d'induir els oients a reconèixer els seus pecats, penedir-se'n i confessar-los. Les ciències «que havem de saber necessàriament» (Ferrer 1934, 221) són, doncs, les que menen l'home pecador a l'acte de contrició i penitència: la gramàtica l'ensenya a posar Déu al centre de tot; la lògica, d'enfrontar-se amb el diable recorrent als principis de la fe; la retòrica, com adreçar-se a Déu demanant perdó; la música, de llevar la veu per lamentar-se dels seus pecats; l'aritmètica, de comptar els seus pecats per poder fer-ne confessió; la geometria, de mesurar la vida pròpia, els béns d'aquest món i els béns de Jesucrist, i l'astrologia, finalment, de contemplar la grandesa de Déu. La insistència en la necessitat de conversió i penitència no és cap singularitat d'aquest sermó, sinó, més aviat, el tema central de tota la predicació de Ferrer i pot ésser explicada amb el clima d'inquietud espiritual produït pel trasbals del Cisma d'Occident, que era interpretat com a indici de la propera vinguda de l'Anticrist (cf. Hauf 1995).

Resta, en darrer lloc, demanar-se per què Ferrer va escollir les arts liberals com a punt de partida de tot el sermó. Si tenim en compte el seu freqüent recurs a autoritats crítiques envers el saber humà (del qual les arts liberals només són la metonímia), el context en què es va pronunciar la versió castellana del sermó (a Salamanca, al mateix moment que s'hi fa engrandir la universitat local) i les repetides al·lusions a l'àmbit universitari que trobem en ambdues versions vernacu-

---

19 L'obra *De quinque septenis seu septenariis* d'Hug de Sant Víctor en què s'estableixen relacions entre diferents agrupacions de set elements —una fórmula posteriorment represa per altres autors com Llull— podia haver-li servit com a fonts d'inspiració.

lars (el vocabulari escolàstic: *disputar, argüir, mostrar*; els comentaris irònics sobre la llarga durada dels estudis universitaris en comparació amb aquells, més curts, de l'escola de Jesucrist), sembla evident que el sermó es dirigeix contra la ciència tal com es practicava a les universitats i contra les aspiracions de saber de l'home, en general. Caldria, però, matisar aquesta constatació: d'una banda, sabem que el mateix Ferrer va ensenyar Lògica (Lleida, 1370–71) i Teologia (València, 1385–90)—, fet que no encaixa bé amb una oposició total als estudis—; d'altra banda, hem vist que, quan s'adreça a confrares, com és el cas de la versió llatina del seu sermó, es mostra més moderat en les seves crítiques. Al nostre parer, Ferrer no té com a objectiu de condemnar el saber mundà de manera general, sinó de restaurar la jerarquia original de les *scientiae*. La seva crítica és adreçada contra aquells —laics i clergues igualment— que pretenen poder explicar-ho tot a base de coneixements profans, perdent de vista el més important: la fe. El sermó de Ferrer pot ésser entès com una reacció del clergat a la progressiva pèrdua del monopoli del saber i com a intent d'autoconfirmar-se, enmig d'un clima intel·lectual marcat per la pluralització del saber, com a única autoritat.

4 Ausiàs March i els límits del saber i del coneixement humà

El poeta valencià Ausiàs March (1400–1459) sens dubte feia part d'aquells «homes de gran estament i paratge» que, segons Antoni Canals, citat anteriorment, destacaven per llur avidesa de lectura i saber —i que, per aquesta mateixa raó, inspiraven desconfiança a un predicador com Vicent Ferrer. Com hem mostrat en un altre lloc (cf. Müller 2014), a la seva obra March incorpora i, de vegades, contraposa diferents discursos del saber, reflectint i recreant literàriament el canvi epistèmic del seu temps. Aquest procediment també el trobem al poema CXIII, que analitzarem a continuació (cito el text segons l'edició March 2000; d'ara endavant, em limitaré a indicar els versos).[20] El poema recull els mateixos temes del sermó de Vicent Ferrer: la crítica del saber mundà i dels límits del coneixement

---

20 El poema CXIII, que en manuscrits i edicions primerenques figura sota la rúbrica *cants morals* o *obres morals* (són obres tradicionalment atribuïdes a l'etapa de maduresa de l'autor) forma part dels poemes més llargs del corpus marquià (25 cobles de vuit versos croats amb un dístic apariat a la fi, més una tornada). A continuació centrarem l'atenció en els punts més rellevants de la nostra argumentació; per a una anàlisi i interpretació més detallada, cf. Müller 2014, 68–89.

de l'home.[21] Al seu poema, March posa l'accent sobre les implicacions teologico-morals de la ignorància humana. L'home sembla estar atrapat en un cercle viciós: el seu desig corporal el llança als braços del vici, per culpa del seu comportament immoral perd la facultat de conèixer el que és veritable i essencial, i això té com a conseqüència que és incapaç de retrobar el camí de la virtut per les seves pròpies forces. L'única sortida d'aquest cercle viciós és la fe, ja que el saber mundà arriba als seus límits i es demostra ésser fútil i va.

Un altre tret que el text comparteix amb el sermó de Ferrer pertoca a la seva forma, car —com els altres poetes esmentats anteriorment— March s'inspira en el model de sermó, estructurant el text segons l'esquema de les *partes sermonis*. Analitzem, doncs, primerament l'estructura del poema. El poema comença amb una glossa del conegut primer aforisme d'Hipòcrates que abasta els quatres primers versos i serveix com a lema per tot el text:

> La vida·s breu e l'art se mostra longa;
> l'esperiment defall en tota cosa;
> l'enteniment en lo món no reposa;
> al juhí d'hom la veritat s'allonga.
> (vv. 1–4)

A l'edat mitjana, la versió llatina de l'aforisme era extensament coneguda: «Vita brevis, ars longa, occasio praeceps, experimentum periculosum, iudicium difficile» (Hippocrates 1817, 28) i també n'existien traduccions vernaculars. Una traducció catalana, probablement datant de finals del segle XIV, reprodueix l'aforisme d'aquesta manera: «La vida és breu, l'art longa, lo temps poch, los sperimens fallables, jutjar greu» (Hipòcrates 2000, 29, n. 7). Ja que podem suposar que tant March com els seus lectors coneixien l'enunciat exacte del text, resulta encara més remarcable que el poeta li doni un nou gir. En el seu sentit original l'aforisme descriu els reptes de l'exercici mèdic: La vida d'un home no és suficientment llarga per adquirir tots els coneixements mèdics (*ars*), el millor moment (*occasio*) per a la intervenció mèdica passa en un tres i no res, no sempre convé fiar-se de l'experiència (*experimentum*), car pot ésser fal·lible, i el diagnòstic correcte (*iudicium*), per a vegades, torna a ser bastant complicat. La interpretació marquiana de l'aforisme, en canvi, apunta en una direcció diferent, més general, car posa en qüestió el coneixement humà per se: el saber («l'art», v. 1) que l'home adquireix

---

21 La problemàtica dels límits del saber i del coneixement humà també és tema d'altres poemes de March, però en pocs juga un paper tan clau com aquí. Això ja es pot mesurar en un pla purament quantitatiu, pel gran nombre de lexemes de la isotopia del saber: *saber, conèixer, entendre, aprendre, comprendre, sabent, savi, ciència, enteniment, raó, seny, juí, experiment, art, ignorància*, etc.

al llarg de la seva vida igual com les seves capacitats cognitives —simbolitzades en els termes «esperiment», «enteniment» i «juhí d'hom» (vv. 2–4), que es troben en posició exposada al principi de cada vers— són limitades. El primer vers, que a primera vista podria semblar fidel a l'original, també s'inscriu en aquesta línia de crítica: el verb *mostrar* no s'ha d'entendre en el seu sentit comú de 'provar, fer veure' —'l'art prova ésser llonga'— sinó en el sentit de 'donar aparença de',[22] o sigui: 'l'art aparenta ésser llarga'; en realitat, però, aquest és el significat implícit dels versos, les arts són efímeres i vanes.

Si els versos 1–4 anuncien el *thema*, els següents versos 5–20 fan d'*introductio thematis*. Tenen la funció de precisar i diferenciar la matèria, introduint la *divisio thematis* que dirigirà tota la línia del raonament:

> No solament és falta de natura,
> mas nós matexs fem part en l'ignorança;
> aquesta és en tan gran abundança,
> que·l món nos és tenebra molt escura.
> Qui tant no sap, en dos errors encorre:
> ignora si, ne veu lo temps qui·l corre.
>
> Naturalment Ignorança·ns guerreja.
> En esta part no podem d'ella storçre;
> per altres parts li podem camí torçre,
> mas no volem, de què·ns és cosa leja.
> Ço que libert és a nós qu·aprenguéssem,
> no y treballam per nostra negligença,
> e, mal fahent, de bé perdem sciença.
> Donchs, com serà que res de bé·ntenguéssem?
> Per dues parts l'ignorança és tanta,
> que·l més sabent, de si mateix s'espanta.
> (vv. 5–20)

March diferencia entre dues formes d'ignorància: la primera és inherent a la defectuosa naturalesa de l'home, conseqüència del pecat original («falta de natura», v. 5)[23] —d'aquesta no és responsable personalment—, de l'altra, al contrari, n'ha d'assumir responsabilitat, car «nós matexs fem part» (v. 6). Una primera indi-

---

22 Amb aquest mateix sentit utilitza March el verb *mostrar* també més tard al poema: «Los béns del món mostren fi e no·n tenen» (v. 229).

23 Cf. el cap. 38 del *Terç del Crestià* (Eiximenis 1930, 128): «[L]o mal original sí aporta a l'hom grans e terribels ·IIIIe· nafres [sc. l'ignorància, la cobeegança la malícia i l'inpotència o infirmitat e langor de natura], que són a l'hom raïls e principis e moviments naturals e inductius a tot mal e peccat.» La «nafra de l'ignòrancia», Eiximenis la tracta en detall als següents cap. 39-63.

cació de la dimensió moral del tema i de la seva rellevància per a la salvació, la dona el vers 8 que, mitjançant la metafòrica tradicional al·ludeix a l'obscuritat («tenebra molt escura») d'un món sense la llum de Déu: una vida en ignorància equival a una vida sense Déu i, en conseqüència, sense esperança de salvació.

La cobla segona reprèn aquesta distinció entre ignorància natural i ignorància voluntària. És remarcable qui hi ha una desproporció entre el tractament de cadascuna (que ja es remarca a la primera cobla[24] i que és característica pel text en la seva integritat): solament els versos 11 i 12 parlen de la ignorància causada per la natura de l'home («[n]aturalment», v. 11) contra sis versos (vv. 13–18) que es dediquen a la causada per la seva «negligença» (v. 16). Aquesta diferent ponderació s'explica amb el particular estatus de la darrera: com ja havia fet remarcar Pagès (1925, 136) senyalant un *passus* corresponent a Tomàs d'Aquino (STh Iª-IIªᵉ, q. 76 a. 2 co.), la ignorància que resulta de la negligència de l'home (*propter negligentiam*) i que és, en conseqüència, voluntària (*ignorantia voluntaria*) —cf. els versos 13–16: «podem [. . .] mas no volem»; «[ç]o que libert és a nós [. . .] no y treballam»—, des d'un punt de vista teològic ha de ser considerada un pecat d'omissió (*peccatum omissionis*). Però el poema apunta encara una altra implicació teologicomoral: el qui actua malament («mal fahent», v. 17) —i, en un context cristià això vol dir: no admetre que Déu és l'únic i veritable bé i lliurar-se als vicis i a la cerca de béns mundanals en comptes de practicar una vida virtuosa— perd, com a conseqüència d'aquest comportament esdevingut *habitus*,[25] la capacitat de reconèixer el bé («mal fahent, de bé perdem sciença», v. 17). En el curs del poema s'especifica com això repercuteix en la vida humana. Però la problemàtica central del text, en forma concisa, ja és resumida en aquests versos: el comportament de l'home i la seva capacitat de coneixement es condicionen mútuament. El saber o no-saber, conseqüentment, sempre té una dimensió moral.

Les altres cobles del poema es dediquen al desenvolupament del tema (*dilatatio*). Seguint la distinció proposada a la *diviso thematis*, primerament es tracta de la ignorància que rau en la natura de l'home (cobles 3–4), abans de referir-se, de manera molt més detallada, a aquella que és causada per la seva negligència

---

24 A la primera cobla, només el vers 5 tracta de la *ignorança natural* mentre que tres versos discuteixen la ignorància per la qual l'home és personalment responsable (vv. 6–8). Aquesta relació 1:3 es conserva a la cobla segona, encara que el nombre de versos es multiplica (natura humana: 1 → 2 versos, negligència humana: 3 → 6 versos).

25 Encara que aquí no s'utilitzi el terme *habitus*, March s'hi refereix implícitament. La vinculació entre un comportament dolent (en aquest cas, explícitament identificat com *habitus*) i la impossibilitat de conèixer el veritable bé, també el trobem en un altre poema de March (CIV, 284–285): «ans de aver del ver la coneixença / [els hòmens] han engenrats hàbits dels mals conceptes».

(cobles 7–25). Ja per sa mera longitud, aquesta segona part sembla més confusa, menys sistemàtica. Encara que algunes cobles estiguin vinculades temàticament, no sempre apareixen arranjades segons un ordre preestablert. Representen diferents exemples, relativament independents els uns dels altres, de la deriva errònia del comportament humà. Aquest canvi en la forma de raonar —que passa d'un discurs molt estructurat a una sèrie d'exemples més o menys intercanviables—, el mateix *jo poètic* el comenta: «En general parlar mi no contenta, / mas en donar del que yo dich exemple» (vv. 61–62). El grau de la seva implicació emocional també augmenta al llarg del discurs del poema: mentre que al principi manté un to bastant distanciat, utilitzant, de forma generalitzada, la primera persona del plural, la seva postura canvia quan comença a tractar de la ignorància que l'inculpa personalment. A partir d'aquest moment ja no és el mestre qui parla, sinó un *jo pecador* que admet la seva incapacitat de dur una vida segons la doctrina cristiana («de mi confés [. . .]», v. 147) i que, al final del poema, implora a la mare de Déu que l'ajudi a trobar el bon camí —cloent-lo, doncs, com és habitual en un sermó (literari), amb una oració:

> Mare de Déu, mostrau-me la escala
> que puja hom hon delit no s'eguala.

> Mare de Déu, tu est aquella escala
> ab què·l peccant lo paradís scala.
> (vv. 251–254)

Donat el tema del poema, no és gaire sorprenent que hi trobem motius i expressions que semblen directament extrets de les autoritats ja citades per Ferrer. L'estrofa 13 —que dins el curs argumentatiu del poema representa el moment en què el *jo poètic* s'adona de la possible solució per al seu conflicte personal— pot servir com a exemple en aquest sentit:

> Perquè restàs l'obra de Déu perfeta
> e que sa fi l'home pogués atendre,
> fon gran rahó que d'ell pogués entendre
> tant, que vers ell anàs carrera dreta.
> D'aquí avant l'om és foll qui s'ergulle
> en son saber, puix lo ver li s'amaga;
> lo savi hom se coneix esta plaga,
> e pren-ne tant que de fe no·s despulle.
> Ésser un Déu l'enteniment ho mostra;
> en lo restant és mester la fe nostra.
> (vv. 121–130)

Però seria erroni de considerar el poema de March com una simple *mise-en-vers* d'uns *topoi* ja prou coneguts. El que salta a la vista és que, al mateix temps que reprova el saber mundà, hi fa constantment referència, i crea així una tensió entre allò que el text reclama a la seva superfície i el que posa en pràctica. Això ja ho podem constatar al mateix principi del sermó-poema: en lloc de treure el *thema* dels escrits bíblics, escull —menyspreant les regles de les *artes praedicandi*[26]— una cita d'Hipòcrates, un autor pagà(!), per posar-la al capdamunt. Encara que la reformulació marquiana de l'aforisme hipocràtic acaba estant en complet acord amb el missatge que vol transmetre el poema, tanmateix, és remarcable que tot el fil de l'argumentació parteixi d'una autoritat pagana, qui, per la seva importància per a la ciència medica, a més a més, pot ésser considerada l'epítom del saber mundà. Sense que això sigui tematitzat explícitament, el saber divinal i el saber mundanal entren en competència des d'un principi.

Al llarg del poema trobem encara altres proves de la contaminació del llenguatge poètic per discursos científics. Per exemple, a la tercera estrofa, March recorre a conceptes de la psicologia aristotelicotomista per explicar la raó per la qual les facultats cognitives de l'home són naturalment limitades: en el procés del coneixement, a part de l'ànima racional, sempre hi participa el cos, o sigui, la part del compòsit humà que, a causa de la seva materialitat, és corruptible.

> Déu no·ntenem sinó sots qualque forma
> presa pel seny, e Déu no és sensible,
> ne·ns és a nós substància conexible:
> l'enteniment ab la rahó la forma.
> Los accidents sol bastam a conéxer,
> e havem obs los migs que disposts sien;
> embarchs havem tants, que·l juhí desvien,
> mudant juhí, minvant e fahent créxer.
> Nostre saber a molt poch nos abasta,
> e passió totalment lo degasta.
> (vv. 21–30)

---

26 Com ja vam explicar abans, les *artes praedicandi* prescrivien que el *thema* del sermó s'havia d'extreure de les Sagrades Escriptures (els diumenges, normalment de l'evangeli o de l'epístola del dia, els altres dies podia venir de qualsevol llibre de la Bíblia; en aquest sentit cf., p. ex., Eiximenis 2009, 54–55). Alguns autors, fins i tot, prohibien categòricament la utilització d'altres fonts; així, el teòleg anglès Tomàs de Chobham declara: «No thema must be given except a theological one. Authorities from moral philosophers or poets are to be taken for embellishment or for support of the divine word, but not to lay down the foundation» (citat a Wenzel 2015, 51).

Per entendre millor els versos citats, és útil recapitular breument els fonaments de la teoria del coneixement (amb la qual el públic de March devia estar familiaritzat): tot coneixement humà té el seu punt de partida en la percepció sensitiva. Els cinc sentits externs (vista, oïda, tacte, gust i olfacte) transmeten les diverses impressions sensorials als quatre sentits interns (*sensus communis, imaginatio, vis cogitativa* i *memoria*), situats en diferents ventricles cerebrals, que les processen i transformen en imatges mentals *(species sensibles)*. L'intel·lecte agent en forma imatges intel·ligibles *(species intelligibiles)* abstraient de la forma sensible d'un objecte la seva essència, despullada de totes les condicions materials o individuants. Finalment, l'intel·lecte possible jutja, compara i ordena aquestes imatges intel·ligibles, la qual cosa li permet de formular conceptes universals.

Els primers cinc versos de la cobla citada resumeixen el que acabem de referir: comencen amb una al·lusió al conegut *dictum* escolàstic «nihil est in intellectu quod no prius fuerit in sensu»: l'enteniment de l'home ha necessitat de les imatges mentals proporcionades pels sentits per poder-ne abstreure l'essència de les coses («no·ntenem sinó sots qualque forma / presa pel seny», vv. 21–22), però, a l'hora de voler conèixer Déu és confrontat amb una dificultat suplementària: com que «Déu no és sensible» (v. 22), només és capaç de reconèixer-ne els accidents («[l]os accidents sol bastam a conéxer», v. 25). Sens dubte, March aquí fa referència al sagrament de l'eucaristia: l'home, amb els seus sentits, percep els accidents —color, olor, sabor i quantitat que queden del pa i del vi després de la consagració— però no la substància: el cos i la sang de Jesucrist («ne·ns és a nós substància conexible», v. 23). Per arribar així al coneixement de Déu és necessària la intervenció de la part racional del compost humà —«l'enteniment ab la rahó» (v. 24)—, car solament aquesta és capaç de transcendir la sensibilitat.

El vers 26 identifica el requisit que s'ha d'acomplir perquè el procés cognitiu es realitzi sense errors: «havem obs los migs que disposts sien». Quan els vehicles de la percepció («los migs»), els sentits exteriors i interiors, no funcionen correctament —sigui perquè sucumbeixen a il·lusions, sigui perquè el son, les malalties o les passions els obscureixen— és gairebé impossible de reconèixer el que és essencial i veritable. Tal com ho presenta el poema, aquest estat d'insuficiència representa més aviat la regla i no pas l'excepció: el «juhí» (v. 27) de l'home, és a dir, la instància que ha d'avaluar si el l'objecte percebut convé o no —en termes tomistes es tracta de la *vis cogitativa*, el tercer dels sentits interns—, sempre és confrontat amb factors pertorbadors («embarchs havem tants, que·l juhí desvien», v. 27), per la qual cosa no pot complir amb el seu objectiu inicial. I també el saber humà («[n]ostre saber», v. 29), o sigui, les dades empíriques amb les quals el juí podria comparar i, eventualment, corregir les seves estimacions en el procés d'avaluació, no hi pot fer gran cosa: és massa feble i insignificant per poder oposar-se a la força destructiva de la «passió» (v. 30). La conclusió d'aquests versos és prou clara: sempre que intervé la part material de l'home —en aquest cas, els seus sentits exteriors i interiors— no és possible d'obtenir un coneixement fiable o vertader.[27]

El que és destacable és que, al curs del poema, la referència a la corruptibilitat del cos i de totes les funcions que en depenen li serveix al *jo poètic* per exculpar la seva incapacitat de portar una vida virtuosa. Veiem un exemple d'això a la cobla 10, en què de nou recorre al discurs psicològic, centrant-se aquesta vegada en la facultat apetitiva (que, com la percepció, pertany a l'ànima sensitiva):

> Puix l'apetit a si l'entendre·s porta,
> tant que lo ver en falsia li torna,
> en poch instant entre ver y fals borna,
> crehent de ferm e puix fe no comporta.
> No y ha res clar qu·enteniment entenga,
> e l'apetit és bastant l'escuresca.
> Car tota res obs és que s'apetesca,
> qui és qui poch o massa no l'estenga?
> Affecció l'entendre desordena:
> tots som estrets ab aquesta cadena.
> (vv. 91–100)

El terme apetit designa aquell impuls intern que desencadena tot moviment i, en un sentit més ampli, tota acció humana. Segons si la *vis cogitativa* ha estimat que l'objecte percebut és desitjable o nociu, actua com a *apetit concupiscible* o com a *apetit irascible*. Sense aquest impuls no pot haver-hi moviment: «Car tota res obs és que s'*apetesca*» (v. 97, la cursiva és meva). Però, a diferència dels animals, que només segueixen el seu instint natural, en l'home aquest *primer moviment*, partint de l'ànima sensitiva, és sotmès al control de l'enteniment (o sigui, al control de l'ànima racional). Tanmateix, tal com ho representen els versos citats més amunt, tampoc aquesta instància no està segura de la influència nociva dels desigs sensuals («[a]ffecció l'entendre desordena», v. 99). Atès que l'home no pot fugir de la seva corporalitat —com ho recorda la metàfora platònica amb la qual clou l'estrofa («tots som estrets ab aquesta cadena», v. 100)— el seu intent de viure en virtut porta inevitablement a un conflicte entre les dues forces que hi actuen: el cos i l'ànima.

Com ja ho hem assenyalat abans, el poema ofereix amb la fe i l'amor de Déu una via per resoldre aquest conflicte i per alliberar-se de la ignorància, substituint el va saber mundà pel diví. En aquest sentit, concorda amb el missatge for-

---

27 Malgrat la utilització extensiva d'un vocabulari escolàstic, és digne de remarcar que, amb aquest posicionament pessimista respecte a les facultats cognitives de l'home, March s'alinea més amb Agustí que amb la doctrina tomista.

mulat pel sermó de Ferrer. Però la particularitat i l'atractiu del poema consisteixen en el fet que el *jo poètic* utilitza els mateixos discursos que pretén condemnar. Per poder descriure la seva situació personal, els conflictes i dubtes que pateix, li cal recórrer a les explicacions que li ofereix la ciència humana, fins al punt que acaba contaminant el discurs poètic, que no només en pren els continguts, sinó també certes particularitats lingüístiques (la terminologia, una predilecció per certs trets llatinitzants com gerundis, construccions participials, hipèrbatons, el·lipsis, etc.). Encara que això no posi en qüestió el missatge general del poema, d'alguna manera, el relativitza: a través d'altres categories que les del saber mundà, l'home no és capaç de pensar —i el poeta, d'escriure. El recurs al model del sermó —que pel posicionament d'una autoritat pagana al capdavant ja és ambivalent en si mateix— no fa sinó reforçar la tensió entre el saber humà i el saber diví que el poema posa en escena. Així, en el poema, tant a nivell formal com a nivell argumental, s'entremesclen discursos heterogenis, hibriditzant-se mútuament.

5 Conclusió

Els dos textos estudiats en aquesta contribució reaccionen, cadascun a la seva manera, a les transformacions culturals i epistèmiques que Europa va experimentar a la tardor de l'edat mitjana. Enmig d'un clima marcat per la pluralització del saber i d'una emancipació intel·lectual dels laics, Ferrer tracta de reinstaurar l'Església com l'única autoritat en matèria de saber i de restablir la jerarquia original de les *scientiae*. La seva lectura al·legòrica de les set arts liberals com set arts divinals té l'objectiu de contrastar el va saber humà amb el saber diví —l'únic que promet salvació—, demostrant la incontestable superioritat del darrer. Encara que el sermó de Ferrer s'inscriu en una llarga tradició de textos que reproven l'afany de l'home de trobar saber fora de Déu, sembla obvi que amb l'elecció del tema de les arts liberals i les diverses referències a l'àmbit universitari, l'obra respon a una situació molt concreta: l'auge dels estudis i la popularització del saber.

Amb el seu èmfasi en la vanitat del saber mundà i en les limitacions del coneixement humà, el poema CXIII de March sembla encaixar perfectament amb el sermó de l'il·lustre predicador (com hem demostrat, des de un punt de vista formal, a més a més, imita el gènere). Però una anàlisi més detallada mostra una diferència important: el poema de March recorre constantment als mateixos discursos dels sabers humans que pretén condemnar. És més: resulta que aquests sabers són l'únic mitjà a través del qual el *jo poètic* aconsegueix analitzar i descriure la seva situació. Encara que el text a la seva superfície no posa mai en dubte l'autoritat única del model cristià de comprendre el món —pretendre el contrari seria ignorar la intenció de l'autor— tanmateix, aquest model mostra unes primeres fissures: el fet que el *jo poètic* tracti de donar al seu discurs un fonament racional mostra que en un moment en el qual es discuteixen diferents formes d'accés al món no és suficient d'afirmar simplement la superioritat de la fe per poder convèncer els lectors. Encara que s'hi intenti reconciliar els «nous» sabers sobre l'home i el cosmos amb la visió cristiana del món, la tensió entre «ciència divinal» i «ciència humanal» —que s'accentuarà en els segles successius— ja es fa palesa.

Bibliografia

Augustinus, Aurelius, *De trinitate libri XV. Libri I–XII*, ed. Mountain, W.J./auxiliante Glorie, F., Turnhout, Brepols [= Corpus Christianorum, Series Latina, 50], 1968a.

Augustinus, Aurelius, *De trinitate libri XV. Libri XIII–XV*, ed. Mountain, W.J./auxiliante Glorie, F., Turnhout, Brepols [= Corpus Christianorum, Series Latina, 50A], 1968b.

Aquino, S. Thomae de, *Opera omnia,* ed. Alarcón, Enrique, Pamplona, Universidad de Navarra, 2000.

Badia, Lola, *De Bernat Metge a Joan Roís de Corella*, Barcelona, Quaderns Crema, 1988, 59–119.

Carré i Pons, Antònia, *L'estil de Jaume Roig. Les propostes ètica i estètica de l'«Espill»*, in: Badia, Lola/Soler, Albert (edd.), *Intel·lectuals i escriptors a la baixa Edat Mitjana*, Barcelona, Curial/Publicacions de l'Abadia de Montserrat, 1994, 185–219.

Canals, Antoni, *Scipió e Aníbal, De providència (de Sèneca), De arra de ànima (d'Hug de Sant Víctor)*, ed. Riquer, Martí de, Barcelona, Barcino, 1935.

Cátedra, Pedro M., *Sermón, sociedad y literatura en la Edad Media. San Vicente Ferrer en Castilla (1411–1412). Estudio bibliográfico, literario y edición de los textos inéditos*, Salamanca, Junta de Castilla y León, 1994.

Cifuentes i Comamala, Lluís, *La ciència en català a l'Edat Mitjana i el Renaixement*, Barcelona, Publicacions i Edicions de la Universitat de Barcelona, [2]2006 (segona edició revisada i ampliada; [1]2002).

Eiximenis, Francesc, *Terç del Crestià,* vol. 1, ed. Riquer, Martí de/Ordal, Norbert d', Barcelona, Barcino, 1930.

Eiximenis, Francesc, *Dotzè llibre del Crestià*, vol. I,1, ed. Renedo, Xavier, Girona, Universitat de Girona/Diputació de Girona, 2005.

Eiximenis, Francesc, *Art de predicació al poble*, ed. i trad. Renedo, Xavier, Vico, Eumo, 2009.

Esponera Cerdán, Alfonso, *Sermón de San Vicente Ferrer, O.P., sobre las siete artes liberales*, Studium: revista de filosofía y teología 46:1 (2006), 89–110.

Ferrerius, Vicentius, *Opera seu sermones de tempore*, Augsburg, Strötter, 1729.

Ferrer, Vicent, *Sermons*, vol. 2, ed. Sanchis Sivera, Josep, Barcelona, Barcino, 1934.

Franco, Gustavo Cambraia/Costa, Ricardo da, *A «sapientia christiana» e a analogia das «artes liberais» em um Sermão de São Vicente Ferrer (1350–1419)*, Mirabilia/MedTrans 4 (2016), 1–26.

Fuster, Joan, *Obres completes*, vol. 1: *Llengua, literatura, història*, Barcelona, Edicions 62, 1968.

Gumbrecht, Hans Ulrich, *Complexification des structures du savoir. L'Essor d'une société nouvelle à la fin du Moyen Âge*, in: Poirion, Daniel (ed.), *La littérature française du XIVe et XVe siècles*, Heidelberg, Winter [= *Grundriß der romanischen Literaturen des Mittelalters (GRLMA)*, 8,1], 1988, 20–28.

Hauf i Valls, Albert G., *Profetisme, cultura literària i espiritualitat en la València del segle XV. D'Eiximenis i sant Vicent Ferrer a Savonarola, passant per Tirant lo Blanc*, in: *Xàtiva, els Borja – una projecció europea. Catàleg de l'Exposició*, Xàtiva: Ajuntament de Xàtiva 1995, 101–138.

Hauf i Valls, Albert G., *Corrientes teológicas valencianas, s. XIV–XV. Arnau de Vilanova, Ramón Llull y Francesc Eiximenis*, in: *Teología en Valencia. Raíces y retos. Buscando nuestros orígenes, de cara al futuro*, Valencia, Facultad de Teología San Vicente Ferrer, 2000, 9–47.

Hippocrates, *The aphorisms of Hippocrates (from the Latin version of Verhoofd)*, ed. Marks, Elias, New York, Collins & Co, 1817.

Hipòcrates, *Aforismes. Traducció catalana medieval*, ed. Carré, Antònia, Barcelona, Curial Edicions Catalanes/Publicacions de l'Abadia de Montserrat, 2000.

Kienzle, Beverly Mayne, *Medieval sermons and their performance. Theory and record*, in: Muessig, Carolyn (ed.), *Preacher, sermon and audience in the Middle Ages*, Leiden/Boston/Köln, Brill, 2002, 89–124.

Llull, Ramon, *Doctrina pueril. Was Kinder wissen müssen*, trad. Padrós Wolff, Elisa, introd. Santanach i Suñol, Joan, Barcelona/Berlin, Barcino/LIT, 2010.

March, Ausiàs, *Poesies*, ed. Bohigas, Pere, Barcelona, Barcino, ²2000 (ed. revisada per Soberanas, Amadeu J./Espinàs, Noemí; ¹1952–1959).

Martínez Romero, Tomàs, «*Litterati*» i «*illiterati*» en l'oratòria de Sant Vicent Ferrer, Zeitschrift für Katalanistik 3 (1990), 50–66.

Martínez Romero, Tomàs, *Tòpics literaris, traducció medieval i tradició romànica (Discurs de recepció com a membre numerari de la Secció Històrico-Arqueològica, llegit el dia 21 de juny de 2007)*, Barcelona, Institut d'Estudis Catalans, 2007.

Metge, Bernat, *Obres menors*, ed. Olivar, Marçal, Barcelona, Barcino, 1927.

Murphy, James J., *Rhetoric in the Middle Ages. A history of rhetorical theory from Saint Augustine to the Renaissance*, Berkely/Los Angeles/London, University of California Press, 1974.

Müller, Isabel, *Wissen im Umbruch. Zur Inszenierung von Wissensdiskursen in der Dichtung Ausiàs Marchs*, Heidelberg, Winter, 2014.

Pagès, Amédée, *Commentaire des poésies d'Auzias March*, Paris, Champion, 1925.

Riquer, Martí de, *Història de la literatura catalana*, vol. 2: *Part Antiga*, Barcelona, Ariel, ²1980 (¹1964).

Roberts, Phyllis B., *The Ars praedicandi and the medieval sermon*, in: Muessig, Carolyn (ed.), *Preacher, sermon and audience in the Middle Ages*, Leiden/Boston/Köln, Brill, 2002, 41–62.

Roig, Jaume, *Espill*, ed. i trad. Carré, Antònia, Barcelona, Quaderns Crema, 2006.

Soler, Albert, *Espiritualitat i cultura. Els laics i l'accés al saber a final del segle XIII a la Corona d'Aragó*, Studia Lulliana 38:1 (1998), 3–26.

Wenzel, Siegfried, *Medieval «Artes Praedicandi». A synthesis of scholastic sermon structure*, Toronto, University of Toronto Press, 2015.

Ysern i Lagarda, Josep-Antoni, *Sobre el «Sermo unius confessoris et septem arcium spiritualium» de Sant Vicent Ferrer*, Revista de Lengua y Literatura Catalana, Gallega y Vasca 6 (1999), 113–137.

Ysern i Lagarda, Josep-Antoni, *Retòrica sermonària, exempla i construcció textual de l'«Espill» de Jaume Roig*, Revista de lenguas y literaturas catalana, gallega y vasca 5 (1996–1997), 151–182.

Lluís B. Polanco Roig
Un humanisme particular
El *Liber elegantiarum* com a confluència de tècniques
heteròclites i de models clàssics, medievals i humanístics

Abstract: Studies on history of both literature and linguistics have too often focused on the transmission and reception of works and their contents. Thus, only secondary attention has been placed on the evolution of cultural patterns or intellectual tools and their connection with social needs, outcomes and expectations. This is also true when it comes to less literary fields, such as grammar, rhetoric and lexicography. The *Liber elegantiarum* (Venice, 1489), an impressive Catalan-Latin dictionary and phrasebook by the Valencian notary Joan Esteve, has traditionally been approached and evaluated merely as a lexicographic work and under a contemporary outlook. We will point out, however, how the disparate structure and some of the flaws for which it has, somewhat simplistically, been blamed put us instead on the track of the diverse traditions and models – either classical, medieval or humanist – that converge in it and altogether allow to highlight both the cultural achievements and the shortcomings of the society it was meant to serve.

Keywords: *Liber elegantiarum*, grammar, rhetoric, lexicography, humanism

1 El *Liber elegantiarum*, una obra extravagant?

«Jo. Stephani. *Liber elegantiarum* seu vocabularius latine et in catalan». Amb aquest sintètic registre a la Biblioteca Colombina de Sevilla,[1] trobem una de les primeres referències, pocs anys després de l'única impressió a Venècia el 1489, d'una de les produccions més originals del segle XV en llengua catalana, el *Liber*

---

[1] Cf. *Índice alfabético de los autores y obras solamente* (*Abecedarium B bis*, vol. 3, 202), redactat entre 1509 i 1539, de la Biblioteca Colombina, en els fons actuals de la qual no apareix ja el *Liber*. Cf. Polanco (2012, xi–xii, i també en general Polanco 1995 *passim*), estudi i edició crítica als quals remetem per a major detall documental i bibliogràfic sobre aquestes referències i la majoria de les altres qüestions abordades en aquest article.

Prof. Dr. Lluís B. Polanco Roig, Universitat de València, Institut d'Estudis Catalans, lluis.polanco@uv.es

https://doi.org/10.1515/9783110430622-009

elegantiarum del notari valencià Joan Esteve.[2] L'obra, qualificada com a *vocabularius* pels bibliotecaris d'Hernando Colón, constitueix de fet un producte singular, que podríem definir provisionalment com un diccionari-frasari bilingüe (català-llatí), i l'especificitat del qual serà l'objecte de les pàgines que segueixen.

Com ja hem destacat en altres ocasions, un dels fets més sorprenents en relació amb el *Liber elegantiarum* i el seu autor és l'oblit en què ambdós semblen haver caigut durant les dues centúries posteriors a la publicació, almenys fins que en recuperaran la memòria els erudits il·lustrats com Nicolás Antonio, J. Rodríguez o V. Ximeno.[3] Aquesta manca de referències resulta encara més sorprenent donada la rellevància social de l'autor (escrivà reial i després notari del capítol catedralici valentí) i la magnitud i la finalitat docent de l'obra, que ben bé podria haver aparegut citada, si més no, en els detallats plans d'estudi escolars i universitaris o per altres autors renaixentistes. Un oblit que ens hauria d'alertar i suggerir pistes sobre les circumstàncies que el van determinar, tant les inherents a l'obra com a la societat a què anava dirigida. Posteriorment, en les ressenyes dels bibliògrafs del segle XIX i en els estudis en profunditat iniciats per F. de B. Moll (1960b; 1982) i J. Gulsoy (1964), i continuats per altres filòlegs,[4] predomina la conceptualització del *Liber* com una obra bàsicament lexicogràfica i focalitzada en la llengua catalana, atenent al simple fet que el català és la llengua que encapçala les entrades. F. de B. Moll, tot i que reconeix que el *Liber* «no va destinado a enseñar el catalán, sino el latín», denuncia que «faltan [. . .] por lo menos el 50 por ciento de las voces catalanas más usuales de aquel tiempo» (Moll 1982, 255), sense tenir en compte que, per a l'ensenyament del llatí i per al públic a què s'adreçava, aquestes *veus* podien no ser precisament les més imprescindibles. Tampoc no prenia en consideració que gran part de l'obra no té ni un format ni probablement una ambició lexicogràfica prioritària, o almenys exclusiva. En qualsevol cas, des de feia temps el *Liber* havia atret una atenció predominant com a font de lèxic català. Des d'aquesta perspectiva, potser massa focalitzada, Moll destaca especialment que «[e]ls seus defectes es troben sobretot en el desequilibri, en el desordre i en la manca gairebé total de criteri orientador per a trobar-hi els mots que el llegidor hi cercaria» (1982, 281): uns mots catalans potser rellevants des de la perspectiva

---

2 Només trobem una referència anterior en l'inventari pòstum del llibreter Joan Rix de Cura (21 d'octubre de 1490), on s'esmenta un nombre considerable d'exemplars del *Liber* («Item cclxx volums vocabulista johannis stephani»). Sobre la impressió del *Liber* a Venècia i sobre la descoberta de la implicació directa de Rix de Cura en l'edició, cf. Polanco (1995, 77–148; 2012, xxvii–xxxix).
3 Cf. Polanco (2012, xii–xiii, i 1995).
4 Sobre l'absència de referències al *Liber* en la València del Renaixement i èpoques posteriors, i per a més comentaris i les referències bibliogràfiques d'erudits, lingüistes i crítics, remetem a Polanco (2012, xi–xvi). Sobre la vida i l'activitat professional de Joan Esteve, cf. les diverses novetats aportades en Polanco (1995, 149–272; 2012, xl–liv).

d'un lexicògraf actual, però no necessàriament per a un humanista llatí del s. XV. [5] Així i tot, Moll (1982, 281) no deixa de reconèixer que «[a]questa paradoxa o barreja de bo i dolent no és exclusiva del llibre de Joan Esteve», ja que seria compartida per una obra coetània en castellà, l'*Universal Vocabulario* d'Alonso de Palencia.[6] En definitiva, com ja hem destacat en una altra ocasió, el *Liber*, amb aquest enfocament *ucrònic* i descontextualitzat, no podia despertar més que perplexitat, ja que

> [v]ist com un diccionari, no hi trobem tantes paraules com frases, sentències o narracions. Vist com una obra lexicogràfica del català, del català no se n'hi explica res, o hi falten moltíssims mots, com retreia F. de B. Moll. Vist com un manual per al llatí, comença pel català. Vist com un diccionari bilingüe, no hi ha equivalències precises. Tot això encara demanava una avaluació i una explicació (Polanco 1995, ix).

En efecte, es feia urgent una reinterpretació, que només es podia encarrilar, com reclamava J. Rubió i Balaguer (1990, 194 i 212), gran estudiós del Renaixement, resituant el *Liber* dins el seu marc real, la renovació pedagògica i cultural propugnada per l'humanisme.

2 Humanisme i educació

2.1 Un programa humanístic

En efecte, no sols les suposades singularitats i extravagàncies del *Liber*, sinó l'existència mateixa de l'obra són inexplicables sense tenir en compte l'univers mental de l'humanisme renaixentista, la transformació educativa que implicava, i la coexistència d'instruments de treball intel·lectual heretats de l'antiguitat i de l'edat mitjana, juntament amb els que anaven perfilant-se en aquests nous temps.

Els dos *paratexts* —la carta proemial i les *regulae* retòriques finals— que acompanyen el cos central del *Liber elegantiarum*,[7] tot i semblar aparentment marginals, aporten claus essencials per a la comprensió de l'obra. En l'epístola inicial

---

5 Cf. aquests mateixos arguments reiterats per Colon/Soberanas (1986, 44–50). Tanmateix, molt del cabal lèxic català que Moll troba a faltar, es pot localitzar de fet al *Liber*, encara que no encapçalant les entrades (atès el seu caràcter sovint textual), i ha estat aprofitat dins el *Diccionari Aguiló*, el *DCVB* i el *DECat*, o estudiat, entre altres, per Moll (1982, 281–306 i 307–315), Colon/ Soberanas (1986) i Colon dins Esteve (1988, 9–34).

6 Sobre les coincidències i divergències entre Esteve i Palencia, les notables diferències d'ambdós respecte de Nebrija, cf. una anàlisi detallada en Polanco (1995, 741–794 i 2012, cvi–cviii).

7 Totes les citacions del *Liber elegantiarum*, incloent-hi quan calga la numeració de les entrades, es fan d'acord amb l'edició de Polanco (2012).

en particular, Esteve formula, en presentar el *Liber*, tot un programa dins la més estricta ortodòxia humanística, concretada en una sèrie d'aspectes: la consideració de l'eloqüència i la retòrica com a font d'admiració i honor per al ciutadà,[8] l'interès per l'art epistolar, la valoració extremament crítica de l'ús deficient de la llengua llatina —'bàrbara i insípida', diu— pels seus conciutadans, i la preocupació pel seu millorament,[9] l'atenció a la pedagogia,[10] i, finalment i molt particularment, la selecció com a models d'un elenc canònic d'*auctores* clàssics, que Esteve es vanta, a més, d'haver 'rellegit'.[11] Sensible a totes aquestes inquietuds plenament humanístiques, Esteve accepta la petició del seu metge Ferrer Torrella d'aplegar una selecció d'expressions i normes per parlar i escriure bé el llatí[12] i d'ordenar-les 'alfabèticament', justament perquè puguen aprofitar per a les pràctiques gramaticals escolars.[13]

2.2 L'empremta de la biografia

Sembla innegable que la mentalitat i els plantejaments decididament humanístics expressats per Joan Esteve poden haver estat una conseqüència molt directa de l'exercici de la seua activitat professional com a escrivà reial, precisament a la mateixa cort napolitana d'Alfons el Magnànim, un dels centres d'activitat intellectual més actius a la Itàlia, i a l'Europa, de l'època. Tot i que Rubió i Balaguer i Moll ja havien insinuat una etapa italiana en la biografia d'Esteve, només recentment hem pogut demostrar-la amb dades documentals concretes: el 16 de juny de 1448 el Magnànim nomena notari reial Joan Esteve, que és al·ludit com a «vos fidelem, *de nostra scribania*, Iohannem Steve, oriundum civitatis Valencie».[14]

---

8 «ratus quantum vir eloquens inter alios doctos honore prosequatur maximaque 'admiratione' celebretur, quasi quidem cum illos orare aut loqui ipsi conspicimus ab illorum ore pendere videmur». Cf. Polanco (2012, 3) per a l'edició crítica d'aquest fragment del *Proemi* i tots els que segueixen.

9 «aliquid adiumenti erunt allatura illis qui insulsa barbaraque oratione loquuntur, ut, cum ad exteros litteras demus, nos omnino litterarum inscios esse putent».

10 «non nulla ymo plurima conspiciebam sinonima luculentasque orationes, ita Latine, sic proprie ad cotidianum sermonem nostrum accomodatas <ut>, presertim in his que in ludis gramatice in didasculorum discipulorumque ore tractantur, dicantur Latine».

11 «nunc Maronem, nunc Terentium, nunc Ciceronem, modo Aulum Gelium, tunc Macrobium, nunc Servium ceterosque eloquentissimos codices».

12 «ut nonnulla bene dicendi precepta Latinaque documenta accomodataque verba tibi excerpere vellem».

13 «decrevi per litterarum elementa in ordinem illa redigere et per maternam linguam preheuntem accomodatam dictionem aut verbum immediate locare, ut potius illud invenire possimus».

14 La cursiva en el text és evidentment nostra. Arxiu del Regne de València, *Justícia Civil, Manaments i empares*, 24, 11ª mà, f. 7r–v. Cf. la transcripció d'aquest i altres documents relatius a Joan Esteve en Polanco (1995, 1098–1172).

Ubicat doncs en l'escrivania reial napolitana, una privilegiada talaia política i cultural, Esteve degué freqüentar inevitablement els nombrosos humanistes que hi pul·lulaven, com Antonio Beccadelli *il Panormita*, Bartolomeo Facio, Lorenzo Valla (a Nàpols del 1435 al 1448), Giannozzo Manetti, Girolamo Guarini, Pontano, i fins i tot visitants ocasionals, com Aurispa, Francesco Filelfo o altres. A més, no es pot oblidar el protagonisme de funcionaris o clergues, valencians i catalans, que, de tornada a la península ibèrica, n'aportaran les novetats bibliogràfiques i intel·lectuals: el secretari reial Joan Olzina (que hostatjava a sa casa el mateix Valla); el protonotari Arnau Fonolleda, a qui Valla dedica la traducció llatina d'Esop; el seu successor Joan Peyró, instigador de la primera impressió catalana dels *Rudimenta grammatices* de Perotti; Macià Mercader, futur vicari general de la diòcesi de València i escriptor; el síndic eclesiàstic a les Corts valencianes, Jordi de Centelles, poeta i traductor del *De dictis et factis* del Panormita; o el canonge Jaume Torres, *llibrer major* primer (1451) i després *custos bibliothece* (1452) al Castelnuovo, sense oblidar Melcior Miralles, capellà del rei des del 1453, que retornà el 1466 com a sotssagristà i beneficiat de la Seu valentina.[15]

Ara bé, també degueren incidir força en la planificació i redacció del *Liber* les noves realitats socials i educatives amb què s'enfrontà l'autor a partir del moment en què torna a València i és revalidat com a notari de la ciutat, el maig de 1452, segons l'acta conservada del seu examen i nomenament municipals. Poc després comencen a aparéixer a l'Arxiu capitular de la Seu de València els seus primers protocols, que s'estenen des de l'any 1455 al 1487.[16] Cal recordar que la complexitat creixent de la societat urbana baixmedieval, pública i privada, revaloritzava el domini de les pràctiques escrites, alhora que la intensificació de les activitats comercials exigia unes majors competències comptables i administratives (Cruselles 1989, 20–28). València no n'era una excepció, i durant tot el segle XV hi ha constància d'una gran proliferació d'escoles privades, en alguns casos subvencionades pel municipi o el capítol catedralici.[17] En aquest clima de fort increment de la demanda educativa i de la conseqüent revalorització social i econòmica de

---

15 Per a la documentació i el comentari detallats de la vida i l'activitat de Joan Esteve, i per a l'ambient intel·lectual a la Cort del Magnànim, cf. sobretot Polanco (1995, 149–274, 1098–1172; 2012, xl–liv), a banda d'altres autors, entre els quals Soria (1956), Batllori (1979), Ryder (1987), Bentley (1987), Ruiz i Calonja (1990), Duran (1990) i Vilallonga (1993).

16 Cf. en Polanco (1995, 1098–1105) la transcripció del nomenament d'Esteve com a notari de la ciutat de València (Arxiu del Regne de València, *Justícia Civil, Manaments i empares*, 24, 11ª mà, f. 7r–8v), on s'inclou l'anterior nomenament reial, i la resta de referències a l'activitat dels notaris valencians i la trajectòria professional d'Esteve en particular en Polanco (2012, xlvi–liv).

17 Per a amplis comentaris sobre el context educatiu baixmedieval en relació amb el *Liber*, cf. Polanco (1995, 339–433, i 2012, lxi–lviii), a més dels estudis de Sanchis Sivera (1936, 670–677), Torre y del Cerro (1924–25), González (1987), Berger (1987), Serrano Morales (1898–1899). El ma-

l'oferta, podem explicar tant les accidentades vicissituds de les escoles valenci-
anes del XV (Cruselles 1989, 35–44), com l'activitat de nombrosos mestres inde-
pendents, seglars i preveres, i la proliferació de nous materials pedagògics, els
elaborats al nivell local, entre altres per Bernat Vilanova, Joan Miravet, Jeroni
Amiguet, Daniel Sisó, i també, com veurem, els provinents de la resta de la penín-
sula o d'Itàlia, que deuen haver influït poderosament en la concepció i en la rea-
lització del *Liber elegantiarum*.[18]

Ara bé, quines eines gramaticals i didàctiques poblaven fins llavors els centres
educatius de la ciutat? Paul F. Grendler[19] ha recopilat un inventari completíssim del
cànon didàctic de l'Europa baixmedieval, en l'antesala de l'humanisme. Consistia
d'una banda en obres d'iniciació o bàsiques (Donat —en concret l'*Ars minor*—,
els *Disticha Catonis* o *Cato*, l'*Aesopus* i el *Theodulus*). De l'altra, hi havia les gra-
màtiques i els diccionaris més avançats (el *Doctrinale* d'Alexander de Villa Dei,[20]
Papias, les *Magnae derivationes*, el *Graecismus* i el *Catholicon*). I finalment les lec-
tures pròpiament dites, tant les plenament medievals (*Tobias*, *Prospero*, *Chartula*,
Liber parabolarum, *Facetus*,[21] *Eva columba*, *Physiologus*) com les d'autors clàssics
(especialment Virgili, Ovidi, Estaci, Lucà i Boeci). Menys difusió tingueren obres
tardollatines o medievals de menor entitat: les comèdies del segle XII *Pamphilus* i
Geta, l'*Anticlaudianus* d'Alain de Lille, l'*Ars versificatoria* de Mathieu de Vendôme
o la *Poetria nova* de Gaufred de Vinsauf. Un protagonisme especial estava reservat
als anomenats *auctores octo*, que incloïen una selecció dels manuals més utilitzats:
Disticha Catonis, *Theodulus*, *Facetus*, *Chartula*, *Tobias*, *Aesopus*, el *Liber parabola-
rum* i el *Floretum*.[22] A aquestes obres cal afegir les *grammaticae proverbiandi*, amb
gran incidència en el sistema escolar i gran divulgació en l'àrea hispànica.[23]

---

teix Esteve, com a notari de la Seu, deixa constància de diverses subvencions catedralícies (*Pro-
tocols de Joan Esteve*, 3683, 3665, fasc. 4; cf. Sanchis Sivera 1936, 670 i 676).

18 Cf. alguns comentaris sobre algunes d'aquestes gramàtiques en Sanchis Cantos (1992, 33–39)
o González (1987, 107–112).

19 Grendler (1989, 111–117). Rubió i Balaguer (1926) i Lluís Revest (1930) documenten els autors
més emprats a les escoles catalanes i valencianes, en gran part coincidents amb els de Grendler.

20 Sobre el *Doctrinale*, cf. la introducció i traducció de Gutiérrez Galindo dins Villa Dei (1993).
Cf. l'edició crítica moderna en curs de Papias (1977), i també Mayer (1979) per a una ressenya
d'aquesta edició. Sobre el *Graecismus*, cf. Rubió i Balaguer (1926, 69).

21 Atribuït a John of Garland, alquimista i gramàtic anglés, autor també d'altres obres de caire
lexicogràfic (Weijers 1991, 193–194; Murphy 1974; Chomarat 1982, 212–214).

22 Una edició incunable (Lyon, 1496/97) d'aquests *auctores octo* és la que es conserva a la Bibli-
oteca Històrica de la Universitat de València (BHUV *Inc.* 52).

23 Per a una revisió sobre les *grammaticae proverbiandi*, cf. Polanco (2012, lxxxv–ci), a part
de Woodward (1906, 40), Rico (1982), Colon (1982), Esparza/Calvo Fernández (1994, 53) i Calvo
Fernández (2000, 37–46).

Es tracta, com veiem, d'un conjunt amb una gran diversitat, tant de gèneres com d'estils, de models de llengua i sobretot d'estructures textuals. Ara bé, les aparents incoherències denunciades al *Liber elegantiarum* i la seua qüestionable utilitat didàctica, deriven de la influència directa d'aquest cànon baixmedieval? O bé hi tingueren més incidència les noves eines que el nostre autor pogué importar directament dels cercles humanístics italians? Ja fa temps Francesc de B. Moll (1960b; 1982) i Joseph Gulsoy (1964), en les primeres investigacions dedicades al *Liber*, van identificar algunes de les fonts, la majoria no precisament lexicogràfiques ni gramaticals, que Esteve havia reciclat intensivament dins la seua obra. Entre aquestes, hi havia sobretot produccions italianes: les *Facetiae* de Poggio Bracciolini, les epístoles de Francesco Filelfo, els *Synomyna sententiarum* de Bartolomeo Fieschi. I alguns fragments, molt més esparsos, de l'obra que sembla donar nom al *Liber*, les *Elegantiae* de Valla. Aquesta selecció, limitada però molt indicativa, si bé connectava la nostra obra directament amb les tendències humanistes italianes coetànies, sorprenentment no confirmava gens ni mica la lectura directa dels clàssics, de què el mateix Esteve es vantava: ‹Virgili, Terenci, Ciceró, Aulus Gel·li, Macrobi, Servi, i altres llibres eloqüentíssims› (cf. més amunt la nota 11). Calia, per tant, confirmar encara si, per una banda, el notari valencià no feia en el seu proemi una mera ostentació, infundada, de familiaritat amb els clàssics. Per l'altra restava per aclarir si les fonts humanistes detectades per Moll o Gulsoy eren les úniques, si excloïen qualsevol influència medieval, si la recepció de models pròpiament lexicogràfics (o gramaticals) no hi tingué cap incidència, i fins i tot si bastaven per explicar algunes de les característiques estructurals més rellevants i problemàtiques del *Liber*. Per respondre-hi, ens ha calgut explorar el text en profunditat, tot identificant-hi la incidència no sols dels principals instruments lingüístics, clàssics, medievals i humanístics, sinó de les diferents tradicions en què es poden enquadrar, abans d'avaluar-hi l'empremta estructural que cadascuna hi va deixar.

3 Les tradicions lingüístiques en el *Liber*: entre la diversitat i la dispersió

Més enllà de les fonts individuals, els materials i els models rastrejables dins el *Liber*, d'una gran diversitat, es poden classificar en quatre grans tipus: lexicogràfics, gramaticals, epistologràfics i narratius o divulgatius. Atesa la imbricació freqüent (en la tradició clàssica i medieval) dels continguts gramaticals i lexicogràfics, els tractarem conjuntament.

3.1 Els corrents gramaticals i lexicogràfics

3.1.1 Gramàtica i lexicografia de l'antiguitat i l'edat mitjana

La petjada dels gramàtics clàssics en el *Liber* és gairebé inexistent, almenys de forma directa.[24] Varró és citat en unes poques ocasions, i sempre a través d'autors molt posteriors, com ara Noni Marcel, el *Catholicon* o els *Rudimenta grammatices* de Niccolò Perotti. Pel que fa a Priscià, al *Liber* n'hi ha un simple esment (entrada 9641.1), extret igualment de Perotti (copiat alhora, amb errors, de les *Elegantiae* III, 58). De les obres de Donat ni tan sols se'n parla, si no és com a simple tema en algunes frases (11941), i les romanalles de la seua tècnica catequètica semblen arribar només a través dels *Rudimenta* de Perotti (2878.1, 4841.1).

Un dels primers lexicògrafs llatins, Pompeu Fest (s. II), és esmentat explícitament i és identificable en alguns fragments del *Liber*, de vegades a través de l'epítome de Pau Diaca (s. VIII), tot i que en alguns casos és evident que es fa també a través del *Catholicon* o bé dels *Rudimenta* de Perotti. Però, de la lexicografia antiga, l'única obra que deixa en el *Liber* una petjada important i definida, probablement directa tot i que amb escasses al·lusions explícites, és *De compendiosa doctrina* de Noni Marcel (s. IV), que gaudí d'una àmplia difusió a l'edat mitjana. A més, és a través dels seus nombrosos *excerpta* que s'han transposat al *Liber* una gran part dels autors clàssics citats: Ciceró, Persi, Plaute, Varró, Virgili i molts altres, sobretot arcaics. Isidor no és esmentat en el *Proemi*, ni se'n dóna cap citació expressa, potser a causa de les dures crítiques que rebia dels humanistes, des de Valla a Erasme. Així i tot, unes quantes entrades podrien provenir de les *Etymologiae*, tot i que la majoria segurament a través d'altres compendis medievals, fonamentalment el *Catholicon*.[25] Sorprenentment, però, hem pogut descobrir com un lexicògraf tardà menor com Fulgenci (s. V–VI)[26] és extensament copiat, quasi íntegrament, per Joan Esteve.

Entre les gramàtiques de l'edat mitjana, la més divulgada fins al Renaixement, el *Doctrinale* d'Alexander de Villa Dei, no rep cap citació explícita ni implí-

---

24 Per a aquesta secció i les que segueixen, on es revisen les diverses influències i transfusions textuals al *Liber elegantiarum*, remetem a la informació aportada *in extenso* en Polanco (1995, 337–900; 2012, lxviii–cxl). Per a la localització dels fragments concrets dels diversos autors dins el *Liber*, cf. l'exhaustiu *Index fontium* de l'edició crítica (Polanco 2012, 407–437).

25 Sols en les entrades 1183.1, 1914.1, 1929.1, 6800.3 11257.1 no hem pogut detectar una transmissió d'Isidor a través d'una altra font. La resta semblen dependre del *Catholicon*, o coincideixen amb represes posteriors de Tortelli, Perotti o Tranchedini (Polanco 2012). Sabem que, malgrat les crítiques freqüents a Isidor, els humanistes no dubtaren a aprofitar-lo (Codoñer 2003).

26 Sobre aquest autor, no detectat a les biblioteques valencianes contemporànies d'Esteve, cf. els diferents estudis i edicions, entre altres la de R. Helm (Fulgentius 1898; 1970), i també la important petjada en el *Liber*, comprovable a través de l'*Index fontium* de l'edició de Polanco (2012).

cita d'Esteve, potser sensibilitzat també per les dures condemnes dels humanis-
tes. Pel que fa a l'anomenat *Graecismus* (1212) d'Évrard de Béthune, una altra
gramàtica en vers, al *Liber elegantiarum* en trobem només dues referències explí-
cites, que novament provenen del *Catholicon*.[27]

El primer gran diccionari medieval,[28] l'*Elementarium doctrinae rudimentum*
de Papias, que avança l'*alfabetització* fins a la tercera lletra i incorpora indica-
cions flexives o el mètode de la *derivatio*, tot i que encara va gaudir de quatre
impressions al s. XV, té al *Liber* una presència molt modesta, de vegades discreta-
ment declarada (entrades 1182.1, 7650.1, 12154.1), encara que, de fet, la majoria de
fragments arriben igualment a través del *Catholicon*, de vegades citats explícita-
ment,[29] com veiem en aquest exemple:

Catholicon[30]	*Liber elegantiarum*
[x6r⁰]	1182 Baxadós de draps de lana.
Fullo. [. . .] qui pannos parat et excan-didat: et eos fulgere facit. inde fullo las lavi lare. id est pulcrare: decorare: demergere vel leniter tangere: et compo-nitur ut affullo las. id est iuxta fullare: valde fullare: leniter tangere secundum Hugutionem. Papias etiam dicit: Fullo lavandarius decorator. [. . .].	**1** Fullo (-nis), qui pannos tondit, quia facit eos fulgere. Et qui pannos condidit. **2** Fullo, secundum Papiam, dicitur lavan-darius, decorator.

27 Cf. referències a les crítiques dels humanistes, entre altres les de Valla, en Rico (1978, 51) i en
Polanco (2012, lxxviii). Sobre les nombroses influències del *Doctrinal* en els humanistes, cf. entre
altres les de Rico (1978, 45–46), Gutiérrez Galindo (Villa Dei 1993, 50) i Law (2003, 181). Sobre el
Graecismus, cf. Murphy (1974).

28 Pel que fa a la imbricació tipològica i de continguts de la lexicografia medieval amb la gra-
màtica, ja constatada per a etapes anteriors, cf. Della Casa (1981) i Buridant (1986, 10). Per a una
revisió sintètica dels principals glossaris europeus i catalans, i la bibliografia corresponent, cf.
els apartats respectius de la introducció a l'edició crítica del *Liber* dins Polanco (1995; 2012).

29 Donat aquest èxit tardà de Papias és possible que altres fragments seus hagen arribat al *Liber*
a través del reaprofitament que discretament en fa Perotti (Charlet 2010, 39), a part de les cita-
cions, implícites i explícites, consignades a l'*Index fontium* dins Polanco (2012, 407–437). Cf. les
citacions dins del *Liber*, implícites i explícites, consignades a l'*Index fontium* dins Polanco (2012,
407–437), i també Mayer (1978, 743–744) per a la recepció en l'àmbit catalanòfon. De Papias es
conserva una edició de 1485 (Venetiis: Andreas de Bonetis) a la Biblioteca Històrica de la Univer-
sitat de València (BHUV *Inc.* 62⁽¹⁾), i un còdex (núm. 82) del segle XIV a l'Arxiu de la Catedral de
València (Olmos Canalda 1943).

30 Citem el *Catholicon* per l'exemplar incunable de 1487 (Venetiis: Hermannus Liechtenstein;
BHUV *Inc.* 138).

No semblen deixar cap rastre al *Liber* ni el *Panormia* o *Derivationes* d'Osbern (c. 1123–1200) ni les *Magnae derivationes* (c. 1200) d'Hugutio.[31] De fet, el lèxic medieval més present al *Liber* és també el que aconseguí la màxima popularitat a tota l'edat mitjana i el primer Renaixement: la *Summa grammaticalis quae vocatur Catholicon* de Giovanni Balbi de Gènova. A banda de la procedència molt diversa dels seus materials (Horaci, Terenci, Plaute, Juvenal, Varró, Donat, la Bíblia, el *Doctrinale* i el *Graecismus*, Papias, i sobretot Priscià i Hugutio, al costat d'altres més originals com Avicenna i Aristòtil),[32] cal destacar, amb A. della Casa (1981, 40–41), que el *Catholicon* representa «le point de fusion entre glossaires et traités de grammaire», ja que «l'oeuvre paraît formée de deux parties bien liées entre elles, une grammaire très élaborée et un glossaire». Balbi va aconseguir elaborar un diccionari més pràctic que els seus predecessors eliminant mots obsolets, estenent l'alfabetització a tot el mot, i facilitant amb referències creuades l'explicitació de la *derivatio*, trets que n'expliquen el gran èxit. El fet que l'obra estiga ben documentada en l'entorn pròxim d'Esteve[33] i que, malgrat les crítiques dels humanistes, alguns el seguissen ocasionalment (com Nebrija, que considera que «tolerabilius paulo fuit»),[34] explica que les *importacions* del *Catholicon* al *Liber* suposen un nombre gens menyspreable d'articles o subarticles (al voltant de 200). A més, aquests passatges serveixen per a canalitzar dins el *Liber* un gran nombre de materials d'altres autors (tant dels clàssics com de Papias, el *Graecismus*, les Escriptures, etc.). Tot i que, com en la resta de fonts, les fórmules d'adaptació dels fragments del *Catholicon* són extremament diverses, el *Liber* tendeix a eliminar algunes característiques microestructurals medievals (etimologies fantàstiques, excessiva *derivatio*, referències a altres repertoris medievals), però en conserva d'altres (articles massa heterogenis, etimologies, etc.). Vegem-ne algun breu exemple:[35]

---

31 Es conserva un còdex d'Hugutio (núm. 83), en vitel·la del segle XIV, a l'Arxiu de la Catedral de València. Sobre aquesta obra cf. Hunt (1980, 145–149), Della Casa (1981, 40) i la primera edició crítica (Uguccione da Pisa 2004).

32 L'obra tingué innombrables còpies i versions abreujades i traduccions parcials al vulgar, tant manuscrites com impreses, des del segle XIV fins al segle XVI, i més de 20 impressions des de la de Gutenberg el 1460 fins al 1500 (Della Casa 1981; i Buridant 1986, 29–34). Sobre les diverses influències en el *Catholicon*, cf. sobretot Della Casa (1981) i Weijers (1989, 144). Com afirma Della Casa (1981, 43): «Papias et Hugutio sont donc ses modèles fondementaux, même s'il dit qu'il remonte jusqu'à Varron».

33 Vegeu-ne les diverses referències dins Polanco (1995 i 2012 *passim*) i els dos exemplars incunables (1483; 1487) encara a la Biblioteca capitular actual (Olmos Canalda 1951, núms. 30, 33).

34 Pel que fa al seguiment del *Catholicon* pels humanistes, cf. Della Casa (1994); Codoñer/González Iglesias (1994, 440) i Lépinette (1994).

35 Per a dades precises sobre la presència i la reelaboració del *Catholicon* dins el *Liber*, remetem a l'*Index fontium* i a l'aparat de fonts de l'edició crítica dins Polanco (2012, 407–437).

Catholicon	*Liber elegantiarum*
[k8r]	1018 Athànatos.
Athanatos, id est immortalis: ab a quod est sine et thanatos mortale: et accentuatur in fine. unde anathanatos ta tum id est immortalis.	**1** Id est, immortalis.
[s5v]	3317 Emergere.
Emergo gis si sum. ab e et mergo gis componitur. et est emergere extra venire: exurgere.	**1** Emergere, extra venire. **2** Exsurgere. **3** Ex lustris atque inhonestis locis exire.

Ara bé, encara que Esteve coincideix amb altres humanistes en l'aprofitament de continguts de l'obra de Balbi, el *Liber* se'n distancia perquè hi aplica una transformació massa acrítica i incoherent.[36] Cal afegir finalment que altres instruments lexicogràfics específics desenvolupats a l'edat mitjana, (*synonyma*, *distinctiones* i *concordantiae* de texts tant bíblics i patrístics, com després mèdics o jurídics) no semblen haver deixat empremtes directes significatives en el *Liber*.[37]

3.1.2 Gramàtica i lexicografia del Renaixement

Malgrat l'interés de molts humanistes a marcar distàncies respecte de les pràctiques i els coneixements medievals, autors com W. K. Percival consideren que la lingüística del Renaixement no és més que «a further step in the medieval grammatical theory, a mere offshoot of one local variety of the medieval grammatical tradition».[38] Percival distingeix tres fases en el desenvolupament de la gramàtica llatina des de mitjan segle XIV i durant el segle XV. La primera seria una mera continuació de la tradició medieval. És en una segona fase on s'haurien de situar els *Rudi-*

---

36 Vegeu, per exemple, algunes comparacions amb els tractaments que en fan Nebrija (Polanco 1995, 759–784) o Valla (Polanco 2012, lxxix–lxxxv).

37 Sobre els *synonyma* i les *distinctiones* cf. Weijers (1991 i 2010). Pel que fa a altres vocabularis de temàtiques específiques i altres 'gèneres' gramaticals o lexicogràfics medievals, cf. Buridant (1986) i Weijers (1990; 1991; 2010).

38 Segons Percival (1975, 231), els desenvolupaments humanistes sorgeixen dins la tradició gramatical medieval sud-europea, estretament lligada a l'aprenentatge de la composició epistolar (*ars dictaminis*), i que concebia l'ensenyament gramatical com una preparació a la literatura i la retòrica. D'altra banda, ja hem comentat la llarga acceptació que tingueren al Renaixement els més prototípics lèxics i gramàtiques medievals, com el *Catholicon*, Papias, o el *Doctrinale*.

menta grammatices de Niccolò Perotti, els quals, a pesar d'haver estat redactats el 1468, després de les *Elegantiae* (anys 1440), igual com l'obra de Guarino da Verona constitueixen «an expurgated version of late mediaeval grammatical theory, not a radical departure from it».[39] L'èxit immediat que obtingué aquest manual (aproximadament seixanta edicions incunables, dues a l'àrea catalanoparlant: Barcelona 1475, Tortosa 1477) i el fet que es detecte en l'entorn d'Esteve («xxvij volums Regules del Perotto» consignats en l'inventari pòstum de Joan Rix de Cura el 1490) expliquen prou el buidatge massiu dels *Rudimenta* dins el *Liber* (al voltant de 500 entrades).[40] Així, Joan Esteve recicla extensivament les llistes bilingües dels verbs de la segona secció dels *Rudimenta* (sintaxi verbal), incloent-hi les diferències de règim i significat (*differentiae*), però sobretot fa un aprofitament sistemàtic de la tercera secció sobre epistolografia (*De componendis epistolis*), més retòrica i estilística. En aquest tractat epistolar final es combinen fragments inicials en vulgar italià (traduïts al català al *Liber*), seguits de versions llatines alternatives (*variationes*), i sovint també de precisions diferencials (*differentiae*) i de citacions clàssiques. L'impacte *estructural* d'aquesta secció en el *Liber* justifica que se'l puga considerar gairebé com una recomposició *alfabètica*, molt *sui generis*, això sí, dels *Rudimenta*.[41]

Ara bé, van ser les *Elegantiae linguae Latinae* (c. 1438–1440) de Lorenzo Valla, donades a conéixer precisament durant la seua etapa napolitana (1435–1448), les que suposaren un veritable punt d'inflexió en l'estudi de la llengua llatina i en els plantejaments gramaticals de l'humanisme. No constitueixen, de fet, una *gramàtica*, sinó una mena de manual raonat de *bon usage* llatí, centrat sobretot en aspectes lèxics, sintàctics, semàntics i estilístics.[42] En aquest sentit se li ha retret

---

39 Cf. Percival (1976, 86). Perotti, per exemple, copia parts de la *Ianua*, una adaptació medieval del Donat (Percival 1981, 245–246 i 257; Grendler 1989, 174–182), i Priscià és seguit en nombrosos apartats (Padley 1976, 17). Per a una anàlisi dels continguts i les fonts de Perotti, cf. Jensen (1990, 57–80). Per a les gramàtiques posteriors més plenament humanistes, cf. Percival (1975, 238–240; 1976).

40 Pel que fa a les edicions europees dels *Rudimenta*, cf. Percival (1986, 221). Segons Rubió i Balaguer (1990, 211), «a partir de l'estampació del Perotti a Barcelona (1475) notem certa preferència per les edicions de mestres italians, però continua predominant la publicació i la venda del *Doctrinale* fins vers 1508». Cf. l'inventari de Rix de Cura en J. E. Serrano Morales (1898–1899, 496).

41 Per a una visió de detall i una exemplificació de l'aprofitament dels *Rudimenta* dins el *Liber*, cf. Polanco (1992) i els apartats corresponents dins l'edició del *Liber* (Polanco 2012). Sobre la presència del vulgar en gramàtiques llatines, cf. Percival (1983, 314–317) i Grendler (1989, 174–183), i sobre la traducció a altres llengües vulgars dels fragments en italià de Perotti, vegeu-ne més dades en Polanco 1992). Sobre les *differentiae*, cf. Jensen (1990, 67–77). Cal destacar que índexs alfabètics van ser afegits a diverses edicions dels *Rudimenta* i les *Cornucopiae* del mateix Perotti, de les *Elegantiae* o a obres de Mancinelli. Fins i tot Erasme va realitzar una adaptació alfabètica de les *Elegantiae* de Valla (Percival 1975, 241).

42 Per a aquestes crítiques, cf. Percival (1975, 240 i 256), Jensen (1990, 55) i Chomarat (1981, 230–231). Hi ha una extensíssima bibliografia sobre els més diversos aspectes de Valla (Sabbadini

la irregularitat dels continguts i sobretot una manca d'organització que afavorí la suplementació de diverses edicions amb índexs finals de termes, la integració dels continguts vallians en altres gramàtiques, com la de Perotti, o les diverses reorganitzacions alfabètiques de les *Elegantiae* durant els segles XV i XVI.[43] Pel que fa al *Liber*, malgrat que Esteve insinua, almenys en dues ocasions, el seu deute amb Valla i que algun article escadussser sembla procedir directament de les *Elegantiae*, com fa temps detectà J. Gulsoy,[44] una comparació minuciosa i extensiva a tres bandes indica clarament que els manlleus de Valla arriben al *Liber* de forma aclaparadora a través dels *Rudimenta*:

Elegantiae	*Rudimenta grammatices*	*Liber elegantiarum*
(IV, 57)	[p7r]	1326 Bragues.
Femora partem illam exteriorem significant; *Femina* partem interiorem, mollioremque, quae se contingunt; vel, *Femora* partem anteriorem *Femina* posteriorem. [. . .] A quo conficitur nomen *Femoralia*, sive *Feminalia* (utroque enim modo scriptum reperio) pro bracchis.	A campo autem dicta sunt campestria: hoc est brache quod ludentes in campis omnibus vestibus exuebantur et nudi ludebant solis campestribus tecti virilia. inde et campestrati dicuntur: sicut tunicati: et manicati. Dicuntur aetiam faemoralia [*sic passim*] sive feminalia a faemoribus sive foeminibus. Nam faemora partem illam exteriorem significant foemina interiorem	1 Femoralia. 2 Bracca (-ce). 3 [. . .] 4 Campestria. A 'campo' autem dicte sunt 'campestria', hoc est, brache quod ludentes in campis omnibus vestibus exuebantur et nudi ludebant solis campestribus tecti virilia. Unde campestrati dicuntur sicut tunicati et manicati. 5 Femoralia. Dicuntur etiam 'femoralia' sive 'feminalia' a 'femoribus' sive 'feminibus', nam 'femora' partem illam exteriorem significant, 'femina' interiorem.

Només en uns pocs articles (5.723, 11.296, i algun altre) veiem que Esteve fa una tria alternant entre aquests dos humanistes italians. Més pocs encara són els

---

1891; Chomarat 1981, 224–252; 1982; Percival 1975, 254–256) i les *Elegantiae*: elaboració de l'obra i aportacions gramaticals (Gavinelli 1988; 1991; Regoliosi 1993); consideració com a manual d'estil (Percival 1981, 235; 1983, 318; 1990, 55); caràcter de «gramàtica antinormativa» (Regoliosi 2000); edicions parcials i estudis (Percival 1975, 254–256); edició anastàtica d'E. Garin (Valla 1962); edició parcialment crítica de López Moreda (Valla 1999), que seguim en les nostres transcripcions i referenciacions.
43 Per a la relació entre Valla i Perotti, cf. Percival (1981, 255–256), Jensen (1990, 67–75) i Polanco (1994, 153; 2012). Per a les adaptacions de les *Elegantiae*, cf. Jensen (1990, 56), i en concret per a les d'Erasme, cf. Percival (1975, 241) i Chomarat (1981, 244–248).
44 J. Gulsoy (1964, 116–117), que corregeix F. de B. Moll (1960a), el qual rectificà després (1982, 282–283).

casos en què les *Elegantiae* semblen haver estat l'únic text consultat. En aquest sentit, el *Liber* pot ser conceptuat com una adaptació en segon grau de Valla, a través dels *Rudimenta*, els quals sí que constitueixen una veritable traducció de les *Elegantiae* a un altre subgènere gramatical, més enfocat al mercat escolar majoritari.[45]

A part d'aquests grans repertoris humanistes, recentment hem pogut identificar per primera vegada dos petits tractats elementals de l'humanista Bartolomeo Facio que van ser utilitzats exhaustivament en l'elaboració del *Liber*, de vegades combinant materials de tots dos, o amb els d'altres autors. Es tracta dels seus *De differentiis verborum* i *Synonyma*, que contribueixen a explicar alhora una proporció gens insignificant de continguts del *Liber* (191 d'articles de les *Differentiae* i més de 390 dels *Synonyma)* i moltes de les característiques de la seua heteroclita tipologia *estructural*.[46]

Tot i que, com destaca C. Buridant (1986, 33), «la lexicographie de la Renaissance est loin d'être en rupture totale avec la tradition médiévale»,[47] recentment hem identificat una producció lexicogràfica més decididament humanista, l'*Orthographia* de Giovanni Tortelli, com una de les noves fonts rellevants del *Liber elegantiarum*.[48] L'obra ha estat detectada a València per les dates en què s'enllesteix el *Liber*,[49] fet que explica que Esteve l'aprofités en diverses entrades, encara que no excessivament nombroses. Igual com en altres texts reciclats per Esteve, trobem diversos procediments d'adaptació: reutilització aïllada de termes; simplificació dels excursus enciclopèdics o les citacions; recombinacions amb altres fonts (Noni Marcel, Poggio, etc.); o traducció i trasllat de la definició llatina a l'entrada en català, com veiem en aquest exemple:

---

45 Cf. les *Adnotationes* a l'edició crítica del *Liber elegantiatum* dins Polanco (2012, 323–406) per a la identificació de la procedència d'una part considerable de les entrades del *Liber*, i la freqüent comparació entre els texts de Perotti i Valla. Sobre aquesta relació, cf. també Percival (1981) i Jensen (1990, 58–80).

46 Remetem l'edició crítica del *Liber* (Polanco 2012) per a dades més exhaustives.

47 Cf. dins Polanco (2012, ci–cx) una revisió una mica més detallada de les lexicografies europees de finals de l'edat mitjana i el Renaixement, amb les bibliografies respectives. Cf. Charlet (2004; 2010) per al conjunt de l'època humanista.

48 Cf. Polanco (1995, 545–794; 2012, ci–cx). Sobre l'*Orthographia*, cf. entre altres Charlet (2004; 2010). Sobre algunes importants aportacions lexicogràfiques posteriors (particularment les *Cornucopiae* de Perotti, el diccionari de Nestore, el *Calepino*, etc.) cf. comentaris i referències més complets en Polanco (2012, ci–cx) i les revisions generals de Charlet (2004 i 2010).

49 Apareix esmentat el 1489 en l'inventari del canonge Macià Mercader i el 1490 en el de l'editor del *Liber*, Joan Rix de Cura (Serrano Morales 1898–1899, 643 i 493–495).

Orthographia	Liber elegantiarum
[L3r⁰]	1384 Cartulari o qui ven libres.
Bibliopola [. . .] cum ille sit qui libros venditat. [. . .]	1 Bibliopola.

3.2 La tradició retòrica i l'epistolografia

L'altre gran corrent a tenir en compte per explicar una obra com el *Liber elegantiarum* és evidentment la tradició retòrica i més particularment les aplicacions pràctiques més originals d'aquesta a l'edat mitjana i el Renaixement: l'*ars dictaminis* i l'epistolografia, d'altra banda tan vinculades a la trajectòria professional del mateix Esteve. Com ha destacat amb precisió J. J. Murphy (1974), més que no per desenvolupaments teòrics de les retòriques clàssiques, l'edat mitjana es caracteritza per la generació d'uns gèneres retòrics específics, amb finalitat sobretot preceptiva i utilitària: *ars praedicandi, ars grammatica* i *ars dictaminis*. D'aquestes, l'*ars dictaminis* o art epistolar és la que constitueix una aportació més original.[50] De més a més, segons alguns autors com P. O. Kristeller, el moviment humanista sorgeix precisament en l'àmbit dels gramàtics i retòrics, representat a la Itàlia medieval, des de finals del segle XI, pels *dictatores*. L'aportació dels humanistes, tot continuant la tradició medieval de l'*ars dictaminis* o l'*ars arengandi*, consistí a introduir-hi una nova direcció: l'estudi i imitació dels models clàssics. En el camp estricte de l'epistolografia, durant el Renaixement es continuen escrivint i divulgant manuals d'*ars dictaminis* del més pur estil medieval, sovint a càrrec de reconeguts prehumanistes o humanistes. Només a finals del segle XV, tot i mantenir encara nombrosos trets del període anterior, l'humanisme serà capaç de consolidar, en oposició a l'*ars dictaminis*, un *ars epistolandi* propi basat en nous principis retòrics.[51] És així com, seguint el model ciceronià, humanistes com Barzizza, Bruni, Filelfo, Piccolomini (Pius II), Ficino, Pico della Mirandola, Valla o Poliziano comencen a recollir i editar les seues pròpies col·leccions de cartes, públiques o privades, com a material escolar o de lectura, apte per a la *imitatio*.

J. Gulsoy (1964, 117) va identificar fa temps una d'aquestes col·leccions epistolars, l'*Epistolarum liber* (Venècia, 1472, o 1473) de Francesco Filelfo (1398–1481),

---

50 Per a una visió general de la retòrica medieval i de l'*ars dictaminis*, cf. entre altres Murphy (1974). Per a una revisió sintètica de l'evolució de l'ars dictaminis, amb referències a l'àrea catalanoparlant, cf. Polanco (2012, cx–cxxi).

51 Per a aquesta connexió *ars dictaminis*–humanisme i l'evolució consegüent, cf. entre altres Kristeller (1979; 1983, 2 i 8) i Witt (1982).

com a font d'algunes de les entrades del *Liber elegantiarum*.[52] Com en moltes altres fonts, Joan Esteve esmicola fins a l'infinit el material de partida, i l'adapta completament a les seues necessitats. Potser un dels aspectes més curiosos i originals de l'adaptació d'aquesta obra és la reelaboració freqüent per Esteve, *propria manu*, de veritables col·leccions de *formulae* dins el *Liber*, en el més pur estil dictaminal, a partir de l'esporgament sistemàtic dins l'epistolari filelfià de nombrosíssimes expressions soltes de diversos tipus (*salutacions, peticions, ofertes, comiats*, etc.). Així, agrupades sota mots-clau en alguns dels articles més voluminosos del *Liber*, trobem per exemple 54 *variationes* sota el lema llatí *Vale* (entrada 11137); unes altres tantes dins l'entrada, ara en català, *Ofertes* (8066); 15 són les *formulae* encapçalades pel mot-clau *Creença* (entrada 2309), etc.[53] Allò més espectacular i sobretot estructuralment significatiu és com, mitjançant aquest procediment aplicat pel notari Joan Esteve, un recull epistolar plenament humanístic resulta desintegrat i recompost de nou amb una organització formulaica d'inspiració medieval.

A part de les simples col·leccions de cartes, l'humanisme comença a produir els seus propis tractats i manuals sobre epistolografia o *ars epistolandi*, que experimenten una evolució molt progressiva, amb la incorporació de nous models estilístics, basats en els clàssics, especialment Ciceró, i en els nous postulats gramaticals.[54] De tots aquests autors, dos semblen haver deixat una petjada remarcable dins el *Liber*: Stefano Fieschi (Stephanus Fliscus) da Soncino amb el seu *De prosynonymis*, o *Synonyma sententiarum*, i Gianmario Filelfo, fill de Francesco, amb el *Novum epistolarium* o *Epistolarium seu de arte conficiendi epistolas*.

Els *Synonyma sententiarum* (Venècia, 1437) de Fieschi proporcionen una llarga sèrie de grups de frases (al voltant de 900 tipus) aptes per a ser seleccionades i copiades en la redacció d'epístoles o de discursos. El sistema que segueix Fieschi és sempre el mateix: a una frase en vulgar italià segueixen diversos equivalents (*variationes* o *synonyma sententiarum*) en llatí. L'ordre adoptat, però, no és en cap cas alfabètic, com al *Liber*, sinó anàleg al de les parts d'una carta (*exordium, narratio, divisio, confirmatio*, etc.). La reutilització de l'obra de Fieschi (sim-

---

52 Sobre la trajectòria vital i intel·lectual de Filelfo i diversos aspectes del seu epistolari, cf. Clough (1976, 42 i 50), Giustiniani (1986). Com passa amb altres fonts del *Liber*, l'epistolari de Filelfo sembla haver tingut una àmplia difusió a València, consignada en diversos inventaris, com el del canonge Macià Mercader, o el de l'editor del *Liber*, Joan Rix de Cura.

53 Vegeu-ne un comentari més detallat i la referenciació total dels deutes amb Filelfo en l'edició de Polanco (2012, cxiii–cxxi, 323–406 i 407–437).

54 Per a una revisió actualitzada sobre la continuïtat, l'evolució i la decadència de l'*ars dictaminis* en relació amb l'humanisme, cf. sobretot Henderson (2001) i Murphy (1983). Entre els manuals retòrics i epistologràfics humanístics, cal destacar els de Da Buti, Valagussa, Dati, Virulus, Sulpizio da Veroli, Mancinelli, Nigro o el mateix Valla (*De conficiendis epistolis libellus*). Sobre la retòrica humanística cf. Murphy (ed. 1983; 1983).

plement traduint al català les frases inicials en italià i mantenint les llatines) és pràcticament íntegra, com ja detectà Gulsoy, i són pocs els grups de *variationes* de Fieschi que Esteve no reprodueix.[55] Tanmateix, la principal innovació d'Esteve (l'ordenació *alfabètica* segons el primer mot de les frases inicials en català) no sembla haver implicat un veritable avantatge a l'hora de localitzar les frases en qüestió, ja que es van preparar i editar diverses altres adaptacions hispàniques, menys innovadores respecte a l'original (com les de Lucas de Torre, Nebrija o Amiguet), però segons tots els indicis amb bastant més utilitat i èxit editorial.

Una nova i important font espistologràfica del *Liber* que hem pogut identificar recentment és l'*Epistolarium novum* (París, 1481) de Gianmario Filelfo. Aquest manual presenta vuitanta tipus de carta (segons temes o finalitats), per a cadascun dels quals ofereix primer exemples de diferents subtipus (segons el *to* de l'epístola) i en últim lloc unes breus sèries de *variationes* finals sota el rètol de *synonyma*, semblants a les de Fieschi. Són només aquestes variacions finals de cada tipus les que Esteve transcriu literalment, tot aplicant-hi un sistema semblant a l'adoptat per Fieschi: encapçalar cada article (o conjunt de *variationes*) amb la traducció al català en aquest cas de la primera frase llatina proposada per Filelfo (excepte en dos casos) i distribuir-les *alfabèticament* al llarg del *Liber*[56]. No cal dir que el tipus de material proporcionat al *Liber* per totes aquestes col·leccions o manuals epistolars contribuí a consolidar significativament el seu caràcter de frasari, més que no a reforçar una estructura i utilitat predominantment lexicogràfica.

3.3 Les aportacions de la *literatura* i la *divulgació*

Tot i que sense tant d'impacte estructural, moltes característiques textuals del *Liber elegantiarum* no es poden explicar sense tenir en compte altres menes de textos que no es poden considerar lexicogràfics, gramaticals o retòrics, però que hi aporten una considerable diversitat lingüística, cronològica (des de l'antiguitat

---

55 Sobre alguns trets del tractat i el llatí de Fieschi, cf. els comentaris de Percival (1994, 441). Sobre l'aprofitament al *Liber*, cf. les dades completes dins Polanco (2012, cxiii–cxxi, 407–437) i també Colon/Colon (2003). Sobre els trets de la traducció de l'italià al català, cf. Colon (1994) i Colon/Colon (2003).

56 De l'*Epistolarium novum* del jove Filelfo el *Liber* presenta diverses sèries d'articles, agrupades en tres blocs: entrades 877–889, 2286–2288 i 12129–12151. Remetem a l'edició crítica de Polanco (2012) per a l'estudi detallat de l'adaptació dels fragments de Gianmario Filelfo dins el cos del *Liber*, i també de l'aprofitament extensiu dels tractats retòrics de Gasparino Barzizza (*De compositione*) i d'Enea Silvio Piccolomini [Pius II] (*Artis rhetoricae praecepta*) en la redacció de les *Regulae* finals del *Liber*.

al s. XV) o tipològica (des dels gèneres clàssics a cròniques, tractats divulgatius i ficció narrativa coetanis).[57]

La literatura classica té major presència i impacte estructural a l'interior dels articles (*microestructura*) del *Liber*, a diferència de la d'èpoques posteriors, que incidirà sobretot en la macroestructura. Les citacions clàssiques són habitualment breus, sovint amb l'especificació de l'autor i l'obra, i en la majoria de casos tenen la funció d'il·lustrar o avalar un terme o un ús gramatical o semàntic comentat anteriorment. Entre els autors llatins, el més citat és Ciceró (particularment les epístoles, les *Philippicae*, i alguns tractats, com el *Cato, De oratore* i *De officiis*), seguit de Virgili i Terenci. Els segueixen, a molta distància, una gran diversitat d'autors. Ara bé, és ben revelador que la pràctica totalitat de les citacions clàssiques són de segona mà: hi arriben ja encapsulades dins els fragments d'altres autors buidats per Esteve dins el *Liber*. Com a transmissors principals destaquen entre els humanistes els *Rudimenta grammatices* de Niccolò Perotti (sovint a través de les *Elegantiae* de Valla), i Noni Marcel entre els autors antics. L'única excepció a aquesta transmissió interferida dels clàssics podrien ser les nombrosíssimes expressions en aparença manllevades directament de Terenci.

Potser el més medievalitzant dels texts literaris coetanis aprofitats directament per Esteve és l'*Obsidionis Rhodiae urbis descriptio*, de Guillaume de Caoursin (1430–1501), vicecanceller de l'Orde de Sant Joan de l'Hospital. Aquesta narració breu i detallada del setge turc a la ciutat de Rodes el 1480, i de la victòria final cristiana, és la responsable de la gran quantitat de les referències bèl·liques que cridaren ja fa temps l'atenció de F. de B. Moll. De fet, Esteve aprofita molt extensament aquesta obra, tot esmicolant el text, com es habitual, en mots i frases curtes per acomodar-lo als patrons estructurals més habituals al *Liber*.[58]

Fins fa poc l'únic text plenament renaixentista identificat com a font narrativa del *Liber elegantiarum* era el *Facetiarum liber*, del conegut humanista Poggio Bracciolini (1380–1459). L'obra, amb un gran èxit a tot Europa, està ben detectada a València en l'entorn d'Esteve, en concret en l'inventari pòstum (1490) de l'editor del *Liber*, Joan Rix de Cura («set volums de Facecia Pogi»). Joan Esteve, de nou, desintegra i dispersa amb extrema exhaustivitat les infinites frases llatines,

---

57 Cf. l'aparat de fonts, l'*Index fontium* i les *Adnotationes* de l'edició crítica (Polanco 2012) per a un inventari, i comentari, molt exhaustiu de tots els autors i obres (de tots els períodes) citats implícitament o explícitament dins l'obra.

58 Cf. Polanco (1992, 149, n. 84) i Hauf (1993). Remetem per a més detalls als comentaris i les referencies dins les *Adnotationes* i l'*Index fontium* de l'edició crítica (Polanco 2012).

traduïdes per ell mateix, de les *Facetiae* de Poggio que apareixen dins el *Liber*, seguint un procediment que ja hem vist aplicat altres fonts.[59]

A part d'aquestes obres, conegudes des de fa un temps, darrerament hem pogut identificar unes quantes fonts més del *Liber*, narratives o divulgatives, totes plenament humanístiques: es tracta de la traducció llatina, a càrrec de l'humanista Francesco Filelfo, d'un dels discursos de l'orador grec Lísies, en concret *Sobre la mort d'Eratòstenes*;[60] del tractat *De honesta voluptate ac valitudine* de Bartolomeo Sacchi; de la *novella* llatina *De duobus amantibus historia* (1444) d'Enea Silvio Piccolomini, futur Papa Pius II; i igualment de fragments esparsos de la *novella* històrica *De origine belli inter Gallos et Britannos historia* (c. 1436–1440) del ja esmentat humanista Bartolomeo Facio.[61]

La presència dins el *Liber* de la traducció filelfiana de la *De Eratosthenis adulteri nece defensio* de Lísies abasta vora 80 entrades o subentrades llatines, que comprenen una part substancial d'aquest discurs forense. Tant amb aquesta obra com amb les novel·letes de Piccolomini i Facio, Esteve segueix l'estratègia habitual en el tractament de les obres narratives: esbocina en fragments el text original, sovint fins al nivell del sintagma breu o la paraula, els tradueix al català (seguit del llatí original) i els distribueix dins el *Liber* segons l'ordre alfabètic del primer mot català. Donada la reduïda extensió d'aquestes obres, l'impacte dins el *Liber* sembla més limitat que el d'altres fonts, però atés que es vehicula fonamentalment en forma de fragments o de frases (més que no de mots solts), no contribueix a accentuar el caràcter estrictament lexicogràfic del *Liber*.

Recentment també hem pogut identificar com una nova font important de materials per al *Liber* (més de 150 articles o subarticles) un altre text humanístic, en aquest cas no narratiu: el tractat *De honesta voluptate ac valitudine* de Bartolomeo Sacchi, més conegut com *il Platina* (Polanco 2003). Aquesta obra de tema dietètic i gastronòmic (amb nombroses receptes culinàries), enllestida el 1470 i impresa a Roma el 1473, comptà amb una àmplia difusió durant el segle XV, i apareix documentat a diverses biblioteques de l'àrea lingüística catalana i en l'entorn pròxim de Joan Esteve.[62] Des del punt de vista macroestructural, el cabal

---

59 El mateix F. De B. Moll (1982, 274–278), que va identificar aquesta font, va assajar de reconstruir quasi íntegrament a partir del *Liber* algunes de les contalles de Poggio.

60 Agraïsc ben sincerament les orientacions que els Drs. Josep Corell i Carles Miralles em van donar per poder identificar inicialment dins el text grec de Lísies alguns dels fragments del *Liber*.

61 Sobre la relació d'aquestes dues *novelle* amb l'epistolografia humanística, cf. els comentaris i referències bibliogràfiques aportats a Polanco (2012, cxxix–cxl).

62 Sobre la incidència significativa de Platina (més de 150 articles o subarticles) en el *Liber*, la relació originària de l'obra amb la cuina catalana, i la presència a les terres catalanoparlants, cf. Polanco (2003; 2012). Per a la nostra comparativa ens hem basat en la impressió de 1480, tot i les diverses edicions i traduccions (1985; 1994; 1998, etc.).

lèxic de l'obra del Platina contribueix a ampliar quantitativament l'abast semasiològic del *Liber*, a través de les relativament nombroses referències a fauna i flora, gastronomia o medicina, que completen els camps semàntics procedents d'altres fonts (bibliofília, fórmules epistolars, *topoi* humanístics, apotegmes i sentències, geografia, guerra, relacions epistolars, sexe i escatologia, etc.).[63]

4 Més enllà dels materials, les tècniques

Fins ara hem comprovat la interacció dins el *Liber elegantiarum* no sols de materials de procedències molt dispars, sinó pertanyents a tradicions, i per tant amb funcions i estructures originàries, de gran heterogeneïtat.[64] No podem oblidar, a més, que sovint les estratègies d'incorporació d'Esteve encara contribueixen a aprofundir aquesta diversitat estructural de partida. Mentre que els tractaments adaptatius aplicats a fragments de la mateixa procedència poden divergir —tot agreujant la disparitat de resultats a partir d'una mateixa obra—, d'altra banda per a obres estructuralment molt diverses la intervenció d'Esteve sol limitar-se a la mera fragmentació dels texts originals, amb adaptacions gramaticals mínimes, però sense una reelaboració profunda i homogeneïtzadora. D'ací la impressió de pur *collage* que produeix el *Liber*, i que s'acreix després de la identificació de les fonts.

Així i tot, i més enllà de les transfusions lèxiques o textuals habituals en la història de la lexicografia, la gramàtica o la retòrica, cal plantejar-se si és possible identificar unes determinades estructures —lexicogràfiques o d'un altre tipus— que, dins tota aquesta heteronegeïtat, permeten atribuir al *Liber elegantiarum* una certa unitat, i una utilitat o finalitat definides.[65] Com fa notar C. Buridant (1986, 10), al costat de «l'histoire des développements de la lexicographie et plus précisément à son mode de transmission» cal prestar atenció a «la typologie des ouvrages lexicographiques, qui offre des aspects spécifiques au Moyen Age», una perspectiva que, com ja hem comentat, «était restée tributaire, jusqu'à une époque récente, de catégories et de distinctions modernes qui apparaissent anachroniques à l'analyse». En tot cas, les respostes que, pel que fa al *Liber*, s'hi han donat fins ara semblen poc satisfactòries. Per aquesta raó, i a fi de poder situar-lo dins una tipologia, almenys aproximada, d'obres lexicogràfiques o gramaticals,

---

63 Sobre l'onomàstica al *Liber*, cf. Polanco (2002).

64 Remetem als epígrafs corresponents on s'han comentat aquestes obres. Cf. el comentaris als diversos tipus d'adaptacions al *Liber*, en les *Adnotationes* a l'edició crítica (Polanco 2012, 323–406).

65 El fenomen de la compilació ja ha estat destacat per Della Casa (1981) i Buridant (1986, 27).

sembla imprescindible una identificacio prèvia de les estructures i tècniques subjacents —tot preveient que aplicar-hi aquests esquemes conceptuals pot resultar exagerat. Amb aquests *caveats*, hem procedit a una anàlisi en dos nivells, macroestructural i microestructural, seguint un patró sols aproximativament lexicogràfic, suggerit per algunes de les característiques més palmàries del *Liber*.

4.1 Aspectes macroestructurals

Tot i que, com remarca O. Weijers (1989, 149),[66] l'alfabetització és un mecanisme d'ordenació que ha estat aplicat des de l'antiguitat a una gran varietat d'instruments lingüístics (col·leccions de proverbis, concordances, col·leccions de *distinctiones*, índexs, bibliografies, etc.), és en la lexicografia on, des de l'antiguitat, ha progressat de forma més sistemàtica, fins arribar a les dues o tres lletres inicials en Papias i a l'extensió a tot el mot en el *Catholicon* (Weijers 1989, 143–150). La utilitat d'aquest recurs va afavorir-ne l'aplicació als continguts d'obres ordenades inicialment amb altres mecanismes, com les *Magnae derivationes* d'Hugutio i, més tard, va ser estés als índexs finals afegits a les gramàtiques de Perotti, Mancinelli, o a diverses edicions o adaptacions de les *Elegantiae*, com la *Paraphrasis* d'Erasme (Chomarat 1981; Jensen 1990).

El *Liber* segueix una alfabetització molt parcial —limitada a les dues primeres lletres dels mots inicials de les entrades en català—[67], però que defineix l'estructura general de l'obra i n'ha determinat una utilització i interpretació preferents —a tort o a dret— com a obra lexicogràfica. Esteve adopta aquest sistema, explícitament per raons pedagògiques, tot seguint la pauta d'obres fonamentalment lexicogràfiques, i medievals, com Papias i el *Catholicon*. En canvi, no segueix cap dels sistemes (no alfabètics) habituals en les obres més plenament humanistes que li proporcionen una gran part —si no la major— dels continguts: els *Rudimenta* de Poggio, les *Elegantiae* de Valla, els *Synonyma sententiarum* de Fieschi, el *Novum epistolarium* de Gianmario Filelfo, etc. Aquesta opció d'Esteve, que definirà el canemàs de l'obra i la situa dins una determinada genealogia estructural (no de continguts), resulta particularment adequada per a les entrades (en català) amb continguts purament lexemàtics, però ofereix una utilitat molt més limitada, si no nul·la o contraproduent, per la gran varietat i el nombre d'entrades, potser majoritari, que depassen el nivell i l'estructura del mot. Atenent

---

66 Cf. més dades bibliogràfiques dins Polanco (2012, cxlv–cxlvi).

67 Amb poques excepcions, com en *qua, que, qui*. Aquesta limitació a les tres primeres lletres és el sistema més pràctic en el cas del *Liber*, donada la llargària de les entrades catalanes, sovint superior al nivell del mot.

a aquesta diversitat, podem proposar una classificació estructural, no exhaustiva però sí prou completa, dels tipus principals d'articles del *Liber* segons el format dels encapçalaments o entrades (gairebé sempre en català), és a dir, el que, manllevant abusivament un terme lexicogràfic, podríem anomenar *nomenclatura*:[68]

1. *Mots únics*: (article +) substantiu (comú, propi), adjectiu, pronom, verb, adverbi, conjunció
2. *Expressions multinomials*: nominals, verbals, adjectivals, preposicionals, conjuntives
3. *Mot + aposició substantiva*: fauna, topònim
4. *(Article +) nom substantiu* + adjectiu / oració de relatiu / complement nominal
5. *Verb en infinitiu + complement* nominal / preposicional / adverbial
6. *Sintagma adjectival* (adjectiu+complements), preposicional / adverbial
7. *Frase subordinada*: conjunció + verb / subjuntiu / gerundi / participi / substantiu + adverbi o conjunció, exclamacions no verbals
8. *Oració simple*
9. *Oració composta*: coordinació / subordinació
10. *Text multioracional*

Com veiem, la gran diversitat de tipus «macroestructurals» —dels quals tots, excepte el primer, depassen el nivell del mot— impedeix classificar el *Liber* com a obra purament lexicogràfica, però també adscriure'l a la categoria simple de frasari o de recull textual —i això sense comptar-hi la complexitat addicional proporcionada per l'estructura interna dels articles.

Abans, però, d'analitzar aquesta *microestructura* cal destacar alguns altres trets macroestructurals rellevants. El primer és la presència de mots al·loglots (en una llengua diferent del català) dins de les entrades catalanes, i que també presenten una gran varietat. De vegades tenen funció connectiva o introductora de la microestructura (*dicitur, dicetur, significat*), paral·lela a la que realitzen mots equivalents en català: *és dit, han nom, ha nom, havia nom, appellada, diem, són dits, són nomenats, allò que hom diu*. En altres casos, però, afegeixen paràfrasis metalingüístiques al text en català: *ad comparationem pertinet, interrogative*. En algunes altres entrades catalanes, el llatí apareix amb un ús més integrat, en part metalingüístic i en part terminològic, dins el text català, com a neologismes especialitzats (*spaciatum, suggrundaria*), o com a expressions tècniques (*secundum, scilicet, quasi dicat, ultra modum, id est, excepto*).[69]

---

68 Per a més detalls i la identificació dels diferents tipus d'entrades al *Liber*, cf. Polanco (2012, cli–clii).

69 Per a més detalls, cf. Polanco (2012, cxlviii–cli).

Un altre tret destacable és la repetició molt freqüent d'alguns articles, una repetició que afecta unes vegades només l'entrada catalana, altres la part llatina «traduïda», i altres totes dues.[70] Tot i que aquest ha estat considerat un altre dels *defectes* tècnics de l'obra, almenys en certs casos constitueix més aviat una de les reelaboracions més interessants del mateix Esteve ja que permet de retrobar en entrades catalanes diferenciades, i amb ubicacions alfabètiques molt allunyades en la *nomenclatura*, uns mateixos continguts microestructurals llatins, reiterats de manera idèntica o semblant. Ho comprovem en aquests dos articles del *Liber*, en els quals, tant si busquem per «macarrons» com més endavant per «potatge» podem trobar l'expressió llatina «esitium Siculum»:

6772 Macarrons.	8870 Potatge o minestra o cuyna de macharons.
1 Esitium Siculum.	**1** Esitium Siculum.

En canvi, quan les repeticions (almenys parcials) es donen en la macroestructura, l'objectiu sembla ser el d'integrar en la *nomenclatura* les diferents accepcions, que s'extrauen així de la microestructura, un recurs que trobem en el mateix *Lexicon* de Nebrija (Colon/Soberanas 1986, 60). Un exemple extrem d'aquest mecanisme en Esteve es pot il·lustrar amb el verb *anar*, que encapçala, amb complementacions diferents, un gran nombre d'entrades (*anar (ire), anar luny, anar a veure ab desig, anar o tornar-se'n a casa, anar a cagar*, etc.), les quals en cada ocasió introdueixen òbviament les equivalències llatines respectives.

4.2 Aspectes microestructurals

A la diversitat macroestructural del *Liber* correspon, si cal, una major complexitat microestructural. Derivada no sols de l'heterogeneïtat de les fonts, sinó de l'acció més o menys deliberada del mateix Esteve en la deglució d'aquestes. Hem proposat una identificació dels principals tipus d'informació microestructural dins el *Liber*, en el benentés que aquestes permeten innombrables combinacions entre elles, gairebé caleidoscòpicament, i a més de manera irregular i asistemàtica, en cadascuna de les entrades. En principi, els continguts microestructurals més destacables són els següents:

1. Informacions gramaticals, que comprenen sobretot les marques flexives i la informació gramatical explícita (definició categorial, etc.). Van indicades

---

70 Una gran quantitat han estat anotades en l'aparat crític de la mostra edició crítica. Per a més detalls, cf. també Polanco (2012, cxlviii–cli).

molt sovint simplement amb la terminació flexional (nominal o verbal), com en el *Catholicon* i en altres obres medievals o renaixentistes.

2. *Derivatio* i *compositio*: L'exposició de tota o part de la familia derivacional a partir del lema primitiu és una de les informacions més habituals en els repertoris medievals (Papias, *Catholicon*, sobretot Hugutio i Osbern, etc.; cf. Bart 1986, Weijers 1989 i els comentaris anteriors sobre aquestes obres). En el *Liber*, com ocorre en aquests inventaris (el *Catholicon* particularment), de vegades els termes derivats són de nou represos després en la *nomenclatura*.

3. *Etymologia*: Les explanacions etimològiques relativament habituals en les subentrades llatines (sovint en relació amb la *derivatio* i *compositio*) són importades pel *Liber* dels repertoris medievals, sobretot del *Catholicon* (*ebdomoda*, *edulium*, *penates* o *clades*; cf. Weijers 1989; 1991; Buridant 1990), però també de Noni Marcel, Perotti o Valla.

4. *Synonyma*, *differentiae* i *distinctiones*: Aquests gèneres, relacionats entre ells, han tingut una llarga i variada tradició des de l'antiguitat al Renaixement, fins arribar al concepte d'*elegantia*, empeltat de la noció de *distinctio* o *differentia*, que Valla amplia des de la semàntica a la morfosintaxi i l'estilística (Marsh 1979). Arriben al *Liber* a través de diverses obres (*Elegantiae*, *Rudimenta*, i els *De differentiis* i *Synonyma* de Bartolomeo Facio), al costat dels *synonyma* oracionals (*variationes*), de tradició epistologràfica (Fieschi, Gianmario Filelfo), tots els quals Esteve es limita a copiar o apedaçar, sense que li siga adscrivible cap aportació original.

5. Exemples i citacions: Tant els exemples com les citacions representen il·lustracions dels usos o preceptes lingüístics enunciats prèviament dins cada subentrada llatina. Els exemples (sovint introduïts per l'expressió *ut* o equivalents) no porten cap referència a autor o obra, encara que poden provenir d'autors i obres conegudes (com «It clamor celo», de l'Eneida 5, 451, a les entrades 653 i 11295 del *Liber*), i normalment s'incorporen al *Liber* directament dins els fragments manllevats per Esteve a altres autors. Les nombroses citacions explícites del *Liber* (amb referència de l'autor i sovint de l'obra), quasi totes d'autors clàssics, són igualment importades a través de les fonts directes medievals i renaixentistes, no citades tret de casos excepcionals: *Nonius* (Noni Marcel), *vide Sipontinum* (Perotti), *vide Laurentium Valla* o sols un lacònic *Laurentius Valla*. Cap rastre explícit hi han deixat Fieschi, Facio, Poggio, els Filelfos, Caoursin o el *Catholicon*.[71]

---

71 Per a un inventari complet dels exemples amb autor identificat (citacions implícites) i les citacions explícites del *Liber*, cf. Polanco (2012).

6. *Encyclopaedia*: Les informacions suplementàries sobre *realia* (aspectes històrics, culturals, geogràfics) no són molt nombroses i semblen estar copiades sobretot del *Catholicon*, o en casos puntuals confegides pel mateix Esteve a partir de citacions d'autors clàssics.

7. *Expositio*: Al *Liber* no hi ha casos d'*expositio*,[72] és a dir, de definició directa en llatí del terme o expressió aparegut en català a l'entrada o encapçalament de l'article. Tampoc no és habitual l'*expositio* dins la microestructura a partir del terme llatí corresponent. Així, en la majoria dels articles el *Liber* es limita a oferir la simple traducció (o traduccions) al llatí del mot o expressió de l'entrada en català, sense definir-la, i si de cas complementada amb els altres elements microestructurals ja esmentats.

8. Traducció: El tipus més freqüent d'informació lingüística que trobem en la part llatina —o part equivalent— del *Liber* és la simple traducció del terme o expressió (frase, text, etc.) de l'entrada en català. Deixant de banda la tècnica de traducció (criteris de tria lèxica o sintàctica) seguida per Esteve, i centrant-nos en la tipologia o funció estructural de la traducció dins l'obra,[73] podem constatar que al *Liber* predominen dos tipus de sistemes traductològics:

   a) En una sèrie d'entrades, el que convencionalment, i ací abusivament, podem anomenar *lema* (ço és, l'encapçalament en català, independentment del tipus d'estructura d'aquest: lexema únic, sintagma, oració, text) serveix per a la identificació d'uns determinats continguts semàntics (o *significats*), dels quals es donen després, en l'altra llengua, els *significants* (mots o expressions) corresponents (i sovint alternatius) per poder referir-nos-hi. El 'diccionari bilingüe' esdevé llavors un subtipus de diccionari onomasiològic o ideològic —aquell en què es parteix de conceptes o matèries per arribar als significants que els expressen (Haensch et al. 1982, 98). Aquesta estructura es troba, en grau divers, en bastants de les entrades del *Liber*. El cas més prototípic o, si es vol, més extrem és el d'algunes entrades catalanes (com *Creença*, *Ofertes*, *Prechs*, *Recomendacions*, *Supplicació*, etc.) que no són en absolut traduïdes ni comentades en la part

---

72 Utilitzem ací el terme *expositio* pres de Bart (1986, 113), que el defineix com a «voce latina + glossa chiarificatrice in latino».

73 Sobre la *traducció* al *Liber*, vegeu més precisons dins Polanco (2012, clvi–clix). Cal, a més, aclarir prèviament quina de les diverses traduccions presents al *Liber* és la que rep la nostra atenció, ja que la part equivalent llatina (microestructura) del *Liber* tradueix el català, però habitualment és aquest lema (mot o frase) català de l'entrada de cada article el que en realitat ha estat traduït per Joan Esteve del llatí (o l'italià).

llatina, sinó que funcionen com a rètols temàtics/conceptuals que remeten als *significants* llatins concrets (mots o frases) de la microestructura.[74]

b) L'altre tipus de traducció present al *Liber* és el del diccionari bilingüe prototípic, en què el *lema* inicial representa un *significant* (mot o expressió) —i no una noció, com en el tipus precedent— en una llengua, del qual es dóna un altre o altres significants equivalents en l'altra. Gran part de les entrades del *Liber* s'ajusta a aquest model, fet que acostaria l'obra al que es coneix com a diccionari (o, si es vol, frasari) bilingüe. Aquesta definició del *Liber*, però, s'ha d'acceptar simplement de forma *tendencial*, tenint en compte tant que aquesta equivalència no comprén simplement mots sinó una gran varietat de segments, com que, a més, en un mateix article la *traducció* d'una subentrada pot combinar-se de manera extremament variada i impredictible amb qualsevol de les altres tipologies microestructurals estudiades anteriorment.

5 Algunes conclusions

Al llarg de les pàgines anteriors ens ha interessat posar de relleu que el *Liber elegantiarum* constitueix un model d'obra ben particular i difícilment classificable. A banda de combinar-s'hi materials de procedència molt variada, i en absolut exclusivament lexicogràfica, s'hi produeix alhora una juxtaposició (més que no la integració) de models tipològics també molt diversos —com el *Catholicon*, Perotti o el mateix Valla—, els quals de vegades ja presentaven, dins d'ells mateixos, fórmules híbrides i sense una tipologia massa definida. Esteve incorpora i recombina en la seua obra les innovacions i les concepcions tipològiques d'aquests models, però no homogeneïtza les tècniques plurals dels materials que incorpora. El gran eix que vincula tots aquests continguts i tècniques és només l'alfabetització i, secundàriament, la presència del català com a mera introducció a la part llatina.

Aquests dos trets *transversals* donen una aparent unitat al *Liber* i l'acosten, sols superficialment, a un model lexicogràfic (d'altra banda molt parcialment buscat per l'autor). Però encobreixen una heterogeneïtat molt més profunda —de tècniques, de necessitats i d'objectius intel·lectuals i socials— que impedeix una classificació unívoca de l'obra. Aquesta ambició sincrètica i innovadora d'Esteve, sens dubte desproporcionada, explica la complexitat, la riquesa i l'origi-

---

[74] Un cas semblant podria ser el de l'entrada 11858, que en realitat és la còpia sencera d'una carta, de la qual s'ha traduït al català tan sols la primera oració, que serveix de rètol.

nalitat de l'obra, però representa alhora la seua més gran feblesa, en impedir-li d'adaptar-se a unes necessitats més concretes i a uns usuaris més definits que, de forma creixent a finals del s. XV, anaven tenint a l'abast unes eines més adaptades a les seues demandes. Cal recordar que la incorporació de continguts diversos o l'adopció de tècniques encara no estandarditzades no impediren en la seua època l'èxit i una gran difusió d'altres productes semblants. És el cas dels diversos diccionaris de Nebrija, que integren aportacions molt dispars però amb un criteri selectiu exigent i amb uns esquemes tècnics innovadors i pràctics; o el de la *Paraphrasis* de les *Elegantiae*, on Erasme aplica a l'obra de Valla un criteri unívoc d'adaptació alfabètica a uns continguts ja inicialment molt més homogenis.

Contràriament, l'excessiva heterogeneïtat del *Liber*, manifestada no únicament en els materials de partida, sinó sobretot en la incapacitat selectiva i en la tècnica heteròclita d'integració, sembla haver conduït a uns resultats ben diferents. A aquests discutibles criteris aplicats per Esteve (o a la manca d'aquests) podríem atribuir el fet que el *Liber* tingués una única edició, ràpidament oblidada, o que no aconseguís inaugurar cap nou model gramatical. Tot això, sense que puguem menystenir els efectes del competitiu mercat gramatical coetani, o de les ruptures fracassades de l'humanisme als territoris catalanoparlants (Alcoberro 2007). Unes ocasions mancades que també caldria relacionar, a la ciutat i al Regne de València, amb la desaparició d'una cort reial, amb les crisis socials i la trajectòria inestable de les institucions, o amb la crisi del paper prioritari de la llengua pròpia. Des d'un punt de vista teòric i metodològic, el *Liber* ens enfronta, a través de les seues aparents incongruències, amb la necessitat d'anàlisis no sols dels continguts sinó de les tipologies i, més enllà, amb el repte d'emmarcar la producció dels instruments de treball intel·lectual (i en general tota producció literària i escrita) dins els processos de transmissió del saber i de transformació de les societats.

Bibliografia

Aguiló i Fuster, Marian, *Diccionari Aguiló. Materials lexicogràfics* [. . .]. *Revisats i publicats sota la cura de Pompeu Fabra i Manuel de Montoliu*, 8 vol., Barcelona, Institut d'Estudis Catalans, 1914–34 [Facs. Barcelona, Alta Fulla, 1988–89].

Alcoberro, Agustí, *L'humanisme català en temps dels Reis Catòlics*, in: Ribot, Luis/Valdeón, Julio/Maza, Elena (edd.), *Isabel la Católica y su tiempo*, vol. 1, Valladolid, Universidad de Valladolid, 2007, 757–775.

Bart, Alda Rossebastiano, *Alle origini della lessicografia italiana*, Lexique 4 (1986), 113–156.

Batllori, Miquel, *A través de la història i la cultura*, Barcelona, Publicacions de l'Abadia de Montserrat, 1979.

Beccadelli el Panormita, Antonio, *Dels fets e dits del gran rey Alfonso. Versió catalana del segle XV de Jordi de Centelles*, ed. Duran, Eulàlia, Barcelona, Barcino, 1990.

Bentley, Jerry H., *Politics and culture in Renaissance Naples*, Princeton, Princeton University Press, 1987.

Berger, Philippe, *Libro y lectura en la Valencia del Renacimiento*, València, Edicions Alfons el Magnànim, 1987.

Buridant, Claude, *Lexicographie et glossographie médiévales. Esquisse de bilan et perspectives de recherche*, Lexique 4 (1986), 9–46.

Buridant, Claude, *Définition et étymologie dans la lexicographie et lexicologie médiévales*, in: Chaurand, Jacques/Mazière, Francine (edd.), *La définition. Actes du colloque «la Définition», organisé par le CELEX (Centre d'études du lexique) de l'Université de Paris-Nord (nov. 1988)*, Paris, Larousse, 1990, 43–59.

Calvo Fernàndez, Vicente, *Gramática Proverbiandi. Estudio de la gramática latina en la baja edad media española*, Münster, Nodus, 2000.

Charlet, Jean-Louis, *Les instruments de la lexicographie latine de l'époque humaniste*, in: Perini, Giorgio Bernardi (ed.), *Il latino nell'età dell'Umanesimo*, Firenze, Olschki, 2004, 167–195.

Charlet, Jean-Louis, *La lexicographie latine du Quattrocento*, in: Gilmont, Jean-François/Vanautgaerden, Alexandre (edd.), *Les instruments de travail à la Renaissance*, Turnhout, Brepols, 2010, 37–66.

Chomarat, Jacques, *Grammaire et rhétorique chez Erasme*, Paris, Les Belles Lettres, 1981.

Chomarat, Jacques, *Deux opuscules grammaticaux de Valla*, Histoire, épistémologie, langage 2:4 (1982), 21–40.

Clough, Cecil H., *The cult of Antiquity. Letters and letter collections*, in: Clough, Cecil H. (ed.), *Cultural aspects of the Italian Renaissance*, Manchester/New York, Manchester University Press, 1976, 33–67.

Codoñer, Carmen, *La ambigüedad de los humanistas ante el texto de Isidoro de Sevilla*, in: Hamesse, Jacqueline/Fattori, Marta (edd.), *Lexiques et glossaires philosophiques de la Renaissance*, Louvain-la-Neuve, Fédération internationale des Instituts d'études médiévales, 2003, 1–20.

Codoñer, Carmen/González Iglesias, Juan Antonio (edd.), *Antonio de Nebrija. Edad Media y Renacimiento*, Salamanca, Universidad de Salamanca, 1994.

Colon, Germà, *Fer lo proverbi*, in: *Miscelánea de estudios hispánicos. Homenaje de los hispanistas de Suiza a Ramón Sugrañes de Franch*, Barcelona, Publicacions de l'Abadia de Montserrat, 1982, 33–39.

Colon, Germà, *Los sinónimos de Fliscus y su aprovechamiento románico*, in: Codoñer, Carmen/González Iglesias, Juan Antonio (ed.), *Antonio de Nebrija. Edad Media y Renacimiento*, Salamanca, Universidad de Salamanca, 1994, 413–426.

Colon, Germà/Colon, Andrés, *La enseñanza del latín en la baja edad media*, Madrid, Gredos, 2003.

Colon, Germà/Soberanas, Amadeu-J., *Panorama de la lexicografia catalana. De les glosses medievals a Pompeu Fabra*, Barcelona, Enciclopèdia Catalana, 1986.

Cruselles, José María, *Maestros, escuelas urbanas y clientela en la ciudad de Valencia a finales de la edad media*, Estudis 15 (1989), 9–44.

DCVB = Alcover, Antoni Maria/Moll, Francesc de B., *Diccionari català-valencià-balear*, 10 vol., Palma de Mallorca, Moll, 1926–1962.

DECat = Coromines, Joan, *Diccionari etimològic i complementari de la llengua catalana*, 9 vol., Barcelona, Curial, 1980–1991.

Della Casa, Adriana, *Les glossaires et les traités de grammaire du moyen âge*, in: Lefèvre, Yves (ed.), *La lexicographie du latin médiéval et ses rapports avec les recherches actuelles sur la civilisation du Moyen-âge (Paris, 18–21 octobre 1978)*, Paris, Éditions du CNRS, 1981, 35–46.

Della Casa, Adriana, *Le «Introductiones Latinae» e il «Catholicon» di Giovanni Balbi*, in: Codoñer, Carmen/González Iglesias, Juan Antonio (edd.), *Antonio de Nebrija. Edad Media y Renacimiento*, Salamanca, Universidad de Salamanca, 1994, 235–246.

Esparza Torres, Miguel Ángel/Calvo Fernández, Vicente, *La «Grammatica proverbiandi» y la «Nova ratio Nebrissensis»*, Historiographia Lingüística 21:1/2 (1994), 39–64.

Esteve, Joan, *Liber elegantiarum (Venècia, Paganinus de Paganinis, 1489)*. Estudi preliminar de Germà Colon, 9–34, Castelló de la Plana, Inculca, 1988.

Fulgentius, Flavius P., *Opera. Expositio sermonum antiquorum ad grammaticum Calcidium*, ed. Helm, Rudolf, Stuttgart, Teubner, 1970 [Ed. Stereot. ed. 1898].

Gavinelli, Simona, *Le «Elegantie» di Lorenzo Valla. Fonti grammaticali latine e stratificazione compositiva*, Italia medioevale e umanistica 31 (1988), 205–257 .

Gavinelli, Simona, *Teorie grammaticali nelle «Elegantie» e la tradizione scolastica del tardo umanesimo*, Rinascimento 31 (1991), 155–181 .

Giustiniani, Vito R., *Lo scrittore e l'uomo nell'epistolario di Francesco Filelfo*, in: Avesani, Rino, et al. (edd.), *Francesco Filelfo nel quinto centenario della morte. Atti del XVII Convegno di Studi Maceratesi (Tolentino, 27–30 settembre 1981)*, Padova, Antenore, 1986, 249–274.

González, Enrique, *Joan Lluís Vives. De la Escolástica al Humanismo*, València, Generalitat Valenciana, 1987.

Grendler, Paul F., *Schooling in Renaissance Italy. Literacy and learning, 1300–1600*, Baltimore, The Johns Hopkins University, 1989.

Gulsoy, Joseph, *La lexicografía valenciana*, Revista Valenciana de Filologia 4:2–3 (1964), 109–142.

Haensch, Günther, et al., *La lexicografía. De la lingüística teórica a la lexicografía práctica*, Madrid, Gredos, 1982.

Hauf, Albert G., *Una versió valenciana quatrecentista desconeguda de la «Obsidionis Rhodie» de Guillaume de Caoursin*, Caplletra 15 (tardor 1993), 89–125.

Henderson, Judith Rice, *Valla's «Elegantiae» and the humanist attack on the «Ars dictaminis»*, Rhetorica 19:2 (2001), 249–268.

Hunt, Richard W., *The history of grammar in the Middle Ages. Collected papers*, Amsterdam, John Benjamins, 1980.

Jensen, Kristian, *Rhetorical philosophy and philosophical Grammar. Julius Caesar Scaliger's theory of language*, München, Fink, 1990.

Kristeller, Paul Oskar, *Renaissance thought and its sources*, New York, Columbia University Press, 1979 [traducción castellana: *El pensamiento renacentista y sus fuentes*, México, Fondo de Cultura Económica, 1982].

Kristeller, Paul Oskar, *Rhetoric in medieval and Renaissance culture*, in: Murphy, James J. (ed.), *Renaissance eloquence. Studies in the theory and practice of Renaissance rhetoric*, Berkeley/Los Angeles/London, University of California Press, 1983, 1–19.

Law, Vivien, *The history of linguistics in Europe. From Plato to 1600*, Cambridge, Cambridge University Press, 2003.

Lépinette, Brigitte, *Le «Lexicon» (1492) de E. A. de Nebrija (1444–1522) et les «Catholicon Abbreuiatum» latin-français de la fin du XVe siècle*, in: Codoñer, Carmen/González Iglesias, Juan Antonio (edd.), *Antonio de Nebrija. Edad Media y Renacimiento*, Salamanca, Universidad de Salamanca, 1994, 438–446.

Marsh, David, Grammar, *Method and polemic in Lorenzo Valla's «Elegantiae»*, Rinascimento 19 (1979), 91–116.

Mayer, Marc, *La lexicografía latina en Cataluña*, in: *Actas del V Congreso Español de Estudios Clásicos*, Madrid, Publicaciones de la Sociedad Española de Estudios Clásicos, 1978, 741–750.

Mayer, Marc, *[Ressenya de Papias 1977]*, Faventia 1:1 (1979), 125–126.

Moll, Francesc de B., *El «Liber elegantiarum». Lección profesada el día 9 de abril de 1959 en la Cátedra Milá y Fontanals*, Barcelona, Universidad de Barcelona. Facultad de Filosofía y Letras, 1960 (=1960a).

Moll, Francesc de B., *Les sources du «Liber Elegantiarum» de Joan Esteve*, Boletím de Filologia 19 (1960), 105–111 (=1960b).

Moll, Francesc de B., *Textos i estudis medievals*, Barcelona, Publicacions de l'Abadia de Montserrat, 1982.

Murphy, James J., *Rhetoric in the Middle Ages. A history of rhetorical theory from St. Augustine to the Renaissance*, Berkeley, University of California Press, 1974.

Murphy, James J. (ed.), *Renaissance eloquence. Studies in the theory and practice of Renaissance rhetoric*, Berkeley/Los Angeles/London, University of California Press, 1983.

Murphy, James J., *One thousand neglected authors. The scope and importance of Renaissance rhetoric*, in: Murphy, James J. (ed.), *Renaissance eloquence. Studies in the theory and practice of Renaissance rhetoric*, Berkeley/Los Angeles/London, University of California Press, 1983, 20–36.

Olmos Canalda, Elías, *Códices de la Catedral de Valencia*, Madrid, CSIC, 1943.

Olmos Canalda, Elías, *Incunables de la Catedral de Valencia*, Madrid, CSIC, 1951.

Padley, G. A., *Grammatical theory in Western Europe, 1500–1700. The Latin tradition*, Cambridge, Cambridge University Press, 1976.

Papias, *Papiae Elementarium. Littera A*, ed. de Angelis, Violetta, Milano, Cisalpino/Goliardica, 1977–1980.

Percival, W. Keith, *The grammatical tradition and the rise of the vernaculars*, in: Sebeok, Thomas A. (ed.), *Historiography of linguistics*, vol. 1, Den Haag, Mouton, 1975, 231–275.

Percival, W. Keith, *Renaissance grammar. Rebellion or evolution?*, in: Tarugi, Giovannangiola (ed.), *Interrogativi dell'Umanesimo. Atti del X Convegno internazionale del Centro di studi umanistici montepulciano*, Firenze, Olschki, 1976, vol. 2, 73–90.

Percival, W. Keith, *The place of the «Rudimenta Grammatices» in the history of latin grammar*, Res Publica Litterarum 4 (1981), 233–264.

Percival, W. Keith, *Grammar and rhetoric in the Renaissance*, in: Murphy, James J. (ed.), *Renaissance eloquence. Studies in the theory and practice of Renaissance rhetoric*, Berkeley, University of California Press, 1983, 303–330.

Percival, W. Keith, *Early editions of Niccolò Perotti's «Rudimenta Grammatices»*, Res Publica Litterarum 9 (1986), 219–229.

Percival, W. Keith, *Nebrija and the Medieval grammatical tradition*, in: Codoñer, Carmen/ González Iglesias, Juan Antonio (edd.), *Antonio de Nebrija. Edad Media y Renacimiento*, Salamanca, Universidad de Salamanca, 1994, 247–258.

Platina, [Bartolomeo Sacchi], *De honesta voluptate et valitudine*. Civitate Austriae (Cividale), Gerardus de Flandria, 1480 [Facs. Udine: Società Filologica Friulana, 1994].

Polanco Roig, Lluís Bernat, *Els «Rudimenta grammatices» de Niccolò Perotti, inspiradors del «Liber elegantiarum» de Joan Esteve*, Caplletra 13 (tardor 1992), 135–173.

Polanco Roig, Lluís Bernat, *El «Liber elegantiarum» de Joan Esteve. Edició crítica i estudi*, Tesi doctoral, Universitat de València, 1995.

Polanco Roig, Lluís Bernat, *L'onomàstica del «Liber elegantiarum»*, in: Casanova, Emili/ Rosselló, Vicenç M. (edd.) *Congrés Internacional de Toponímia i Onomàstica Catalanes (València, 18–21 d'abril de 2001)*, València, Denes, 2002, 665–692.

Polanco Roig, Lluís Bernat, *L'humanisme gastronòmic i la Corona d'Aragó. El cas de Bartolomeo Sacchi, «il Platina»*, in: Grau, Ferran, et al. (edd.), *La Universitat de València i l'Humanisme. Studis humanitatis i renovació humanística a Europa i el nou món*, València, Universitat de València, 2003, 513–536.

Polanco Roig, Lluís Bernat, *The «Liber elegantiarum» by Joan Esteve. A Catalan-Latin dictionary at the crossroads of fifteenth-century european culture*, Turnhout, Brepols, 2012.

Regoliosi, Mariangela, *Nel cantiere del Valla. Elaborazione e montaggio delle Elegantie*, Roma, Bulzoni, 1993.

Regoliosi, Mariangela, *Le «Elegantie» del Valla come «grammatica» antinormativa*, Studi di grammatica italiana 19 (2000), 315–336.

Revest i Corzo, Lluís, *La enseñanza en Castellón de 1374 a 1400*, Boletín de la Sociedad Castellonense de Cultura III, XI (maig-juny 1930), 161–190.

Rico, Francisco, *Nebrija frente a los bárbaros*, Salamanca, Universidad de Salamanca, 1978.

Rico, Francisco, *Primera cuarentena y tratado general de literatura*, Barcelona, Quaderns Crema, 1982.

Rubió i Balaguer, Jordi, *Els textos de gramàtica a les escoles catalanes medievals*, La revista dels llibres 2 (1926), 67–71.

Rubió i Balaguer, Jordi, *Humanisme i Renaixement*, Barcelona, Publicacions de l'Abadia de Montserrat, 1990.

Ruíz i Calonja, Joan, *Relacions del Panormita amb la cort d'Alfons el Magnànim*, in: Beccadelli El Panormita, Antonio, *Dels fets e dits del gran rey Alfonso. Versió catalana del segle XV de Jordi de Centelles*, ed. Duran, Eulàlia, Barcelona, Barcino, 1990, 367–398.

Ryder, Alan, *El reino de Nápoles en la época de Alfonso el Magnánimo*, València, Edicions Alfons el Magnànim, 1987.

Sabbadini, R., *Cronologia documentata della vita di Lorenzo della Valle, detto il Valla*, in: Barozzi, Luciano/Sababdini, Remigio (edd.), *Studi sul Panormita e sul Valla*, Firenze, Istituto di Studi Superiori Pratici e di Perfezionamento, 1891, 49–148.

Sanchis Cantos, Juan, *Desde las escuelas a la Universidad*, Estudis 18 (1992), 29–45.

Sanchis Sivera, Josep, *La enseñanza en Valencia en la época foral. I–VII*, Boletín de la Academia de la Historia 108 (1936), 147–149, 661–666.

Serrano Morales, José Enrique, *Reseña histórica en forma de diccionario de las imprentas que han existido en Valencia*, Valencia, 1898–1899.

Soria, Andrés, *Los humanistas en la corte de Alfonso el Magnánimo*, Granada, Universidad de Granada, 1956.

Torre y del Cerro, Antonio de la, *Precedentes de la Universidad de Valencia*, Anales de la Universidad de Valencia V (1924–25), 35–38.

Uguccione da Pisa, *Derivationes*, ed. Cecchini, Enzo, et al., Firenze, Sismel/Edizioni del Galluzzo, 2004.

Valla, Lorenzo, *Opera omnia*, ed. Garin, Eugenio, Torino, Bottega d'Erasmo, 1962 (Facs. ed. 1561).

Valla, Lorenzo, *De linguae Latinae elegantia*, ed. López Moreda, Santiago, Cáceres, Universidad de Extremadura, 1999.

Vilallonga, Mariàngela, *La literatura llatina a Catalunya al segle XV*, Barcelona, Curial/ Publicacions de l'Abadia de Montserrat, 1993.

Villa Dei, Alexander de, *El Doctrinal. Una gramática latina del Renacimiento del siglo XII*, introd. i. trad. Gutiérrez Galindo, Marco A., Madrid, Akal, 1993.

Weijers, Olga, *Lexicography in the Middle Ages*, Viator 20 (1989), 139–153.

Weijers, Olga, *Les dictionnaires et autres répertoires*, in: Weijers, Olga (ed.), *Méthodes et instruments du travail intellectuel du moyen âge. Études sur le vocabulaire*, Turnhout, Brepols, 1990, 197–208.

Weijers, Olga (ed.), *Dictionnaires et répertoires au moyen âge. Une étude du vocabulaire*, Turnhout, Brepols, 1991.

Weijers, Olga, *Les intruments de travail au Moyen Âge, quelques remarques*, in: Gilmont, Jean-François/Vanautgaerden, Alexandre (edd.), *Les instruments de travail à la Renaissance*, Turnhout, Brepols, 2010, 17–36.

Witt, Ronald G., *Medieval «Ars Dictaminis» and the beginnings of humanism. A new construction of the problem*, Renaissance Quarterly 35 (1982), 1–35.

Woodward, William H., *Studies in the education during the age of the Renaissance 1400–1600*, Cambridge, Cambridge University Press, 1906.

Josep Solervicens
La construcció d'un clàssic
El filtratge renaixentista d'Ausiàs March (1543–1560)

Abstract: The concepts of *poetry*, *poet* and *poetics* in the Renaissance are prima-
rily linked to the Greco-Roman models and are usually written in Latin. However,
Catalan appears progressively in the new theoretical discourse about literature
as the language of communication, or as object of analysis when the interest is
shifted from the classic authors towards writers of Catalan literature. The process
of textual fixation, spreading, translation, valuation and imitation of the poetic
work of Ausiàs March during the Renaissance, taking as a starting point the Bar-
celonese editions (1543, 1545 and 1560), the edition printed in Valladolid (1555)
and the manuscript written by Carròs de Vilaregut in 1546, which was intended
to be printed are essential for this study. Based on all that, this article analyzes
the different interpretative procedures and the diverse organic articulation of the
compositions in order to discover the procedures that authorize a literary model
in Catalan, the one of March, following the new theoretical parameters of the
Renaissance and the parallels with the Cinquecento Italian editions by Petrarch
and Ariosto.

Keywords: Ausiàs March, literary model, authorization, Renaissance

1 Nou marc teòric per a la literatura en vulgar

Els conceptes de *poesia*, *poeta* i *poètica* dibuixen un camp del saber que al Renai-
xement sovint delimiten la mimesi, la ficció i l'elaboració estilística. La teoritza-
ció al voltant de la *poesia* legitima la ficció en tant que possibilita l'expressió de
conceptes universals sobre la condició humana, explica la fusió de *plaer* i *conei-
xement* de manera força més complexa que el lema horacià «aut prodesse uolunt
aut delectare poetae», d'àmplia difusió ja durant l'edat mitjana, i potencia la

Nota: Aquest article forma part del projecte d'investigació Mímesis. Creación literaria, vidas de
autor y poética en la edad moderna (PID 2019-1109 86GB-I00), finançat pel pel Ministerio de
Economía y Competitividad (MINECO) del Govern espanyol.

Prof. Dr. Josep Solervicens, Universitat de Barcelona, Departament de Filologia Catalana
i Lingüística General, Gran Via de les Corts Catalanes, 585, E-08007 Barcelona,
jsolervicens@ub.edu

https://doi.org/10.1515/9783110430622-010

capacitat dels poetes per forjar una llengua literària complexa i subtil, apta per a l'expressió de pensaments elevats, a través de recursos estilístics i d'usos lingüístics allunyats de la simple referencialitat. La nova delimitació de la *poesia*, l'estatus del *poeta* instruït i instructor o la conceptualització que n'opera la *poètica* al Renaixement, gràcies a la recuperació dels textos teòrics clàssics, singularment del revulsiu que suposa la *Poètica* d'Aristòtil, es vinculen en primera instància a models grecollatins i se solen articular en llatí.[1] Tanmateix, el català s'infiltra progressivament en el nou discurs teòric sobre la matèria, com a llengua vehicular o, fins i tot, com a objecte d'anàlisi, quan es desplaça l'interès dels poetes clàssics grecollatins als autors de la literatura catalana, singularment en el cas d'Ausiàs March, a qui s'apliquen les mateixes estratègies de canonització per convertir-lo en un clàssic en vulgar.

Un bon exponent de la utilització del català en un àmbit d'especulació teòrica sobre *poesia*, reservat tradicionalment al llatí, són les anotacions de Pere Joan Núñez a la *Poètica* aristotèlica,[2] conservades en forma d'apunts de classe d'un deixeble barceloní de l'hel·lenista valencià, redactades molt possiblement entre 1577 i 1597. La *Poetica d'Aristotele vulgarizzata e sposta* de Lodovico Castelvetro (Viena, 1570), també redactada en vulgar, s'ha de considerar una de les fonts bàsiques de Núñez per a l'elaboració del comentari; el volum s'inicia amb una carta proemial, adreçada a Maximilià II d'Habsburg, on Castelvetro legitima l'ús de l'italià en un tractat especulatiu i no pas divulgatiu, perquè es tracta d'una llengua tan apta com el llatí, però més dúctil per a l'expressió dels propis pensaments:

> Io m'induco raggionevolmente a credere che questa mia fatica non debba esser men graziosa perché sia stata dettata in questa lingua, alla quale è indirizzata, donata e consacrata, a me altresì non dee esser punto discaro l'avervela dettata si per questo massimamente, si perché io mi do ad intendere d'aver fatto cio in questa lingua alquanto meno male, nella quale non nego d'aver speso qualche tempo per impararla e per avanzarmi alquanto in essa e d'avervi ancora scrita alcuna volta alcuna cosetta che non avrei fatto in un altra dove fossi meno essercitato e per poco scrittore nuovo. Senza che io ho giudicato che questa fosse opportunità convenevole e da non tralasciare da fare una volta esperienza, il che da niuno infino a qui non pare che sia stato tentato, se fosse possibile che con le voci proprie e naturali di questa lingua si potessono far vedere e palesare altri concetti della mente nostra che d'amore e di cose leggiere e popolari, e si potesse ragionare e trattar d'arti e di dottrine e di cose gravi e nobili, senza bruttare e contaminar la purità sua con la mistura delle voci greche e latine, quando la necessità non ci costringe a far ciò, acciocché riconoscendosi la

---

1 Cf. Kappl (2006), Solervicens/Moll (2012) i, específicament aplicat a la lírica, Vega/Esteve (2004), Huss/Mehltretter/Regn (2012).

2 Conservades al manuscrit 69, fons Sant Cugat, de l'Arxiu de la Corona d'Aragó, ff. 127v–134r, van ser editades per Alcina (1991). Per a les connexions entre les anotacions de Núñez i les de Castelvetro, cf. Solervicens (2015).

sufficienza e il valore di questa lingua ancora in questa parte, non resti priva più lungamente della debita sua lode (Castelvetro 1570, a4r).[3]

Núñez, en canvi, no justifica l'ús del català als seus comentaris aristotèlics i el seu grau de compromís amb el vulgar és molt inferior al de Castelvetro. No obstant això, de Núñez, en conservem un discurs universitari en català titulat *Avisos per a estudiar les arts en particular* i unes breus notes, també en català, per elaborar una classe de retòrica sobre el gènere epistolar llatí: *Per fer censura d'una epístola s'han de considerar tres coses*, tots dos manuscrits.[4] Esmento la connexió modenesa de Núñez perquè, ara que sabem que va explorar a fons el comentari de Castelvetro, penso que en podem inferir que estava en condicions d'apreciar també les raons polítiques en defensa del vulgar i hipotèticament podem plantejar si d'aquí en va treure la impressió que era possible una operació d'aquesta envergadura en vulgar que, a més, permetés prestigiar el català i estar *à la page*. En tot cas, els perfils intel·lectuals de Castelvetro i de Núñez, i la seva manera d'implicar-se amb els respectius vulgars, són prou diferents. Castelvetro, que prèviament havia analitzat *I Trionfi* de Petrarca, va escriure un comentari al *Canzoniere* (publicat pòstumament a Viena el 1582), un comentari íntegre a la *Commedia* dantesca, del qual s'ha conservat una reescriptura que abasta únicament fins al cant 29 de l'*Inferno*, va redactar postil·les crítiques al tercer llibre de les *Prose della volgar lingua* de Bembo (en un opuscle publicat a Mòdena el 1563) i va participar en múltiples debats sobre llengua i literatura italianes.

Tot i que Núñez no va transferir els paràmetres aristotèlics a l'anàlisi de textos en vulgar, com sí que ho va fer Castelvetro, els materials amb els quals al Renaixement es basteix un *nou* discurs sobre *poesia* també es vernacularitzen a l'àmbit català. Cesc Esteve i Antoni Lluís Moll, en una bona (re)visió panoràmica de la

---

3 També Alessandro Piccolomini, a les confessions proemials als lectors de la traducció italiana anotada de la *Poètica* (1575), declara: «io già molti anni sono ho avuto desiderio di scrivere qualche cosa in lingua nostra sopra questo libro che ci è restato della *Poetica* d'Aristotele, per essermi sempre paruto tale che fusse stato bene speso ogni studio e ogni fatica che ci si fusse fatta sopra, ma vedendo io discoprir tuttavia uomini dotti l'un doppo l'altro che con lor giudiziosi commenti gran lume chi ad alcuni difficili passi di quel libro e chi ad alcuni altri davano, e specialmente il Maggio e il Vittorio, che con la dottrina e con l'ingegno loro molti luoghi e con giudiziosa correzzion di testi e con acute dilucidazioni di sensi hanno, per dir il vero, recato quasi da morte a vita, stava io differendo e prolungando la disegnata impresa con la credenzia ch'io aveva che seguendo come cominciato aveano di discoprirsi altri uomini dotti in aiuto della chiarezza di questo libro avesse egli finalmente tosto senza mia fatica alcuna da ricever quella perfezzione per tutti i passi e luoghi suoi, che in buona parte d'essi, come ho detto, ricevuto aveva» (Piccolomini 1575, ††v).
4 Ambdós conservats al manuscrit 349 de la Biblioteca del Patriarca de València i editats per Duran/ Solervicens (1996, 77–81, 90–92).

poètica catalana del Renaixement, estableixen connexions entre les «poètiques classicistes» i la «poètica en vulgar», però també entre discursos aparentment tan *nostrats* (perquè parlen del català o de referents catalans) com els de Joan Boscà, Pere Antoni Beuter o Joan Pujol i els referents teòrics elaborats a Itàlia per presigiar clàssics en vulgar (cf. Esteve/Moll 2011).

2 Canonització d'Ausiàs March a través de la impremta

Em situo en la perspectiva metodològica adoptada per Cesc Esteve i Antoni Lluís Moll i, a través dels processos de fixació textual, difusió, traducció, valoració i imitació de l'obra poètica d'Ausiàs March durant el Renaixement, singularment a partir de l'edició barcelonina de 1543, pretenc explorar el com i el perquè de l'aplicació de nous paràmetres teòrics a textos literaris en català. Prenc com a base d'anàlisi cinc edicions marquianes: les impreses a Barcelona (1543, 1545 i 1560), l'edició en català impresa a Valladolid (1555) i el manuscrit impulsat per Lluís Carròs de Vilaregut el 1546, destinat a la impremta tot i que no va acabar imprès, i que dialoga clarament amb les dues edicions barcelonines anteriors. M'interessa focalitzar l'atenció en els paratextos a les edicions marquianes i per això utilitzo molt tangencialment els comentaris no vinculats directament als impresos, com ara la *Visió en somni* i les glosses marquianes del poeta mataroní Joan Pujol (impreses el 1573), malgrat que algunes de les recreacions de March contenen tots els elements d'una interpretació.[5] La perspectiva que pretenc desenvolupar desvincula de les simples estratègies de màrqueting els paratextos de les edicions marquianes (amb reclams, notes als marges, glosses, taules i, en ocasions, declaracions proemials) i considera que les taules de «termes obscurs» que hi apareixen no obeeixen només als canvis operats pel català en el pas del segle XV al XVI.

Tot i admetre que és controvertible no iniciar el discurs amb la primera visita d'Ausiàs March a la galàxia Gutenberg, l'enfocament del seu primer editor i traductor al castellà, Baltasar de Romaní (València, 1539), em sembla encara medieval, tant en el procediment com en el resultat. És una selecció molt parcial de

---

5 Cabré (2002) va començar a explorar aquesta via. De fet, alguns teòrics del Renaixement ja havien establert una connexió directa entre els comentaris, les glosses i les traduccions. A la traducció italiana anotada de la *Poètica*, Alessandro Piccolomini observa: «e perché varii modo si trovano in uso d'osservare e di seguire scrivendo un autore, com'a dire, traducendo, commentando o vero sponendo, annotando, parafrizando e compendiando» (Piccolomini, 1575, «ai lettori», s.n., 2ª p. del pròleg).

només 46 poemes, unes dimensions habituals en les recopilacions manuscrites del segle XV i de començament del XVI, feta amb criteris eminentment morals i acompanyada d'una traducció castellana en vers encarregada de llimar-ne encara més els mínims components susceptibles d'una lectura heterodoxa. Penso que és en aquesta direcció que caldria entendre la supressió de les endreces als poemes marquians, per obviar que March adreça el seu discurs amorós a diverses dames.[6]

Les edicions barcelonines impulsades per don Ferrando Folch de Cardona, tot i mantenir punts de contacte amb l'edició valenciana quasi coetània, en realitat responen a plantejaments força diferents.[7] D'entrada, la pretensió de don Ferrando és recollir el conjunt de la producció marquiana; la seva primera edició, apareguda el 22 de desembre de 1543 a les premses de Carles Amorós, aplega 122 poemes (enfront dels 46 de l'edició de Romaní). Poden cridar l'atenció dues coincidències estridents, però només aparents, entre l'edició valenciana del 39 i la barcelonina del 43: la tria del poema *Qui no és trist de mos dictats no cur* per encapçalar el recull i l'ordenació aparentment temàtica del conjunt. En realitat, tot i que Romaní agrupa els poemes en quatre blocs, no n'estableix cap seqüència travada que en justifiqui l'ordenació. En canvi, la preocupació per construir una trama de ficció que articuli els 122 poemes és l'element més característic de l'edició barcelonina, com bé ha demostrat recentment Albert Lloret (2013, 157–209).

En un document sense data, Lluís Pedrol, secretari de don Ferrando, sol·licita al rei la llicència per a la publicació de les obres de March «correctas, juntas y reducidas a su debida forma», val a dir, corregides textualment i reordenades (Lloret 2013, 157). Pedrol estava relacionat també amb la traducció al castellà dels *Comentari delle cose dei turchi* de Paolo Giovio, publicats igualment per Carles Amorós, el juny de 1543, i sembla ser un dels cervells que s'amaga al darrera de la primera edició barcelonina de March. A nivell material, si l'edició valenciana apareix en format foli i lletra gòtica, la barcelonina de 1543 redueix la mesura al quart i es val de la cursiva humanística. Les edicions posteriors mantenen la cursiva i passen a ser en octau, el format predilecte de les edicions venecianes coetànies de Petrarca o d'Ariosto.

Folch de Cardona, a part d'oferir suport econòmic, molt possiblement va aportar ajuda intel·lectual, tant a la primera edició barcelonina com a les dues

---

6 Es poden consultar diverses versions facsímils de l'edició i traducció de Baltasar de Romaní, impresa per Joan Navarro el 1539 i adreçada al duc de Calàbria: per exemple, la versió curada per Vicent Josep Escartí a Bancaixa/Generalitat Valenciana (València, 1997) o la versió prologada per Jaume J. Chiner a Generalitat Valenciana (València, 2009). Un bon estudi del marc conceptual en què se situa Baltasar de Romaní, a Lloret (2013, 17–99).

7 Sobre la primera de les edicions barcelonines, la impulsada per Ferrando Folch de Cardona el 1543, és indispensable consultar Lloret (2013, 101–209).

següents, les de 1545 i 1560. La publicació barcelonina de 1545, impresa també per Carles Amorós, es pot entendre com una reedició, amb mínimes correccions, de la del 1543. Des del punt de vista material instaura el format en octau, que des d'aleshores serà el seguit per tots els editors cinccentistes, i agrupa les notes al marge de l'edició anterior en una taula inicial. Qui introdueix canvis rellevants en l'ordenació i en l'anotació de l'obra de March és Juan de Resa, assessorat probablement per l'humanista valencià Honorat Joan, en l'edició de March impresa a Valladolid (1555), adreçada a Gonzalo Fernández de Córdoba, germà de Beatriz, la muller de Ferrando Folch de Cardona. És rellevant remarcar que els canvis introduïts a l'edició de Valladolid són assumits per l'edició barcelonina de 1560, impresa per Claudi Bornat, hereu de les impressions d'Amorós, i, segons tots els indicis, curada per Antic Roca, catedràtic d'arts i de filosofia a la Universitat de Barcelona i un dels cervells grisos de moltes de les edicions de Bornat. El volum inclou poemes proemials de Pere Serafí, Francesc Calça i Antic Roca, i una epístola de Claudi Bornat adreçada a don Ferrando, que en fa explícits l'impuls i el suport.

En paral·lel, Lluís Carròs de Vilaregut, governador de Xàtiva i batle general de València, després d'haver consultat les dues primeres edicions barcelonines, va encarregar una nova còpia de l'obra de March, «vistes les errors e inadvertències dels impressors, les quals corrompen l'escriptura i sentències de les dites obres» L'encarregat de l'edició, que copia 126 poemes, és Jeroni Figueres, responsable també d'un vocabulari més ampli, amb «Declaració de paraules llemosines escures», i d'un pròleg programàtic, adreçat a Àngela de Borja.

La cura en la fixació textual de l'obra d'Ausiàs March s'explicita en totes les edicions i en el manuscrit valencià preparat per a la impremta, que aspiren a aconseguir aportar «la verdadera i original scripció de les obres de March» (BNE, Madrid, ms. 3695, f. Vr). El poeta Joan Boscà a l'emblemàtica epístola adreçada a la duquessa de Soma, Beatriz Fernández de Córdoba, muller de Ferrando Folch de Cardona —l'impulsor de les edicions barcelonines— i germana de Gonzalo Fernández de Córdoba —el destinatari de l'edició de Valladolid—, explica que Ferrando de Cardona: «después que vio una vez sus obras [les de March; J.S.], las hizo luego escribir con mucha diligencia, y tiene el libro dellas por tan familiar, como dicen, que tenía Alexandre el de Homero» (Boscán 1999, 171). D'altra banda, Jeroni Figueres, per comissió de Lluís Carròs, pretén també:

> tenir verdadera i original scripció de les obres d'aquell, havent vist, llegit i recorregut molts llibres antics, escrits de mà per los contemporals amb lo dit autor, verificant i comprovant los uns amb los altres i amb les dos impressions fetes en Barcelona per manament de l'il·lustre almirant de Nàpols, don Ferrando de Cardona (BNE, Madrid, ms. 3695, f. Vr).

Convençut d'haver assolit el propòsit, el curador conclou impel·lint Lluís Carròs de Vilaregut que «no consenta que ninguna persona s'atreveixca corregir ni emendar ninguna cosa en lo present llibre, per quant seria borrar l'original scripció del mateix autor» (BNE, Madrid, ms. 3695, f. Vr). I la pruïja de perfecció ecdòtica fa que Juan de Resa, a l'edició de Valladolid de 1555, expliciti que creu haver aconseguit «sacar a luz Ausiàs March más castigado y enmendado que el que años pasados se imprimió en Barcelona, acrecentado con algunas cosas que al otro faltaba» (Valladolid, 1555, f. a4r–v).

L'afany per fixar ecdòticament el millor text possible de March va acompanyat d'un procés hermenèutic igualment rellevant, tot i que no sempre explícit, perceptible en els criteris d'ordenació de les composicions i en els intents de construcció d'un *canzoniere*, en les glosses lingüístiques als marges i en les taules de vocables obscurs als impresos i al manuscrit encarregat per Carròs, en les declaracions proemials dels curadors o de personalitats rellevants i en paratextos més subtils, com els títols i la tria de gravats.

3 Ordenació del corpus marquià i conversió en *canzoniere*

La preocupació per trobar una ordenació orgànica i coherent al conjunt de composicions marquianes es planteja clarament en un dels manuscrits preparatoris de l'edició barcelonina de 1543. Els criteris que guien la seqüència traçada mil·limètricament pels impulsors intel·lectuals de la maniobra, possiblement Ferrando de Cardona i Lluís Pedrol, són inequívocament petrarquistes i, val a dir, possiblement molt poc marquians, però cal entendre'n els objectius: no és que els editors renaixentistes hagin volgut restaurar l'ordenació ideal prevista per March i no se n'hagin sortit, sinó que pretenen llegir March a partir de *nous* paràmetres.[8]

En aquest sentit l'estratègia organitzativa de l'edició valenciana de 1539 i la de la barcelonina de 1543 són diametralment oposades. Albert Lloret ha explorat aquest aspecte en totes dues edicions i n'assumeixo plenament les conclusions. En síntesi, Lloret demostra que la classificació de Baltasar de Romaní no passa de l'establiment de grups temàtics, sense plantejar ni una organització interna de cada un dels blocs ni una macroestructura que doni coherència al conjunt.[9] En

---

8 Tanmateix, encara ara es pot considerar una qüestió oberta si March va concebre la seva obra com a una unitat i quin «ordre» hauria previst. Una bona síntesi sobre el debat de la historiografia del segle XX entorn del tema a Müller (2014, 33–43).

9 Baltasar de Romaní ordena el contingut en quatre blocs: «cántica de amor», «cántica moral», «cántica de muerte» i «cántica espiritual». Es tracta d'una selecció parcial de només 46 poemes i no se'n poden valorar els criteris a partir d'ordenacions més ambicioses, establertes mitjançant

canvi, la seqüenciació que imposa l'edició de Ferrando de Cardona està traçada amb precisió: tal com era habitual en tota la lírica petrarquista, Joan Boscà inclòs, tria un poema proemial, el *Qui no és trist de mos dictats no cur*; en aquest aspecte coincideix amb Romaní, però els poemes que segueixen permeten garantir que en el cas de don Ferrando la tria pretén emular l'ordenació del *Canzoniere* (*Voi ch'ascoltate in rime sparse il suono*).[10] Lloret ressegueix els manuscrits fets copiar per don Ferrando per tal de preparar-ne l'edició, en confronta l'ordenació dels poemes i descobreix la coherència de les marques que hi ha al marge del manuscrit 2985 de la BNE de Madrid, marques que pauten l'ordre que després seguirà l'imprès barceloní. En aquest punt confirma les impressions d'Amadeu Pagès, però hi troba la coherència que havia estat qüestionada per diversos investigadors posteriors (cf. March 1912, 21–28; Archer 1993; Beltran 2005). Tot sembla indicar que el tema de l'ordenació era altament rellevant per als editors barcelonins.

L'organització dels poemes a l'edició barcelonina de 1543 aconsegueix que March expliqui una història d'amor unitària i coherent, que, a desgrat de la multiplicitat de senyals, tindria com a destinatària una única dama. Després del poema proemial, que inicia el bloc d'«obres d'amors», la seqüència continua amb l'explicitació de la causa i del moment de l'inici de la relació amorosa. La composició seleccionada per ocupar la segona posició, *Així com cell qui desitja vianda* —en l'ordenació de Pagès, el poema 4—, planteja el debat entre el component sensual i el racional que combaten en el pensament del poeta i originen el desig; mentre que la composició situada en tercera posició, *Algú no pot haver en si poder* —en l'ordenació de Pagès, el poema 66—, esmenta als versos 41–42 el moment precís de l'enamorament, no per atzar, com al *Canzoniere*, un divendres sant: «Amor, Amor, lo jorn que l'ignocent / per bé de tots fon posat en lo pal». Establertes les bases, els editors busquen coincidències temàtiques o repeticions de metàfores en l'opus marquià per construir lligams entre els poemes que traven blocs coherents en l'evolució de la passió, al marge dels diversos senyals. La composició final d'aquest primer bloc, *Mentre d'amor sentí sa passió* —en l'ordenació de Pagès, el poema 123—, pretén introduir ja l'espiritualització de l'amor

---

la pràctica totalitat de la producció marquiana, com les de 1543, 1545, 1555 i 1560. Amb tot, situar la poesia moral abans de la poesia a la mort de la dama és indicatiu de la mena d'articulació del conjunt. Més rellevant encara en aquest sentit és constatar que no hi ha tampoc cap fil argumentatiu secundari que travi temàticament l'agrupació dels poemes de cada un dels quatre blocs.

10 Pel que fa a la tradició manuscrita, el 210 de la Biblioteca Històrica de la Universitat de València i el 2025 de la Biblioteca de Catalunya comencen amb *Així com cell qui en lo somni es delita*, mentre que l'Espagnol 225 de la Bibliothèque National de Paris i el 10 de la Biblioteca de Catalunya copien en primera posició *¿Qui és aquell qui en amor contemple. . .*, i el 2244 de la Biblioteca General Històrica de la Universidad de Salamanca, copiat a començament del segle XVI, inicia amb *Pren-me enaixí com al patró que en platja*.

i preparar els lectors per a la poesia *post mortem* del pròxim bloc, no debades explicita: «mentre d'amor sentí sa passió / d'ell no haguí algun coneixement / *quan he perdut d'aquell lo sentiment* / jo bast assats donar d'ell gran raó» (vv. 1–4; la cursiva és meva). Com a segon bloc els editors situen les «obres de mort», que narren el dolor per la pèrdua de l'estimada i la perdurabilitat de l'amor després de la mort, en gradació creixent. Les «obres morals», el tercer bloc, plantegen els dubtes sobre la salvació del poeta i de l'estimada, la redempció i la reflexió global sobre el desig, uns neguits que culminen en el cèlebre cant espiritual *Puix que sens tu algú a tu no basta*, la composició que tanca el volum.

L'articulació orgànica del corpus implica que una part del sentit de cada peça deriva de la seqüència en què s'insereix. D'aquí la importància que cal concedir a l'organització establerta pels editors per a la interpretació de March. El procés porta a una lectura inequívocament petrarquista de March, d'acord amb els paràmetres que impulsa el Cinquecento, és a dir, en una versió considerablement més evolucionada i no pas més retrògrada, com aparentment podria semblar si el referent fos exclusivament Petrarca. No és irrellevant plantejar què pot haver passat entre l'edició de 1543 i la de 1555, amb canvis d'ordre subtils però rellevants.

4 Taules de «vocables scurs» per a un clàssic

Si l'ordenació del conjunt de composicions marquianes és ja una primera i no gens menyspreable via per imposar-ne una interpretació, un procediment més explícit, però també més puntual, per pautar-ne el sentit rau en les anotacions lingüístiques que l'edició barcelonina de 1543 situa als marges dels poemes i tant les altres edicions preses en consideració com el manuscrit impulsat per Lluís Carròs de Vilaregut, concentren en unes taules de «vocables scurs», abans o després de l'obra de March. Pel que fa al sentit d'aquestes anotacions, crec que cal replantejar profundament les consideracions de Germà Colón (1987, 117) quan, en transcriure els glossaris de les edicions barcelonines de March del segle XVI, apunta que

> si un autor mort el 1459 exigia aquestes ajudes passada amb prou feines una centúria, la llengua es trobava en crisi [. . .] aquests vocabularis d'Ausiàs tenen sobretot l'esmentat valor simbòlic com a indicació d'una decadència generalitzada de l'idioma.

Colón (1987, 119) acaba sentenciant amb contundència:

> la decadència lingüística s'ha abatut com una llosa sobre el català i les justificacions que els uns i els altres cercarem o creurem haver trobat no modificaran uns fets evidents. Els grans autors medievals, els nostres clàssics, ja no poden ésser una guia; per comprendre'ls cal recórrer a ajuda. L'allunyament entre els models i la realitat grisenca ha esdevingut major cada dia.

El que Colón considera fets evidents i incontrovertibles respon, almenys en part, a la interposició d'un conjunt de prejudicis que una lectura més aprofundida i més contextualitzada pot mitigar perquè, de fet, ni les edicions de literatura catalana eren les úniques que durant aquells anys articulaven operacions hermenèutiques similars ni tots els termes «obscurs» glossats a les notes són arcaismes o dialectalismes: s'hi inclouen també paraules que responen a l'ús literari de la llengua.[11] Paradoxalment, de la confrontació amb les edicions de Petrarca i d'Ariosto a les premses venecianes d'aquells mateixos anys se'n pot inferir que el tractament que rep March a les glosses és el d'un clàssic i que al darrera hi ha una opció revitalitzadora i no pas decadent. Intento explicar-me.

L'edició barcelonina de 1543 inclou 51 escolis lingüístics al marge dels versos, amb l'equivalència en un registre literàriament no marcat. Els termes glossats inclouen alguns arcaismes: «*veus* per vegades»; «*membrar* per reduir a memòria» o «*fènyer* per burlar», però també usos literaris, com *esculls*, en el sentit de dificultats, al vers «Si en esculls per cas se veu posat» o *poncell*, en el sentit d'inexpert en amor (Barcelona, 1543, ff. 4r, 8v, 11r, 21r, 31v, 35r). L'edició barcelonina de 1545 reorganitza els materials, de manera que les notes lingüístiques passen dels marges als prolegòmens i es presenten com un llistat alfabètic de 66 termes, anomenat «Taula i alfabet dels vocables scurs». L'equivalència apareix tant en català com en una traducció al castellà, possiblement perquè l'impressor aleshores ja era conscient que el públic interessat per l'obra de March no era només catalanoparlant, tal com demostra la difusió europea de les edicions barcelonines de March. L'ampliació del glossari en aquesta edició incorpora encara més termes d'ús literari: *alt* per agraciat, *abziac* per dia de tristesa, *bornar* per fer marrada o *punyar* per treballar intensament. A la tercera edició barcelonina, la de 1560, apareixen 82 termes, alguns dels quals, de fet, deriven directament de l'edició que més es preocupa pels aclariments lingüístics, la de Valladolid de 1555.

Efectivament, l'edició de Valladolid no solament és la que ofereix un glossari més ampli, sinó també l'única que incorpora una introducció a la llengua de March i un conjunt de normes d'ús del glossari, que a la pràctica no sempre es compleixen, però, si més no, mostren una voluntat de sistematització. L'autor que signa el *Vocabulario* és Juan de Resa, capellà de Carles V i mestre de la capella reial; tanmateix, convé tenir en compte que tant Gregori Mayans als *Orígenes de la lengua española* com l'erudit valencià de la Il·lustració Just Pastor Fuster consideraven que, tot i que qui signa l'obra fos Juan de Resa, l'autor real n'era l'hu-

---

11 De fet, la prospecció de Colón inclou només les edicions barcelonines, no la val·lisoletana de 1555 ni el manuscrit per a una inexistent edició valenciana de 1546. De la visió conjunta n'emergeixen moltes interferències, en el sentit que hi ha notes que passen d'una edició a l'altra amb una solució idèntica, però també d'altres que modifiquen l'atribució de sentit.

manista valencià Honorat Joan, que, de fet, aquells anys també circulava per la cort com a preceptor del príncep Carles, de fama pòstuma, sobretot a través de l'òpera.[12] Més rellevant és el fet que Juan de Resa, tal vegada auxiliat per Honorat Joan, no solament glossa termes metafòrics, sinó que fins i tot reflexiona explícitament sobre la qüestió als prolegòmens:

> porque muchas veces [March; J.S.] habla por metáforas y enigmas, algunos vocablos van declarados según aquella intención y no conforme al verdadero sentido de la lengua lemosina, como en sus propios lugares se verá. Al que por ellos pasare, no le parezca la interpretación extraña de la verdad (Valladolid, 1555, f. 219r).

D'altra banda, a les glosses s'inclouen també múltiples noms propis com ara *Ariadna*, *Arnau Daniel*, *Cató*, *Mart*, *Nil*, *Pau*, *Salomó* o *Troia*.

La fascinació pels aclariments lingüístics, o l'ús simbòlic d'aquests materials, afecta també el manuscrit encarregat per Carròs de Vilaregut el 1546, que a l'inici inclou una «Declaració de paraules llemosines escures» amb 143 mots. El glossari confegit per a l'ocasió no aclareix tampoc només arcaismes, sinó que té en compte tant noms propis («*Lètel*: riu dels inferns») com usos literaris i aclariments de caire conceptual i a vegades d'explicació enrevessada. És el cas, per exemple, del terme *drut* del vers «E fin' Amor de mi 's partrà breument / e si com fals *drut* cercaré delit», on Figueres, en comptes de recórrer a l'explicació lògica del terme, que designa un *concubí* o *adúlter*, sembla inventar-se un neologisme per esquivar-ne el sentit real: «*Drut*: cert ordre religiós en França que es deien druters, que feien molt estreta vida» (BNE, Madrid, ms. 3695, f. 4r; la cursiva és meva). Penso que intencionadament la glossa explicita just el contrari del que afirma March.

Els procediments hermenèutics que les edicions barcelonines de March instauren, tot i tenir una indubtable funció simbòlica, s'han de vincular a laments com els que formulen Francesc Calça al sonet proemial de l'edició barcelonina de 1560, en el sentit «que ningú hi ha que en sa lectura es meta / que no el judic hom biscaí o armeni, / no l'entenent, trobant-hi cent mil roses» (Barcelona, 1560,

---

12 «Juan de Resa, capellán de Felipe Segundo, publicó un *Vocabulario* de las voces lemosinas más estrañas de este poeta, con sus explicaciones en castellano para que más fácilmente se pudiese entender. Y no será temeridad el pensar que el autor de dicho *Vocabulario* haya sido Don Honorato Juan, natural de Valencia y obispo de Osma, muy apasionado a nuestro poeta, tanto que le leía a su discípulo, el malogrado príncipe Don Carlos, y refiere Escolano que compuso un abecedario semejante» (Mayans 1737, 56); «Inserté al fin del primer tomo este vocabulario que compuso el sabio valenciano D. Honorato Juan, obispo de Osma, y se imprimió al fin de las obras de Ausiàs March en Valladolid el año 1555, aunque a nombre de D. Juan de Resa, solo con el objeto de que el príncipe D. Carlos de Austria, hijo del rey D. Felipe II, de quien era preceptor, entendiese y disfrutase de las bellezas de aquel célebre poeta» (Fuster 1827, 7).

f. a4r),[13] o Joan Pujol a la *Visió en somni*, sobre la incorrecta interpretació que es fa de l'obra de March (Moll/Solervicens 2016, 149–152). La incomprensió de March que Calça i Pujol palesen no s'ha d'entendre tant com la conseqüència d'un canvi de model lingüístic, que, en qualsevol cas, tampoc no s'hauria d'associar a la «decadència» de la llengua, sinó com l'efecte de la subtilitat dels conceptes que March articula i de la riquesa metafòrica amb què els basteix. Dit amb Francesc Calça: «per quant aquest nostr· excel·lent poeta / fon tan sabent i tan subtil d'in- geni / i tan pregon entra dintre les coses» (Barcelona, 1560, f. a4r).

No sé trobar a l'època exemples paral·lels en català d'aquesta mena d'operacions editorials, perquè penso que no es pot situar en el mateix horitzó hermenèutico-simbòlic la «Taula de paraules difícils» de l'edició de la *Crònica* del rei Jaume (València, Vídua de Joan Mey, 1558), tot i que als marges superiors de cada full és qualificada també com a «Exposició de les diccions obscures». En aquest cas, la impressora, Jerònima Galès, hi glossa occitanismes, gal·licismes, arcaismes i termes àrabs que havien de resultar lingüísticament opacs als lectors, amb indicació dels capítols on apareixen, però no tant per efecte dels usos literaris de la llengua ni amb cap voluntat de convertir Jaume I en un clàssic de la llengua pròpia.

Constato, en canvi, que una tipologia d'anotació textual d'obres en vulgar similar a la que s'aplica a la poesia marquiana s'inicia a Itàlia els anys 30 del segle XVI i té com a destinataris preferents Petrarca i Ariosto: el 1532 Giovan Battista da Castiglione confegeix una guia als *Luoghi difficili del Petrarca nuovamete dichia- rati* (Venècia, Antonio Niccolini),[14] que el 1533 Aldo Manuzio incorpora a l'edició en octau del *Canzoniere* i dels *Trionfi*; d'altra banda, el 1535 l'edició d'Alessandro Bindoni i Maffeo Pasini de l'*Orlando furioso*, també en octau, és la primera d'in- corporar notes lingüístiques, una *Breve esposizione dei luoghi difficili*, que les edi- cions venecianes posteriors no solament mantenen, sinó que a més amplien (cf. Ricci 1997; Regn 2004). El format en octau, o fins i tot en dotzau, aplicat a la difusió impresa de reculls lírics, «si gran volumi in piccola e manigevole forma», lluny de ser un instrument per a la divulgació massiva de continguts, esdevé el disseny pre- dilecte per a la lectura de les dames nobles i burgeses, si més no a Itàlia. Del caràc- ter elegant i distintiu de les *Rime* de Petrarca impreses en octau, en dona testimoni la sèrie de «dame col Petrarchino», amb l'edició de butxaca de Petrarca, pintades per Andrea del Sarto o pel Bronzino, o de nobles amb la mateixa edició de butxaca de Petrarca pintats pel Parmigianino o per Lorenzo Lotto, possiblement la imatge

---

13 Per al seu context, cf. Molas (1978).
14 Francesco Patrizi considerava que existia una edició de 1512, però, si més no, no n'han que- dat indicis.

idealitzada del tipus de públic a qui també s'adrecen els Marchs cinccentistes en octau. De fet, les dues edicions venecianes ara esmentades se solen considerar el model de moltes edicions de clàssics italians durant el segle XVI i potser van actuar també com a model per a les edicions barcelonines d'Ausiàs March.

Figura 1: Ritratto di Laura Battiferri del Bronzino, Palazzo Vecchio
© https://commons.wikimedia.org/wiki/File:Laura_Battiferri_by_Angelo_Bronzino.jpg.

5 Valoració i interpretació: March filòsof, poeta eloqüent i au fènix

L'ordenació pautada dels poemes i les glosses lèxiques situades als marges o a les taules ofereixen només uns primers auxilis per a la interpretació textual. Altres elements paratextuals de les edicions marquianes (títols, pròlegs, poemes proemials, imatges de portada...) i una part de les glosses poètiques dels creadors del Renaixement aporten elements globals d'interpretació i vies més subtils d'anàlisi que, en línies generals, coincideixen en la construcció d'una imatge del poeta, molt sovint filtrada pels mateixos cànons renaixentistes. Els elements bàsics que sustenten la valoració de March al Renaixement són la subtilitat del seu pensament, que esdevé així un model de viure, i l'eloqüència i elaboració estilística, que converteixen March en un model d'escriptura artística. A la imatge del March filòsof i estilista, s'hi afegeix en ocasions un tercer element prou recurrent, el de l'au fènix que reneix després d'uns anys de descurança i d'oblit. Els fonaments d'aquesta nova visió marquiana solen recolzar-se en autoritats poètiques clàssiques (Plató, Aristòtil, Virgili, Horaci, Suetoni, Donat. . .), que, tot i coincidir en la voluntat de legitimar i prestigiar la veu de March, de fet, el vinculen a universos conceptuals divergents, amb implicacions hermenèutiques.

En realitat, la nova imatge marquiana que perfilen els prolegòmens es val d'estratègies analítiques i interpretatives forjades a Itàlia al voltant de Petrarca als prolegòmens de l'edició aldina de 1501, al comentari d'Alessandro Vellutello al *Canzoniere* i als *Trionfi* (1525), al comentari de Fausto da Longiano al *Canzoniere* (1532), a *I luoghi difficili del Petrarca* de Giovan Battista da Castiglione (1532), al comentari de Silvano da Venafro a *Canzoniere* i *Trionfi* (1533), al comentari de Giovanandrea Gesualdo a *Canzoniere* i *Trionfi* (1533), a la quarta edició aldina de Petrarca amb *Avviso* de Paolo Manuzio e *Chiose* (1533), a les *Osservazioni* de Francesco Alunno (1539), a la primera edició del comentari de Daniello a *Canzoniere* e *Trionfi* (1541), a les *Annotazioni ai luoghi difficili* de Sansovino (1546) o a les *Dichiarazioni et annotazioni* d'Antonio Brucioli (1548). Malgrat que tant la densitat i l'especificitat com el gruix dels comentaris a Petrarca i a Ariosto són difícilment comparables a cap més procés de legitimació autorial durant el Renaixement, alguns coetanis eren capaços de trobar paral·lelismes entre la rehabilitació de Petrarca i la de March; i no solament a l'àmbit català, perquè Lilio Gregorio Giraldi als *Dialogi duo de poetis nostrorum temporum* (1545) considera els «Poemata [Marci; J.S.] iam diis delituissent, hoc tempore a viro illustri sunt edita et ea religione ab Hispanis legutur, ut a nostratibus Francisci Petrarchae rhythmi» (Giraldi 1551, 70–71).[15]

Intento resseguir succintament els matisos que aporten les tres imatges que es projecten damunt de l'obra marquiana —la del filòsof, la de l'estilista, la de l'au fènix—, els referents clàssics que s'hi associen i la seva connexió al Renaixement.

La imatge del March filòsof, lluny d'una lectura exclusivament en clau moral o dogmàtica, vincula March a la reflexió sobre la condició humana i detecta els elements distintius de la seva articulació ficcional, fonamentalment a través de dues autoritats teòriques clàssiques: Aristòtil i Horaci. Juan de Resa, a l'epístola proemial adreçada a Gonzalo Fernández de Córdoba (Valladolid, 1555), considera que el primer que cal buscar a la poesia de March és el saber. Per avalar la seva opció recorre a l'*Art poètica* d'Horaci: «Scribendi recte sapere est et principium et fons. / Rem tibi Socraticæ poterunt ostendere chartæ, / verbaque provisam rem

---

15 Traducció: 'Els poemes de March havien estat soterrats pel temps fins que un home il·lustre els va fer editar i ara són llegits pels hispànics amb la mateixa passió amb què nosaltres llegim els de Petrarca'.

non invita sequentur» (Valladolid, 1555, f. a4v, vv. 309–311).[16] El saber és el fonament de l'escriptura, de manera que, si l'escriptor domina bé un tema, les paraules sorgeixen soles; aquest és el sentit de la cita, però la remissió explícita al passatge horacià permet apreciar que el domini del tema passa per una sòlida preparació filosòfica. Per Resa, la de March és una «obra provechosa, llena de preceptos de bien vivir, conversar y morir, en la cual como en un claro espejo está representada toda la razón de la vida humana» (Valladolid, 1555, f. a4r), comparable, pel que fa al saber amorós, a l'obra de Plató; pel que fa al moral, a la d'Aristòtil, i, pel que fa al coneixement sobre la mort, a l'obra de Ciceró. Resa en destaca tant el bon coneixement de la filosofia com la temperància que se'n desprèn. En aquest sentit, la ficció poètica és l'instrument idoni per a l'anàlisi de la condició humana.

Claudi Bornat, als prolegòmens de l'edició barcelonina de 1560, emet en la mateixa freqüència, però recolza implícitament la seva reflexió en la *Poètica* d'Aristòtil, una autoritat també implícita al sonet proemial d'Antic Roca a la mateixa edició. Bornat es refereix als «delicadíssims i polits conceptes» de March i n'elogia la ciència que és capaç d'activar, a través de la qual s'obté «la verdadera raó i policia de les coses d'amor», «com sia cert que, en lo contentament, lo comprendre a l'explicar fassa gran avantatge» (Barcelona, 1560, f. a2v). L'observació parteix d'una de les claus de volta de la *Poètica* aristotèlica, el plaer cognitiu inherent a la mimesi, de manera que l'experimentació en la ficció de l'amor permet comprendre'l amb més eficàcia que no pas mitjançant l'explicació abstracta sobre el tema. Un dels sonets proemials a la mateixa edició barcelonina és signat per Antic Roca, professor de la Universitat de Barcelona i possiblement el cervell gris de la publicació. Roca considera que l'obra de March assedega tots els «sedejants de saber» i vincula a l'aristotelisme el coneixement que se n'obté:

> Ausiàs March tot l'enteniment dobla
> de cascun hom amb coses sublimades.
> Los seus dictats lleven totes errades
> dels sedejants que tenen pensa moble.
> No cal dormir en lo alt mont de Parnàs,
> ni gens gustar de la font cabal·lina
> per a saber grans secrets de natura,
> aquí et dirà, si entendre bé sabràs,
> aquell poder que en amor t'inclina,
> morals virtuts, la mort cruel i molt dura.
> (Barcelona, 1560, f. a4v)

---

16 Traducció: 'El saber és el principi i el fonament de la bona escriptura. Els textos socràtics podran mostrar-te les idees i aleshores els mots adequats vindran sense esforç'.

Al marge de valoracions literàries, que més aviat desmentirien les pomposes formulacions de Roca, amb aquests plantejaments es vol situar obertament en contra de Jorge de Montemayor, que als prolegòmens de l'edició de Valladolid (1555) i després als prolegòmens de la seva traducció castellana de March (impresa a València per Joan Mey el 1560 i reimpresa a Saragossa el 1562), insisteix en el «divino ingenio» de March, en la intermediació de l'Helicó i del Parnàs i en el fet que «espíritu divino te inspiraba, / el cual así movió tu pluma y mano» (Valladolid, 1555, f. 6r; València, 1560, f. 4r), a partir de l'utillatge conceptual del més pur neoplatonisme.

M'interessa remarcar que la vinculació de March a la reflexió filosòfica no deriva en una visió moral de la seva obra, sinó que se'n destaca la capacitat de la ficció per articular conceptes, com fan els filòsofs, però a través de trames concretes, en una línia epistèmica de matriu renaixentista que contrasta en aquest sentit tant amb la visió medieval de March com amb els tòpics que a l'edat mitjana es vinculaven a la poesia.[17]

La imatge del March poeta eloqüent i fi estilista, que és present implícitament en la consideració de *poeta* i de *clàssic*, s'explicita amb més matisos als paratextos de l'edició de Valladolid (1555), de l'edició barcelonina impresa per Bornat (1560) i del manuscrit valencià impulsat per Lluís Carròs, destinat a la impremta (1546). En tots tres casos l'eloqüència es vincula a la subtilitat i a l'elegància, però també a la forja d'una llengua literària, amb Virgili i Horaci com a referents i com a marc teòric.

Jeroni Figueres, al pròleg del manuscrit copiat a València el 1546, es refereix a March com a

> tan exemplar i de meravellós e angèlic ingeni, art, saber, gràcia i estil de trobar, eloqüència i audàcia de parlar i escriure en vers [...]; recollint amb tot compliment les sues excel·lents i mel·líflues obres, les quals en valor i estima, art, estil i eloqüència sobrepugen als immortals poetes Dant i Petrarca i a l'eloqüent Juan de Mena i a tots los altres antipassats (BNE, Madrid, ms. 3695, f. 5r).

Juan de Resa, a l'edició de Valladolid (1555), amplifica la qüestió i en fa derivar noves implicacions: també remarca les «muchas y muy graves sentencias» de March, els «muy agudos dichos» i les «muy ingeniosas fábulas» que és capaç d'articular, però va força més enllà quan compara el llatí arcaic d'Enni amb el llemosí de l'època de March i, implícitament, Virgili amb March, per mitjà de Suetoni i de Donat (Valladolid, 1555, f. 5r).

---

17 Sobre la visió epistèmica encara medieval de March, cf. Müller (2014, 45–258).

Com les gemmes que sorgeixen de la femta d'Enni, «gemmes Enii de stercore lego», sentencia Resa sense revelar-ne l'autoritat, tot confiant que en descobrim la font i que, estirant-ne el fil, ens situem en les biografies de Virgili elaborades per Suetoni i per Donat i en les lloances a Dante de Poliziano (Valladolid, 1555, f. 4r). Subtilment, la cita llatina permet a Resa considerar Virgili i March, en paral·lel, com els primers forjadors de la llengua literària llatina i de la catalana, destinats a concedir a les seves llengües una capacitat expressiva, una elegància estilística i una subtilitat que converteixen el mitjà expressiu dels seus precedents en femta. Per ponderar la importància de l'eloqüència, Resa recorre novament a un vers horacià, el 72 de l'*Art poètica*: «quem penes arbitrium est et vis et norma loquendi», destinat a valorar l'ús per damunt de la norma i, en aquest context, la capacitat de transgredir les convencions per tal de ser creatiu (Valladolid, 1555, f. 4r). La composició llatina de Calça als prolegòmens de l'edició barcelonina de March de 1560 equipara el que va suposar Homer per al grec i Virgili i per al llatí amb el que per als hispànics ha suposat March (Barcelona, 1560, f. 3v). Penso que la imatge de March com a poeta eloqüent i forjador d'una llengua literària a través de l'ampliació de la seva capacitat estilística s'ha de posar necessàriament en relació amb l'autorització a través de l'estil, característica del Renaixement.[18]

Finalment, la imatge de March com a au fènix apareix estridentment al gravat situat a la portada de l'edició barcelonina de Carles Amorós (1545), amb l'eloqüent lema «Mereix qui feu / les obres d'aquest llibre / mèritament / renom de fènix home», llegible iniciant la lectura des de qualsevol dels seus angles.[19] La potència de la imatge sembla activar un conjunt d'ampliacions i d'interpretacions de l'au fènix als prolegòmens d'edicions posteriors fins que s'acaba vinculant definitivament a l'obra de March.

És així com Juan de Resa obre l'epístola proemial de l'edició de 1555 tot situant March «entre los autores que cada día se redimen y libran de las tinieblas en que el tiempo los ha tenido escondidos» (Valladolid, 1555, f. a3v); Pere Serafí, als prolegòmens de l'edició barcelonina de 1560, explicita que: «lo fènix sol mort i cremat, fet cendra, / de temps en temps torn a cobrar la vida / on mostra clar que hom amb virtut unida / si per temps mor, pot altra vida prendre / [. . .] tal se pot dir d'Ausiàs March, poeta / que mort reviu» (Barcelona, 1560, f. a1v); i en la mateixa edició Claudi Bornat, l'impressor, insisteix en el tema: la fortuna és feliç subvertint la felicitat i la memòria dels éssers humans i «tot allò que per vèncer la mort la humana indústria ha trobat», però, gràcies a don Ferrando de Cardona,

---

18 Nelting (2018) destaca aquest element com a característic de l'episteme renaixentista.
19 Sobre la importància dels gravats en la interpretació i canonització de l'obra literària, cf. Bolzoni (2012).

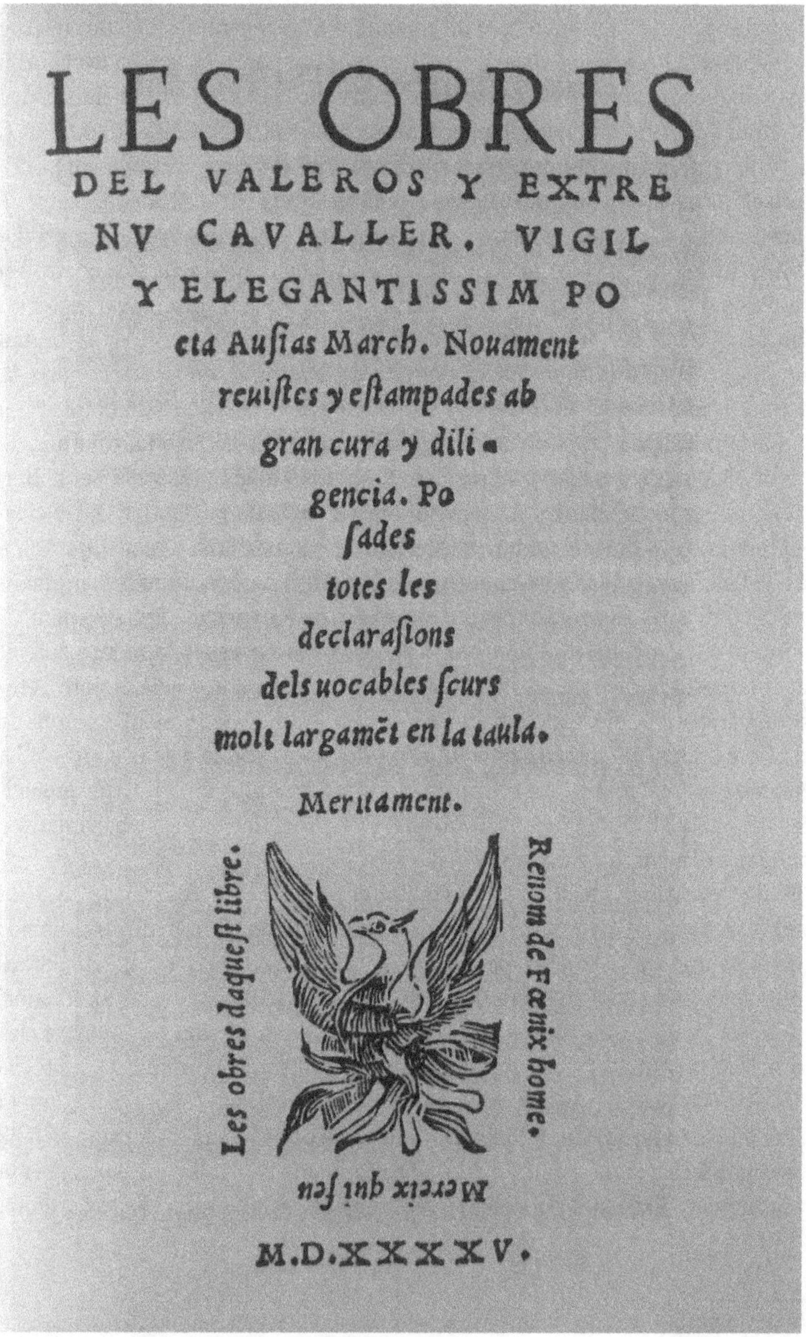

LES OBRES
DEL VALEROS Y EXTRE
NV CAVALLER. VIGIL
Y ELEGANTISSIM PO
eta Ausias March. Nouament
reuistes y estampades ab
gran cura y dili-
gencia. Po
sades
totes les
declarasions
dels uocables scurs
molt largamēt en la taula.

Meritament.

Les obres daquest libre.

Renom de Fœnix home.

Mereix qui feu

M.D.XXXXV.

Figura 2: Facsímil de la portada de l'edició barcelonina de 1545 © Biblioteca privada.

ara la fortuna es pot revertir, fent renéixer de l'oblit l'obra marquiana (Barcelona, 1560, f. Ir). De fet, prèviament Lilio Gregorio Giraldi als *Dialogi duo de poetis nostrorum temporum* (1545), sense recórrer a la imatge de l'au fènix, ja havia insinuat la qüestió (Giraldi 1551, 70–71; cf. *supra*, nota 15).

La imatge sembla a priori estranya, perquè en realitat l'obra de March es difon ininterrompudament, tot i que a través de cançoners manuscrits, i genera ben aviat un estol d'imitadors. Els responsables de la tria de la imatge i els que en fan la glossa amplificada es poden referir només al fet que March no havia accedit a la impremta, però penso que del que es tracta és d'aplicar a March la mateixa categorització adoptada per als clàssics grecollatins, que, ells sí, van viure uns temps mitjans d'oblit, fins que, des de la perspectiva dels humanistes, van tornar a néixer durant el que ara coneixem com a Renaixement. Més explícit en aquesta direcció és Claude Duret al *Thresor de l'histoire des langues de cest univers*:

> [March] en sa vie composa divers poemes en langue catalane ou langue ancienne espaignole, lesquels demeurerent long temps ensepuelis ez tenebres sans qu'on en fit grand estat, mais depuis parvenus à la cognoissance des doctes et sçavants pour avoir esté imprimez et mis en lumière, ont esté et son encor pour le jourdhuy tellement cheris et prisez des espaignols et des curieux de la langue espaignole que les poemes italiens de Petrarque, Arioste et Tasse le sont de tous les italians et de ceux qui desiderent d'aprendre la pure langue toscane (Duret 1613, 819).

En realitat la mateixa imatge s'aplicava aleshores a Petrarca, que, en paraules de Giovanandrea Gesualdo, «fu il primo che [. . .] da profonde e lunghe tenebre a guisa d'un luminoso sole richiamò in aperta e viva luce le buone lettere latine» (Gesualdo 1533, f. 64r) i a qui el Cinquecento recupera de nou com a clàssic de la llengua materna (Solervicens 2016, 18–25). És així com Ausiàs March rep, també textualment i ecdòticament, la consideració de clàssic, a qui els editors barcelonins aconsegueixen fer renéixer de les cendres, al costat dels poetes grecollatins. Els diversos nivells de lectura de l'obra de March dibuixen una imatge coherent del poeta com a clàssic de la literatura catalana, a qui s'han d'aplicar els mateixos mètodes ecdòtics i exegètics establerts per als clàssics grecollatins: d'aquí la preocupació per establir el millor text de l'autor i per adjuntar-hi un conjunt de notes interpretatives. En tant que clàssic, la seva obra s'ofereix com a model de reflexió sobre la condició humana i com a model imitable d'eloqüència i elaboració estilística, al costat d'una selecta tria d'autors modèlics provinents de les literatures llatina i italiana.

Per explicitar-ne el caràcter modèlic, els editors i exegetes recorren a autoritats clàssiques com Aristòtil, Horaci, Virgili, Suetoni o Donat, però també a Dante, Petrarca, Poliziano o Ariosto i, és clar, a Petrarca. La combinatòria d'aquestes autoritats permet llegir March des de perspectives teòriques diverses i fer-lo transmissor de múltiples modulacions d'una mena de saber inconfusiblement vinculat a l'episteme renaixentista i als més elevats nivells de poesia. L'adscripció al petrarquisme cinccentista permet modernitzar-ne els plantejaments i acostar-los a la lírica de moda a la Itàlia del moment. No debades Ferrando de Cardona va néixer a Nàpols, va viure a Roma, el seu pare és enterrat en un sepulcre renaixentista i la seva mare va ser pintada per Rafael. Els procediments exegètics i l'articulació orgànica de les composicions semblen voler autoritzar un model literari en català, el de March, a través dels nous paràmetres teòrics que introdueix el Renaixement i, en darrer terme, aconsegueixen, amb unes composicions encara medievals, construir la imatge d'un poeta renaixentista.

Bibliografia

Manuscrits i edicions de l'obra d'Ausiàs March citades

Cançoner d'obres enamorades, Paris, Bibliothèque Nationale Richelieu, ms. ESP. 225.

Poesies de Mossen Osias March, Madrid, Biblioteca Nacional, ms. 2985.

Libre de les estremades obres, del molt magnific e virtuos caualler, Mossen ausias march, valencia, copiat per Jeroni Figueres en 1546, Madrid, Biblioteca Nacional, ms. 3695.

Poesías de Ausias y Mena, Salamanca, Biblioteca General Histórica de la Universidad de Salamanca, ms. 2244.

Mossen Ausias March. Poeta, València, Biblioteca Històrica de la Universitat de València, ms. 210.

Cançoner d'obres enamorades, Barcelona, Biblioteca de Catalunya, ms. 10.

Les obres d[e] Mossèn Ausias March sont acabada de scriure la p[rese]nt obra p[er] M. Pere Vilarasó prevere p[er] maname[n]t d[e] l'Illtre. Sor. almirant de Nàpols, Barcelona, Biblioteca de Catalunya, ms. 2025.

Les obres de mossen Ausias March. Ab vna declaratio en los marges de alguns vocables scurs, Barcelona, Carles Amoros, 1543.

Les Obres del valeros y extrenv caualler vigil y elegantissim poeta Ausias March. Nouament reuistes y estampades, Barcelona, Carles Amoros, 1545.

Las obras del poeta mosen Ausias March. Corregidas de los errores q[ue] tenian. Sale con ellas el vocabulario de los vocablos en ellas contenidos ... / [compuesto por Ioan de Resa], Valladolid, Sebastián Martinez, 1555.

Les Obres del valeros cavaller y elegantissim poeta Ausias March. Ara nouament ab molta dilige[n]cia reuistes y ordenades y de molts ca[n]ts aume[n]tades, Barcelona, Claudi Bornat, 1560.

Les obres d'Auziàs March, ed. Pagès, Amadeu, Barcelona, Institut d'Estudis Catalans, 1912.

Estudis i edicions citats

Alcina, Juan F., *El comentario a la Poética de Aristóteles de Pedro Juan Núñez*, Excerpta philologica 1 (1991), 19–34.

Archer, Robert, *Ausiàs March en sus manuscritos. Reevaluación de tres problemas fundamentales*, Hispanófila 107 (1993), 43–57.

Beltran, Vicenç, *Aspectes de la transmissió textual d'Ausias March*, in: Alemany, Rafael/Martos, Josep Lluís/Manzanaro, Josep Miquel (edd.), *Actes del X Congrés de l'Associació hispànica de literatura medieval*, vol. 1, Alacant, Institut interuniversitari de Filologia valenciana, 2005, 13–30.

Bolzoni, Lina, *Il commento attraverso le immagini. Poesie e ritratti*, in: Danzi, Massimo/Leporatti, Roberto (edd.), *Il poeta e il suo pubblico*, Genève, Droz, 2012, 17–36.

Boscán, Juan, *Poesía*, ed. Ruiz Pérez, Pedro, Madrid, Akal, 1999.

Cabré, Lluís, *Algunes imitacions i traduccions d'Ausiàs March al segle XVI*, Quaderns. Revista de traducció 7 (2002), 59–82.

Castelvetro, Lodovico, *Poetica d'Aristotele vulgarizata e sposta*, Wien, Kaspar Stainhofer, 1570.

Colón, Germà, *Els vocabularis barcelonins d'Ausiàs March al segle XVI*, in: *Problemes de la llengua a València i als seus voltants*, vol. 1, València, Servei de Publicacions de la Universitat de València, 1987, 117–138.

Duran, Eulàlia/Solervicens, Josep, *Renaixement a la carta*, Vic/Barcelona, Eumo/Universitat de Barcelona, 1996.

Duret, Claude, *Thresor de l'histoire des langues de cest univers*, Köln, M. Berjon, 1613.

Escartí, Vicent Josep, *La primera edició valenciana de l'obra d'Ausiàs March (1539)*, València, Bancaixa/Generalitat Valenciana, 1997.

Esteve, Cesc/Moll, Antoni Lluís, *La poètica catalana del Renaixement. Conceptes clau,* in: Solervicens, Josep/Moll, Antoni Lluís (edd.), *La poètica renaixentista a Europa. Una recreació del llegat clàssic*, Barcelona, Editorial Punctum, 2011, 199–241.

Fuster, Just Pastor, *Breve vocabulario valenciano-castellano sacado de varios autores*, València, Imprenta de José Gimeno, 1827.

Gesualdo, Giovanandrea, *Il Petrarcha colla sposizione di misser G.G.*, Venezia, 1533. Giovanni Antonio e fratelli da Sabbio.

Giraldi, Lylius Gregorio, *Dialogi duo de poetis nostrorum temporum*, Firenze, Lorenzo Torrentino, 1551.

Huss, Bernhard/Mehltretter, Florian/Regn, Gerhard, *Lyriktheorie(n) der italienischen Renaissance*, Berlin/Boston, De Gruyter, 2012.

Kappl, Brigitte, *Die Poetik des Aristoteles in der Dichtungstheorie des Cinquecento*, Berlin/New York, De Gruyter, 2006.

Lloret, Albert, *Printing Ausiàs March. Material culture and Renaissance poetics*. Madrid: Centro para la edición de los clásicos españoles, 2013.

Mayans, Gregori, *Orígenes de la lengua española*, Madrid, Juan de Zúñiga, 1737.

Molas, Joaquim, *Francesc Calça. Poemes*, Els Marges 14 (1978), 77–95.

Moll, Antoni Lluís/Solervicens, Josep, *Narrativa renaixentista*, in: Broch, Àlex (dir.), *Història de la literatura catalana*, vol. 4: Solervicens, Josep (dir.). *Literatura moderna. Renaixement, Barroc i Il·lustració,* Barcelona, Enciclopèdia Catalana/Barcino/Ajuntament de Barcelona, 2016, 129–154.

Müller, Isabel, *Wissen im Umbruch. Zur Inszenierung von Wissensdiskursen in der Dichtung Ausiàs Marchs*, Heidelberg, Winter, 2014.

Muntaner, Ramon, *Chronica, o descripcio dels fets e hazanyes del inclyt Rey don Jaume Primer*, Valencia, viuda de Joan Mey Flandro, 1558.

Nelting, David, *Autorità poetica e performatività metafittizia. La messinscena del personaggio di Fileno nell'opera di Giovan Battista Marino*, in: Solervicens, Josep/Moll, Antoni Lluís (edd.), *Metaficció. Renaixement & Barroc*, Barcelona, Punctum, 2018.

Piccolomini, Alessandro, *Annotazioni nel libro della poetica d'Aristotele*, Venezia, Giovanni Guarisco, 1575.

Regn, Gerhard, *Autorität, Pluralisierung, Performanz – die Kanonisierung des Petrarca volgare*, in: Regn, Gerhard (ed.), *Questo leggiadrissimo Poeta! Autoritätskonstitution im rinascimentalen Lyrik-Kommentar*, Münster, LIT, 2004, 7–23.

Ricci, Antonio,*«Si gran volume in piccola e manigevole forma»: Biondi and Pasini's 1535 edition of the Orlando furioso*, Quaderni d'Italianistica. Official Journal of the Canadian Society for Italian Studies 18:2 (1997), 183–204.

Solervicens, Josep/Moll, Antoni Lluís (edd.), *La poètica renaixentista a Europa. Una recuperació del llegat clàssic*, Barcelona, Punctum, 2012.

Solervicens, Josep, *«Il diletto della poesia». Lodovico Castelvetro en los comentarios de Pere Joan Núñez a la* Poética *aristotélica (Barcelona, 1577/1597)*, eHumanista 29 (2015), 360–378.

Solervicens, Josep, *Concepte de Renaixement*, in: Broch, Àlex (dir.), *Història de la literatura catalana*, vol. 4: Solervicens, Josep (dir.). *Literatura modern. Renaixement, Barroc i IHustració*, Barcelona, Enciclopèdia Catalana/Barcino/Ajuntament de Barcelona, 17–81.

Vega, María José/Esteve, Cesc (edd.), *Idea de la lírica en el Renacimiento (Entre Italia y España)*, Vilagarcía de Arousa, Mirabel, 2004.

Cesc Esteve
El discurs dels orígens divins de la poesia
Saber historiogràfic i teoria literària a la primera edat moderna

Abstract: The discourse on the origins of poetry was the most significant form of historiographical knowledge in early modern literary theory. Various ancient traditions of thought converged in this discourse, including Neoplatonist myths about the divine condition of primitive poetry, the controversy about the paternity of the literary art and its genres, and the inquiry into the causes of the emergence and progress of poetry inspired by Aristotle's influence. The places and uses associated with this discourse were also diverse: it could manifest itself as a brief scholarly note in the margins of a treatise on poetics, form the basis of a defence or apology for poetry, recur in a catalogue of illustrious characters, or occupy a preeminent space in works of literary historiography. My aim is to account for the significant repercussion of the discourse on the origins of poetry – mediated principally by Italian criticism – on modern literary ideas in the Catalan context.

Keywords: origins of poetry, historiographical knowledge, literary ideas

1 La historiografia dels orígens a l'edat moderna

Al prefaci del primer volum de l'obra *Origen, progresos y estado actual de toda la literatura*, publicat originalment en italià a Parma el 1782 i editat en castellà dos anys després a Madrid, Joan Andrés explica que, en principi, la seva història havia de dir-se *De los progresos y del estado actual de toda la literatura*, però que havia decidit afegir el terme «origen» al títol com a concessió a diversos col·legues que temien que el títol escollit inicialment per Andrés pogués donar a entendre que l'obra explicava l'evolució de les ciències i les lletres sense assenyalar-ne l'origen o el començament. Andrés admet que per poder descriure amb ordre i claredat els progressos de cadascuna de les parts de la literatura cal que el relat tingui un principi i que, per això, és convenient dir alguna cosa sobre l'origen de cada disciplina. Tanmateix, l'historiador adverteix que la seva narració ni s'atura ni aprofundeix en la indagació dels orígens de les ciències i les arts perquè con-

Dr. Cesc Esteve, Universitat de Barcelona, Departament de Filologia Catalana i Lingüística General, Gran Via de les Corts Catalanes, 585, E-08007 Barcelona, cesc.esteve@ub.edu

https://doi.org/10.1515/9783110430622-011

sidera que és una qüestió sobre la qual ja s'ha investigat i escrit molt i, a més, de manera infructuosa, perquè les notícies que se'n tenen segueixen sent obscures i incertes. Andrés entén que pot aportar ben poca llum al coneixement dels orígens dels sabers i prefereix centrar els esforços a discutir altres aspectes de la història de la cultura que li semblen més importants.[1]

Les consideracions d'Andrés posen de manifest que per a la historiografia de finals de l'edat moderna l'interès i la rellevància de conèixer l'origen de les coses havia disminuït en comparació amb l'atenció que se li havia concedit als segles XVI i XVII i havia cedit protagonisme a la indagació dels canvis que permetien explicar el present. Val a dir, no obstant això, que el paper dels orígens en la història d'Andrés és menys decoratiu, o retòric, i més significatiu del que sembla. Més avançat el prefaci, l'autor explica que al primer volum de l'obra ha volgut oferir una visió general de l'estat de tota la literatura que comprengués les seves diverses èpoques, des de l'origen fins al present. En aquest punt, Andrés insisteix en l'obscuritat que cobreix l'edat més antiga de la cultura occidental, en la dificultat de posar ordre i sentit en la matèria abundant que se'n conserva i en el caràcter inevitablement especulatiu de tot allò que s'explica sobre els temps anteriors als grecs. La consciència de moure's en un terreny inestable i la voluntat de presentar al lector només allò que Andrés hauria pogut establir amb fonaments sòlids i després de molta lectura i reflexió es poden considerar actituds simptomàtiques d'un erudit il·lustrat, però al capdavall traeixen problemes, principis i mètodes característics d'una tradició historiogràfica sobre els orígens que es remuntava almenys fins a principis del Renaixement. Andrés revela la influència que exerceix aquesta tradició en la seva recerca quan justifica que s'ha ocupat sobretot de les arts i les ciències dels grecs perquè són «l'origen» de tota la literatura i, més encara quan afirma que les seves prioritats han estat fixar en una època concreta «el vertader origen» de l'antiga cultura grega i examinar «les causes» dels seus avenços (Andrés 1784, vol. 1, Prefación, xiv–xv).

La influència que m'interessa destacar aquí no és la d'una visió classicista de la història de la cultura occidental, sinó la vigència d'un paradigma ideolò-

---

1 L'obra *Dell'origine, progressi e stato attuale d'ogni letteratura* va publicar-se a Parma entre el 1782 i el 1799 i la traducció castellana va estampar-se a Madrid entre el 1784 i el 1806. És l'obra més important de l'abat Andrés i hi ha una edició moderna recent de la versió castellana, a cura de Pedro Aullón de Haro (1997–2002). Remeto a aquesta edició, al volum d'estudis coordinat pel mateix Aullón de Haro (2002) i a les tesis doctorals de Fuentes Fos (2015) i Ortega (2020) per a la biografia, l'obra, el pensament comparatista i la recepció europea d'aquest sacerdot jesuïta nascut a Alacant i afincat a Itàlia, a Màntua, concretament, arran de l'expulsió dels jesuïtes d'Espanya el 1767. Per saber-ne més, de la seva manera d'entendre la historiografia i el progrés cultural, cf. Scandellari (2006). Cito la «Prefación del autor» del primer tom de la traducció castellana de 1784. La remarca sobre la modificació de títol apareix a Andrés (1784, vol. 1, Prefación, iii–iv).

gic i metodològic que concep la recerca dels orígens com una font molt valuosa de saber. Aquest paradigma sanciona que el valor del coneixement dels orígens rau, en bona part, en la seva capacitat d'explicar tant els trets essencials i més genuïns de les coses, com la seva evolució i l'estat actual. Així, si Andrés ha decidit estendre's en l'estudi de la literatura àrab, tal com explica en diversos llocs del prefaci, no ha estat només perquè considera que és una cultura poc coneguda i mal valorada pel gruix dels historiadors europeus, sinó també perquè entén que en deriven les ciències i les lletres *modernes*, això és, d'acord amb la visió d'Andrés, la cultura de l'Europa occidental en el present de l'autor (Andrés 1784, vol. 1, Prefación, ix). La tradició historiogràfica dels orígens avalava l'interès i el profit d'identificar filiacions, influències, préstecs i manlleus entre cultures i literatures; alhora, havia estat el canal de transmissió d'un gènere més específic, el de les històries i els catàlegs d'inventors i descobriments. A l'època d'Andrés, aquest gènere anava de baixa, però encara se'n pot advertir la vigència quan l'historiador argüeix al prefaci que per fer més patent la influència dels àrabs en la cultura europea ha volgut consignar alguns invents, com el paper, els números, la pólvora o la brúixola, la paternitat dels quals es disputaven diverses nacions i que al seu parer caldria reconèixer, a dreta llei, als àrabs (Andrés 1784, vol. 1, Prefación, xviii–xix). Aquesta mena de recerca havia constituït el front més polèmic i conflictiu del discurs històric sobre els orígens perquè ja des dels antics havia estat motivada per l'afany de demostrar la primacia o la superioritat cultural d'un poble mitjançant el balanç comparatiu de les seves aportacions al progrés de la civilització en forma d'invents i descobertes. Hi sovintejaven les controvèrsies sobre els «autèntics» moments, llocs i artífexs de les troballes i el patriotisme solia tenyir les versions dels fets fins al punt de generar confusió i desconfiança respecte a la possibilitat d'arribar a aclarir mai els orígens de les coses i a fer llum en l'obscuritat dels temps remots a la qual encara feia referència el mateix Andrés.

A la primera edat moderna, la història de la poesia s'havia confegit i difós d'acord amb els principis i mètodes de la historiografia dels orígens de la cultura. La recerca historiogràfica havia posat el focus d'atenció en el moment, el lloc i les formes i funcions de la primera poesia, en les causes i condicions de la seva aparició o descoberta, en els personatges que l'havien inventat i conreat en començar a formar-se. Aquest patró d'interessos i qüestions significatives havia dominat tant la història de la poesia, entesa en termes universals, com les històries de les poesies nacionals o particulars i les històries dels gèneres poètics i els metres. Ja fossin literatures antigues o modernes, clàssiques o vernaculars, el que importava, sobretot, era identificar, recordar i sovint celebrar els moments, els motius i els agents als quals es prestava un paper fundacional o catalitzador en el sorgiment i l'evolució d'una poesia. No ha d'estranyar, doncs, que a l'obra d'Andrés encara s'hi percebin traces del discurs sobre els orígens de la poesia, característic dels primers segles de l'edat moderna. Val a dir, però, que bona part dels elements amb què s'havia articulat aquest discurs al Renaixement, i encara al Barroc, ja no són presents en la història d'Andrés, i els que hi romanen s'han vist transformats per una narrativa que els presta llocs i sentits diferents dels que havien tingut en èpoques anteriors. Les omissions i els canvis més significatius afecten sobretot l'explicació dels orígens divins o sagrats de la poesia. Als segles XVI i XVII, la historiografia dels orígens de la poesia i de les poesies nacionals havia donat forma a diversos relats, però fou el dels orígens divins de la poesia el que segurament hi tingué un lloc més destacat, un abast més extens, una forma més recognoscible, uns usos més variats i productius i uns efectes més profunds en els interessos, principis i mètodes d'aquesta modalitat de saber historiogràfic. És per tot això que l'absència o la presència molt difuminada d'aquesta història a l'obra d'Andrés no només revela l'esgotament d'una interpretació, sinó també la pèrdua d'autoritat d'una manera d'entendre i jerarquitzar els interessos i els serveis de la historiografia de la poesia i de la cultura. L'omissió d'aquest relat és un dels trets de la història d'Andrés que en efecte posa en evidència que els orígens de les coses, com afirma l'autor al prefaci del primer volum, ja no importen al saber historiogràfic o que, si més no, ja no importen com ho feien abans.

Tornaré a l'obra de Joan Andrés al final d'aquest treball per mostrar breument què hi queda de la història dels orígens divins de la poesia. Abans, però, vull explicar la transmissió d'aquest relat, i la del saber historiogràfic que el vehicula i li presta autoritat, en la cultura literària catalana de l'edat moderna. Descriuré primer la formació d'aquesta història en dues obres italianes de finals del segle XV que van ser molt influents en la poètica del Cinccents arreu d'Europa: són el comentari de Cristoforo Landino a la *Comèdia* de Dante, en circulació des del 1481, i el tractat *De inventoribus rerum* de Polidoro Virgilio, la primera versió del qual va aparèixer el 1499.[2] Landino i Virgilio no van ser els únics responsables de difondre la història dels orígens divins de la poesia: Petrarca i Boccaccio abans, Iodocus Badius Ascensius (o Josse Bede) al tombant del segle XVI i posteriorment diversos autors d'arts poètiques van contribuir significativament a fer circular el relat i a mostrar-ne la importància i els usos ideològics i teòrics a què es podia prestar.[3] Però limitaré l'examen de les fonts als testimonis de Landino i Virgilio

---

2 Des de la seva aparició el 1499, amb el format de tres llibres, ampliat a vuit el 1521, fins al segle XVIII, es van publicar més de cent edicions del *De inventoribus rerum* en vuit llengües. En vida de l'autor van publicar-se'n trenta edicions en llatí, en diversos casos amb ampliació i revisió exhaustiva de continguts. Disposem d'edició crítica moderna dels tres primers llibres amb traducció anglesa a cura de Copenhaver (Vergil 2002).

3 Per a una revisió d'aquestes fonts i de la presència del relat a les arts poètiques italianes, remeto a Esteve (2008). De bibliografia que s'ocupi específicament de la història dels orígens divins de la

per raons pràctiques, aprofitant que foren textos amb una àmplia circulació al Renaixement i una repercussió ben coneguda en l'àmbit de la literatura i que, entre els dos, reuneixen gairebé tots els elements (mites, tesis, arguments, autoritats) que configuren la narrativa dels orígens divins de la poesia. Fet això, explicaré la recepció d'aquesta narrativa en la teoria literària cinccentista de l'àmbit català i n'examinaré la selecció i l'adaptació de tòpics i els seus usos en una mostra de textos breu, però representativa dels gèneres, contextos discursius i usos del relat a l'Europa de la primera edat moderna. Acabaré el repàs de la transmissió de la història dels orígens divins de la poesia fent un ràpid balanç del que queda d'aquesta tradició narrativa en l'obra d'Andrés, amb la intenció de mostrar que la historiografia cultural il·lustrada és una de les fites on acaba el recorregut d'aquest saber.

2 La història dels orígens divins de la poesia

La història dels orígens divins o sagrats de la poesia que va prendre forma al Renaixement fou el resultat de l'acumulació i la combinació, no sempre coherent, de continguts de mena ben diversa, des d'especulacions filosòfiques fins a dades cronològiques, passant per relats mítics que procedien de tradicions literàries i de pensament també diferents. Les fonts i autoritats principals d'aquestes tradicions són clàssiques, amb un predomini notable d'escriptors grecs i romans dels segles I aC i I, com Dionís d'Halicarnàs, Diòdor de Sicília, Estrabó, Ciceró, Plini el Vell i Quintilià. Hi destaca igualment el paper d'escriptors cristians de l'antiguitat tardana com Eusebi de Cesarea i Sant Jeroni, dels segles III i IV i, sobretot, en la difusió de la història del poble hebreu, el de Flavi Josep, un autor del segle I. Pitàgores, Heròdot i especialment Plató són els pensadors més antics (segles VI–IV aC) que també tenen un lloc rellevant en aquesta història. Cal dir que en no pocs casos algunes autoritats van assolir aquest estatus perquè van fer de mediadores de les altres: es feien ressò de les seves opinions, les comentaven i utilitzaven amb algun propòsit particular o aplegaven i comparaven referències i citacions de diversos autors en relació amb tesis o dades concretes. I convé precisar que bona part de les dades i idees d'aquestes autoritats es conegueren al Renaixement a través de fonts de l'Antiguitat tardana i medievals utilitzades, però sovint no

---

poesia a l'edat moderna, o que tracti aquest relat com un discurs historiogràfic, no n'hi ha gaire, però d'estudis sobre les tradicions de pensament que haurien vehiculat les idees que el conformen, n'hi ha molts, des dels clàssics de Curtius (1999, vol. 1, 305–323), Lida de Malkiel (1952), Trinkaus (1970), Walker (1972), fins els més recents del volum de Galand-Hallyn/Hallyn (2001).

reconegudes com a autoritats d'aquest discurs, com la tradició comentarista de l'*Eneida* de Virgili o les *Etimologies* d'Isidor de Sevilla.[4]

Aquestes autoritats havien formulat els tòpics que van anar constituint la narrativa sobre els orígens divins de la poesia en un repertori ampli de gèneres. Per fer més entenedora la complexa trama de tradicions literàries que nodria aquesta narrativa, em permeto d'agrupar les fonts en dos blocs: el que haurien configurat, per un costat, les obres de poesia, d'exegesi i crítica literària, de retòrica, gramàtica i lexicografia i de filosofia; per un altre costat, les obres d'història, cronologia, geografia, biografia i doxografia (on es recollien opinions i sentències de pensadors), les obres d'heurematografia (la literatura centrada en els descobriments) i les miscel·lànies i enciclopèdies. Molt a grans trets, es podria establir que les obres del primer bloc haurien contribuït a donar forma a la idea de la poesia primigènia mitjançant la interpretació de mites i explicacions d'ordre filosòfic que donarien compte sobretot de com hauria estat i per a què hauria servit la poesia en origen. Les obres del segon bloc haurien tingut com a prioritat aclarir quan i on s'hauria descobert o inventat la poesia i quins individus i pobles l'haurien conreat en primer lloc i a qui i per quines vies s'hauria transmès. Val a dir, però, que les obres de tots dos blocs fornien respostes per a qualsevol d'aquestes qüestions i que sovint aquestes respostes eren el resultat d'una composició d'elements genèrics i particulars que s'explicaven mútuament. Aquesta forma de procedir feia, per exemple, que en unes fonts o en un passatge d'un relat els primers poetes fossin caracteritzats en abstracte com a homes de religió inspirats per divinitats en temps molt llunyans i que, en unes altres versions o en passatges posteriors del mateix relat, aquests anònims primers poetes cobressin una identitat concreta i entressin en la història convertits en Moisès o en Homer, és a dir, en personatges circumstanciats en el temps i l'espai que pertanyien a una nació o a una cultura i que tenien una llengua i una obra pròpies.

Aquest mateix exemple palesa que en la història renaixentista dels orígens divins de la poesia s'hi acumulaven i, a vegades s'hi fusionaven, els diferents interessos i propòsits amb què les obres d'un i altre bloc havien abordat la qüestió. Val a dir que totes les aproximacions havien supeditat la indagació de les primeres formes de la poesia a alguna classe d'objectiu que anava més enllà del mer coneixement històric, ja fos aquest objectiu l'explicació de la superioritat de l'espècie humana arran de la invenció i el desenvolupament de la cultura; la demostració de l'antiguitat, la saviesa i el prestigi social de la poesia o d'un tipus específic de poesia; o la defensa i l'elogi de la primacia i el mèrit cultural, únic o

---

4 Sobre la relació entre la interpretació renaixentista de Virgili i la formació de la «theologia poetica» es pot consultar, entre molts altres, Granada (1983) i Noel Paul (2018).

superior, d'una nació respecte una altra: dels egipcis davant dels grecs, del grecs enfront dels romans o dels hebreus i dels cristians per damunt de tots els altres. I val a dir també que els diversos usos tradicionals dels orígens divins de la poesia s'havien sustentat en principis i interpretacions que tan aviat facilitaven la fusió coherent i eficaç d'alguns dels seus tòpics com posaven de manifest les tensions i contradiccions que es derivaven de la reunió d'alguns altres. Així, per exemple, l'ús dels testimonis que havien caracteritzat la primera poesia com un regal de Déu —o dels déus— als humans havia permès la incorporació del concepte del furor diví a la idea de la poesia primigènia. Al seu torn, aquesta idea de la poesia originària, inspirada per la divinitat en el passat més remot, es prestava a ser identificada amb la poesia de l'Antic Testament mitjançant una combinació d'arguments d'ordre teològic i cronològic que sostenien, per un costat, que cap poble pagà no podia haver rebut «l'autèntica» inspiració de Déu i, per l'altre, que els jueus eren la nació més antiga de la terra. La vindicació de la identitat hebrea (i, per extensió, cristiana) de la primera poesia tenia sentit en molt bona part pel valor que li conferia la seva naturalesa divina. Alhora, però, convé advertir que era aquesta mateixa condició, substanciada en la idea de la inspiració de Déu, l'element que posava en qüestió el sentit de la vindicació judeocristiana, que es feia d'acord amb els principis i les convencions de la tradició literària que pretenia discernir la contribució de cada poble al progrés de la civilització. Vist des de la perspectiva de l'heurematografia i de la historiografia cultural, el fet d'haver «rebut» la poesia no significava el mateix que haver-la creat o ser-ne l'artífex i no tenia per què implicar cap mèrit dels poetes hebreus.

Aquest és només un dels diversos focus de tensió que arrossegava l'entramat de tradicions de pensament i gèneres que va donar forma a la història dels orígens divins de la poesia. L'encaix d'aquesta narrativa en la història de la cultura transmesa per les fonts clàssiques va topar també amb el predomini d'una visió progressista de l'evolució de les coses, que assumia que res no assolia la seva forma perfecta en origen i que les arts en especial tendien a millorar respecte del seu estat inicial gràcies a l'observació, la imitació i la innovació. Aquest discurs establia que la cultura havia fet possible la civilització perquè havia estat l'arma amb què s'havia pogut fer front a la duresa de la natura i als efectes destructors del temps. De les obres de Plini el Vell i Diòdor de Sicília, de Quintilià en relació amb l'oratòria o de Vitruvi pel que fa a l'arquitectura es desprenia una interpretació de la història de la cultura entesa com el testimoni, en primer lloc, de la superació humana d'un estat primigeni brutal i, després, de la formació i l'esforçada conservació dels costums, institucions i coneixements que haurien vertebrat la civilització. En aquesta història, l'aparició de la poesia solia atribuir-se a causes naturals, com fa Aristòtil a la *Poètica*, i solia identificar-se amb cants senzills, espontanis i improvisats que només amb el temps, el conreu i l'aplicació de regles hauria evolucionat fins esdevenir una art de la paraula amb ritme i harmonia. Era factible d'integrar en algun punt d'aquest esquema narratiu els mites que atribuïen efectes civilitzadors a l'antiquíssima poesia d'Orfeu i Amfió, que, cantant versos al so de la cítara, haurien ensenyat gent rústica i toixa a viure en societat i a conduir-se per la raó en lloc de l'instint. Tanmateix, la idea d'una poesia primigènia confegida per Déu o inspirada per la divinitat a sacerdots i profetes implicava una gravetat temàtica i una qualitat formal molt elevades: eren trets que no s'adeien amb la imatge d'una primera poesia senzilla i rudimentària improvisada per persones corrents. A més, la idea dels orígens divins resultava valuosa i útil perquè transferia a la primera poesia la superioritat assignada al fruit del geni posseït per un furor sobrenatural respecte a les obres resultants de l'aplicació de tècniques apreses gràcies al domini conscient de l'art literària. La poesia inspirada per la divinitat semblava més aviat aliena a la lògica i a la cronologia del perfeccionament artístic. El recurs de traslladar la poesia divina a èpoques posteriors i més civilitzades podia donar-ne una idea més congruent amb les premisses i expectatives de la historiografia cultural progressista, però comportava allunyar-la de l'inici del món i de Déu i privar-la no només de la dignitat concedida a les coses més antigues, sinó també de la puresa i de les virtuts incorruptes atribuïdes a les primeres formes o als estats originals de les coses.

En suma, la historiografia de la cultura potenciava una concepció humanitzada, terrenal i artística de la poesia, els orígens de la qual tenien molt poc a veure amb la visió idealitzada de la poesia primigènia que traslladava la història dels orígens divins. En tractar-se, a més, d'una historiografia basada en el principi del progrés humà, la idea mateixa de l'origen, o de l'estat primigeni de les coses, hi quedava buida de bona part dels sentits que li donaven valor i poder en altres discursos o narratives. Val a dir, però, que d'algunes fonts clàssiques també es desprenien interpretacions de la història de la cultura on els orígens de les coses podien recuperar valor. La *Història Natural* de Plini el Vell, per exemple, planteja que la innovació cultural pot comportar la corrupció i la degradació de l'estat natural de les coses i sosté que certes invencions i troballes, sobretot les relacionades amb l'augment de la comoditat i el luxe, haurien implicat millores només aparents que en realitat haurien efeminat els costums i afeblit l'espècie humana. Aquesta interpretació responsabilitzava el canvi cultural i el pas del temps de la degeneració de les persones i les coses i avalava les tesis conservadores i regressives que vindicaven la necessitat o la conveniència de recuperar sabers i tradicions antics i sostenien que calia tornar a estats primigenis, o anteriors, si més no, i restaurar formes originals si el que es volia era redreçar el camí. En aquest marc de referència, la poesia més antiga podia exercir de dipositària de les essències més genuïnes de la literatura, de criteri per determinar la «poeticitat» i la qualitat de les obres, de vara per mesurar la degeneració soferta per la poesia arran de l'ús i el pas del temps, d'horitzó per saber com redreçar-ne el conreu i, per fi, de model d'inspiració i imitació per als poetes del present i del futur.[5]

3 Els orígens divins de la poesia segons Landino i Virgilio

La història dels orígens divins de la poesia de Cristoforo Landino s'insereix a l'extens proemi que encapçala el seu comentari de la *Comèdia* de Dante.[6] Ocupa, més concretament, tres apartats d'aquest proemi, amb els epígrafs: «Che cosa sia poesia, et poeta, et della origine sua divina et antichissima», «Furore divino» i «Che l'origine de' poeti sia antica». La reflexió teòrica i historiogràfica d'aquests tres capítols constitueix una de les diverses digressions que Landino introdueix en un proemi que ell mateix considera poc convencional. Després d'aquests apartats segueix «La vita et costumi del poeta», tot i que la caracterització de l'autor i la crítica de l'obra apareixen en diversos llocs d'un entrellat narratiu que inclou una apologia de Dante i Florència i una revisió històrica dels florentins més destacats en les ciències, les arts, la política i els negocis. El curs del relat revela la voluntat de presentar la perfecta combinació d'eloqüència i saviesa atribuïda a Dante com l'expressió més genuïna de l'excel·lència poètica. L'explicació de la naturalesa divina de l'antiga poesia pretén demostrar que la variada i profunda doctrina de Dante i en especial la seva capacitat de donar forma artística als arcans de la teologia el posarien a l'alçada de les virtuts i els mèrits assignats als primers poetes. L'exegesi en clau al·legòrica de la *Comèdia* que Landino desplega al comentari hauria de servir justament per fer llum en alguns dels «appena investigabili vestigi di sì divino poeta».[7]

---

5 Sobre les idees de progrés i decadència a la historiografia cultural clàssica, remeto a l'estudi introductori de Copenhaver (Vergil 2002, vi–xxx) i a Barkan (1999) especialment per a la *Història Natural* de Plini.

6 Cito el proemi de l'edició moderna de Cardini (Landino 1974, 100–164). Per a les idees literàries de Landino, Cardini (1973) i per la influència de la seva poètica a la cultura literària hispànica de la primera edat moderna, Alcina (1999).

7 «Ora perché avevo novellamente interpretato e alle latine lettere mandato l'allegorico senso della virgiliana Eneide, giudicai non dovere essere inutile a' miei cittadini né ingiocondo se, con quanto potessi maggiore studio e industria, similmente investigassi gl'arcani e occulti ma al tutto divinissimi sensi della Comedia» (Landino 1974, 100–101). «Pure aiutando el divino favore la mia fervente volontà, ho scoperto in qualche parte alcuno degli appena investigabili vestigi di sì divino poeta» (Landino 1974, 102).

La història de Polidoro Virgilio ocupa els capítols vuitè i novè del llibre primer del tractat *De inventoribus rerum*, que porten per títol, respectivament, «De poeticae artis origine et eius praestantia, ibique locus Ciceronis in Catone emendatus» i «De origine metri et metrorum plura esse genera».[8] Aquests capítols van precedits de la història de la invenció de les lletres i de la gramàtica (capítols sisè i setè) i seguits de les explicacions sobre els inicis de la tragèdia i la comèdia i també dels de la sàtira i la nova comèdia (capítols desè i onzè). Les històries de la invenció de la historiografia i la prosa, de la retòrica, la música, la filosofia i altres diverses ciències i sabers apareixen en els capítols successius del llibre primer. Per tant, la versió de Landino s'emmarca en el context discursiu de l'exegesi i la crítica literària, i la de Virgilio en el de la historiografia i, més específicament, de l'heurematografia, el gènere dedicat a l'estudi dels descobriments i els inventors. Malgrat les diferències de context i gènere, les dues versions tenen molts punts en comú, coincidències que evidencien la confluència i el transvasament de continguts entre tradicions de pensament que, a priori, s'haurien interessat per aspectes diferents dels orígens de la poesia. Aquestes semblances il·lustren molt bé la consolidació a finals del segle XV d'una narrativa sobre els orígens de la poesia que havia pres una forma sinó fixa, almenys estandarditzada, amb un conjunt recurrent de tòpics sobre la qüestió.

Les versions de Landino i Virgilio recorren a un estoc compartit de llocs comuns, però no els tracten amb la mateixa extensió i profunditat, ni els disposen amb el mateix ordre i sentit, ni, sobretot, utilitzen els respectius relats amb el mateix propòsit. Ambdós autors exploten les virtuts de la poesia que es desprenen dels seus orígens divins, però Landino ho fa per engrandir el prestigi de Dante i Florència i per adobar el terreny per tal d'afavorir la bona recepció de la seva lectura en clau al·legòrica i platònica de la *Comèdia*. El relat de Virgilio, en canvi, remarca els orígens hebreus i bíblics de la poesia, una troballa més de les moltes que, al seu tractat, nega als grecs i atribueix al poble jueu. Amb aquesta estratègia de reescriptura de la història, que fia una vegada i una altra el seu rendiment a demostrar la major antiguitat dels jueus respecte dels grecs, Virgilio pretenia minimitzar la dependència cultural dels romans respecte als grecs, tradicionalment acceptada fins i tot en el llarg període en què Grècia havia estat dominada políticament per Roma. La motivació d'aquesta empresa es trobava, segurament, en el fet que Virgilio se sentia, com a italià, hereu dels romans. La judeïtzació de la història cultural li servia, alhora, per dissimular-hi el paper secundari o epigonal dels romans i per destacar-hi la presència del cristianisme, entès aquí com el principal beneficiari del llegat hebreu.

---

8 Cito Polidoro Virgilio de l'edició moderna de Copenhaver (Vergil 2002, 90–101).

Les convencions del gènere en què s'inscrivia cada relat i els propòsits respectius de cada escriptor permeten entendre algunes de les diferències amb què són tractats certs tòpics de la narrativa sobre els orígens divins. En general, es pot dir que els mites i les autoritats de la Grècia antiga tenen més presència al relat de Landino que en el de Virgilio. Landino s'estén molt més, per exemple, en l'explicació de la inspiració divina de la primera poesia i fa més referències directes al dictat de Plató sobre el furor. Virgilio, en canvi, interpreta el furor poètic en termes més pròxims als d'autoritats romanes com Virgili, Ovidi, Horaci i sobretot el Ciceró del *Pro Àrquies*, al qual atribueix l'explicació més entenedora del fenomen. Virgilio s'erigeix, així, en portaveu d'una tradició interpretativa que havia redefinit el furor platònic com un poder inspirador que, almenys en part, provindria de la pròpia ment del poeta: es tractaria d'una força «natural» que guiaria l'artista com si l'hagués posseït una mena d'esperit diví. En contrast amb aquest «quasi divino spiritu» ciceronià, que contemplava la mediació del geni natural del poeta, Landino assenyala Déu, ja sigui entès com «el primo mobile» i les nou esferes o com «Giove» i les nou muses, com a l'única font de la inspiració. Landino concedeix menys atenció i importància a discernir qui va inventar la poesia o d'on foren els primers poetes, una qüestió cabdal per Virgilio. El comentarista de Dante es fa ressò de la tesi de l'origen hebreu de la poesia, però és menys taxatiu que Virgilio a l'hora d'afirmar-ne la primacia, que l'autor del *De inventoribus rerum* fa extensiva a gairebé tota la resta de disciplines: «Non immerito igitur huius artis [de la poètica; C.E.] initium Hebraeis acceptum referre debemus, veluti reliquarum propemodum disciplinarum» (Vergil 2002, 94).[9]

3.1 El furor diví com a origen de la poesia

En ambdós casos, a l'explicació dels orígens de la poesia s'hi arriba arran de l'afirmació de la seva excel·lència. Els dos escriptors coincideixen a esgrimir l'amplíssima doctrina i la condició divina de la poesia com les raons que demostra-

---

9 Landino encapçala les referències als antics poetes hebreus amb una remarca també tòpica (que encara veiem repetida en Andrés), la de la dificultat d'aclarir qui fou el primer de fer versos, atesa la diversitat d'opinions que es coneixen sobre aquesta qüestió: «Né m'affaticherò al presente investigare quello che veggiamo da Plutarco con diligenzia essere cerco nel suo libro De musica, chi primo fussi apresso de' Greci inventore di versi, e in quale età e' lirici, in quale gl'eroici, in quale gl'elegi fussino trovati, perché è difficile, in tanta varietà d'opinioni pronunziare el vero. E noi veggiamo tale artificio essere stato celebrato molto prima in Siria e in Egitto che in Grecia: imperò che apo gl'Ebrei, popolo come loro affermano e noi crediamo, antichissimo, David re scrisse in versi e' Salmi; né è che non possiamo enumerarlo tra e' vetusti, perché fu ne' tempi che Codro regnava in Atene et più che anni 400 innanzi alla edificazione di Roma» (Landino 1974, 145–146).

rien la seva primacia entre els gèneres d'escriptura i les disciplines de coneixement. Landino apel·la també a l'antiguitat de la poesia i a la grandesa de la seva eloqüència per vindicar-ne la superioritat (Landino 1974, 140–141; Vergil 2002, 90–93). Ben aviat, però, els relats posen en evidència que tots els atributs esmentats deriven de la condició divina de la poesia. El primer argument amb què es pretén demostrar aquesta condició ja pren forma d'origen: la poesia seria l'única de les arts humanes que provindria del furor diví. Raona Landino que el furor diví és un origen més elevat que l'excel·lència humana, que és d'on procedirien la resta d'arts liberals, i que això *implicaria* que la poesia fos la primera de les arts.[10] Convé fixar-se que en aquest punt de l'explicació, l'origen de la poesia no es concep en termes històrics, sinó filosòfics, com a causa. Tanmateix, la implicació que vincula la causa amb la naturalesa i les qualitats de les coses i que atorga a l'origen la capacitat de determinar per sempre o en essència la identitat de la cosa seguirà vigent quan l'origen de la poesia s'expliqui en termes temporals, geogràfics i culturals.

Com ja he dit, Landino s'estén molt més que Virgilio en l'explicació del furor i esgrimeix les proves que Plató presenta a l'*Ió* i al *Fedre* per demostrar que la facultat poètica té origen en el furor diví. El primer indici és que només el poder del furor diví podria explicar que poetes com Orfeu, Homer, Hesíode i Píndar fossin capaços de demostrar coneixements de totes les arts sense haver dedicat temps a aprendre-les, com havia de fer la gent corrent. L'amplíssima doctrina de la poesia passa, així, a dependre del seu origen diví. En segon lloc, que un poder sobrenatural dominaria els poetes enfurismats quedaria palès pel fet que, passats els efectes del rapte, els poetes admetrien que amb prou feines podien entendre les coses extraordinàries que havien dit o cantat: això faria pensar que per boca seva havia parlat la divinitat. La tercera prova es desprèn del fet que els millors poetes no serien els més prudents ni els més erudits, sinó els inspirats pel furor, una força que a vegades la divinitat insuflaria fins i tot en els més ineptes. Això demostraria que l'art i l'erudició, sense el furor, no bastarien per assolir l'excel·lència: la millor poesia no la podrien inventar els més savis, sinó que l'atorgaria Déu (Landino 1974, 141–142).

Ambdós relats posen l'èmfasi en les diverses autoritats clàssiques que haurien donat fe del caràcter diví de la poesia i de la superioritat de la poesia originada pel furor: Virgilio esmenta Ciceró i Horaci com a transmissors i avaladors de les idees de Demòcrit i Plató; Landino hi afegeix l'autoritat del filòsof alexandrí Orígens

---

10 «Ma che l'origine della poetica sia più eccellente che l'origine dell'arti umane si manifesta, perché el divino furore onde ha origine la poesia è più eccellente che la eccellenzia umana onde hanno origine l'arti» (Landino 1974, 141).

(s. III), cita un passatge dels *Fasti* d'Ovidi on s'afirma que Déu és dins dels poetes i argüeix com a prova suplementària que, de tots els escriptors, només els poetes invoquen l'ajut de la divinitat.[11] Virgilio remet a un altre lloc d'Ovidi, hi afegeix citacions de Virgili i l'explicació de Ciceró al *Pro Àrquies*, que ja he comentat més amunt i, per acabar, remet a Enni, a qui dóna la raó quan qualifica els poetes de 'sants' perquè semblen una mena de regal que els déus haurien fet als humans.[12]

3.2 La divinitat de la poesia *ab initio*

Just després de fer referència a totes aquestes autoritats, Landino i Virgilio coincideixen a deixar enrere la qüestió del furor (Landino la reprèn al cap de poc) per donar compte de l'origen antiquíssim de la poesia. Convé fer notar que els relats passen a tractar els orígens històrics de la poesia o bé sense solució de continuïtat, en el cas de Virgilio, o bé arran d'una inferència molt forçada, com la que esgrimeix Landino:

> Per la qual cosa [es refereix al fet que la poesia té l'origen en el furor diví; C.E.] non è maraviglia se e' poeti sono antichissimi, conciò sia che Dio volle che *ab initio* e' suoi misteri fussino descritti a tutte le genti pe' poeti. Il che, come poco avanti dissi, indusse credo Aristotele a chiamare e' poeti teologi. Ma se con diligenzia la natura dell'uno e dell'altro investigheremo, non piccola similitudine troverremo essere tra 'l poeta e el profeta (Landino 1974, 142).

La sacralització dels orígens de la poesia es produeix ara mitjançant la identificació dels poetes més antics amb teòlegs i profetes. Alhora, el furor s'assimila o es confon interessadament amb una altra forma de sotmetiment de la poesia a la voluntat divina, en aquest cas, per posar-la al servei de la transmissió dels mis-

---

11 «Nam poetae furore afflati res omni admiratione et stupore dignas canunt, sine quo, teste Cicerone in primo *De divinatione*, Democritus negabat magnos esse poetas, quippe qui, ut idem quoque Democritus et Plato aiebant, non arte sed natura constant, tuncque veri vates sunt cum insaniunt» (Vergil 2002, 92). «Cum deus in nobis agitante calescimus illic, / impetus ille sacrae semina mentis habet. [Els versos són d'Ovidi, *Fasti*, VI; C.E.] Possiamo ancora arrogere che e' poeti soli contro alla consuetudine degl'altri scrittori invocono l'aiuto divino, perché intendono el poema essere divino e non umano, e da divino furore procedente. Il che e Democrito e Origene e Cicerone affermano» (Landino 1974, 142).

12 «Sed Cicero *Pro Archia poeta* multo luculentissime illud quo fiat pacto docet, dicens: Atqui sic a summis hominibus eruditissimisque accepimus caeterarum rerum studia et doctrina et praeceptis et arte constare, poetam natura ipsa valere et mentis viribus excitari et quasi divino spiritu afflari. Quare suo iure noster ille Ennius sanctos appellat poetas quod quasi deorum aliquo dono atque munere commendati nobis esse videantur» (Vergil 2002, 92–94).

teris de Déu. Com que aquesta instrumentalització de la poesia s'hauria produït *ab initio*, el furor diví es converteix en un tret de la poesia originària, la qual, en virtut d'aquesta característica, esdevé la forma poètica de major excel·lència.

L'etimologia del terme llatí que antigament hauria designat tant profetes com poetes, *vates*, vindria a confirmar que l'espècie primigènia de poetes havia estat dominada pel furor diví o, si més no, per la força mental i l'arravatament d'esperit que Landino atribueix al significat de *vi mentis*, l'expressió de la qual derivaria la paraula *vates*. L'etimologia del terme grec *poeta* també seria una altra evidèn- cia de la divinitat originària de la poesia segons el comentarista de la *Comèdia*, perquè derivaria del verb *poiein*, que hauria tingut un significat a mig camí entre 'crear quelcom del no-res', a la manera de Déu, i 'fer coses tal com les produeixen els humans', a partir de matèries i models preexistents. A parer de Landino, les ficcions poètiques participarien en major mesura de la creació que de la facció (Landino 1974, 142).[13]

L'argument de la semblança i la proximitat entre la creació poètica i la creació divina ve a tomb perquè Landino incorpori al relat la idea que Déu hauria estat, en tots els sentits, el primer poeta, ja que hauria creat el cel i la terra i disposat totes les coses d'acord amb un ordre i una harmonia anàlegs als que el poeta aconseguiria amb els recursos de la mètrica. Aquest tòpic, del qual també es fa ressò Virgilio més endavant, en explicar l'origen del metre, se sustentava en l'autoritat de les teories pitagòriques dels cossos celestes, però també rebia l'aval d'autoritats cristianes com el profeta Tobies, citat per Landino. El crític sembla aprofitar la doble legitimació pagana i cristiana d'aquesta idea per defensar la tesi que els antics grecs haurien cregut en realitat en un únic déu, que haurien anomenat Apol·lo, i per persuadir que totes les referències a la tutela dels poetes per part d'Apol·lo i les muses, o per part del déu Febus o de Júpiter, haurien estat al capdavall maneres diferents d'explicar que els poetes haurien rebut la inspiració de Déu.[14]

---

13 Virgilio (2002, 98), en explicar al següent capítol l'origen del metre, també utilitza el terme *vates* per designar els primers mortals que haurien emprat el metre (després que Déu l'hagués inventat) dominats pel furor diví. Cf. *infra*.

14 «Ed è Idio sommo poeta, ed è el mondo suo poema. E come Idio dispone la creatura, *idest* el visibile e invisibile mondo che è sua opera, in numero, misura e peso, onde el profeta: Deus omnia facit numero, mensura et pondere; così el poeta col numero de' piedi, con la misura delle sillabe brievi e lunghe e col pondo delle sentenzie e degl'affetti constituiscono el lor poema» (Landino 1974, 142–143).

3.3 La poesia originària de les Escriptures

La primera incursió de Landino en la qüestió de l'antiguitat dels orígens de la poesia és breu: un cop establert que els primers poetes haurien estat homes de religió inspirats per Déu a l'inici del món, el crític explica el sentit i el funcionament del furor diví. En aquest punt del relat de Landino, la imatge dels primers poetes es basa encara en una identitat genèrica, la del *vates* o del poeta-teòleg. Altrament, quan Virgilio aborda l'explicació de l'antiquíssim origen de la poesia és per assenyalar que els hebreus, i no els grecs, n'haurien estat els inventors, tal com ja ho havia indicat Eusebi de Cesarea al segon llibre de *De praeparatione evangelica*. De seguit, Virgilio reporta les referències de *De antiquitatibus Iudaeorum* de Flavi Josep, primer a una composició en hexàmetres que pretesament Moisès hauria confegit inspirat per Déu i després als himnes compostos per David amb metres de diverses classes. Moisès i David passen a exercir, així, d'encarnacions històriques dels antics *vates*, i les composicions d'aquestes i altres figures de les Escriptures que Virgilio cita a continuació, com Isaïes, Salomó i Job, es converteixen en els testimonis textuals de la poesia originària (Vergil 2002, 94).

L'atribució de la primera poesia als hebreus es basa sobretot en la seva major antiguitat com a poble en comparació amb els grecs, que s'erigeixen, de forma implícita, en els candidats rivals que més plausiblement podrien reclamar la condició de poetes primigenis. Però val la pena parar esment que, a més de l'antiguitat, Virgilio esgrimeix, amb l'autoritat interposada de Sant Jeroni, la gran bellesa i l'elevada harmonia del salteri i d'altres composicions bíbliques com a prova a favor de la condició originària de la poesia hebrea. D'aquest raonament en surt reforçada la idea que la primera poesia hauria estat divina (és a dir: inspirada per Déu, profètica i teològica) i excel·lent, sinó perfecta, en termes formals. Aquest atribut resulta cabdal perquè la crítica renaixentista pugui fer servir la poesia originària o, més aviat, la imatge idealitzada que se'n té, com a paràmetre per regular la creació literària.

El relat de Virgilio continua parant atenció a les obres de caràcter sagrat d'altres poetes, com els oracles en vers referits per Horaci a la seva *Ars poetica*. Fa una concessió als grecs i reporta que, segons Porfiri, Orfeu primer i Homer i Hesíode després haurien estat els primers de fer famosa la poesia. L'explicació del capítol vuitè acaba donant compte de l'inici de l'art literària entre els romans, amb la primera obra dramàtica de Livi Andrònic a l'època del consolat de Marcus Tuditanus i Gaius Claudius (i no d'Appius Claudius, corregeix Virgilio, esmenant un error transmès al *Cató* de Ciceró).[15] L'antiga literatura romana esdevé part,

---

15 Livi Andrònic i els cònsols esmentats van viure al segle III aC.

així, de la història de la primera poesia. Val a dir, però, que no apareix, al relat, com a hereva o beneficiària d'aquesta poesia, a jutjar pel deix de resignació amb què Virgilio explica que els romans haurien après l'art de la poesia més tard (respecte dels grecs i els hebreus, s'entén) i que a Roma no hi hauria hagut cap mena de consideració per aquesta disciplina artística fins els temps de Livi Andrònic (Vergil 2002, 94 i 96).

La història dels poetes antics de Virgilio acaba en aquest punt, coincidint amb el final del capítol vuitè, perquè al següent, en donar compte de l'origen del metre, el discurs adopta un registre més abstracte, o genèric, i posa en joc els tòpics de Déu com a inventor del vers i com a poeta màxim, creador d'un univers regit per la mesura i l'harmonia, i la identificació dels primers poetes mortals amb els *vates* inspirats per la divinitat. Virgilio recorda, en aquest punt, que, d'aquests *vates*, ja n'ha parlat abans i així remet el lector, de forma ben eficient, al lloc del capítol anterior on havia argumentat que aquests primers poetes foren hebreus. La història dels orígens de la poesia de Virgilio acaba aquí: a continuació passa a explicar l'aparició de diverses classes de metre, però no en fixa una cronologia precisa ni n'identifica cap que ostenti la condició de ser el vers amb què hauria pres forma la primera poesia (Vergil 2002, 96 i 98).[16]

Les succintes explicacions de Landino sobre l'antiguitat de la poesia havien desembocat a l'epígraf «Furor divino», on el crític n'explica el funcionament en el marc d'una interpretació de la teoria platònica de les Idees. Les consideracions de Landino en aquest apartat no afecten la idea de la poesia originària, sinó que més aviat semblen tenir la funció de reforçar la imatge de Dante com un poeta docte, eloqüent i alhora inspirat per la divinitat. Tot i que enlloc no es refereix explícitament a l'escriptor florentí, Landino sembla voler que s'entengui que l'autor de la *Comèdia* pertanyeria a la classe de poetes que, en imitar l'harmonia humana, no es conformarien a suscitar plaer mitjançant el concent de les veus i els instruments, sinó que serien capaços de fer servir aquesta harmonia per expressar «gl'intimi sensi della mente loro». Aquests poetes de criteri més elevat serien els que, inspirats pel furor diví, podrien compondre versos greus i plens de sentències. La seva obra descriuria «alti e arcani e divini sensi» i per això seria, a parer de Landino, la que Plató estimaria com *la* poesia (Landino 1974, 143–145). Les referències als sentits divins íntims i secrets d'aquesta idea de la poesia perfecta semblen voler remetre al caràcter teològic i al·legòric que Landino atribueix a la *Comèdia* en diversos llocs del seu proemi i afavorir així la identificació de Dante amb la figura de l'antic poeta-teòleg.

---

16 L'explicació de l'inici de les diverses classes de vers s'allarga fins a la pàgina 100.

L'enllaç amb el següent epígraf, «Che l'origine de' poeti sia antica», segueix estirant el fil del mite de la *poetica theologia*, ara per plantejar la possibilitat que els primers homes que haurien tingut un cert sentit de la religió haguessin decidit compondre les lloances i els precs a Déu en vers o, si més no, amb un llenguatge mesurat, amb la intenció d'elevar així l'elegància i la dignitat del discurs. Potser és per subratllar el poder del metre en temps remots que Landino addueix a continuació el mite que atribueix als versos i cants d'Orfeu i Amfió la capacitat de dominar la natura, amansir les feres i civilitzar homes que fins llavors s'havien comportat com mers animals. Val a dir, però, que en endinsar-se en el terreny de l'especulació sobre la identitat dels primers poetes, Landino esquiva de seguida la tradició grega, que presenta, seguint Plutarc, sumida en una controvertida confusió d'opinions sobre qui hauria inventat la poesia i quan s'haurien creat els diversos metres. Altrament, el crític posa el focus en l'antiguitat del poble jueu i en la condició originària de les composicions bíbliques. El gir del discurs cap a la tradició hebrea ve precedit d'una afirmació breu però significativa: l'artifici de la poesia hauria estat celebrat molt abans a Síria i Egipte que no pas a Grècia. La remarca allunya dels grecs els orígens de la poesia i els apropa a pobles més vinculats als jueus, com l'egipci. Landino, fent-se ressò de l'autoritat de Flavi Josep i Orígens, remet a continuació, com després ho farà Virgilio, als salms de David, a les obres de Salomó i als versos d'Isaïes. De la poesia bíblica, en subratlla sobretot l'antiguitat: es remunta a Moisès, «poeta non ignobile» molt anterior als autors ja esmentats, i recorda els encara més antics versos elegíacs de Job. El crític assenyala que David fou contemporani del regnat de Codro a Atenes, el qual precedí en quatre-cents anys la fundació de Roma. Reporta també que quan Moisès va liderar la fugida del poble d'Israel d'Egipte, a Atenes hi manava Cècrope, i remarca que totes les coses excel·lents fetes a Grècia tingueren lloc després d'aquest regnat (Landino 1974, 145–146).[17] Malgrat que Landino no demostra el mateix afany de desacreditar els grecs que Virgilio, s'aprecia al seu relat una rivalitat implícita i un biaix competitiu semblants als de la narrativa del *De inventoribus*, heretats de ben segur de les fonts jueves i cristianes d'on provenien els exemples de la poesia bíblica i les comparacions cronològiques.

Com en la narració de Virgilio, la història dels poetes antics de Landino també reserva una breu consideració final sobre els primers autors de literatura romana, on es consigna la primacia de Livi Andrònic en la poesia dramàtica, però també, seguint l'autoritat de Cató i Livi, el costum antiquíssim de compondre

---

17 Codro, l'últim dels basileus d'Atenes, va viure al segle XI aC. Segons la mitologia grega, Cècrope hauria estat el primer rei de la ciutat d'Atenes: el caràcter mític del personatge, al qual s'atribuïa cos de serp de cintura cap avall, fa que la cronologia del seu regnat sigui de mal determinar.

versos per celebrar als banquets les excel·lències dels homes il·lustres, i la institu-
ció per part de Numa Pompil·li, el segon rei dels romans, de la pràctica de cantar
versos als sacrificis (Landino 1974, 146).[18] Així, la reubicació dels orígens de la
poesia llatina, ara molt més llunyans i pròxims a la fundació de Roma, serveix per
dignificar aquesta tradició literària amb el prestigi inherent de les coses antigues.

Landino fa en aquest punt una breu recapitulació dels temes que ha tractat
als tres epígrafs que constitueixen el discurs sobre els orígens divins de la poesia
al seu proemi. La recapitulació serveix com a cloenda del relat històric i com a
recordatori al lector del que li ha permès conèixer, a saber: la naturalesa de la
poesia, el seu origen en la inspiració divina, el sentit del terme *poeta* i la primacia
dels poetes entre els escriptors de l'antiguitat per la seva major noblesa. Sense
necessitat d'encetar un nou capítol, el discurs de Landino reprèn l'explicació de
les excel·lències de la poesia, ara per posar l'èmfasi en la gran utilitat i l'extraordi-
nari plaer que se n'obté. La recapitulació de temes, l'exposició de conclusions i la
represa de l'elogi de la poesia revelen de manera molt significativa que el lloc del
discurs dels orígens divins de la poesia en la cultura literària de la primera moder-
nitat és (i serà) un espai on conflueixen els interessos i els mètodes de la reflexió
teòrica, de la recerca historiogràfica i de la crítica i la legitimació ideològica i
social de la poesia en general, i de tradicions, gèneres i autors en particular.

4 El discurs dels orígens en la poètica moderna de l'àmbit català

Al costat d'altres testimonis contemporanis, els relats de Cristoforo Landino i
Polidoro Virgilio foren determinants en la transmissió de la tòpica i la retòrica de
la història dels orígens divins de la poesia: no només van aplegar i popularitzar
els llocs comuns i les autoritats d'aquesta narrativa, sinó que també en van ense-
nyar els usos i els rendiments a què es podia prestar. Les proves més evidents que
el discurs sobre els orígens va fer-se més present i important en la cultura literà-
ria del segle XVI les trobem, per un costat, en la creixent autonomia del discurs,
que arribà a constituir gairebé un gènere distintiu, conreat tant en prosa com en
vers, sobretot en llatí i en cercles humanistes, i estretament vinculat a l'elogi i la
defensa de les lletres i la poesia i, en especial, de la lectura i l'estudi de la litera-
tura clàssica; per l'altre, el discurs es feu un lloc a les arts de poètica que tant van

---

18 Numa Pompil·li fou el successor de Ròmul al tron de Roma, al segle VIII aC: l'inici de la poesia
romana hauria fet, llavors, respecte de l'època de Livi Andrònic, un salt enrere de cinc segles.

proliferar primer a Itàlia i després arreu d'Europa durant el Cinccents. L'explicació dels orígens de la poesia i dels seus gèneres aviat es convertí en un capítol habitual dels tractats de teoria i en un recurs autoritzat que se sumava als esforços de l'especulació filosòfica en la comprensió dels trets universals de la poesia i les diferències de les seves espècies i en la regulació de l'ofici de poeta. Així, per exemple, la construcció d'una història de la poesia lírica que es va fer seus els orígens divins de la poesia i tots els atributs mítics de la *prisca poesis* va resultar cabdal per a la legitimació teòrica del gènere, ja que va servir per compensar l'escassa consideració que la poètica clàssica havia dispensat tradicionalment a les diverses formes literàries breus i de temàtica variada que solien assignar-se a la lírica.[19]

A l'àmbit català, les manifestacions més significatives del discurs dels orígens pertanyen justament a aquests dos corrents de difusió. La *De origine et laudibus poeseos sylva* de Joan Àngel González, impresa a València el 1525, i el *Discurso en alabanza de la poesía, aplicándole al Nacimiento* de Gaspar Aguilar, llegit a l'Acadèmia dels Nocturns de València el 1591, il·lustren l'ús persistent de la narrativa sobre els orígens en el marc de les lloances de la poesia. Les explicacions sobre la invenció de la poesia i les referències als primers poetes que apareixen als escrits preliminars de l'anomenada *Art nova de trobar*, redactada a la segona meitat del Cinccents, testimonien la presència del relat en el discurs teòric, per bé que el tractat no s'inscriu en la tradició crítica classicista, sinó en la de les preceptives mètriques en llengües vulgars. Tot i que per raons prou conegudes la relació de Joan Lluís Vives amb la cultura literària catalana és més difusa que en els casos anteriors, m'interessa comentar l'ús que fa dels orígens de la poesia al tractat *De tradendis disciplinis*, publicat el 1531 a Anvers, no només perquè il·lustra la presència del relat en un gènere alhora enciclopèdic i historiogràfic, sinó també perquè forneix un molt bon exemple del rendiment de la idea dels orígens en l'economia d'una narrativa antiprogressista de la història de la cultura.

4.1 Àngel: de l'origen a l'ofici de la poesia

La doble condició de poeta i de professor de poesia a l'Estudi de València de Joan Àngel explica el seu interès a compondre una silva que li permetés mostrar un ple domini de l'art literària. La silva li va servir per demostrar la seva perícia més estrictament tècnica i retòrica i el seu coneixement teòric i històric de la poesia. La tria de la silva per difondre aquesta doctrina servia per posar de relleu que

---

19 Per a la formació de la teoria renaixentista de la poesia lírica remeto a Vega i Esteve (2004).

Àngel coneixia bé la tradició d'un gènere que l'humanisme havia destinat, entre altres usos, a la formalització de *praelectiones* i discursos d'inauguració de cursos universitaris. El vincle d'aquesta modalitat de la silva amb el discurs acadèmic permetia que una obra pretesament motivada per circumstàncies concretes i confegida amb poc temps pogués incorporar interessos i continguts d'índole més científica o teòrica. En el cas de la poesia, a més, la filologia humanista havia consolidat la retroalimentació dels discursos encomiàstic i crític fins al punt que l'un gairebé ja no es distingia de l'altre.[20]

La *Sylva* d'Àngel és representativa del discurs que confonia interessadament els trets atribuïts a la poesia originària amb les característiques i funcions distintives de l'art literària o, dit altrament, del discurs que pretenia regular l'art i l'ofici del poeta des de la representació dels orígens de la seva disciplina. Així, el gruix de tòpics sobre la primera poesia es concentra als versos inicials de la composició (vv. 1–76), però alguns es projecten a la part central i més extensa de l'obra (vv. 83–280), on l'humanista dirimeix l'*officium* del poeta. Val a dir que el rastre del *vates* es perd a la tercera i última part de la silva (vv. 281–364) perquè, tot i que Àngel hi desplega una història canònica dels poetes grecs i llatins, el relat no fa referència a cap representant de la *prisca poesis*: comença a partir d'Homer, es concentra després en autors d'epopeies i drames, alaba l'esplendor literària de l'època d'August, consigna la crisi de la cultura que hauria seguit la caiguda de l'imperi romà i celebra, per fi, la restauració coetània dels sabers i la poesia gràcies a figures com Poliziano, Erasme i altres destacats humanistes.[21]

L'estructura de la part de la *Sylva* on Àngel dóna compte dels orígens de la poesia revela la influència de la tradició més recent, ja que s'hi detecten els mateixos dos grans focus d'interès que caracteritzen les històries de Landino i Polidoro Virgilio: en primer lloc, l'explicació del sorgiment de la poesia i la descripció genèrica de les seves primigènies formes i funcions i dels primers homes que l'haurien cultivat (vv. 1–38); i, en segon lloc, el report dels inventors de la poesia (vv. 39–76). Aprofitant la llibertat que li concedeix el gènere de la silva, Àngel acumula i barreja als primers versos els tòpics de la donació divina de la poesia als homes, de la seva condició inspirada, del seu paper fundacional en

---

20 Citaré la *Sylva* de l'edició moderna feta per Alcina (1978). Remeto igualment a l'estudi que precedeix aquesta edició per al coneixement de la trajectòria d'Àngel com a poeta i professor (1978, 7–20) i per a l'anàlisi de la naturalesa i els usos acadèmics del gènere de la silva i de l'estructura i els temes del poema (1978, 21–30); per a la tradició de la silva neollatina entre els humanistes hispànics, Alcina (1991).

21 Alcina (1978, 42–44 per als vv. 1–76; 44–48 per als vv. 83–280; 48–50 per als vv. 283–364).

l'aparició de la religió i de la seva funció civilitzadora a les edats més llunyanes i salvatges del món.[22]

En la versió d'Àngel, la primigènia poesia divina hauria actuat primer pel seu compte (en diversos llocs l'equipara a una deessa) per formar i inspirar els homes de religió, intel·ligència i doctrina que, després, haurien utilitzat la poesia per educar la resta de la gent, dotar-la de moral, de lleis i bons costums, de filosofia i política. El vers hauria estat també el llenguatge de la religió, el mitjà d'expressió de les pregàries i invocacions adreçades pels humans al cel i alhora l'idioma amb què la divinitat hauria transmès als mortals els misteris sagrats i els oracles. Orfeu i Amfió, Apol·lo i la Sibil·la encarnen, en el relat dels temps heroics de la poesia, la figura del *vates* posseït pels déus.[23]

El caràcter religiós i docte de la poesia original enllaça la descripció genèrica dels orígens amb la polèmica entre les nacions que reclamen haver estat les primeres de rebre o inventar la poesia. Explica Àngel que s'atribueixen el mèrit els assiris adduint que foren els primers d'honrar i pregar als déus als altars; que els egipcis fan valer la seva condició de pares de totes les doctrines i que Grècia esgrimeix a favor seu haver estat la terra de multitud de *vates* i de les Muses, i ser la pàtria de Linus, Tespis i Museu, els primers de fer sonar la lira a l'època en què s'hauria inventat la poesia sagrada. Seguint l'exemple de Landino i Virgilio, Àngel resol la controvèrsia a favor dels hebreus, que s'imposarien a la resta de pobles pel fet d'haver tingut els profetes que haurien cregut en el déu vertader. Només ells podien haver rebut del cel els principis sagrats a l'inici del món, i per això caldria pensar que ells haurien estat els primers d'instituir altars, de fundar temples, de revelar els misteris sagrats amb un discurs mesurat i d'entendre que el vers permetia resar millor a Déu. El raonament implícit d'Àngel sembla inspirar-se sobretot en Boccaccio, que a la *Genealogia deorum gentilium* ja havia donat a entendre que si

---

22 «Vendicet hinc primos divina poesis honores / Quod rudibus populis munera prima dedit. / Haec dea surgentis per agrestia saecula mundi / Instituit prima relligione viros. / Nullus honos sacras fuerat nec cultus ad aras, / Orbe erat in toto gens fera, agrestis, iners. / Venit ab astrifero tunc haec sapientia caelo / Moribus humanum compositura genus. / Exuit humanos toto de pectore sensus / Induit et Phoebi numine corda sacro. / Sic mens insanit, furiunt sic pectora vatum, / Sic Phoebum ex animo vix removere queunt» (Alcina 1978, 42, vv. 1–12).

23 «Orphea sic laudant heroica tempora vatem / Qui cantu mouit saxea corda suo, / Qui tygres mulcere lyra, qui vocibus apros, / Qui posset fluvios, qui revocare feras. / Hinc sacer Amphyon Thaebanas condidit arces, / Qui blando flexit pectora dura sono [...] / Hoc genus orandi prisci dixere poesin, / Quo canerent supero carmina digna deo. / Cultior hinc templis facta est et sanctior aetas / Quae rude vulgus agris et genus acre fuit. / Hinc honor, hinc pietas divinis vatibus olim / Carminibus gentes qui domuere feras. / Quaecumque accepta est vulgo sententia quondam, / Versibus accepta est et recitata sacris; / Versibus arcitenens oracula dicit Apollo, / Versibus et sortes sacra Sybilla dabat» (Alcina 1978, 42, vv. 13–18; 42–43, vv. 29–38).

la poesia havia estat, en efecte, una donació de Déu i el llenguatge de la teologia, només els autèntics creients en podien haver estat els beneficiaris (cf. Esteve 2008, 31–36). De seguit, a fi d'atorgar més legitimitat a la tesi hebrea, Àngel desplega les referències usuals a la poesia de la Bíblia, als càntics de Moisès per donar gràcies a Déu, als salms, als himnes i a les composicions líriques de David, una tradició que es mantindria viva al present, en haver donat peu, tal com remarquen els versos de l'humanista, als càntics religiosos i les pregàries dels cristians.[24]

La transició cap a l'explicació de l'ofici del poeta ve precedida d'uns versos de recapitulació, on Àngel subratlla l'origen i la condició divina de la poesia i l'amor celestial, la pietat, la glòria i els honors atorgats als poetes. La imatge idealitzada de la poesia originària és ben present en la descripció de l'*officium* poètic, no només perquè l'autor l'aborda fent referència a alguns dels temes i funcions que la poesia hauria tingut al principi, com ensenyar la situació i el curs d'estrelles i planetes i les causes de les tempestes i els vents, sinó perquè l'ús del tòpic de la poesia com el gènere que integra tots els sabers regeix tota l'explicació d'aquest apartat, i cal recordar que el mite del poeta coneixedor de totes les disciplines s'identificava amb els *prisci vates* i s'havia justificat tradicionalment adduint l'ajut i la inspiració de la divinitat. Així, amb la declaració de principis dels versos «Nil intentatum, Musa dictante, relinqunt, / Cum pedibus claudunt ardua quaeque suis», Àngel descabdella al·lusions i exemples dels coneixements de filosofia natural, agricultura i ramaderia, geografia i història, filosofia moral i política, retòrica i teologia transmesos per la poesia (Alcina 1978, 44, vv. 95–96).[25]

---

24 «Sed quibus hoc munus tribuat mirata vetustas / Gentibus, authorem quemve fuisse ferat, / Lis est (Assyrii quod primi altaria adorent / Et recolant divos) attribuere sibi. / Palmifera Aegyptus palmam sibi iure reposcit, / Doctrinae variae quae fuit alma parens. / Clamores renuens opponit Graecia lites. / Quod mater multis vatibus una fuit. / Advocat heroas doctasque adducit Athenas / Parnasumque citat Paegasidesque deas. / Hunc Linus, hunc Thespis, petit hunc Musaeus honorem, / Primi Thaebana qui sonuere lyra. / Creditur haec aetas sacram invenisse poesin; / Hos solet authores reddere Graeca fides. / Post hos curavit carmen dissolvere Cadmus / Ora quod ad voces liberiora forent. / Sed sua (nec pudeat) tollant hinc munera gentes / Quae temere ascribunt tam pia dona sibi. / Nam, si prima velis nascentis tempora mundi / Volvere, si veterum dogmata sancta patrum, / Munera divinis sunt haec tribuenda prophetis / Credentes summum qui timuere deum. / Qui sanctas primi celebrarunt frondibus aras, / Qui primi sacras constituere domos; / Qui (deus orari melius quod carmine possit) / Aptarunt sanctis mystica verba modis. / Sic docuit Moses pia cantica reddere coelo, / Aeterno et grates solvere posse deo. / Hinc psalmos, odas, versus, hinc pangimus hymnos / Quos Latia authores voce poema vocant. / Certe hinc Davidico sunt edita carmina plectro / Quae supero semper grata fuere deo. / Sic nos divinas cantamus carmine laudes / Et metrico iratum flectimus ore deum» (Alcina 1978, 43–44, vv. 39–74).
25 Les referències als sabers astronòmics i meteorològics, als vv. 83–94, 44; a l'agricultura i la ramaderia, als vv. 97–105, 44; a la geografia, als vv. 106–124, 44–45; a la història, als vv. 125–168,

Els últims versos de la part dedicada a l'ofici de poeta contenen un retrat idealitzat dels principis, els caràcters i els costums dels que Àngel anomena «*vates sants*». Tot i la designació, en aquesta imatge modèlica, ja gairebé no s'hi detecta cap atribut típic del poeta originari inspirat per la divinitat, ni hi tenen lloc referències als autors mítics o històrics que solen encarnar-lo. El rebuig de la vida mundana, la indiferència pel poder, les riqueses i els honors, l'austeritat i una dedicació obsessiva a l'art literària són qualitats del poeta òptim autoritzades més aviat, o més directament, per Horaci i la tradició crítica romana (Alcina 1978, 48, vv. 251–280).

Com ja he assenyalat, la història dels poetes grecs i llatins que Àngel explica a l'última part de la *Sylva* no enllaça amb el relat dels orígens divins ni projecta els atributs dels *prisci vates* i de la poesia originària als autors i a les obres clàssics que hi esmenta. En aquest tram del poema, els elogis es reparteixen entre formes, funcions, efectes i fites de la poesia molt variats: la capacitat del vers de moure a l'acció, d'emocionar, de blasmar el vici, de reflectir la grandesa d'una nació, de resultar graciós i agut, que són trets desvinculats de la religió, els misteris teològics o la profecia. Als últims versos, Àngel recapitula les moltes virtuts de la poesia i n'emfasitza el caràcter diví («Divinum ingenium, si mens divina poetis, / Divinum si os est», vv. 367–368), però la raó que justifica sobretot el to de celebració d'Àngel en la cloenda de la *Sylva* és la recent restauració de les llengües, de les lletres i de la poesia de la civilització clàssica a mans dels humanistes i les possibilitats de progrés cultural i literari que aquest fet comporta.

En suma, a la *Sylva*, el relat dels orígens divins de la poesia procura bona part dels atributs que justifiquen l'elogi de l'art literària. Com en moltes altres obres coetànies, en la d'Àngel s'assumeix que les qualitats originals de la poesia són universals i permanents, que romanen, si més no, en les seves millors manifestacions i que la restauració humanista de les bones lletres n'implica la pervivència.

4.2 Vives: la corrupció i la recuperació de la poesia originària

A diferència d'Àngel, Vives entenia que les virtuts de la poesia originària s'havien perdut, o corromput, i predicava la necessitat de recuperar-les. Vives explica la història de la poesia al capítol quart del llibre segon, dedicat a la gramàtica, dels *De corruptis artibus libri septem*, que conformen la primera part del tractat *De dis-*

45–46; a la filosofia moral i política, als vv. 169–186, 46; a la retòrica, als vv. 187–235, 46–47; als misteris de la teologia, encoberts amb sentits al·legòrics, als vv. 235–250, 47–48.

ciplinis.[26] La història de la poesia s'insereix en una obra que deixa clar el seu propòsit i la seva tesi des del títol: Vives vol donar compte de la història de les arts de l'esperit, de com van sorgir en l'antiguitat, de com van créixer i florir i de com van marcir-se després fins gairebé morir, i pretén mostrar les raons i causes d'aquesta corrupció, que atribueix, en primer lloc, a les passions desordenades. Als primers capítols del *De corruptis artibus*, Vives identifica la necessitat i el desig de conèixer la veritat com les causes de la invenció de les arts, que haurien estat el resultat de l'aplicació de l'enginy, dotat d'agudesa i destresa i auxiliat per la diligència i la pràctica. Entén Vives que totes les arts van tenir uns principis modestos i que només haurien assolit una certa grandesa amb el temps, el conreu i les esmenes de molts aspectes no observats o mal cultivats al començament.[27]

L'humanista considera que les arts mai no van ser perfectes i pures: creure que ho foren en origen és per Vives una mostra de ceguesa davant les evidències, que posarien de manifest, d'altra banda, que els esforços inicials per fer progressar les arts aviat haurien començat a decaure, i unes haurien iniciat un lent declivi, mentre que altres s'haurien vist ràpidament abocades a la ruïna (Vives 1531, *De corruptis*, I, f. 3v). L'ofuscació de l'enginy provocada per passions com la supèrbia, l'ambició, la cobdícia i l'arrogància hauria estat la causa general de la corrupció de les arts. L'enterboliment de l'agudesa mental hauria afectat, en alguns casos, els mateixos inventors de les arts, que, segons Vives, en deixar enfangada la font, haurien provocat que ja mai més no en ragessin aigües netes.[28] A jutjar per la història de la poesia de Vives, aquest no seria ben bé el cas de l'art literària, perquè no s'hauria corromput en l'origen, o en la font, tot i que ben aviat hauria començat a degenerar.

Vives concep la poesia com un gènere de discurs que es distingiria per l'ús del vers. De les característiques mètriques de la poesia haurien derivat el ritme i el concent harmònic, els efectes encisadors dels quals s'haurien volgut aprofitar, als inicis de l'art, per transmetre idees i sentiments d'una forma més eficaç i memorable. El relat de Vives dóna a entendre que hauria estat amb aquesta intenció que Moisès i David haurien cantat les lloances divines amb poemes, i que els

---

26 Citaré els *De corruptis artibus libri septem* de l'edició princeps dels *De disciplinis libri XX*, imprès a Anvers el 1531. Hi ha traducció parcial al castellà del *De disciplinis* a Vives (1985). Sobre l'evolució del pensament literari de Vives cf. Ijsewijn (1978) i Kohut (1990).

27 Al primer llibre, Vives s'ocupa «de corruptis artibus in universum» i del segon al setè dóna compte, respectivament, de la corrupció de la gramàtica, la dialèctica, la retòrica, la filosofia natural, la filosofia moral i el dret. Les causes de la invenció de les arts, al llibre I, f. 1–3r; els instruments de l'enginy, f. 3r; els inicis de les arts, f. 3v.

28 «[. . .] limo et ceno fontem inficerent, ut nunquam puri ac liquidi rivi defluxerit» (Vives 1531, *De corruptis*, lib. I, f. 3v). L'extensa i detallada explicació de 'les tenebres de l'enginy' i les seves repercussions en les disciplines, a lib. I, f. 3v–6r.

oracles dels déus dels gentils haurien estat consignats en vers. Ara bé, aquest ús recte de l'art, propi dels 'més antics poemes', ben aviat s'hauria torçat cap a propòsits molt menys útils. Autors de l'*edat mítica* com Amfió i Orfeu i poetes posteriors, de l'*edat històrica*, com Homer i Hesíode, que en molts relats sobre els orígens de la poesia havien encarnat els *prisci vates* o els seus hereus, foren per Vives responsables de forçar la poesia a sortir dels seus propis límits, de dedicar-la a la representació i celebració de fets mundans i indignes i de començar així la corrupció de l'art, convertida a la llarga en el mirall i la justificació dels vicis humans i en l'instrument més eficaç per pervertir els bons costums (Vives 1531, *De corruptis*, lib. II, f. 28r).

Vives il·lustra amb gran profusió d'exemples com la poesia s'hauria desviat respecte de les seves formes i funcions originals. Les crítiques s'adrecen a la corrupció dels temes i les finalitats de la poesia i lamenten, en general, la seva desvinculació de la veritat i de l'educació moral del lector. Vives ironitza sobre la pretesa condició divina de poetes com Ovidi, a qui retreu que s'atreveixi a afirmar que en els escriptors de la seva classe hi ha un déu que els inspira (en uns versos citats també per Polidoro Virgilio), perquè a la pràctica hauria malversat aquest privilegi confegint poemes banals, immorals i maliciosos (Vives 1531, *De corruptis*, lib. II, f. 28v).[29] Per Vives, la solució per redreçar el conreu de la poesia passaria per cantar a Déu i compondre himnes i, en termes més generals, per dedicar l'art a tractar afers grans, excel·lents i sobretot vertaders. I per persuadir de la validesa teòrica del seu model, adverteix que els escriptors no són menys poetes quan en lloc d'inventar faules reporten fidelment la història, perquè és l'estil i no la matèria que tracten allò que els distingeix.[30] Les referències que Vives havia fet a les lloances de Moisès i David i als oracles grecs cobren sentit a la llum d'aquesta proposició. 'Els més antics poemes' adquireixen la condició d'horitzó cap on s'hauria de reconduir la creació literària. En Vives, la poesia originària també té el poder de regular l'art, per bé que en fa una caracterització molt més succinta i restrictiva que les de relats com els de Landino o Joan Àngel. La primera poesia conserva el vincle amb la religió i amb la Bíblia, però Vives renuncia a descriure-la, fent ús de bona part dels tòpics amb què s'havia idealitzat, segurament perquè entenia que traslladaven la imatge d'una poesia que hauria estat perfecta

---

29 Vives posa l'accent en la corrupció de les formes de representar els déus en la poesia i en el teatre antics i vincula a aquest fet l'exclusió de certs autors i gèneres de la república ideal de Plató. També critica els que, com Landino, pretenen prestar sentits morals convenients a faules d'autors pagans mitjançant l'abús d'interpretacions al·legòriques. La ironia de la citació d'Ovidi, «Est deus in nobis. . .», a II, 29r.

30 «Est ne maius quiddam quod de deo canere? Atqui poetarum est hymnos componere» (Vives 1531, *De corruptis*, lib. II, f. 29r–v).

en l'origen o en la font, una assumpció incompatible amb les seves conviccions sobre els inicis, sempre modestos, toscos i rudimentaris de totes les arts.

4.3 L'*Art nova* i els «trobadors» de la Bíblia

El relat dels orígens divins de la poesia que apareix a l'*Art nova de trobar* també és breu, com el de Vives, i també s'emmarca en un discurs sobre les arts, més pròxim, però, als de Polidoro Virgilio i de Joan Àngel que no pas al de Vives, perquè es tracta d'un «Cant de l'autor de l'excel·lència de l'home inventor de totes les arts», que celebra primer la intel·ligència i la inventiva humanes i fa després un elogi de les arts de la paraula i en particular de l'art de trobar o de «dictar ab perfet artifici».[31] El «Cant» té una segona part «en llaor de l'art» i va seguit d'una breu «Prefació de l'autor» en prosa, que dóna pas a l'inici del tractat. Els escrits prologals posen molt d'èmfasi en el valor cultural de les arts per al progrés humà i en la necessitat del domini de l'art en el conreu de la poesia. Per raons òbvies, l'autor té interès a remarcar que el coneixement de les regles de trobar «dóna perfecció a la natural virtut», en refrena l'ímpetu i els excessos, evita la comissió de tota mena d'errors de gramàtica, mètrica i estil i garanteix que la creació resulti més digna i elevada i no es quedi en mera banalitat.[32]

Les al·lusions als orígens són congruents amb aquesta concepció marcadament artística de la poesia: l'autor fa referència a les composicions i rimes usades antigament pel poble de Déu per fer-ne les lloances i subratlla que «foren de l'art» una nòmina de poetes bíblics més llarga de l'habitual, en què Anna, Dèbora, Judit i la Verge Maria entre altres s'afegeixen a Moisès i David i més personatges de les Escriptures. És significatiu que, en apropiar-se d'aquest tòpic, l'autor no faci cap menció de la inspiració divina ni tregui rendiment de cap altra de les formes i funcions sagrades típicament atribuïdes a la *prisca poesis*. També crida l'atenció que prefereixi ometre «l'exemple dels profans» i renunciï fins i tot a recordar els noms més il·lustres dels poetes «grecs i llatins i bàrbaros [que] han dit / ab aquest

---

31 Citaré l'*Art* de l'edició moderna de Vidal i Alcover (Olesa 1986), on el tractat s'atribueix a l'escriptor mallorquí Francesc d'Olesa. Les investigacions de Rossich (1991) van permetre datar la redacció de l'obra passat el 1555 i reconsiderar-ne l'autoria, ja que Olesa va morir el 1550.
32 Els escrits preliminars a Olesa (1986, 73–83): «Ab tot que es diu vulgarment / que al qui nasqué poeta / l'art li donà compliment / i d'errors avisament, / ab què l'obra a llum treta / és consumada i perfeta // l'art dóna perfecció / a la natural virtut, / de cego li és bastó / e li dóna instrucció, / refrenant son impetut, / qui sens art és dissolut. // És l'art com pedra de toc, / a on s'examina l'or; / sens l'art l'obra val molt poc / i tot és burla i joc; / e per ço tot trobador / de l'art prenga lo primor.» (81, vv. 121–138).

art sentències molt grans» (vv. 61–62).[33] Aquesta original forma de procedir en la selecció dels llocs comuns de la història dels orígens i del discurs en elogi i defensa de la poesia potser responia a la convicció de l'autor que, confegit així, el relat servia de manera més eficaç i coherent als seus propòsits, la justificació de la utilitat del propi tractat i la legitimació cultural de la tradició del gay saber.[34] La «Tornada» del cant i els versos que la precedeixen posen en evidència aquest segon objectiu, en assegurar-s'hi que els «trobadors» de la Bíblia, amb les seves «llaors» a Déu, haurien posat les arrels de la «planta» del gay saber. A parer de l'autor, aquests il·lustríssims antecedents desautoritzarien qualsevol possible crítica o repressió als poetes en general i als que conreen la gaia ciència en particular. És possible que l'autor de l'*Art nova* considerés que posar l'accent en el caràcter inspirat dels poetes bíblics podia posar en qüestió la credibilitat de la continuïtat històrica entre tradicions, perquè aquesta pretesa història literària comuna s'articula a partir de la noció d'art, d'una tècnica aplicada a l'ús de la llengua apresa gràcies a les regles, els bons exemples i l'experiència derivada de la pràctica. Si els lligams del gay saber amb la poesia de grecs i romans s'assenyalen al «Cant» però queden més difuminats i es relativitza el pes del seu llegat en comparació amb el dels poetes judeocristians, és potser perquè l'autor entenia que la tradició de trobar en rimes vulgars estava massa estretament associada a la crisi i la corrupció de l'eloqüència i les bones lletres identificades per la historiografia humanista, i que l'ombra d'aquest vincle podia restar poder de convicció a la història, els orígens i les filiacions amb què volia dignificar la gaia ciència.[35]

---

33 «Cobles, cançons i rimes consonants / antigament usà el poble de Déu / per lloar-ló ab acordada veu / e instruments molt dolçament sonants. // Foren de l'art Moisès i David, / Salamó rei e ab ells Ezequies / e Habacuc e el profeta Isaïes, / Anna també, Dèbora i Judit. / A tots aquests i altres fan paria / los bons vellets, lo pare del Baptista / i Simeó, devot i dolç artista, / mas sobre tots fonc la Verge Maria. // No vull portar exemple dels profans, / dels quals sabem és lo nombre infinit: / grecs i llatins i bàrbaros han dit / ab aquest art sentències molt grans. / Sols portaré de la Scriptura Sancta, / de molts, alguns, qui foren trobadors, / que ab sos cantars a Déu daren llaors, / plantant així del Gay Saber la planta. // Tornada / Doncs, trobadors, puix en la confraria / del Gay Saber ha tant il·lustre llista, / ja no podrà ésser cosa mal vista / donar lo so a dita companyia» (Olesa 1986, 76–77, vv. 47–71).

34 Sobre la tradició teòrica de la gaia ciència i les *Leys d'Amors* en què s'inscriu l'*Art nova*, i sobre els intents precedents d'assimilar les nocions de «trobar» i «poesia», remeto a Pujol (1994).

35 Vives, sense anar més lluny, assenyala el sorgiment i la implantació de la rima com la causa de la destrucció de la mètrica grecollatina i un dels agents de la corrupció formal de la poesia (Vives 1531, *De corruptis*, II, 29v).

4.4 Aguilar i la celebració de Crist poeta

L'últim cas que m'interessa comentar, el *Discurso en alabanza de la poesía aplicándole al Nacimiento* que Gaspar Aguilar va llegir el dia de Nadal de 1591 a l'Acadèmia valenciana dels Nocturns, comparteix amb la versió del relat dels orígens de l'*Art nova de trobar* dues característiques que criden l'atenció per damunt de l'ús d'altres llocs comuns d'aquesta tradició historiogràfica.[36] La primera coincidència és que Aguilar també amplia el repertori de noms dels poetes més antics, els que haurien fet versos en temps pròxims al «primer hombre», que segons l'autor hauria sabut totes les coses a la perfecció, també la poesia. Aguilar esmenta Zoroastes, que hauria estat un dels néts de Noè i autor de cent mil versos, i Agonaxe, el seu presumpte mestre; remet a continuació a un poeta de les Escriptures citat més sovint, Job, però una mica més endavant reporta la referència del llibre bíblic del *Paralipomenon* als fills d'Asaf, Hemam i Ditún, poetes que haurien arribat a convertir-se en profetes que haurien cantat els seus vaticinis al so de la cítara i el saltiri (Solervicens 2012, 97–99). És clar que el discurs pretén dignificar la poesia apel·lant un cop més als seus orígens sagrats i a la seva condició de llenguatge idoni per a la comunicació amb Déu. La vinculació de la primera poesia amb la profecia, les referències als profetes bíblics i, encara més, l'esment de Zoroastre, un personatge sovint associat a la secta de l'hermetisme, de la qual haurien format part també Moisès i Plató, sembla que hagin de desembocar per força en l'explotació dels tòpics dels *prisci vates* i la seva condició de poetes posseïts pel furor diví. Tanmateix, Aguilar omet aquestes idees, que tampoc no apareixien a l'*Art nova*, o les refà significativament, en establir, per exemple, que el profeta Eliseu hauria atret «el espíritu del Señor sobre él» gràcies al fet de cantar versos acompanyat de música, recursos que haurien funcionat com un imant de la inspiració divina (Solervicens 2012, 99).

Per bé que Aguilar es fa seva la funció sagrada de la poesia originària per fer-ne la lloança, es percep al *Discurso* la voluntat de tractar la poesia sempre com una creació humana. Més avançat el discurs, després d'haver esgrimit alguns exemples dels honors i favors que antigament prínceps i reis haurien retut als poetes, Aguilar es planteja per quina raó els poetes d'ara són menystinguts. A parer seu, la causa de les crítiques és l'enveja que provoca l'avantatge de què gaudirien els poetes perquè ja naixerien amb les capacitats innates, és a dir, sense

---

[36] Citaré de l'edició parcial del *Discurso* de Solervicens (2012, 97–102). També n'hi ha edicions modernes a Zabala (1946, 15–21) i a Canet et al. (1988, 314–320), on també es pot llegir una notícia bio-bibliogràfica de Gaspar Aguilar (13–14) i trobar-hi informació sobre l'Acadèmia dels Nocturns i les acadèmies literàries de València (37–47). Més informació sobre la vida i l'obra d'Aguilar a García-Reidy (2009) i sobre l'Acadèmia dels Nocturns a Ferri Coll (2001).

necessitat de formar-se en l'art (Solervicens 2012, 99–101). Aguilar sustenta l'autoritat d'aquesta idea en el diàleg *Ió* de Plató, tot i que havia estat formulada amb l'expressió «poeta nascitur, non fit» (o amb variants) i vehiculada per una tradició crítica que sembla haver tingut més present la noció horaciana de l'*ingenium* i el talent natural del poeta que no les idees sobre la poesia de Plató.[37] En tot cas, com s'ha vist, per exemple, en Polidoro Virgilio, la crítica havia tendit a barrejar i fusionar les nocions del geni natural amb les de la inspiració divina, o quasi divina, com volia Ciceró, i a esgrimir aquestes condicions privilegiades per justificar la superioritat del poeta entre els escriptors i la seva capacitat per tractar qualsevol matèria sense haver hagut d'estudiar-la. Per tant, la referència al tòpic del «poeta nascitur» era una ocasió que semblava convidar de nou a invocar la idea del furor diví, amb més raó encara si el discurs remetia a l'*Ió* de Plató. Tanmateix, Aguilar va desestimar aquesta opció i, mogut probablement per la necessitat de satisfer l'encàrrec de l'Acadèmia i trobar la fórmula per vincular la lloança de la poesia amb la festa de Nadal, va preferir argumentar que a l'expressió «poeta nascitur» se li podia prestar un sentit profètic i interpretar-la com l'anunci del naixement de Crist, el «gran Virgilio del cielo». Aguilar compara les obres literàries de Virgili, l'escriptura de la destrucció de Troia i la conquesta d'Itàlia, amb els fets de Crist, que «con su sangre misma escrivió la destrucción del infierno y conquista de la gloria». Pondera la idoneïtat del terme grec *poeta* per designar la figura del redemptor, en argüir que prové de «piitis» i que per això significa «hacedor de los versos que compone» i s'ajusta perfectament a qui és el vertader artífex de totes les coses. I rebla la caracterització de Crist com a poeta adduint que també se'l pot considerar vers, perquè Ell, com el metre, estaria constituït de paraula i mesura: de la paraula del pare etern en la seva part divina i de la mesura i concert corporal en la seva part humana (Solervicens 2012, 101–102). La imatge de Crist com a poeta màxim no té precedents en les versions del discurs dels orígens que he comentat fins ara, tampoc no apareix en Landino ni en Polidoro Virgilio, però s'adiu amb la tradició de vindicar l'excel·lència i l'abundància de la poesia a les Escriptures i en part es construeix, segurament, mitjançant la transferència i l'adaptació a la figura de Crist dels tòpics que havien caracteritzat Déu com el primer de tots els poetes i la seva creació, l'univers, com el poema perfecte.

---

37 Ho assenyala Solervicens (2012, 100, n. 110).

5 Conclusions

Els relats de Joan Àngel, Vives, l'*Art nova* i Gaspar Aguilar palesen la recepció del discurs dels orígens divins de la poesia en l'àmbit català al Renaixement i posen de manifest que es tractà, com arreu d'Europa, no d'una mera i convencional repetició de llocs comuns, sinó d'una adopció dinàmica i crítica. Fou una narrativa conscient de quins eren els gèneres, els continguts, l'autoritat i els usos del discurs, però també de la necessitat, o de la conveniència, de seleccionar i adaptar la tòpica i la retòrica dels orígens en funció d'interessos i tesis particulars o locals, i d'atendre a criteris i recursos propis per determinar la consistència interna del discurs i per resoldre'n les tensions a fi d'augmentar-ne o d'assegurar-ne la capacitat de convicció. Presos en conjunt, els casos que he comentat constitueixen un discurs que replica sempre de forma parcial i selectiva els components i l'estructura del paradigma format pels relats de Landino i Polidoro Virgilio. La representativitat del discurs «català» dels orígens divins de la poesia s'aprecia, sobretot, en els contextos on apareix i en les finalitats a què obeeix: l'elogi i la defensa de la poesia, l'especulació teòrica i la voluntat de dirigir i regular la creació literària a partir de models concrets, i l'autorització i legitimació de tradicions, gèneres, autors, temes i estils.

Amb reserves, atès que els testimonis són pocs, es pot suggerir que l'evolució de la narrativa sobre els orígens de la poesia a l'àmbit català revela un biaix igualment representatiu de la tendència de la historiografia literària moderna a centrar l'interès en una concepció més humanitzada dels orígens de la poesia, això és, a considerar-la com una art inventada i desenvolupada pels homes. Aquesta tendència es manifestà en la importància creixent que la historiografia va anar concedint al coneixement dels autors, de les seves troballes i les seves aportacions al progrés de la poesia. L'evolució del saber historiogràfic comportà una redefinició gradual dels orígens de la poesia que era més important indagar: l'explicació dels autors i les tradicions, dels seus descobriments, mestratges, influències i filiacions, va desplaçar la descripció genèrica de les causes, formes i funcions de la primera poesia. La historització del furor poètic o de la donació divina de la poesia, convertits en causes i trets definidors de la poesia originària, va anar revelant-se com un recurs incòmode per al discurs historiogràfic, que va tendir a personificar i particularitzar en autors i tradicions les essències i excel·lències d'aquests orígens, a fi de conservar-ne la força reguladora i el caràcter modèlic i alhora fer-los més compatibles amb la narrativa dels progressos artístics de la poesia.

Els tòpics sobre els orígens divins van seguir ben presents en la literatura i en la poètica del segle XVII i se seguiren utilitzant amb l'objectiu de defensar i dignificar la poesia i els seus conreadors. Un bon exemple d'això en l'àmbit literari català el podem trobar en diverses obres de l'humanista valencià Vicent Mariner, molt procliu a recórrer a l'entusiasme diví i a les muses per justificar les virtuts de la poesia i d'autors i obres particulars com, per exemple, Ausiàs March.[38] En paral·lel, però, la cultura literària barroca va ser testimoni d'un augment significatiu de la producció de catàlegs i galeries de poetes, especialment d'escriptors en llengües vernacles, un dels diversos símptomes de la tendència a explicar la poesia atenent a diverses tradicions nacionals i posant de costat diferents històries literàries. En aquest context discursiu, els fundadors de les literatures nacionals i els autors responsables dels seus principals avenços eren els orígens que importaven, mentre que el relat dels orígens divins començava a perdre autoritat i eficàcia, perquè implicava acceptar una sola font per a totes les literatures i una idea de poesia primigènia cada vegada menys necessària i creïble i menys compatible amb les formes actuals d'entendre i valorar l'art literària.

Al capítol primer de la seva història, Joan Andrés fa patent l'esgotament del relat i la condició residual que tenia en la historiografia cultural de finals de l'edat moderna (no així el paradigma dels orígens, vigent però transformat, com ja he explicat al començament d'aquest treball). En referir-se a la literatura dels hebreus, Andrés es fa ressò, amb un to de cert distanciament, que molts erudits fan remuntar fins a Noè i encara fins a Adam els coneixements filosòfics dels hebreus, i que molts altres «encuentran en los Salmos y en los Cánticos de los libros Sagrados la más arreglada y justa poesía» i que altres sostenen que la saviesa dels grecs prové del poble jueu. Andrés s'estalvia d'explicar l'opinió que li mereixen aquestes interpretacions amb un argument tan elegant com contundent: «nosotros [. . .] dejaremos la sabiduría Hebrea, como cosa que siendo por la mayor parte inspirada de Dios, y no adquirida con el estudio y meditación de los hombres, parece que no debe tener lugar entre la humana literatura» (Andrés 1784, vol. 1, 28–29). La consideració d'Andrés, aplicada a la poesia, serveix per reconèixer la dilatada tradició del discurs dels orígens divins i dels seus dos grans eixos, la inspiració divina i la poesia bíblica, i alhora per certificar-ne l'exclusió de la història de la literatura.

---

38 Es pot veure una mostra de les idees de Mariner sobre el furor i «l'ingeni» diví a Solervicens (2012, 47–81; 106–114; 173–177); un altre exemple del discurs sobre el tòpic del caràcter diví del poeta es pot trobar a la *Oración* (1691) del valencià Josep Ortí i Moles, un discurs llegit a la Acadèmia dels Desemparats i de sant Francesc Xavier: n'edita un fragment del discurs, conservat en manuscrit i fins ara inèdit, Solervicens (2012, 103–105).

Bibliografia

Alcina Rovira, Juan, *Juan Ángel González y la «Sylva de laudibus poeseos» (1525)*, Barcelona, Universidad Autónoma de Barcelona, 1978.

Alcina Rovira, Juan, *Notas sobre la silva neolatina*, in: López Bueno, Begoña (ed.), *La silva. I encuentro internacional sobre Poesía del Siglo de Oro*, Sevilla/Córdoba, Universidad de Sevilla/Universidad de Córdoba, 1991, 129–155.

Alcina Rovira, Juan, *The poet as god. Landino's poetics in Spain (from Francesc Alegre to Alfonso Carvallo)*, in: Taylor, Barry/Coroleu, Alejandro (edd.), *Latin and vernacular in Renaissance Spain*, Manchester, Manchester Spanish and Portuguese Studies, 1999, 131–148.

Andrés, Joan, *Dell'origine, progressi e stato attuale d'ogni letteratura*, 7 vol., Parma, Bodoni, 1782–1799.

Andrés, Joan, *Origen, progresos y estado actual de toda la literatura*, 10 vol., trad. Andrés, Carlos, Madrid, Don Antonio de Sancha, 1784–1806.

Aullón de Haro, Pedro (dir.)/García Gabaldón, Jesús, et al. (edd.), *Juan Andrés, Origen, progreso y estado actual de toda la literatura*, 6 vol., Madrid, Verbum/Biblioteca Valenciana 1997–2002.

Aullón de Haro, Pedro, et al. (edd.), *Juan Andrés y la teoría comparatista*, Valencia, Biblioteca Valenciana, 2002.

Barkan, Leonard, *Unearthing the past. Archaelogy and aesthetics in the making of Renaissance culture*, New Haven/London, Yale University Press, 1999.

Canet, José Luis, et al. (edd.), *Actas de la Academia de los Nocturnos, vol. 1 (Sesiones 1–16)*, València, Edicions Alfons el Magnànim/Institució Valenciana d'Estudis i Investigació, 1988.

Cardini, Roberto, *La critica del Landino*, Firenze, Sansoni Editore, 1973.

Curtius, Ernst Robert, *Literatura europea y Edad Media Latina* [Europäische Literatur und lateinisches Mittelalter, 1948], 2 vol., México, Fondo de Cultura Económica, 1999.

Esteve, Cesc, *La invenció dels orígens. La història literària en la poètica del Renaixement*, Barcelona, Publicacions de l'Abadia de Montserrat, 2008.

Ferri Coll, José María, *La poesía de la Academia de los Nocturnos*, Alicante, Universidad de Alicante, 2001.

Fuentes Fos, Carlos, *Ilustración, Neoclasicismo y apología de España en la obra de Juan Andrés Morell*, tesi doctoral, Universitat de València, 2015.

Galand-Hallyn, Perrine/Hallyn, Fernand (edd.), *Poétiques de la Renaissance. Le modèle italien, le monde franco-bourguignon et leur héritage en France au XVIe siècle*, Genève, Libraire Droz, 2001.

García-Reidy, Alejandro, *Aguilar, Gaspar*, in: Gavela García, Delia, et al. (edd.), *Diccionario filológico de literatura española siglo XVI*, Madrid, Editorial Castalia, 2009, 20–29.

Granada, Miguel Ángel, *Virgilio y la «Theologia Poetica» en el humanismo y en el platonismo del Renacimiento*, Faventia 5 (1983), 41–64.

Ijsewijn, Jozef, *Vives and Poetry*, Roczniki Humanistyczne 26:3 (1978), 21–34.

Kohut, Karl, *Retórica, poesía e historiografía en Juan Luis Vives, Sebastián Fox Morcillo y Antonio Llull*, Revista de Literatura 52:104 (1990), 345–374.

Landino, *Cristoforo, Scritti critici e teorici*, vol. 1, ed. Cardini, Roberto, Roma, Bulzoni Editore, 1974.

Lida de Malkiel, María Rosa, *La métrica de la Biblia. Un motivo de Josefo y san Jerónimo en la literatura española*, in: *Estudios hispánicos. Homenaje a Archer M. Huntington*, Wellesley, Wellesley College, 1952, 335–359.

Noel Paul, Andrea, *«De divino furore»: El arrebato divino y la mística neoplatónica. El poeta como «priscus theologus» en el pensamiento de Marsilio Ficino*, Ingenium. Revista electrónica de pensamiento moderno y metodología en historia de las ideas 12 (2018), 51–65.

Ortega, Neus, *Enciclopedisme i cànon. La literatura moderna a «Dell'origine, progressi e stato attuale d'ogni letteratura» de Joan Andrés*, tesi doctoral, Universitat de Barcelona, 2020.

Pujol, Josep, *«Gaya vel gaudiosa, et alio nomine inveniendi sciencia». Les idees sobre la poesia en llengua vulgar als segles XIV i XV*, in: Badia, Lola/Soler, Albert (edd.), *Intel·lectuals i escriptors a la Baixa Edat Mitjana*, Barcelona, Curial Edicions Catalanes/Publicacions de l'Abadia de Montserrat, 1994, 69–94.

Rossich, Albert, *Francesc d'Olesa i la Nova art de trovar*, in: Ferrando, Antoni/Hauf, Albert G. (edd.), *Miscel·lània Joan Fuster. Estudis de llengua i literatura*, Barcelona, Publicacions de l'Abadia de Montserrat, 1991, 267–295.

Scandellari, Simonetta, *El concepto de «progreso» en el pensamiento de Juan Andrés*, Cuadernos dieciochistas 7 (2006), 17–46.

Solervicens, Josep (ed.), *La poètica del Barroc. Textos teòrics catalans*, Barcelona, Punctum, 2012.

Trinkaus, Charles, *In our image and likeness. Humanity and divinity in Italian humanist thought*, 2 vol., London, Constable, 1970.

Vega Ramos, María José/Esteve, Cesc (edd.), *Idea de la lírica en el Renacimiento (entre Italia y España)*, Pontevedra, Mirabel Editorial, 2004.

Vergil, Polydore, *On discovery*, ed. i trad. Copenhaver, Brian, Cambridge, Massachusetts/London, Harvard University Press/The I Tatti Renaissance Library, 2002.

Vives, Joan Lluís, *Ioannis Lodovici Vivis Valentini De disciplinis libri XX*, Excudebat Antuerpiae Michael Hillenius in Rapo, 1531.

Vives, Juan Luis, *Las disciplinas*, 2 vol., trad. Riber, Lorenzo [Madrid, 1948], Barcelona, Ediciones Orbis, 1985.

Walker, Daniel P., *The ancient theology. Studies in christian platonism from the fifteenth to the eighteenth century*, London, Duckworth 1972.

Zabala, Arturo (ed.), *La Navidad de los Nocturnos en 1591*, Valencia, Editorial Castalia, 1946.

Contextos i co-textos

Lluís Cifuentes i Comamala

Les miscel·lànies mèdiques medievals en català: una proposta de classificació

Abstract: Structured miscellanea have seldom been considered as purpose-committed knowledge compendiums. However, these medieval text collections feature nothing but the immediate surviving milieu in which their single contents were used, disseminated and created. Focusing on each miscellanea as a whole rather than studying its contents as independent works not only allows for a better understanding of the rationale behind the choice, structure and presentation of those texts, but also sheds new light on their translations' motivation and coexistence with the original sources. In addition, the creation of new genres, dissemination, processes of representation, and knowledge access can be pursued together with implications in specialised vocabulary and interaction between knowledge and its reception. Catalan medical miscellanea, currently being studied and catalogued through Sciència.cat DB <http://www.sciencia.cat/scienciacat-db>, offers valuable sources for a case study. Furthermore, this paper offers a classification and discusses additional research lines.

Keywords: manuscripts, miscellanea, medicine, Middle Ages, Catalan

1 Enfocaments: del llibre unitari al llibre miscel·lani

L'estudi del patrimoni librari manuscrit de l'època baixmedieval ha de fer front a uns tipus de fonts que, només darrerament, comencen a ser enteses d'una forma

Nota: Aquest treball s'inscriu en el marc del projecte de recerca «Narpan II: Vernacular Science in the Medieval and Early Modern Mediterranean West (VerMed)» (PGC2018-095417-B-C64, 2019–2022), finançat pel Ministerio de Economía y Competitividad (MINECO) del Govern espanyol <www.sciencia.cat>, i en el del grup de recerca «Cultura i literatura a la Baixa Edat Mitjana» (2017 SGR 142), consolidat i finançat pel Departament d'Economia i Coneixement de la Generalitat de Catalunya <www.narpan.net>. Per a les abreviatures dels fons bibliogràfics vegeu els peus explicatius de les Taules 1 i 2. L'autor vol fer constar el seu agraïment a Antònia Carré, Carmel Ferragud, Sebastià Giralt, Anna Gudayol, Teresa Huguet i Jesús Pensado Figueiras, per les seves aportacions.

Prof. Dr. Lluís Cifuentes i Comamala, Universitat de Barcelona, Departament de Filologia Catalana i Lingüística General, Gran Via de les Corts Catalanes, 585, E-08007 Barcelona, lluiscifuentes@ub.edu

https://doi.org/10.1515/9783110430622-012

més enriquidora, gràcies al fruit de la recerca prèvia de moltes generacions, però també a uns enfocaments més interdisciplinaris. És sabut que, des del punt de vista del contingut i de les parts que els integren, els còdexs medievals poden ser unitaris —si contenen una sola obra o consten d'una sola unitat de composició—, miscel·lanis —si contenen diverses obres— o facticis —si consten de diverses unitats de composició de diferent origen que en algun moment han estat relligades conjuntament. Deixant de banda els primers i també aquests darrers, que solen respondre a iniciatives més o menys recents, els còdexs miscel·lanis són els que ofereixen una complexitat més gran.[1]

Aquesta complexitat ha estat afrontada per la recerca de manera diversa: tradicionalment, ignorant-la i centrant-se en alguna de les obres del còdex, que ha estat extreta del conjunt per a ser estudiada o editada, mentre que el conjunt mereixia només una breu referència interpretativa —fins i tot en els casos que el compilador, l'usuari o el comitent poguessin identificar-se— a l'hora de descriure el còdex, i a vegades ni això.

Darrerament, però, hi ha més consciència de la importància del conjunt, que, al cap i a la fi, constitueix el context immediat —palpable, supervivent— de la difusió, de la utilització i, a vegades, de la creació de les obres que l'integren. Tanmateix, els coneixements interdisciplinaris, l'experiència i el temps que requereix aquest enfocament, en una època en què aquests valors no tenen premi acadèmic, en frena la implementació.

A l'hora d'estudiar un període en el qual el llibre i l'escriptura, i la transmissió i l'accés al saber, experimentaren una profunda transformació impulsada per poderoses raons històriques i socioculturals, sembla evident que cal parar una atenció molt especial a les formes que presentava aquest contenidor de sabers que és el llibre, i que cal fer-ho més enllà de la comprensió de —i sovint de la recreació en— la codicologia. Anant més enllà: s'entendrà millor quins materials es trien, com s'ordenen i com es presenten; la convivència i les motivacions de les traduccions i de les obres originals; la creació de nous gèneres i de nous procediments de representació, difusió i accés al saber; les implicacions per al vocabulari especialitzat; la interacció entre els sabers, o la seva recepció.

Els nous lectors que la reaparició d'una societat urbana va propiciar cercaven sobretot obres d'utilitat pràctica que els ajudessin a fer front a les necessitats d'una vida quotidiana més complexa, però també obres que contribuïssin a omplir i a fer plaent el temps de lleure que, amb la nova estabilitat, tot just

---

1 Entenem aquí per còdexs miscel·lanis o miscel·lànies les anomenades *miscel·lànies organitzades*, volums en els quals es recopilen escrits amb una finalitat determinada. Els còdexs facticis també reben el nom de *miscel·lànies factícies*, denominació que evitarem per tal de defugir confusions. Per a aquest i altre vocabulari multilingüe sobre el llibre manuscrit, vegeu Arnall (2002).

s'havia redescobert. En aquest context, la gestió de la salut adquiria una especial rellevància, que va derivar en la recuperació d'una medicina racional —el galenisme— i en la regulació de la formació i de la pràctica mèdiques mitjançant la creació de la institució universitària i de mètodes de control dels individus formats segons l'anomenat *sistema obert*, el propi dels artesans.

Els inventaris de béns i els còdexs conservats són testimonis d'aquesta allau de nous lectors, que van impulsar una autèntica revolució en les formes de transmissió i d'accés al saber. Amb el desenvolupament de noves escriptures més còmodes i assequibles —cursives i semicursives o híbrides—, la modificació del codi lingüístic de l'escriptura amb l'ús novell de les llengües parlades o vernacles —i les provatures que en el lèxic o en la *scripta* o plasmació escrita van experimentar—, la creació de nous tipus de llibre adaptats a les noves necessitats —el *llibre cortès de lectura*, que suavitzava el model prestigiós del *llibre eclesiasticouniversitari*, i el *llibre comú*, més reduït i manejable, que s'inspirava en els models mercantils i notarials—, el llibre esdevingué un negoci per als llibreters, un ofici per als copistes, una eina per als usuaris —des dels universitaris fins als menestrals— i, definitivament, un objecte domèstic.

El llibre miscel·lani va néixer al mateix temps que el còdex (cf. Petrucci 1986), i va tenir una presència important a les biblioteques monàstiques altomedievals, també el de medicina (cf. Horden 2011); tanmateix, serà la nova societat desenvolupada a l'Occident baixmedieval la que l'adoptarà com un dels instruments que li seran més útils per a fer front a les seves necessitats d'accés i maneig del saber. Els coneixements pràctics i els vinculats al lleure i a la creació tindran en el llibre miscel·lani el vehicle preferent (cf. Nichols 1996; Gimeno 2007). En medicina, les miscel·lànies en llengua vulgar (cf. Corradini 1997; Alonso 2005; Crisciani 2015) van conviure amb les fetes en llatí (cf. Pensado 2013), i van donar lloc a un producte especial, ajustat a les necessitats del metge, en particular del metge extrauniversitari: unes miscel·lànies molt especials que eren autèntics *llibres de notes* útils per a l'exercici mèdic, que podien contenir des de textos teòrics fins a registres de pacients. Per la manera com s'elaboraven, anticipaven el tipus de miscel·lània coneguda en italià com a *zibaldone* i en anglès com a *commonplace book*, de gran èxit a l'època moderna (cf. Jones 1995).

Aquests llibres de notes devien ser més freqüents del que els testimonis supervivents permeten copsar; no ho permeten fàcilment perquè, amb la còpia, va deixar de visualitzar-se el que en origen eren addicions successives (cf. Talbot 1961; Jones 1995). Sobretot era en aquests llibres dels metges —i encara més en els dels metges que maldaven per tenir una formació en la medicina acadèmica, que els garantia promoció— on la convivència i l'ambivalència dels codis lingüístics llatí i vulgar era un fet consumat (cf. Voigts 1996).

En l'àmbit domèstic, no vinculat a l'exercici de la medicina, els llibres miscel·lanis, farcits d'obres valorades per a l'autogestió de la salut, també van tenir un gran èxit. A l'època moderna, aquests models medievals derivarien en els *llibres de secrets* (cf. Eamon 1994; Leong/Rankin 2011; Crisciani 2015, 18; un exemple a Serrano 2009).

Amb el llibre miscel·lani pren rellevància la figura del compilador, que crea i ordena el conjunt d'obres que conté de la mateixa manera que ho fa amb nous tipus d'obres que no encaixen amb el concepte d'*original* actualment vigent (cf. Parkes 1976; Minnis 1979), i que pot ser el mateix usuari inicial del còdex o no. La producció d'aquests manuscrits miscel·lanis i la tria de les obres que contenen són aspectes de gran interès, però encara poc estudiats (cf. Boffey 1989; Alonso 2005; Crisciani 2015; Paravicini 2019).

2 Els còdexs miscel·lanis de medicina en català

Els còdexs miscel·lanis amb obres de temàtica mèdica escrites en català o traduïdes al català que van ser elaborats entre la darreria del segle XIII i l'inici del segle XVI constitueixen un interessant material per a un estudi de cas. Aquests còdexs, entre molts altres materials, són l'objecte d'estudi de la línia de recerca Sciència. cat i se n'ofereix una nova catalogació, feta en funció dels interessos d'aquesta recerca, a la base de dades Sciència.cat DB.[2] Fins ara, mai no se n'ha plantejat una classificació i poques vegades se n'ha proporcionat una interpretació satisfactòria. En el present estudi proposem una classificació dels testimonis conservats i una interpretació de cadascun d'ells.

Per a efectuar aquest estudi, hem seleccionat vint-i-quatre manuscrits que es trobaran llistats i convenientment identificats a les Taules 1 i 2, presentades a continuació. Aquests manuscrits foren elaborats tant al Principat de Catalunya com als regnes de València i de Mallorca, i també —creats, acrescuts o emprats— als territoris itàlics que a l'època hi estaven vinculats, particularment als regnes de Sicília i de Nàpols. Noteu, però, que els manuscrits que no permeten ser ubicats amb més precisió són adscrits a l'àrea oriental o bé a l'occidental del domini lingüístic del català segons una observació general centrada principalment en les obres o anotacions més relacionables amb el compilador o usuari; per tant, en aquests casos,

---

2 *Sciència.cat DB* és un recurs del Centre de Documentació Ramon Llull de la Universitat de Barcelona, consultable des de 2012 a l'adreça <http://www.sciencia.cat/scienciacat-db>. És una base de dades relacional de lliure accés, en la qual el material es publica de forma progressiva. Presentacions recents en anglès i en català a Cifuentes (2014) i Cifuentes (2015), respectivament. Hom trobarà altres descripcions dels còdexs cientificotècnics en català a les bases de dades BITECA <http://bancroft.berkeley.edu/philobiblon/biteca_ca.html> i MCEM <http://mcem.iec.cat>. Per a les obres mèdiques escrites en català o traduïdes al català, vegeu també Cifuentes (2006).

l'adscripció presentada a les taules és purament indicativa. Atès que les traduccions i altres obres compilades poden tenir un origen que no sigui el mateix que el del compilador, aquesta classificació provisional haurà de ser avalada —o no— a partir dels estudis més aprofundits que només possibiliten les edicions.

A partir d'una observació atenta del contingut —que és l'únic que es pot fer per a esbrinar la identitat del compilador/usuari/comitent quan, com s'esdevé en la majoria dels casos, no s'identifica—, es poden distingir dos tipus de miscel·lànies mèdiques, que aquí anomenem, respectivament, *miscel·lànies professionals* i *miscel·lànies domèstiques*. Corresponen a dos tipus de compiladors, usuaris i/o comitents diferents: d'una banda, els individus que exercien la medicina o altres oficis que hi estaven relacionats; i de l'altra, els que no tenien cap vincle amb l'exercici de la medicina o amb els oficis de l'àmbit de la salut. Uns i altres, amb possibles excepcions, eminentment extrauniversitaris.

Abans de comentar els manuscrits seleccionats, convé fer tres advertiments. El primer, sobre els receptaris. Encara que sovint no s'ha vist així a causa de la incomprensió del gènere receptari, motivada per la manca d'estudis de conjunt i comparatius, aquestes obres solen incloure, a part de les receptes pròpiament dites —sovint no totes mèdiques—, alguns textos breus de caràcter teoricopràctic i d'evident aplicabilitat (cf. Cifuentes 2016). Això és així sobretot en els receptaris més extensos, però també pot constatar-se en els més breus. Els receptaris extensos, en alguns casos, ocupen tot el manuscrit on han estat copiats. Aquests receptaris, amb textos breus més o menys complexos, presenten una voluntat unitària que a vegades s'explicita amb un títol per a tot el conjunt (*Llibre de receptes*, *Sumari de medecines*, etc.). Tot i que les obres que contenen solen ser breus, i que en ocasions hi són copiades de forma més desordenada que a les grans miscel·lànies que comentarem, els còdexs en els quals es conserven aquests *llibres de receptes* també són, tècnicament, manuscrits miscel·lanis. Per això, en l'anàlisi que segueix hem tingut en compte tres *llibres de receptes* que compleixen aquestes condicions: l'anònim, de Florència, potser d'origen sard (Taula 2), el de Joan Llopis, de Palerm (Taula 1), i el de misser Joan, segurament de València (Taula 2).

El segon advertiment, sobre els còdexs facticis. Aquests còdexs són també, tècnicament, miscel·lanis. Per norma, deixarem de banda els còdexs facticis (constituïts, generalment en contextos allunyats dels que interessen aquí), però excepcionalment els tindrem en compte si alguna de les unitats de composició és alhora una miscel·lània que, per contingut i cronologia, correspongui a aquesta anàlisi o bé si la constitució del factici és molt pròxima a l'elaboració de les parts, ja que això indica que, en el període cronològic que interessa aquí, hi hagué la voluntat de crear una miscel·lània útil, tot servint-se d'un mètode alternatiu al de la còpia d'un volum unitari de caràcter miscel·lani.

El tercer advertiment, sobre la presentació dels còdexs seleccionats. El comentari que oferim per a cada manuscrit no pretén ser cap descripció codicològica sinó una interpretació de conjunt de cada volum. Aquesta interpretació, que, com s'ha dit abans, poques vegades s'ha fet, té la intenció d'oferir una idea general, tan clara com sigui possible, sobre què són, quin contingut tenen, qui els va crear i emprar, com els va elaborar, quines formes preferia, quan i on ho va fer i, particularment, per a què els va produir, quin ús en va preveure i quin se'n va fer. En aquesta presentació, que beu en més de vint-i-cinc anys de recerca sobre aquests materials, citarem com a referència els registres de Sciència.cat DB, que es van publicant progressivament (cf. la nota 2), en els quals podrà trobar-se més informació i la bibliografia pertinent, impossible de citar aquí i que només esmentarem en el cas d'estudis específics sobre algun manuscrit.

2.1 Miscel·lànies mèdiques *professionals*

Les miscel·lànies mèdiques vernacles elaborades per a ús de metges extrauniversitaris i d'altres individus que treballaven en l'àmbit de la salut constitueixen autèntics manuals pràctics per a l'exercici del seu ofici i són, per tant, documents excepcionals per a estudiar les particularitats i interessos de la seva activitat professional. No és poca cosa, tractant-se de figures d'un perfil que usualment no ha deixat tant de rastre documental i intel·lectual com el dels metges universitaris.

Aquests manuscrits són reculls d'obres i d'anotacions útils per a l'exercici de la medicina de cirurgians, però també de barbers o de metgesses que conreaven la medicina pràctica i, igualment, d'altres individus relacionats amb la cura de la salut, com els apotecaris. Seguint l'ús de l'època, emprarem dues etiquetes particulars per a referir-nos a alguns d'aquests individus que tenien perfils especials: la de *físic-cirurgià*, que al·ludeix al cirurgià format en medicina i que pot posseir graus acadèmics, i la de *barber-cirurgià*, que identifica el barber que exerceix la cirurgia i la medicina pràctica d'una manera destacada.[3] Els individus d'aquests perfils especials, amb tendència a reivindicar-se, molt més sensibles al valor del llibre i de la transmissió escrita del saber, són els responsables de la major part de les *miscel·lànies professionals*.

---

3 Encara que l'ús antic no és sistemàtic, s'ha vist que la denominació successiva, en un mateix individu o en els de generacions consecutives, de *cirurgià*, *físic i cirurgià* i *físic* o bé de *barber*, *barber i cirurgià* i *cirurgià* indica un procés de promoció socioprofessional que té el desllorigador en l'adquisició de coneixements llibraris i en la pràctica medicoquirúrgica. Per als físics-cirurgians, vegeu McVaugh (1993, 115–116), i per als barbers-cirurgians, McVaugh (1993, 123–127), Cifuentes (2000a) i Ferragud (2015), i la bibliografia que s'hi cita.

Aquesta interpretació sociològica, amb les conseqüències que se'n deriven, tradicionalment no ha estat tinguda en compte a l'hora d'explotar aquests testimonis, sobretot perquè les fonts libràries han estat molt ignorades en els estudis d'història social de la medicina, que fan ús sobretot de les fonts documentals. S'ha tendit a emprar les fonts libràries només a l'hora d'editar els textos antics, i els editors, tant historiadors com filòlegs, s'han fixat habitualment en l'obra del seu interès i han descartat el conjunt. Algunes concepcions de la tasca editorial han facilitat que massa sovint hagi estat oblidat el context de la transmissió de les obres, que s'hagi obviat, fins i tot, qualsevol context de l'obra editada i que l'edició s'hagi centrat en la mecànica editorial. Afortunadament, es van superant aquestes formes de fer, que no són més que la plasmació del divorci entre estudis intel·lectuals i estudis socials, i entre recerca bàsica i recerca aplicada, amb manifestacions específiques en totes les disciplines.

Si adoptem aquest punt d'observació del patrimoni librari antic, no és difícil reconèixer aquestes miscel·lànies mèdiques *professionals* en un cert nombre dels manuscrits conservats. Són, és clar, una petita mostra del que va existir, com ho són també els testimonis que es poden localitzar en les fonts documentals que transmeten informació sobre la possessió i la circulació dels llibres, entre les quals destaquen els inventaris i els registres dels encants dels béns. No obstant això, la visibilitat que tenen els còdexs miscel·lanis en els inventaris i encants de béns de l'època és limitada, ja que el notari solia indicar només la primera obra del manuscrit i rarament facilitava informació de la resta del contingut. En alguns casos, però, era més generós i proporcionava descripcions com aquestes (Sciència.cat DB doc3, núm. 9 i 12):[4]

> Ítem, un altre libre scrit en paper de forma major, scrit a corondells, ab posts de fust cubertes de cuyro vermell, ab quinza bolles petites en cascuna post, ab quatre gaffets, apellat *La Pràticha de Roger de medecina e sirurgia*. E comença en lo negra: ‹Segons voll Gostantí, dolor de cap moltes vegades› et cetera. E fenex: ‹al temps que li deu venir e no pot›. E més avant hi ha en lo dit libre alguns tractes de erbas e sinònymes e alguns tractats del compte de la luna.

> Ítem, un altre libre scrit en paper, a corondells, de forma comuna, ab cubertes engratades [*sic per* engrutades] cubertes de cuyro vernell [*sic per* vermell], ab dues bagues e dos botons, apellat *Libre de engiyn de sanitat de Galièn*. E comença en lo negra: ‹Però [*sic per* Neró] molt car, per tu e per molts altres pregat›. E fenex: ‹en lo libre de simples medecines›. En lo qual libre ha un altre tractat de Johannisi ja demunt designat.

---

4 Inventari dels béns de Joan Vicenç, barber-cirurgià de Barcelona, fet l'any 1464, núm. 51 i 54. Edició i identificació de les obres a Cifuentes (2000a). També eren miscel·lanis els còdexs dels núm. 45, 48 i 52 d'aquest inventari. Per a les notícies d'inventaris de béns que segueixen, citem com a font els registres de Sciència.cat DB (vegeu la nota 2), on hom trobarà la bibliografia pertinent i la identificació de les obres.

No és un cas aïllat. Es coneixen altres inventaris amb descripcions de llibres que descobreixen les *miscel·lànies professionals* que cerquem. A l'inventari de Miquel de Tovià («Tobia»), cirurgià català mort a Palerm l'any 1417, hi havia un llibre «intitulatum *magistri Guillelmi de Sabicet* [*sic per* Salicet] vulgariter in lingua cathalanica cum certis cartis non scriptis, intus quem librum est *Pratica magistri Guillelmi de Garbi*, barbitonsoris» (Ciència.cat DB doc34, núm. 1). Un altre exemple: a l'inventari dels béns que la metgessa Margarida de Tornerons (o Tornerona) tenia a Vic, fet l'any 1401, apareix «.I. libra en romans de diverses medecines», un altre llibre «lo qual és de nafres e medeçines, en romans», i encara un altre «que és de diverses coses, en romans» (Ciència.cat DB doc28, núm. 1, 9 i 11). Tot i que, com es veu, no és possible identificar-hi les obres escrites en català, aquest darrer inventari és de gran importància perquè informa de l'activitat de les metgesses i de la possessió de llibres per part seva. Malauradament, però, cap dels manuscrits miscel·lanis considerats sembla que pugui relacionar-se amb la figura d'una metgessa. A part dels individus que exercien la medicina, els apotecaris, dedicats a la preparació i venda de medicaments i altres productes, també posseïen *miscel·lànies professionals*. És el cas, per exemple, de Bernat Planell, de València, al qual s'inventarià, l'any 1465, un llibre que contenia un tractat «appellat *Gualièn*, en latí, e hun altre *Nicholau*, en pla», un altre amb obres «en pla e en lengua italiana», i encara un altre «hon hi ha hun tractat de cirurgia e altre del *Semiforas* e altres coses» (Ciència.cat DB doc12, núm. 3, 4 i 7).

Fins a dotze miscel·lànies mèdiques en català conservades i dues més de localització actual desconeguda semblen pertànyer a aquest grup (Taula 1). A partir de l'anàlisi d'aquests testimonis, cinc poden relacionar-se amb l'exercici mèdic en les grans ciutats, tres més amb l'exercici en localitats menors o en l'àmbit rural, dues més amb l'exercici a bord dels vaixells de guerra i comercials, fins a quatre —comptant-ne un dels anteriors— amb individus que van fer la ruta d'Itàlia i s'hi van instal·lar, i un altre amb un metge que s'establí a Castella.

Taula 1: Miscel·lànies mèdiques *professionals*.

MANUSCRIT	FORMAT	DATACIÓ	COMPILADOR
Barcelona, BC, 850	8°	Solsonès, s. XIII–XIV	Guillem de Vilaplana, cirurgià
Toledo, BCT, 97–23	8°	Occidental, s. XIV-1	físic-cirurgià
Muro (Mallorca), Col. Perelló	?	Mallorca, c. 1354–1383	Pere Saflor, físic-cirurgià
Mon. Santes Creus, s/n	?	Occidental?, s. XV	cirurgià
Madrid, BNE, 10162	12°	València?, s. XV-m	barber naval

Taula 1 (continuació)

MANUSCRIT	FORMAT	DATACIÓ	COMPILADOR
Ravenna, Classense, 215	8°	Oriental, c. 1426/ Occidental+Itàlia, s. XV-2b	barber o cirurgià
Sevilla, Colombina, 7-4-27	in-fol.	Barcelona, c. 1435	Vicenç de Colunya, barber-cirurgià
Barcelona, BC, 1829	8°	Oriental?, s. XV-m	cirurgià?
Florència, Riccardiana, Ricc. 2827	4°	Mallorca, s. XV-m	cirurgià?
Barcelona, BC, 881	8°	Mallorca?, c. 1459	físic-cirurgià?
Palerm, BCP, Qq A 13	12°	València+Sicília, s. XV-2ª	Joan Llopis, barber-cirurgià
Cracòvia, BJ, Berol. Hisp. Qu. 62	8°	Mallorca?+Itàlia?, s. XV-2ª	cirurgià?
Vaticà, BAV, Vat. lat. 4797	8°	Mallorca?+Nàpols?, c. 1476	barber o cirurgià
Nàpols, BNN, I.E.59	8°	Oriental+Nàpols?, s. XV-XVI	barber naval

BAV = Biblioteca Apostolica Vaticana. – BC = Biblioteca de Catalunya. – BCP = Biblioteca Comunale di Palermo Leonardo Sciascia. – BCT = Biblioteca Capitular de la Catedral de Toledo. – BJ = Biblioteka Jagiellońska. – BNE = Biblioteca Nacional de España. – BNN = Biblioteca Nazionale di Napoli Vittorio Emanuele III. – Classense = Biblioteca Classense. – Colombina = Biblioteca Colombina. – Col. Perelló = Coŀlecció particular del Dr. Perelló. – Mon. Santes Creus = Biblioteca del monestir de Santes Creus. – Riccardiana = Biblioteca Riccardiana. Occidental = De l'àrea del català occidental (Oest del Principat, Andorra, Franja, País Valencià, Carxe). Oriental = De l'àrea del català oriental (Est del Principat, Catalunya Nord, Balears, l'Alguer). Datació: s. XIII–XIV = pas del s. XIII al XIV. – s. XIV-1 = primera meitat del s. XIV. – s. XV-m = mitjan s. XV. – s. XV-2ª = tercer quart del s. XV.

2.1.1 A ciutat

Cinc misceŀlànies poden relacionar-se amb la pràctica mèdica a les grans ciutats dels Països Catalans. Seguint-ne la cronologia, la primera és la del manuscrit perdut de Pere Saflor (m. Palma, 1383), físic-cirurgià mallorquí de gran fama, al servei de Pere el Cerimoniós des de 1354, que va exercir durant molts anys a Palma, etapa de la qual se'n conserva un registre de conductes dels anys 1356–1358. D'aquesta misceŀlània només n'ha arribat una descripció de la primera meitat del segle XVIII a les *Misceláneas históricas*, inèdites, del cronista de Mallorca Jeroni Alemany, que la situava en mans d'un metge de Muro (Mallorca). Aquesta descripció és reproduïda a Bover (1868, vol. 2, 565, núm. 1384) i segons ell, el còdex contenia «observaciones de varias enfermedades, métodos que había adoptado para su curación y remedios para la de *plagues cançeroses*, etc.». En aquesta descripció sembla que es reconeix un manuscrit autògraf en català similar al de Joan Llopis, de Palerm (cf. més endavant, a l'apartat *Cap a Itàlia*), a cavall entre el receptari mèdic i la miscel·lània organitzada. És probable que, tractant-se d'un cirurgià format en medicina, el llatí hi tingués certa presència, com a la miscel·lània conservada a Toledo que comentarem al final d'aquest capítol i que creiem que és obra d'un altre físic-cirurgià (Sciència.cat DB ms271).

Un segon manuscrit que pertany a l'àmbit d'actuació urbà és el de Vicenç de Colunya (Colònia, Köln), un barber-cirurgià d'origen alemany que exercia a Barcelona, on morí l'any 1481. La seva miscel·lània (Colombina 7-4-27), produïda vers 1435, ofereix un extraordinari exemple de com eren i com s'elaboraven aquestes guies mèdiques. El nucli del manuscrit —un volum en foli menor de 280 × 215 mm— és una còpia d'encàrrec a dues columnes i en semicursiva que deixà lliures els folis inicials, en previsió d'una taula dels continguts, i una gran quantitat de folis al final. Aquesta còpia d'encàrrec reprodueix, molt probablement, una miscel·lània anterior i conté obres en les quals el barber tenia una guia per al pronòstic (tractadets sobre orines i polsos, *Capsula eburnea*), la dieta (*Macer*) i la terapèutica (receptari). En els folis que inicialment havien quedat en blanc del principi i del final del volum, Vicenç de Colunya copià personalment o féu copiar per altres membres del seu obrador —aprenents, fills— diverses addicions: extensos receptaris —amb receptes de metges contemporanis—, antidotaris (un que sembla un recull original i el del *Lilium medicine* de Bernat de Gordon) i altres obres (la *Practica brevis* de Joan Plateari), que arrodonien el caràcter de manual de suport a la pròpia pràctica mèdica i la dels seus, que és per al que s'havia concebut aquest manuscrit. Era, en efecte, una guia per al conjunt de l'obrador d'aquest barber, que en documents posteriors es fa anomenar *cirurgicus et barberius* i que a l'inventari *post-mortem* rep el qualificatiu de *cirurgicus*. La pràctica mèdica i l'ús de l'instrument llibre afavoriren aquesta promoció; com que el jove barber n'era ben conscient, decidí introduir en la seva miscel·lània un colofó on s'identificava orgullosament i datava amb precisió l'elaboració del seu llibre (f. 153v). No és casual que al colofó renunciés al català en què eren escrites totes les obres del llibre i optés pel llatí: «Vincenci de Coloniam, barbero, me fessit in Barchinona, anno nativitatis Domini .Mº.CCCCº.XXXVº.» (Sciència.cat DB ms233; anàlisi del ms. a Carré/Cifuentes 2017).

El manuscrit Riccardiana Ricc. 2827, un volum en quart (225 × 150 mm) elaborat a mitjan segle XV, sembla que es pot relacionar amb la capital de Mallorca. En dues receptes, datades en l'any 1453, s'indica una tramesa des de Barcelona a Mallorca i des de Sineu, localitat del centre de l'illa. Es tracta d'una miscel·lània autògrafa d'un anònim, que, pel coneixement del llatí que demostra i el perfil d'alguns textos, devia ser cirurgià o físic-cirurgià, i que valorava les possibilitats mèdiques de l'alquímia de l'elixir. La va copiar en diversos moments en una cursiva gòtica irregular que tendeix a la humanística. Hi fa ús del vermell en títols corrents, rúbriques, caplletres i calderons, però no sistemàticament ni de manera gaire formal. El volum s'ha conservat incomplet i desordenat, relligat en un còdex factici constituït a Itàlia, segurament pel filòleg i acadèmic de la Crusca Anton Maria Salvini (Florència, 1653–1729). Conté una important traducció catalana de la *Trotula*, col·lacionada per l'anònim amb l'original llatí; una *quaestio* universitària, també traduïda al català, sobre l'administració dels medicaments laxants; el *De pulsibus* de Filaret, en català; un receptari mèdic, en català i en un llatí limitat (*Receptari de Florència II* a Cifuentes 2016, 126 i 128); l'*Ars operativa medica* pseudolul·liana, una obra d'alquímia mèdica, en llatí; i el *De bonitate memorie* pseudoarnaldià, sobre la conservació de la memòria, en la mateixa llengua. Als marges i en alguns folis inicialment en blanc hi ha addicions tècniques, sobretot receptes, generalment en català. El receptari en conté d'atribuïdes a diversos metges i s'hi al·ludeix a pacients. Una de les receptes és atribuïda a un cert Antoni de Lliorna (Livorno, Toscana) i això, sumat al lloc de conservació actual (Florència), podria indicar que l'anònim va anar a Itàlia (cf. més endavant). Per les traduccions que conté i per ser autògrafa, aquesta miscel·lània és una de les més destacades (Sciència.cat DB ms1309; analitzada a Cabré 2016, 86–93).

El quart dels còdexs conservats que pensem que escau a l'exercici de la medicina a l'àmbit urbà és el manuscrit BC 881, un volum en octau (210 × 150 mm) de probable origen mallorquí. És una miscel·lània elaborada vers 1459, en una cursiva molt regular i clara; conté una extensa obra de medicina astrològica, ara per ara no identificada (*Flor dels savis*, «lo qual libre compilà lo philòsoph miser Johan de Sahona», íncipit: «Tolomeu diu que no és coze impossible saber les particulars espècies de les cozes prenunciar. . .»), la introducció teòrica de l'almanac d'Ibn Tibbon i la primera part de la *Isagoge* de Johannitius, un manual de medicina universitari de gran difusió (traducció d'una versió sense glosses, diferent de la de BnF Esp. 508, Vat. lat. 4797 i l'exemplar recentment adquirit per la National Library of Medicine, Bethesda), tot en català. El volum és, doncs, una guia teoricopràctica de la medicina i del context astrològic en el qual era entesa, probablement elaborada pel mestre Bernat Oromir, potser físic-cirurgià, que s'identifica en un colofó datat al final de la primera obra (f. 88r): «Explicit liber magistri Bernardi Oromiri. Deo gracias. Amen. .XIIª. die aprilis anno a nativitate Domini .Mº. CCCCº.Lº. nono» (Sciència.cat DB ms68).

Una altra de les miscel·lànies que pertanyen a aquest grup és el manuscrit BJ Berol. Hisp. Qu. 62, de Cracòvia. És un volum en octau (210 × 140 mm), la primera part del qual està escrita en la semicursiva habitual en les còpies d'encàrrec del segle XV, en aquest cas datable en el tercer quart d'aquesta centúria. Conté el primer llibre de la *Chirurgia magna* de Guiu de Chaulhac, dedicat a l'anatomia, i un receptari que inclou obretes menors sobre les virtuts de les herbes i, en particular, sobre el pronòstic a partir de l'orina, i que fou ampliat per mans quatrecentistes més tardanes. Tant la part inicial com les addicions són escrites en un català de pàtina oriental. El receptari és parcialment en llatí, llengua en la qual també hi ha un resum esquemàtic de diversos conceptes mèdics fonamentals que, en part, sintetitza la *Isagoge* de Johannitius i que fa pensar més en un cirurgià o un físic-cirurgià que en un simple barber com a compilador del volum. El manuscrit prové de la Biblioteca reial de Prússia (Preußische Staatsbibliothek), de Berlín, on era abans de l'última guerra mundial, i pensem que hi arribà procedent de la Colombina, atès que es pot identificar clarament amb un dels volums catalans que hi van desaparèixer (Sáez 2004, 261, núm. 14909, sense identificar-lo; Sciència.cat DB doc63). La presència d'eixarms que invoquen santa Eulàlia i la Mare de Déu de Montserrat fa sospitar que Hernando Colón l'hauria comprat a Barcelona, lloc on s'hauria elaborat la miscel·lània i on hauria actuat el seu anònim compilador (Sciència.cat DB ms159).

2.1.2 A l'interior

El segon grup de *miscel·lànies professionals* pot relacionar-se amb l'exercici de la medicina en localitats menors de l'interior del país o a l'àmbit rural. La primera d'aquestes miscel·lànies és el manuscrit BC 850. És un altre volum en octau (212 × 150 mm) que, en aquest cas, va ser produït per un cirurgià de l'àrea de Solsona a la darreria del segle XIII i primers del segle XIV. Aquest còdex, però, és un factici que reuneix dos manuscrits de diversa procedència que van ser relligats junts molt aviat, potser en el moment en el qual el cirurgià va elaborar el segon. La unitat A és un manuscrit retallat per adaptar-lo a la mida de l'altre i amb el text escrit a dues columnes en una cursiva molt regular i menuda que és obra d'un copista professional del darrer quart del segle XIII. Conté un recull miscel·lani, en català, d'astrologia, de filosofia natural —en particular, de meteorologia, amb l'atribució a un «savi hom que avia nom maestre Maure, qui fo de Comdors, e fo archabisbe de Narbona», potser l'arquebisbe Maurin (1263–1272), que establiria un *terminus a quo*—, de medicina i de cirurgia, que no va ser acabat de copiar, i en el verso del darrer foli una altra mà coetània afegí un sirventès anònim en occità. El recull miscel·lani és còpia d'un antígraf que no pot ser gaire anterior. El sirventès, de caire didàctic, reflecteix els interessos culturals del cirurgià i informa de la difusió d'aquesta literatura força més enllà dels cercles cortesans (cf. Cifuentes 2021b). Com veurem, és un component, no tan estrany com es podria pensar, d'aquests llibres professionals, que també servien per anotar tot tipus de coses que es volien tenir a mà o recordar.

La unitat B conté uns comptes de l'activitat corrent del cirurgià, amb esment dels pacients tractats i del seu radi d'actuació, i un ampli receptari enfocat a la pràctica medicoquirúrgica, tot en català. Els comptes, datats entre 1292 i 1318, són de gran importància per la seva raresa i antiguitat (compareu amb Jones [1995], que considera excepcionals els que apareixen al manuscrit llatí del segle XV que estudia). En aquests comptes apareix sovint el nom de «maestre Guillem de Vilaplana» com a receptor dels pagaments; aquest personatge pot ser el metge —aparentment cirurgià— que va elaborar la unitat B i que, probablement, va confeccionar el factici. La unitat B és de la mà del cirurgià, però també de la d'altres individus coetanis o poc posteriors, potser ajudants o aprenents; en tot cas, de la primera meitat del segle XIV (Ciència.cat DB ms125).

Una altra misceŀlània relacionable amb aquest àmbit d'actuació, probablement a les comarques de Tarragona, és un manuscrit que Villanueva va veure a Santes Creus abans de la desamortització i dispersió de la biblioteca del monestir (1835). Segons la breu descripció que en va fer, aquest còdex seria del segle XV i contenia, almenys, traduccions catalanes del *De morbis oculorum* de Benvingut de Salern (Benvenutus Grapheus o Grassus), de la *Chirurgia parva* de Lanfranc de Milà —en una traducció diferent de la del ms. BNE 10162 que comentarem després— i de la *Chirurgia* de Bru de Longobucco (o 'Longoburgo'), de les quals no se'n conserva cap exemplar. Com en el cas anterior, aquest contingut sembla apuntar també a un cirurgià com a compilador (Ciència.cat DB ms264).

El tercer dels còdexs misceŀlanis que podrien relacionar-se amb localitats menors de l'interior, en aquest cas potser una ciutat de la xarxa secundària com era Igualada, és el manuscrit BC 1829, localitzat en aquesta ciutat durant l'última postguerra. Es tracta d'un volum en octau (205 × 147 mm) elaborat a mitjan segle XV en semicursiva potser també per a un cirurgià, tot i que, dels esmentats fins ara, és el que admet més dubtes sobre aquesta adscripció. Obra d'un copista professional, conté les traduccions catalanes dels regiments de sanitat d'Arnau de Vilanova i de Joan de Toledo i la d'una cèlebre recepta quirúrgica d'Anselm de Gènova (Ciència.cat DB ms130; Carré 2017, 72–78).

2.1.3 A galeres

El tercer grup de misceŀlànies professionals està integrat per dos manuscrits que van pertànyer a barbers que exercien com a metges a bord de vaixells militars o comercials. Aquests manuscrits tenen unes característiques peculiars, que són: una mida reduïda, preferentment inferior als 200 × 150 mm, pròpia dels anomenats *dotzaus de viatge*; una lletra molt arrodonida, espaiosa i clara, en ocasions visiblement més gran de l'habitual —sobretot tenint en compte la mida del còdex—, obra de copistes professionals; i un contingut que, a banda d'oferir una guia de la terapèutica medicoquirúrgica, inclou pistes clares sobre el seu comitent, com ara la presència de formularis dels medicaments i l'instrumental que convé que tingui la caixa naval del barber (cf. Cifuentes 2000b).

La primera d'aquestes miscel·lànies és el manuscrit de Madrid BNE 10162. És una còpia d'encàrrec de les característiques esmentades feta a mitjan segle XV en una semicursiva desproporcionadament gran, amb algunes addicions de mà dels seus posseïdors i usuaris. El volumet (175 × 125 mm) conté una traducció comentada de la *Chirurgia parva* de Lanfranc de Milà que incorpora l'antidotari de la *Chirurgia magna* del mateix autor, feta pel físic-cirurgià Guillem Salvà l'any 1329 i dedicada a l'infant Ramon Berenguer, comte de Prades, de qui segurament fou metge, un tractat de flebotomia escrit contemporàniament pel mateix traductor-comentador —una obra semioriginal i una altra d'original, doncs, importants per la data tan primerenca que tenen—, notes amb nocions bàsiques de medicina, un breviari sobre el pronòstic per l'orina, guies per a l'ús de les ventoses i el sexe, i receptaris. Entre els receptaris destaca l'atribuït a un cert mestre Miquel, que diu haver estat a Grècia, a l'Índia i al país del Preste Joan, receptari que inclou un formulari «per forniment de la caxa» (edició del formulari a Cifuentes 2000b). Aquest mestre Miquel i probablement també el comitent/compilador del manuscrit —la mateixa persona?— encaixen bé en el perfil dels metges documentats a Duran (en procés de publicació). Algunes pistes apunten a un origen valencià del manuscrit i, de fet, és possible que anés a parar al llinatge Osuna (des del qual, l'any 1886, ingressà a la BNE) amb els dominis valencians que heretaren dels ducs de Gandia. Ha estat relacionat incorrectament amb la biblioteca del marquès de Santillana i s'ha atribuït al metge de la mare d'Alexandre VI, el físic-cirurgià de València Bartomeu Martí (m. 1462), el qual s'ha pretès que l'hauria copiat de pròpia mà. Aquesta atribució parteix només de tres pressupòsits: la coincidència cronològica; la presència de dos còdexs autògrafs en el seu inventari de béns (Sciència.cat DB doc68), en el qual s'ha proposat identificar aquesta miscel·lània amb un «Compendi de cirurgia magistri Lanfrancii Mediolanensis cum compendio» (núm. 29); i, en particular, l'existència d'un colofó al manuscrit amb el nom *Bartolomeus* escrit en caràcters grecs («Deo gracias. βαρτολομευς», f. 118v). Aquest nom, però, també podria ser el del copista; un copista imbuït de la cultura grega, com era moda en aquell temps, i que comet errors que no podia cometre un metge format en la medicina acadèmica (Sciència.cat DB ms177). Per aquestes raons, sembla que la identificació proposada s'ha de descartar.

La segona miscel·lània d'aquestes característiques és el manuscrit de Nàpols BNN I.E.59, que, tot i ser en octau, una mida més estàndard (200 × 150 mm), pensem que es pot relacionar amb aquest grup. Es tracta d'una altra còpia d'encàrrec, elaborada a la fi del segle XV en lletra humanística cursiva —molt clara i espaiosa en les parts principals, però també desproporcionada—, els textos de la qual tenen una pàtina lingüística oriental. Conté un ampli receptari, que inclou un altre formulari per a la caixa naval (editat a Cifuentes 2000b) i algunes obretes breus, un comentari a la primera part de la *Isagoge* de Johannitius en forma de preguntes i respostes, tres comentaris a dues parts de la *Chirurgia magna* de Guiu de Chaulhac en la mateixa forma, i un tractat de pesta no identificat, tot en català; unes obres a les quals altres mans afegiren més tard un segon receptari en italià que demostra la llarga vida d'aquest manuscrit més enllà del context cronològic i lingüístic d'origen (Sciència.cat DB ms191).

2.1.4 Cap a Itàlia

Fins a quatre miscel·lànies professionals per a ús de metges procedents dels Països Catalans —d'una de les quals ja hem parlat (BNN I.E.59)— van fer amb ells el camí d'Itàlia o, fins i tot, van ser elaborades allà. Els manuscrits d'aquest grup, no necessàriament conservats en biblioteques italianes, contenen evidències que proven aquest fet, ben lògic a causa de la intensa presència catalana —comercial, política i militar— a la península Itàlica i illes adjacents i del moviment migratori que va propiciar, en el context de l'expansió catalana a la Mediterrània. Aquestes evidències són, sobretot, al·lusions internes —en particular l'autoria o la procedència de les receptes— que informen del radi d'activitat del metge, i addicions d'usuaris immediatament posteriors al primer posseïdor, a vegades considerables, escrites en italià. Són, doncs, manuscrits mèdics en català que van continuar sent utilitzats per part de metges italians, molt probablement descendents dels que, procedents dels territoris ibèrics de la Corona d'Aragó, havien migrat a Itàlia servint a bord de vaixells o en algun exèrcit o bé cercant-hi oportunitats que no trobaven al seu país d'origen.[5]

A banda del manuscrit BNN I.E.59, que ja hem dit que conté un receptari en italià que complementa el que hi ha en català al principi del volum, tres miscel·lànies més —d'una importància excepcional— escauen a aquest grup. Per ordre cronològic, la primera és el manuscrit Classense 215, de Ravenna. És un còdex en octau (212 × 145 mm) de caràcter especial, perquè és miscel·lani i factici alhora.

---

5 Aquests i altres manuscrits de les mateixes característiques que no pertoca esmentar aquí seran estudiats més aprofundidament en un pròxim treball en col·laboració amb Ilaria Zamuner (Università di Chieti).

Els quatre fragments de volums preexistents (A–D), però, es van relligar junts al darrer quart del segle XV, datació de la més antiga de les dues mans que, tot i intervenir sobretot en una de les parts (C), que conté un ampli receptari mèdic, omplen molts espais que inicialment havien quedat en blanc en les altres. Aquestes mans pertanyen sens dubte a un metge pràctic (cirurgià o barber) i als seus aprenents o successors. Les addicions són principalment receptes, moltes de les quals atribuïdes a metges contemporanis sobretot del regne de Nàpols i les Marques d'Ancona (precisament aquest manuscrit fou adquirit a Pesaro l'any 1711). La immensa majoria són escrites en català, amb una pàtina lingüística occidental, potser de Lleida o Tortosa, però n'hi ha també en italià. El primer fragment (A), que sembla el més antic, conté l'*Anatomia* de Ricard l'Anglès (*Anatomia Ricardi salernitani*), aquí atribuïda a Galè, un receptari, que inclou obretes menors com era l'habitual, i un llunari que té com a data *radix* l'any 1386, però que fou transcrit el 1426 («En l'ayn .M.CCCC.XXVI. coríem. . .», f. 74v), data al voltant de la qual es copià tot aquest fragment. La còpia, en lletra cursiva, és feta per un professional de l'escriptura que s'identifica al final de la primera obra: «Anthonio vocatur qui scripsit benedicatur» (f. 13v). En les obres copiades en aquest primer fragment, totes en català, a diferència del que passa en les addicions, la pàtina lingüística és oriental. Els fragments B i D contenen obres mèdiques llatines: un *De aque vite* anònim i el *De virtute centauree* de Galè, a B; un receptari, la *Chirurgia* de Roger Frugardo i un altre receptari amb alguna rúbrica en italià, a D (Sciència.cat DB ms66; Corradini 2002; Lemme 2021).

La segona d'aquestes miscel·lànies és el manuscrit de la Vaticana Vat. lat. 4797. És una còpia d'encàrrec en semicursiva feta vers 1476 per a ús d'un metge (barber o cirurgià) anònim que possiblement procedia de Mallorca («abeuró», f. 197r; recepta de Pere Jordà, metge valencià d'Alfons el Magnànim que després va viure a Mallorca, f. 168r) i que s'instal·là a Nàpols (recepta d'«enpastra que s'usa en Nàpols», f. 180v), on l'adquiriria l'humanista Angelo Colocci (m. Roma, 1549), canal a través del qual ingressà a la Biblioteca Vaticana. La còpia reprodueix una miscel·lània prèvia i conté un calendari medicoastrològic per als anys 1466–1515 (amb una nota que posa com a exemple l'any 1476 afegida per la mateixa mà autora de la major part del còdex); la *Isagoge* de Johannitius en una versió amb glosses (la mateixa traducció de BnF Esp. 508 i l'exemplar adquirit per la National Library of Medicine, Bethesda, diferent de la de BC 881); uns tractats sobre el pronòstic per l'orina i el pols —dos dels quals atribuïts a Antoni Ricard (m. 1422), que fou metge del rei Martí—; una part de l'antidotari de la *Chirurgia magna* de Guiu de Chaulhac; dues obres, escrites a partir de Mesué i Arnau de Vilanova, sobre la manera de digerir i purgar els quatre humors i sobre les medecines laxatives, respectivament; un extens antidotari quatrecentista no identificat, potser elaborat pel compilador com en el cas del de Vicenç de Colunya (té almenys dues receptes «segons mon mestra»); un receptari; i un tractat de pesta falsament atribuït a Arnau («Patit tractat sobre lo regiment qui·s deu tenir en temps de hepidèmie, ço és, en temps de pestilència»). Tot és en català, si bé l'antidotari té una certa presència del llatí. Més tard, almenys dues mans que escriuen en català i en llatí van afegir noves receptes i anotacions marginals que cal datar després de 1494 (recepta del metge valencià Gaspar Torrella, «bisba de Senta Justa» [Santa Giusta, Sardenya] des d'aquest any i metge dels papes Alexandre VI i Juli II, f. 198r). És un octau menor (195 × 140 mm), un format potser pensat per a facilitar-ne l'ús com a vademècum en els desplaçaments (Sciència.cat DB ms223).[6]

La tercera de les miscel·lànies catalanes que van fer la via d'Itàlia o hi foren elaborades és el manuscrit de Palerm BCP Qq A 13. Aquest manuscrit és un factici del qual només interessa la segona unitat, que és un petit *dotzau de viatge* (169 × 116 mm) elaborat al tercer quart del segle XV per una mà cursiva, amb addicions coetànies i també del darrer quart del mateix segle. La compilació està encapçalada —en un plec relligat erròniament al final— per una taula dels continguts que n'indica el títol i l'autor: «[R]úbrica del present *Sumari de medesines*, a lahor e glòria [de nostre] senyor D[éu] sc[r]it [de ma pròpia m]à. Joan Lopis» (f. 85r). Es tracta, doncs, d'un *llibre de receptes* en el qual es recullen coneixements pràctics sobre farmacologia, terapèutica, pronòstic, higiene quirúrgica i dieta. Conté una adaptació del *Macer*; unes normes deontològiques per als cirurgians, limitades a la higiene de les ferides i a la dieta; un excepcional —en els manuscrits catalans— diagrama circular, a doble pàgina, de la uroscòpia i el procés digestiu; un opuscle sobre el pronòstic per l'orina, atribuït a Hipòcrates; un extens receptari (amb el títol de *Llibre de receptes*); i un fragment sobre els medicaments laxants, extret de l'*Antidotarium* atribuït a Arnau de Vilanova. Excepte la darrera, que és en llatí, totes les obres són escrites en un català amb pàtina occidental. A més, l'adaptació del *Macer* té una presència de castellanismes tan notable que fa pensar que aquesta part té una font castellana. El receptari està ordenat per malalties, que es van indicant en una sèrie de rúbriques principals —reproduïdes a la taula— sota les quals s'ha copiat una quantitat variable de prescripcions. Aquest ordre és respectat escrupolosament per les receptes afegides als marges —amplis, en previsió d'aquest fet—, que són nombrosíssimes. Les addicions foren majoritàriament copiades per la mateixa mà que el text, que entenem autògraf de Joan Llopis, en lletra rodona i clara, fàcilment llegible, en les quals es distingeixen els canvis de tinta.

L'autor de la compilació, Joan Llopis, era, sens dubte, un metge (cirurgià o barber). És possible que es tracti de l'homònim que apareix documentat com a

---

6 Es conserven dues còpies d'aquest manuscrit fetes pels occitanistes del segle XVIII Antoni de Bastero i Lledó (Barcelona, BRUB, 239, parcial; Sciència.cat DB ms146) i Jean-Baptiste de La Curne de Sainte-Pelaye (París, Arsenal, 2525, completa; Sciència.cat DB ms203).

barber a València en els anys 1445–1463.[7] A partir de les dades que ell mateix proporciona al manuscrit, sembla que s'installà a Sicília —potser a Siracusa o a Catània— on elaboraria o completaria el seu llibre amb aportacions de metges i altres individus, homes i dones, de l'entorn sicilià, citats en gran nombre a les receptes afegides. Joan Llopis esmenta també l'*original* del nucli primer del seu *Sumari de medecines*: el *llibre* del seu cosí mestre Pere Llopis, font explícita de l'adaptació del *Macer* i probable d'altres parts, que devia ser una miscellània similar. El perfil d'un barber o cirurgià d'origen castellà (López) installat a València —llavors un gran pol d'atracció en la formació dels cirurgians— i utilitzador de textos tècnics en català no és desconegut, com tampoc ho és el d'un barber procedent del territori catalanoaragonès embarcat a galeres i establert a Sicília fins a la seva mort (Sciència.cat DB ms197; Cornagliotti 1994).[8]

2.1.5 Cap a Castella

El manuscrit de Toledo BCT 97–23 és una altra destacada miscellània que, en aquest cas, combina obres en català i obres en llatí sense ser —contra el que s'ha dit— un còdex factici. Es tracta d'un altre volum en octau (205 × 150 mm) al qual manquen un o més plecs al principi, copiat per diverses mans que datem de la primera meitat del segle XIV, amb addicions posteriors. Conté un repertori de simples no identificat (potser una traducció d'un abreujament del *Liber de gradibus* de Constantí l'Africà),[9] estructurat en breus articles que segueixen l'ordre alfabètic (es conserva només a partir de la lletra O), uns tractats breus sobre el pronòstic per l'orina i el pols, un calendari per a la flebotomia, un tractat de febres no identificat («Febre terçana ve per cascament e per enbarguament de fetge e per fredor e per sancfoniment. . .», de Pere Hispà?), una obra de terapèutica tampoc identificada («Frenesis. Frenerum és malaltia que·s fa en lo cap. . .», de Roger Baron?), tots en català, el *Thesaurus pauperum* atribuït a Pere Hispà, en llatí però amb anotació en català («sanglot» al f. 48v), unes *Tabule magistri Petri Marachi, in phisica professorem*, farmacològiques («Cum mos sit et quasi quidam debitum. . .»), un tractat de medicina astrològica («Planete sunt unitates quibus

---

7 Documentació localitzada per Carmel Ferragud (Universitat de València), membre del projecte Sciència.cat. Aquesta i altra documentació arxivística sobre metges i salut a l'antiga Corona d'Aragó s'està incorporant a la nova base de dades *MedCat* (2020–).

8 Vegeu Cifuentes (2001) per al primer cas i els exemples del barber Daniel (Cifuentes 2000b, 14–15, doc. 4) o del cirurgià Miquel de Tovià (esmentat abans), per al segon.

9 Aquesta pista ha estat localitzada per Jesús Pensado Figueiras, membre del projecte Sciència. cat (2105–2018).

hec inferiora corpora reguntur. . .»), una *Practica puerorum* («Pueri multis subia-
cent infirmitatibus periculis et incomodis. . .»), el *Liber medicinae ex animalibus*
(al manuscrit *Liber medicinalis de proprietatibus animalium*) de Sext Plàcit, en
llatí, l'*Epistola Aristotelis ad Alexandrum de dieta servanda* (una part del *Secretum
secretorum* pseudoaristotèlic), en llatí, uns extrets potser de la *Chirurgia* de Teodo-
ric en la mateixa llengua, un receptari en català amb força elements de la *scripta*
librària primitiva (cf. Badia/Santanach/Soler 2010; Cifuentes 2021a), una *Doctrina
de veneno evitando* («Principium vero paciendi est. . .»), un altre calendari per a
la flebotomia, en català, més extrets de la *Chirurgia* de Teodoric, la *Isagoge* de
Johannitius, el *Liber pulsuum* de Filaret i uns textos religiosos que semblen tenir
finalitats conjuratives, tots els darrers en llatí. El manuscrit té poca anotació mar-
ginal, en part perquè els marges són sovint inexistents i en part perquè les addi-
cions, coetànies i posteriors, ja ocupen espais de les pàgines que havien quedat
en blanc. Aquestes addicions solen ser receptes, eixarms, proverbis i, fins i tot,
versos (f. 33v), en català, en llatí, en occità (els versos) i en castellà (les receptes
afegides per una mà castellana de la darreria del segle XIV al f. 117r–v, una de les
quals porta el nom de Juan Guillén, que l'any 1385 era metge del rei de Castella).

Com es pot comprovar, aquest manuscrit té un contingut extraordinàriament
tècnic, accentuat per la forta presència del llatí, que el distingeix de tots els altres
que comentem. O dit d'una altra manera: som davant d'un manuscrit molt tècnic,
compilat per un metge llatinista, en el qual conviuen no pas poques obres en
català, igualment valorades pel compilador, que sembla ser un físic-cirurgià.
Aquest físic-cirurgià anònim, que potser era valencià, es deuria traslladar a Cas-
tella, probablement a la seu de Toledo, servint algun prelat o una altra persona
de rang d'origen catalanoaragonès. No sabem com ni quan aquest manuscrit
ingressà a la biblioteca de la catedral de Toledo, però a finals del segle XIV el
posseí algú que era castellà. En qualsevol cas, ens consta que aquesta ruta de
Castella, tot i que menys representativa que la d'Itàlia, no era estranya entre els
metges catalanoaragonesos (Ciència.cat DB ms240).[10]

2.2 Miscel·lànies mèdiques *domèstiques*

Les miscel·lànies mèdiques en vulgar elaborades per a ús de profans en medicina
constitueixen recopilacions d'obres valorades per aquests individus sobretot per
l'aplicabilitat pràctica que hi reconeixien més que no pas per un interès llibresc,

---

[10] El manuscrit de Saragossa BCZ 1292, una *miscel·lània domèstica* que comentarem més enda-
vant, també té addicions en castellà.

com podria pensar-se. Enteses així, la majoria —potser a excepció de les relacionables amb les biblioteques reials— són documents de gran importància per a estudiar les característiques de l'autoajuda mèdica domèstica, un àmbit de la cura de la salut que, en una època en la qual la disponibilitat de metges no estava garantida, era imprescindible i tenia un abast considerable. Precisament, en els últims anys aquest tema ha atret l'atenció dels investigadors, que han destacat, en particular, el paper que hi tenien les dones, també com a transmissores de sabers que després podien prendre forma escrita (cf. Ferragud 2007; Cabré 2008; Vela 2013).

Aquestes compilacions estan vinculades a un públic urbà delerós de millorar la gestió d'un àmbit tan sensible com la salut. Per públic urbà cal entendre no únicament els membres dels diversos sectors de la burgesia, sinó també els nobles i els eclesiàstics instal·lats a les ciutats i, fins i tot, la mateixa família reial. En el cas català, el rei i la seva família van manifestar un marcat interès per tot el que es relacionava amb la salut i la medicina, van impulsar el nou sistema mèdic i van patrocinar un bon nombre de traduccions al català per al propi ús. Tot i això, va ser gràcies als burgesos que aquests fenòmens, iniciats a les grans ciutats, es van difondre aviat a les ciutats menors de la resta del territori. De fet, són part d'un procés més general pel qual, des de les ciutats, la nova medicina racional i el nou sistema mèdic van penetrar a tot el cos social d'arreu del país (cf. McVaugh 1993). Per això no és estrany que els membres de la burgesia fossin especialment actius en la producció i en la utilització d'aquest tipus de miscel·lànies.

Convenientment analitzats, identifiquem aquestes *miscel·lànies domèstiques* en un cert nombre dels manuscrits mèdics conservats en català. Com en el cas de les *miscel·lànies professionals*, són només els supervivents d'un tipus de llibre que va tenir una gran requesta, demostrada per l'elevada quantitat de testimonis conservats arreu, d'altra banda prou recognoscibles en les fonts documentals.[11]

Tot i la limitada visibilitat documental que, com hem dit abans, tenen aquests còdexs, els inventaris de béns permeten descobrir, de tant en tant, algunes *miscel·lànies domèstiques* entre els llibres dels monarques, dels nobles, dels eclesiàstics i, sobretot, dels ciutadans. Devia ser miscel·lani el volum amb una obra d'anatomia en català («libre appellat *Dels menbres del cors de l'hom*, en cathalà. . . lo qual comença: ‹Car l'ordonament›, e faneix: ‹de les altres calitats›») que hi havia a la biblioteca reial a la mort del rei Martí, l'any 1410 (Sciència.cat DB doc19,

---

11 A tall de comparació, vegeu, per exemple, les tres miscel·lànies mèdiques en occità que edita Corradini (1997), les dues primeres de les quals, contra el parer de l'autora, em semblen *domèstiques*; o bé les tres en italià, d'aquest mateix tipus, que analitza Crisciani (2015).

núm. 133). També ho era el plec «continentia de pestilentia et cetera per Palladium Serradelli, medicum», que devia ser en català, inventariat el 1406 a la biblioteca de Berenguer d'Anglesola, bisbe de Girona i cardenal, pertanyent a un destacat llinatge nobiliari (Ciència.cat DB ms27, num 38). Però és als inventaris dels ciutadans, molt més nombrosos, on en trobem més exemples. Així, Jaume Pau, de Vic, posseïa en morir, l'any 1341, un llibre «quod incipit in rubrica vermilea posita in prima carta quarti folii: ‹De trobar doctrina e de conèxer cantar si són dançes o sirventeschs› et cetera; et finit in rubrica vermilea: ‹Acabat és lo libre de *Regiment de sanitat*›», un volum que combinava entreteniment i cura de la salut (Ciència.cat DB doc123, núm. J-234). El mercader de Barcelona Guillem de Cabanyelles, mort el 1423, tenia un llibre «lo qual tracte de medecines, de mestre Arnau de Vilanova, e d'estrologia» (Ciència.cat DB doc28, núm. 13). En fi, al mercader de Mallorca Gaspar Miquel Rotllan, traspassat el 1492, li trobaren un «*Joannisius* in romantio [et] in eodem lo tractat de mestre Bevangut de les malalties dels ulls» (Ciència.cat DB doc56, núm. 30).

Fins a nou miscel·lànies mèdiques en català conservades i una més de localització actual incerta semblen pertànyer a aquest grup (Taula 2). A partir de l'anàlisi d'aquests testimonis, una d'elles pot relacionar-se amb la casa reial, una altra amb un llinatge nobiliari, quatre més amb eclesiàstics i les altres quatre amb un entorn burgès.

2.2.1 A la casa reial

El manuscrit BnF Esp. 212 és una miscel·lània d'obres mèdiques en català elaborada en la segona meitat del segle XIV, segurament no gaire avançada. Prové de la biblioteca reial de Nàpols, on probablement fou transferit amb els llibres que Alfons el Magnànim s'endugué de l'antic fons que la casa reial tenia a Barcelona. El rang del seu comitent i propietari és visible en el format en foli (345 × 245 mm), en l'ús del pergamí —vitel·la—, en la profusió de tintes emprades, en la lletra librària, en la preparació de la pàgina i la impaginació i en l'estructuració del text. Tots aquests elements, que en fan un manuscrit de qualitat incomparable respecte a tots els altres que comentem, són obra d'un copista professional d'alt nivell. Aquest manuscrit conté les traduccions catalanes de la *Chirurgia* de Teodoric Borgognoni, feta pel cirurgià mallorquí Guillem Corretger en el tombant del segle XIII al XIV, d'una versió del *Liber de passionibus oculorum* de Zacaries de Salern, del *Liber de medicina equorum* de Giordano Ruffo de Calàbria, de l'*Epistola de avibus nobilibus* i del primer llibre —dedicat a l'anatomia— i d'un capítol espars del *Liber Almansoris* de Rasis. Aquest capítol espars, sobre l'esquinància o angina, deu respondre a una necessitat de la persona per a la qual fou feta la

Taula 2: Misce^l·lànies mèdiques *domèstiques*.

MANUSCRIT	FORMAT	DATACIÓ	COMPILADOR
Florència, BNCF, Pal. 1052	8º	Occidental?+Sardenya?, s. XIV-1b	eclesiàstic
París, BnF, Esp. 212	in-fol.	Barcelona?, s. XIV-2	casa reial
Barcelona, BC, 864	in-fol.	Barcelona, 1392	Galceran Marquet, capità naval
Saragossa, BCZ, 1292	8º	Oriental, s. XV	eclesiàstic o burgès
València, BHUV, 216	4º	València, s. XV-1b/XV-m	eclesiàstic
Barcelona, BRUB, 68	in-fol.	Oriental, s. XV-m	noble
París, BnF, Esp. 508	in-fol.	Barcelona?+Nàpols?, s. XV-m	burgès
Vaticà, BAV, Barb. lat. 311	4º	Occidental+Nàpols, s. XV-m	eclesiàstic
Los Angeles, UCLA Bio, Benj. 4	12º	València, 1466	misser Joan, jurista
París, BnF, Esp. 291	8º	Occidental+Sicília?, s. XV-2b	burgès

BAV = Biblioteca Apostolica Vaticana. – BC = Biblioteca de Catalunya. – BCZ = Biblioteca Capitular de la Catedral de Zaragoza. – BHUV = Biblioteca Històrica de la Universitat de València. – BNCF = Biblioteca Nazionale Centrale di Firenze. – BNE = Biblioteca Nacional de España. – BnF = Bibliothèque nationale de France. – BRUB = Biblioteca de Reserva de la Universitat de Barcelona. – UCLA-Bio = Louise M. Darling Biomedical Library, de la University of California Library.
Occidental = De l'àrea del català occidental (Oest del Principat, Andorra, Franja, País Valencià, Carxe).
Oriental = De l'àrea del català oriental (Est del Principat, Catalunya Nord, Balears, l'Alguer).
Datació: s. XIV–XV = pas del s. XIV al XV. – s. XV-1 = primera meitat del s. XV. – s. XV-m = mitjan s. XV. – s. XV-2ª = tercer quart del s. XV. – s. XIV-ex. = final del s. XIV.

compilació original, que potser no és la còpia conservada: totes les traduccions que conté tenen elements de la *scripta* librària primitiva (cf. Badia/Santanach/ Soler 2010; Cifuentes 2021a) i, per tant, foren fetes no més ençà del primer quart del segle XIV, que seria una datació *ad quem* de l'original. Dues mans cursives de la segona meitat del segle XIV van afegir receptes mèdiques, de confiteria i per a preparar el vi als darrers folis, una de les quals, bastarda, esmenta Barcelona. L'anotació marginal pràcticament es limita a indicar les rúbriques al rubricador que, en quedar-se al còdex —tal com explica poc abans de 1310 Berenguer Sarriera en el pròleg de la seva traducció del *Regimen sanitatis ad regem Aragonum* d'Arnau de Vilanova feta a instància de la reina (cf. Cifuentes 1999, 145, 148; Carré 2017)—, ajudaven els laics, poc familiaritzats amb els llibres acadèmics, a accedir al text (Sciència.cat DB ms64; Badia 1996).

2.2.2 A les cases nobles

El manuscrit de Barcelona BRUB 68 és una interessantíssima misceŀlània elaborada a mitjan segle XV per a la instrucció dels fills i filles d'una casa noble anònima. És un volum en foli menor (290 × 210 mm), però en aquest cas de paper, escrit per professionals de l'escriptura que es van rellevant; per a la lletra empren la semicursiva i la cursiva, amb un ús molt limitat de les tintes de color tant al text com a les figures, amb l'ornamentació sense fer en bona part del còdex i amb marges molt generosos, però buits d'anotació. Conté el *Llibre de bons amonestaments* d'Anselm Turmeda (acèfal per la pèrdua d'almenys un plec al principi del volum), una taula del contingut general, el *Llibre de cavalls* de Manuel Díez, escrit vers 1424–1436, una misceŀlània de receptes de menescalia i medicina, el *Tractat de les mules* del mateix Díez, un llunari calculat per a Barcelona, els capítols de l'orde de la Gerra i el Grifó (o de l'Assutzena), una adaptació del *De falconibus* d'Albert el Gran (una part del *De animalibus*), unes *Flors del Tresor de beutat* anònimes, el *Llibre de totes maneres de confits* i el *Llibre de totes maneres de potatges de menjar* (elaborat a partir del *Llibre de Sent Soví* i altres obres), també anònims, tots en català. S'hi exposen, doncs, coneixements de doctrina moral, sobre el maneig dels animals que interessaven els nobles (equins i rapinyaires), l'aplicabilitat de l'astrologia a la salut humana i animal, la terapèutica, les normes de comportament cortesà, la cura del cos de les dones i les menges i postres senyorials; un conjunt d'obres que interessaven tant els homes com les dones nobles.

A diferència de totes les altres misceŀlànies analitzades aquí, el compilador dels textos —que, en aquest cas, treballa per a un comitent noble—, tot i mantenir-se en l'anonimat, es fa present amb un resum del contingut general i breus preàmbuls en alguna de les obres, les quals afirma haver elaborat a partir d'una selecció del material d'altres tractats. Aquests textos del compilador, de marcat to didàctic i adreçats als lectors —homes i dones, explícitament— i els capítols de l'orde de la Gerra justifiquen la interpretació que fem del volum. L'orde de la Gerra era un orde cavalleresc cortesà, vigent a la cort dels Trastàmara, en el qual ingressaven donzells i donzelles, sens dubte els destinataris i usuaris del manuscrit. D'altra banda, l'ordre de les obres copiades al manuscrit no es correspon amb l'anunciat pel compilador i sembla que es canvià en produir aquest còdex, potser per incrementar el didactisme de la misceŀlània, l'original de la qual, tenint en compte la datació de l'obra de Manuel Díez, no ha de ser gaire anterior.

Dues mans del segle XVI van afegir comptades receptes i aquestes o altres mans, signes d'atenció (*manicula*) als marges. Una mà del segle XVII encara va confeccionar una segona taula del contingut, molt sumària, al principi del volum. Aquestes intervencions demostren que el manuscrit va tenir una vigència prolongada. Prové del convent dels dominicans de Barcelona (Santa Caterina), on ingressà per camins que ens són desconeguts, qui sap si amb els béns d'un frare que, sent membre d'aquell llinatge nobiliari, l'hauria heretat (Sciència.cat DB ms143; Santanach 2003, 247–265).

2.2.3 A casa del clergue

Un grup de *miscel·lànies domèstiques* es pot relacionar amb comitents i posseïdors eclesiàstics. Són quatre manuscrits, el més antic dels quals és el de Florència BNCF Pal. 1052. És un petit volum en octau (198 × 155 mm) elaborat per una sola mà del segon quart del segle XIV. Conté un *llibre de receptes* que, tot i no tenir cap títol de conjunt, inclou un receptari majoritàriament en català, amb alguna recepta en llatí, unes *Orationes defunctorum* i una *Expositio in Pater Noster* en llatí, una explicació dels divendres de dejuni de tot l'any, en català, receptes suplementàries entre un i altre text, en llatí i en català, i tres poemes en la llengua occitanocatalana pròpia de la lírica catalana del temps. El català té pàtina occidental, amb poques restes de la *scripta* librària primitiva (Badia/Santanach/Soler 2010; Cifuentes 2021a). Originalment, el manuscrit estava relligat amb un pergamí documental, que porta l'acta d'investidura d'uns béns a la ciutat i al territori de Sàsser (Sardenya) a un cert Guillem l'any 1330. El perfil de les obres que conté, el fet que s'hagin omès intencionadament les virtuts afrodisíaques d'un vegetal al receptari i l'ús paral·lel del llatí, també en rúbriques afegides per la mateixa mà a les receptes, fan pensar en un clergue com a compilador; un clergue que possiblement tenia activitat o s'havia instal·lat a Sardenya després de la conquesta catalana (1323–1324). La còpia deu ser autògrafa (Sciència.cat DB ms72).

Una altra miscel·lània a considerar en aquest grup és la del manuscrit de la Vaticana Barb. lat. 311. És un volum factici constituït per fragments de dos còdexs, un de català i un de probablement napolità, que es van relligar junts a l'antic regne de Nàpols a mitjan segle XVI. Interessen aquí els fragments A i C, que formen part d'un mateix còdex català en quart major (274 × 213 mm) copiat a dues columnes a mitjan segle XV per una mà cursiva acurada d'un professional de l'escriptura. Aquests dos fragments contenen un calendari amb el santoral i els dies malaventurats segons sant Jeroni, un abreujament del *Regimen sanitatis* d'Arnau de Vilanova, el *Liber de conservanda sanitate* de Joan de Toledo —una obra concebuda per a eclesiàstics[12]—, una versió en vers de l'*Epistola ad Alexandrum de dieta servanda* (part del *Secretum secretorum*), un extret del *Regimen sanitatis*

---

12 Hem proposat atribuir a un metge el manuscrit BC 1829, que també conté aquesta obra, pel perfil de les altres obres que hi ha copiades, si bé ja hem advertit que no ens sembla segur.

salernitanum, també en vers, els *Aphorismi de memoria* del mateix Arnau, un llunari (amb exemples dels anys 1329, 1338, 1407 i 1445) i un extret d'una crònica amb la llegenda d'Otger Cataló. Tots són en català excepte el calendari, que és en llatí, però amb una nota en català, l'*Epistola*, que és en occità amb grafies catalanes, i el fragment del regiment salernità, que és en llatí. El català té pàtina occidental (notes del calendari i del llunari), però el manuscrit va estar o va ser elaborat al regne de Nàpols, on el devien obtenir els Barberini en el segle XVII. Ingressà a la Vaticana l'any 1902, amb l'adquisició de la Biblioteca Barberina. L'anotació marginal és mínima i de la mateixa mà que el text. El volum va quedar sense rubricar ni caplletrar. Les dates del segle XIV del llunari potser corresponen a l'estadi inicial d'aquesta misceŀlània. El fragment B conté una còpia probablement napolitana, de vers 1430, del poema mèdic llatí *De balneis Puteolanis* de Pietro da Eboli, en lletra libràtia i amb dibuixos en color. L'addició d'aquest fragment sembla que completà intencionadament el caràcter de summa per a la gestió de les *coses no naturals* que ja tenia la misceŀlània en català (Sciència.cat DB ms225; Zamuner 2004; Carré 2017, 78–82).

La tercera misceŀlània relacionable amb un eclesiàstic és el manuscrit de València BHUV 216. És un volum en quart major (272 × 197 mm) copiat a dues columnes en semicursiva per un professional, amb ornamentació a dues tintes, una miniatura daurada que podria aŀludir al comitent —una àliga coronada entre dos peixos— i alguns dibuixos, que manifesta voluntat de formalitat. La còpia sembla feta en el segon quart o mitjan segle XV, segurament a València. El còdex ha arribat acèfal, amb folis perduts i alguns desordenats. Conté un receptari que inclou unes guies breus per al pronòstic per l'orina i potser el *Capsula eburnea*, el *Thesaurus pauperum*, amb addicions, el *Macer*, un llunari calculat per a València, els *Mil proverbis* de Ramon Llull, els *Disticha Catonis*, un recull doctrinal i pietós, les *Virtuts de les dotze pedres*, l'*Almanac de Tortosa*, unes obres breus sobre el calendari i la flebotomia, el *Tractat dels dotze signes*, un tractat sobre l'astrolabi, un recull d'oracions llatines, uns capítols de les *Decretals*, també en llatí, un calendari perpetu, una taula pasqual, les misses de sant Pau l'Ermità, els divendres de dejuni, el *Llibre de Sent Soví* i el *Thesaurus pauperum sive speculum puerorum* de Juan de Pastrana en llatí. Tot el contingut és en català excepte on s'ha indicat una altra cosa. Mans de l'últim quart del segle XV i de la primera meitat del XVI afegiren una profecia sobre la conquesta de Granada, receptes casolanes i de medicina i recordatoris dels eclipsis de sol de 1478 i 1539. El manuscrit aporta coneixements molt divulgats sobre la terapèutica, la dieta i l'astrologia, al costat d'altres sobre la cuina, el calendari, la gramàtica llatina, la moral, la pietat, la litúrgia i el dret canònic. Unes característiques i un contingut que no semblen correspondre a un bisbe o a un simple prevere, però potser sí a un canonge (Sciència.cat DB ms247; Santanach 2015).

Una altra miscel·lània, que molt probablement escau a un ambient eclesiàstic, és el manuscrit de Saragossa BCZ 1292. És un manuscrit que no ha pogut tornar a ser localitzat des de la descripció de J. M. March (1920–1922, 361–363), bé per haver passat a altres mans arran de l'enorme i desgraciat espoli que va patir la biblioteca de la catedral saragossana durant l'última postguerra (cf. Castro 2006), bé per haver-se extraviat a causa del canvi posterior de les signatures dels còdexs. Segons March, és un manuscrit en octau (215 × 140 mm) copiat per diverses mans durant el segle XV. Conté els cànons introductoris de les taules astronòmiques dites de Perpinyà de Jacob ben David Bonjorn, un text medicoquirúrgic que podria ser la *Chirurgia* de Guillem de Saliceto («Definició de scirurgia. Scirurgia és sciència ensenyada...», sembla correspondre a l'inici del capítol introductori de l'obra: «Quid est cirurgia? Cirurgia est scientia docens modum operandi...»), un altre text sobre el pronòstic per l'orina, tots en català, el *De vinis* atribuït a Arnau de Vilanova, en llatí, un resum pràctic dels esmentats cànons, l'anomenat *Bestiario toscano*, receptes per a tinta, per a capturar ocells i altres que, segons l'historiador jesuïta, eren «grosseres i immorals» (n'esmenta una per «Si vols provar si una nina és poncella o no»), l'*Epitaphium sanctae Paulae* de sant Jeroni, el *De lapidibus* de Marbode de Rennes, tots en català, un recull miscel·lani de textos ascètics i litúrgics (misses, oracions, divendres de dejuni), en català i en llatí, un extens tractat de flebotomia no identificat, en català, i un altre resum pràctic dels cànons de Bonjorn, però en castellà, que ha de ser una addició tardana. El català, en alguns textos, té pàtina oriental. Potser forma part, com altres llibres catalans del mateix fons, dels llibres adquirits pel canonge i historiador aragonès Bartolomé Llorente (m. Saragossa, 1614), alguns dels quals els aconseguí a Itàlia (Sciència.cat DB ms275).

2.2.4 A les cases dels ciutadans

L'últim grup de miscel·lànies mèdiques *domèstiques* en català és el dels manuscrits que van ser encarregats, posseïts i utilitzats per membres de la burgesia. Quatre còdexs poden relacionar-se amb aquest entorn social, el més antic dels quals és el de Barcelona BC 864. És un manuscrit en foli menor (295 × 215 mm), copiat a Barcelona l'any 1392 a dues columnes per una mà cursiva molt acurada, amb una voluntat de formalitat que subratllen les dues tintes de color que decoren el text. Conté una obra llatina sobre les complexions i el pronòstic per l'orina («Corpus itaque hominis ex quatuor humoribus constat...»), tema que es reprèn en l'obra següent, ara en català, atribuïda a Isaac, el *Thesaurus pauperum*, amb addicions mèdiques i de confiteria, també en català, el *Liber phisicalium virtutum compassionum et curacionum* (o *Kiranides*), en llatí, i els *De pelle serpentis XII experimenta* atribuïts a un cert Alchanus i traduïts al llatí per un Johannes Pauli o Paulinus, en català. Tot plegat aporta informació, principalment, sobre la terapèutica, el pronòstic i la màgia natural i mèdica.

La mà que copià aquests textos s'identifica al final en un colofó: «Ego, Galserandus Marqueti, de loco Barchinone, scripsi totum istud volumen medicinalis et perfeci ipsum die jovis .XIª. die julii anno ab Incarnationem Verbi misterio .Mº.CCCº. nonagesimo secundo. Deo gracias» (f. 96v). Els estudis d'història del llibre a la Barcelona de l'època, que han exhumat una gran quantitat de documentació, no han localitzat cap copista amb el nom de Galceran Marquet. En canvi, és un nom que correspon a un membre coetani d'una família de mercaders, capitans navals i polítics municipals, que el 1393 fou nomenat vicealmirall de Catalunya i que era nét d'un homònim que havia escrit una continuació de la crònica de Ramon Muntaner. Ara per ara no és possible fer afirmacions, però no seria tan estrany com podria semblar que conservéssim un volum autògraf d'un personatge així, atès que ens han arribat manuscrits copiats per individus aparentment insòlits, que exercien oficis variats.

En qualsevol cas, el volum va pertànyer a un entorn burgès. A la part copiada per la primera mà, altres mans dels segles XIV–XVI hi afegiren més textos: un natalici que situa l'esdeveniment a Tortosa l'any 1403 i en un entorn de mercaders (Guillem Santmartí, Bartomeu Codina, Pasqual Belsa), un fragment de les *Flors del Tresor de beutat*, sobre cosmètica, receptes, eixarms, uns comptes i l'esborrany d'una carta amb noms no identificats de vers 1528, tot en català, i una còpia de la traducció aragonesa del *Tractat de les mules* de Manuel Díez, feta per una mà catalana a partir d'una de les dues edicions incunables impreses a Saragossa el 1495 i el 1499 (Sciència.cat DB ms126; Escudero 1993; Santanach 2017).

L'obra que Moliné (1913–1914) va anomenar *Receptari de misser Joan* es conserva al manuscrit de Los Angeles UCLA (Biomedical Library) Benj. 4. El volum és un menut *dotzau de viatge* (145 × 100 mm), el més petit dels volums estudiats. Es tracta d'un *llibre de receptes* que conté un *Llibre de la teòrica del coneixement de les malalties*, sobre el pronòstic per l'orina, aparentment derivat del *De urinis* d'Isaac Israeli, una *Disputa de les orines segons s'usa en física*, en forma de *quaestio* universitària, i una gran quantitat de receptes de medicina, tot en català. Altres mans hi afegiren més receptes i guies per a la flebotomia. Les receptes provenen, com era habitual, del *Thesaurus pauperum* i d'altres obres, i també de la tradició oral. En la còpia, molt neta, feta en una cursiva correcta i sense ornamentació, s'alternen quatre mans, les quals transcriuen un antígraf que potser ja tenia el desordre que s'observa en els primers textos. Una recepta atribuïda a la reina Elionor d'Alburquerque (1412–1416) marca un *terminus a quo* per a l'original. Les característiques del volum i de la còpia fan pensar en un vademècum concebut per a ser transportat fàcilment. És possible que una de les mans que hi intervenen sigui la del compilador o posseïdor, el qual s'identifica en una rúbrica inicial que, atribuint un títol a tot el conjunt, denota la voluntat de donar un caràcter unitari a la misceŀlània, que data en l'any 1466: «En nom de Déu [. . .] yo, misser Johan, comense aquest *Libre de reseptes* en l'ayn mil 466» (f. 3r). Molt probablement, aquest misser Joan era un jurista, atès que el tractament *misser* els era especialment aplicat. Els referents i els trets lingüístics valencians que es detecten a l'obra en situen l'elaboració a l'antic regne de València. En conjunt, és un recull de materials útils per a fer front a les necessitats domèstiques en l'àmbit de la salut, i els afegits, notes i marques que té demostren que va ser emprat fins al segle XVI (Sciència.cat DB ms89; Moliné 1913–1914; Cifuentes 2013; nova edició en preparació a cura de Ll. Cifuentes i A. Carré).

Una altra misceŀlània que pensem que pertany a aquests ambients burgesos és el manuscrit de París BnF Esp. 508. És un còdex en foli menor (287 × 207 mm) copiat per un professional probablement a Barcelona a mitjan segle XV. El text és a dues columnes, en semicursiva, i decorat amb tres tintes de color. Conté la mateixa versió glossada de la *Isagoge* de Johannitius que transmet el còdex Vat. lat. 4797, comentat abans, i el de Bethesda, uns tractats anònims breus sobre el pronòstic per l'orina i el pols, el *De medicinis simplicibus* d'Abū-s-Ṣalt de Dénia, una part del llibre tercer (*Tractat de les viandes*) del *Livre de physique* (o *Régime du corps*) d'Aldobrandí de Siena i la *Practicella* de Joan de Parma, tot en català. No té anotació marginal, però una mà poc posterior apuntà una llista de noms amb toponímia de la ciutat de València i, en un foli afegit, una altra de més tardana consignà una recepta i uns comptes d'un viatge de Nàpols a Barcelona de l'any 1473. La pàtina oriental de la llengua el relaciona més amb Barcelona que no pas amb València, per bé que l'aŀlusió a Nàpols també podria suggerir-ne una elaboració en aquesta ciutat, però no n'hi ha cap més indici. Ingressà a la BnF, per compra, el 1892, i prové de la Colombina (Sáez 2004, 258, núm. 9024, sense identificar-lo; Sciència.cat DB doc63). És possible que Hernando Colón el comprés als encants de Barcelona l'any 1536, juntament amb la misceŀlània de Vicenç de Colunya i també, potser, amb la que es conserva a Cracòvia (Sciència. cat DB ms208; anàlisi del ms. a Cifuentes 2004, 453–458).

La darrera misceŀlània burgesa és la conservada al manuscrit BnF Esp. 291. És un manuscrit en octau (210 × 142 mm) copiat potser a Sicília en l'últim quart del segle XV (filigrana documentada a Catània el 1473), poc abans que fos traslladat a França (1495) amb la biblioteca reial de Nàpols, de la qual formava part. La còpia, en cursiva i sense ornamentació, no sembla obra d'un professional: és força acurada, però denota practicitat. Conté el *De plantationibus arborum et de conservatione vini* de Jofre de Francònia, una altra obra d'agricultura d'autor català anònim, elaborada a partir del model de la de Paŀladi (*De agricultura Paŀladi*), el *Majmūʿ fī l-filāḥa* (*Compendi d'agricultura*) d'Ibn Wāfid i la primera part

(*Remembrança de les viandes*) del *Kitāb al-agḏiya* ('Llibre dels aliments') d'Ibn Ẓuhr (Avenzoar), tot en català. La miscel·lània proporciona una guia per a la gestió d'una explotació rústica en la qual es té molt en compte la salut, atès que es clou amb una síntesi sobre la dieta. La llengua té pàtina occidental, tot i la lloança a les habilitats confiteres de les dones de Barcelona afegides a la primera obra pel traductor, que sembla ser alhora l'autor de la segona. En aquesta darrera hi ha al·lusions a l'experiència personal de l'autor en diversos llocs del Mediterrani, que fan pensar en un individu de perfil mercantil. Les traduccions —i potser l'original de la miscel·lània— daten del segle XIV (Ciència.cat DB ms206; Martí 2012).

3 Conclusions

Les miscel·lànies científiques són un tipus de font d'una gran riquesa informativa que, a diferència del que s'ha fet fins ara la majoria de les vegades, ha de ser estudiada com un tot. Historiadors i filòlegs en són conscients, i se'n deriva una tendència que es percep en edicions, estudis i col·loquis recents (cf. en particular Paravicini 2019).

Amb el procés de vernacularització del saber esdevingut a l'Occident medieval a partir del segle XIII, la producció de miscel·lànies científiques en llengua vulgar, o en les quals la llengua vulgar té una presència important, és un fet cada vegada més present en la vida quotidiana. La salut, en ser objecte d'un interès central en la nova societat urbana que es desenvolupa a Europa, que precisament té un dels puntals en la revalorització de l'escrit i del llibre, genera un gran nombre de miscel·lànies, també en llengua vulgar. Les miscel·lànies mèdiques conservades en català constitueixen un interessant material per a un estudi de cas.

L'anàlisi d'aquestes miscel·lànies mèdiques en català permet identificar-ne dos tipus, que hem anomenat, respectivament, *miscel·lànies professionals* i *miscel·lànies domèstiques*, i que corresponen, alhora, a dos tipus de compiladors, usuaris i/o comitents: els que exercien la medicina pràctica (barbers-cirurgians, cirurgians i físics-cirurgians, sobretot) i els profans en medicina (la família reial, els nobles, els eclesiàstics i els membres de la burgesia), tots eminentment extra-universitaris.

Ara bé, malgrat endevinar-se aquests dos perfils en les miscel·lànies conservades, l'*autor* real no és tan clar. No és tan sols que es pugui identificar només en pocs casos, sinó que en la seva tasca es barregen les figures del compilador, l'usuari i el comitent. En la majoria de les *miscel·lànies professionals* s'endevina un compilador original que tria les obres i en decideix l'ordre, però aquest compilador original no és necessàriament l'usuari o comitent del manuscrit conservat, sinó que pot ser un usuari o comitent precedent, atès que els manuscrits conservats són majoritàriament còpies, en la seva totalitat o bé el nucli de les obres que contenen, que després altres mans van ampliar. Així, el primer usuari d'aquests manuscrits pot haver encomanat la còpia d'una miscel·lània precedent —bé coetània, i elaborada per ell o no, bé més antiga— a la qual afegeix altres obres i anotacions que li són útils. Aquest és, per exemple, el procés que es pot comprovar a la perfecció a la miscel·lània del barber Vicenç de Colunya (Colombina 7-4-27, Taula 1). Aquests individus, per tant, són al mateix temps comitents, compiladors i usuaris.

En el cas de les *miscel·lànies domèstiques*, en canvi, la figura del compilador i la del comitent/usuari semblen més diferenciables. La miscel·lània nobiliària del manuscrit BRUB 68 n'ofereix un exemple clar: un compilador anònim, que treballa per a un noble i que, excepcionalment, fins i tot es fa present amb un sumari i una sèrie de preàmbuls a les obres. Ara bé, també es tracta d'una còpia i podria ser que compilador, comitent i usuari inicials no coincidissin amb els del manuscrit conservat i que en aquest s'hagués copiat una miscel·lània precedent que es considerava útil com un tot. Malgrat això, no seria impossible que el comitent explicités quines obres volia al seu llibre, o que en determinés l'ordre o bé una reordenació —com sembla que esdevingué al manuscrit BRUB 68—, però aquests extrems són difícils de veure. Les miscel·lànies mèdiques d'eclesiàstic, que inclouen obres no mèdiques del seu interès, semblen confirmar que la intervenció del comitent, en aquestes *miscel·lànies domèstiques*, podia arribar a ser més gran del que es podria pensar.

Com s'acaba de dir, les miscel·lànies supervivents solen ser còpies. Sobretot en el cas de les *miscel·lànies professionals*, el procés de còpia va implicar l'eliminació del rastre de la compilació, bé fusionant amb les obres tot d'addicions vàries, bé uniformitzant les anotacions del compilador/usuari/comitent, o fins i tot d'altres individus, i fent desaparèixer els canvis de ploma i de mà que encara es veuen en alguns manuscrits (sobretot en els que contenen receptaris: el de Vicenç de Colunya, ara esmentat, el de Joan Llopis o l'anònim de Ravenna). El receptari que hi ha al final de la còpia d'encàrrec que constitueix el nucli inicial del llibre de Vicenç de Colunya és un exemple d'aquest fenomen. En algun d'aquests casos —el més clar, potser, és el de Joan Llopis— el sistema de compilació prefigura els *zibaldoni* o llibres de notes oberts, que tindran un gran èxit a l'època moderna. La majoria, però, són miscel·lànies organitzades en les quals es recull un determinat conjunt d'obres teòriques i pràctiques de la tradició que el compilador/usuari/comitent valora per als seus propòsits.

Les *miscel·lànies professionals*, elaborades per metges pràctics, o per a ells, o una i altra cosa alhora, solen tenir, doncs, un nucli que és una còpia d'encàrrec, efectuada en una lletra formal i llegible —habitualment híbrida o semicursiva o bé una cursiva molt correcta—, al qual l'*autor* i, potser, altres individus del seu entorn —ajudants o aprenents— van afegir, autògrafes, més obres i sobretot anotacions acumulatives diverses, en particular receptes. Aquestes addicions coetànies sovint no són les úniques que hi ha, i se n'hi sumen altres d'usuaris més tardans que demostren que aquestes *miscel·lànies professionals*, en particular, podien arribar a tenir una utilitat prolongada, fins i tot fora del seu context geogràfic i lingüístic original. En tot cas, els usuaris d'aquestes miscel·lànies solien intervenir molt en el manuscrit, tant ampliant-lo com anotant-lo als marges, amb un tipus d'intervenció de caràcter molt tècnic. Excepcionalment, en el cas de les més simples, que contenen sobretot receptaris, poden ser autògrafes (com la de Joan Llopis). Els volums que conserven les *miscel·lànies professionals* són de formats molt estàndards que corresponen a l'anomenat *llibre comú*: octaus i també —sobretot per a casos particulars, com els metges navals i altres que havien de desplaçar-se sovint— *dotzaus de viatge*. Com és habitual en aquest format de llibre, el text hi és escrit a línia tirada. Sempre amb excepcions, però: la de Vicenç de Colunya és en foli i a dues columnes. L'ornamentació sol ser mínima o inexistent, sempre amb excepcions. En alguns casos, l'*autor* s'identifica en un títol o en un colofó com a mostra d'autovaloració i, en general, a l'anomenar-hi «llibre» el seu volum i atribuir-se'l, de la valoració del llibre en l'àmbit de l'exercici de la medicina pràctica.

Aquestes miscel·lànies contenen una guia general per a l'exercici de la medicina, molt tècnica, però molt orientada a la pràctica; aquesta orientació es veu també en els continguts teòrics que poden incloure, com ara la *Isagoge* de Johannitius. Eventualment, poden contenir altres elements que interessin el posseïdor —per exemple, poemes—, però solen ser pocs: el volum fa la funció de llibre de notes de tot tipus, però hi preval l'objectiu professional. Els textos solen ser en català, tots o bé la majoria, però no és estrany que algun, o alguns, siguin en llatí, depenent de la formació de l'*autor*, de manera que hi conviuen en paral·lel el codi lingüístic universitari i el vernacle. També pot haver-hi una certa presència d'altres llengües de l'entorn —italià, castellà—, de la mà dels descendents o hereus de l'*autor*, si aquest s'instal·là en altres territoris.

Les miscel·lànies mèdiques *professionals* en vulgar, doncs, aporten una gran quantitat d'informació per a estudiar per dins la pràctica mèdica d'aquests metges eminentment extrauniversitaris, i en particular qüestions com ara quins textos valoraven, com recollien les dades, quines els interessava retenir, en quins entorns exercien, quins altres metges coetanis valoraven o amb quins podien tenir relació, quin domini tenien de l'escriptura, etc.

Les *miscel·lànies domèstiques*, que sovint semblen elaborades per un compilador que no és el comitent/usuari, tot i que podia actuar sota les ordres d'aquest darrer, solen ser còpies d'encàrrec i estan efectuades en una lletra formal i llegible —habitualment híbrida o semicursiva o bé una cursiva molt correcta. Excepcionalment, en el cas de les més simples, que contenen principalment receptaris, poden ser autògrafes. Són més excepcionals, o d'un abast menor, la continuació posterior i els usuaris tardans, i, per tant, la utilitat prolongada. El comitent/usuari sol intervenir poc en el manuscrit, sovint gens, i quan ho fa tendeix a introduir crides d'atenció sobre algun aspecte del contingut o repeticions de rúbriques, i poques vegades hi afegeix receptes; intervencions que són d'un caràcter visiblement menys tècnic que en les miscel·lànies anteriors. Els volums que conserven aquestes *miscel·lànies domèstiques* són de formats variats: algunes corresponen al *llibre comú*, però tendeixen als in-folis propis del *llibre eclesiasticouniversitari*, el model prestigiós del qual pretenen emular, inclosa l'ornamentació i la impaginació a dues columnes. Pot ser que l'*autor* s'identifiqui en un títol o colofó (com Galceran Marquet o misser Joan) i que anomeni «llibre» la seva miscel·lània i que se l'atribueixi, indici de la valoració del llibre —i en particular del llibre mèdic— en l'àmbit domèstic.

Aquestes miscel·lànies contenen, habitualment, una guia pràctica de la prevenció i la terapèutica, que pot incloure des de tractats de cirurgia —que, pel seu contingut, feien la funció de guies completes de medicina pràctica— fins a receptaris, pronòstics, etc.; en general, obres de gran difusió i molt menys tècniques. És més freqüent que continguin altres textos no mèdics, relacionats amb l'ofici del comitent/usuari —obretes litúrgiques, estatuts, etc.— o que li interessaven especialment —com manuals d'agricultura per a la gestió d'una propietat rural. Els textos són en català, i rarament en llatí. Les excepcions s'expliquen per la formació o la posició del comitent/usuari en els àmbits no mèdics (eclesiàstics, patriciat). No solen contenir intervencions en altres llengües.

Les miscel·lànies mèdiques *domèstiques* en vulgar, doncs, aporten una gran quantitat d'informació per a estudiar per dins l'autoajuda mèdica domèstica i, en particular, qüestions com ara quines obres es valoraven, quins coneixements hi eren útils, com es recollien, etc.

En definitiva, tenir en compte aquestes miscel·lànies com un tot en els estudis i en les edicions pot aportar, com es veu, una gran quantitat d'informació sobre l'origen, la difusió i l'ús real de les obres. Aquests aspectes sovint encara són menystinguts en les edicions i, tanmateix, ignorar-los implica una comprensió imperfecta de l'obra editada —i poden tenir també implicacions en les opcions editorials. Tenir present que són un tot orgànic, i no la suma d'elements aleatoris, permet entendre millor els manuscrits, a l'hora d'estudiar-los o simplement de descriure'ls, i evitar la sorpresa davant d'aspectes de format o de contingut que s'allunyen de la pràctica habitual en altres tipus de còdexs.

Bibliografia

Alonso Almeida, Francisco, *All gathered together. On the construction of scientific and technical books in 15th century England*, International Journal of English Studies 5:2 [= *Editing Middle English in the 21st century. Old texts, new approaches*] (2005), 1–26.

Arnall i Juan, M. Josepa, *El llibre manuscrit*, Barcelona/Vic, Universitat de Barcelona/Eumo, 2002. Versió digital en forma de base de dades (UBTERM, 2021): <https://www.ub.edu/ubterm/obra/llibre-manuscrit/>.

Badia, Lola, *Textos catalans tardomedievals i «ciència de natures»*, Barcelona, Reial Acadèmia de Bones Lletres de Barcelona, 1996.

Badia, Lola/Santanach, Joan/Soler, Albert, *Els manuscrits lul·lians de primera generació als inicis de la «scripta» llibrària catalana*, in: Alberni, Anna/Badia, Lola/Cabré, Lluís (edd.), *Translatar i transferir. La transmissió dels textos i el saber (1200–1500)*, Santa Coloma de Queralt, Obrador Edèndum/Universitat Rovira i Virgili, 2010, 61–90.

Boffey, Julia/Thompson, John J., *Anthologies and miscellanies. Production and choice of texts*, in: Griffiths, Jeremy/Pearsall, Derek (edd.), *Book production and publishing in Britain (1375–1475)*, Cambridge, Cambridge University Press, 1989, 279–315.

Bover de Rosselló, Joaquim M., *Biblioteca de escritores baleares*, 2 vol., Palma, Impr. Pere Josep Gelabert, 1868 [reimpr. facs.: Barcelona/Sueca, Curial, 1976].

Cabré i Pairet, Montserrat, *Women or healers? Household practices and the categories of health care in late medieval Iberia*, Bulletin of the History of Medicine 82 (2008), 18–51.

Cabré i Pairet, Montserrat, *Trota, Tròtula i Tròtula. Autoria i autoritat femenina en la medicina medieval en català*, in: Badia, Lola, et al. (edd.), *Els manuscrits, el saber i les lletres a la Corona d'Aragó, 1250–1500*, Barcelona, Publicacions de l'Abadia de Montserrat, 2016, 77–102.

Carré, Antònia (ed.), Arnau de Vilanova, *Regiment de sanitat per al rei d'Aragó – Aforismes de la memòria*, Barcelona, Universitat de Barcelona, 2017.

Carré, Antònia/Cifuentes, Lluís, *La traducció catalana medieval del «Lilium medicine» de Bernat de Gordon. Estudi i edició del fragment conservat (llibre VII, Antidotari)*, London, Queen Mary, University of London: Medieval Hispanic Research Seminar, 2017.

Castro, Antón, *El robo de los libros de la Seo. Un increíble enigma de posguerra o la inverosímil historia de Enzo Ferrajoli*, in: *Bitácora personal de Antón Castro*, Zaragoza, Blogia, 2006 <https://tinyurl.com/yxul98k9> [darrera consulta: 14.08.2021].

Cifuentes i Comamala, Lluís, *Vernacularization as an intellectual and social bridge. The Catalan translations of Teodorico's «Chirurgia» and of Arnau de Vilanova's «Regimen sanitatis»*, Early Science and Medicine 4 (1999), 127–148.

Cifuentes i Comamala, Lluís, *La promoció intel·lectual i social dels barbers-cirurgians a la Barcelona medieval. L'obrador, la biblioteca i els béns de Joan Vicenç (fl. 1421–1464)*, Arxiu de Textos Catalans Antics 19 (2000), 429–479 (=2000a).

Cifuentes i Comamala, Lluís, *La medicina en las galeras de la Corona de Aragón a finales de la Edad Media. La caja del barbero y sus libros*, Medicina & Historia (4ª época) 4 (2000), 1–15 (=2000b).

Cifuentes i Comamala, Lluís, *Las traducciones catalanas y castellanas de la «Chirurgia magna» de Lanfranco de Milán. Un ejemplo de intercomunicación cultural y científica a finales de la Edad Media*, in: Martínez Romero, Tomàs/Recio, Roxana (edd.), *Essays on medieval translation in the Iberian Peninsula*, Castelló de la Plana/Omaha, Universitat Jaume I/Creighton University, 2001, 95–127.

Cifuentes i Comamala, Lluís, *Apèndix. La traducció catalana*, in: Arnaldus de Villanova, *Translatio libri Albuzale de medicinis simplicibus*, ed. Martínez Gázquez, José, et al., Barcelona, Universitat de Barcelona/Fundació Noguera (Arnaldi de Villanova Opera Medica Omnia, XVII), 2004, 447–541.

Cifuentes i Comamala, Lluís, *La ciència en català a l'Edat Mitjana i el Renaixement*, Barcelona/ Palma, Universitat de Barcelona/Universitat de les Illes Balears, [2]2006.

Cifuentes i Comamala, Lluís, *El manuscrit del receptari de misser Joan*, in: Mutgé Vives, Josefina/Salicrú i Lluch, Roser/Vela Aulesa, Carles (edd.), *La Corona catalanoaragonesa, l'Islam i el món mediterrani. Estudis d'història medieval en homenatge a la doctora María Teresa Ferrer i Mallol*, Barcelona, CSIC, 2013, 155–167.

Cifuentes i Comamala, Lluís, *The digital corpus of Sciència.cat. A work in progress*, in: Soriano, Lourdes, et al. (edd.), *Humanitats a la xarxa. Món medieval = Humanities on the web. The medieval world*, Bern, Peter Lang, 2014, 345–354.

Cifuentes i Comamala, Lluís, *Sciència.cat. Un corpus digital de la ciència i de la tècnica en català a l'Edat Mitjana i el Renaixement*, in: Cifuentes i Comamala, Lluís/Salicrú i Lluch, Roser (edd.), *Els catalans a la Mediterrània medieval. Noves fonts, recerques i perspectives*, Roma/Barcelona, Viella/Institut de Recerca en Cultures Medievals, 2015, 41–55.

Cifuentes i Comamala, Lluís, *El receptari mèdic baixmedieval i renaixentista. Un gènere vernacle*, in: Badia, Lola, et al. (edd.), *Els manuscrits, el saber i les lletres a la Corona d'Aragó, 1250–1500*, Barcelona, Publicacions de l'Abadia de Montserrat, 2016, 103–160.

Cifuentes i Comamala, Lluís, *La scripta librària catalana primitiva als primers textos mèdics en català*, in: Alberni, Anna, et al. (edd.), *«Qui fruit ne sap collir». Homenatge a Lola Badia*, vol. 1, Barcelona, Universitat de Barcelona/Barcino, 2021, 157–170 (=2021a).

Cifuentes i Comamala, Lluís, *Literatura i promoció social: lectura i creació literàries entre els menestrals catalans medievals*, Magnificat Cultura i Literatura Medievals 8 (2021), en premsa (=2021b).

Cornagliotti, Anna, *Il trattato delle erbe della Biblioteca Comunale di Palermo (ms. Qq A 13). Un ricettario catalano*, in: Romero, Carlos/Arqués, Rossend (edd.), *La cultura catalana tra l'Umanesimo e il Barocco. Atti del V Convegno dell'Associazione Italiana di Studi Catalani (Venezia, 24–27 marzo 1992)*, Padova, Programma, 1994, 103–119.

Corradini Bozzi, Maria Sofia, *Ricettari medico-farmaceutici medievali nella Francia meridionale*, Firenze, Accademia Toscana di Scienze e Lettere «La Colombaria»/Leo S. Olschki, 1997.

Corradini Bozzi, Maria Sofia, *Il ms. 215 della Biblioteca Classense di Ravenna. Tradizione latina e testi volgari di materia medica*, Studi Mediolatini e Volgari 48 (2002), 1–15.

Crisciani, Chiara, *Ricette e medicina. Tre zibaldoni nel Quattrocento*, Doctor Virtualis 13 (2015), 11–37.

Duran Duelt, Daniel, *Médecins, chirurgiens et barbiers catalans en Orient. Profils humaines et professionnels et savoir scientifique*, in: *Individus et médicine en Méditerranée orientale*, Paris, en procés de publicació.

Eamon, William, *Science and the secrets of nature. Books of secrets in medieval and early modern culture*, Princeton, Princeton University Press, 1994.

Escudero Mendo, M.ª Asunción, *Manuscritos de la Biblioteca de Catalunya de interés para la Farmacia y las Ciencias Médicas. En particular el «Tresor dels pobres»*, tesi doctoral, Universitat de Barcelona, 1993.

Ferragud Domingo, Carmel, *La atención médica doméstica practicada por mujeres en la Valencia bajomedieval*, Dynamis 27 (2007), 133–155.

Ferragud Domingo, Carmel, *Barbers in the process of medicalization in the Crown of Aragon during the late Middle Ages*, in: Sabaté, Flocel (ed.), *Medieval Urban Identity: Health, Economy and Regulation*, Newcastle, Cambridge Scholars, 2015, 143–165.

Gimeno Blay, Francisco M., *Entre el autor y el lector. Producir libros manuscritos en catalán (siglos XII–XV)*, Anuario de Estudios Medievales 37 (2007), 305–366.

Horden, Peregrine, *What's wrong with early medieval medicine?*, Social History of Medicine 24 (2011), 5–25.

Jones, Peter Murray, *Harley MS 2558. A fifteenth-century medical commonplace book*, in: Schleissner, Margaret R. (ed.), *Manuscript sources of medieval medicine. A book of essays*, New York, Garland, 1995, 35–54.

Lemme, Claudia, *Il ricettario del ms. 215 della Biblioteca Classense di Ravenna (ff. 93r–156v): edizione, commento linguistico e glossario*, tesi doctoral, Università degli Studi "Gabriele D'Anunzio" Chieti-Pescara, 2021.

Leong, Elaine/Rankin, Alisha (edd.), *Secrets and knowledge in medicine and science, 1500–1800*, Farnham (UK), Ashgate, 2011.

March, Josep M., *Còdexs catalans i altres llibres manuscrits d'especial interès de la Biblioteca Capitular de Saragossa*, Butlletí de la Biblioteca de Catalunya 6 (1920–1922 [=1925]), 357–365.

Martí Escayol, Maria Antònia (ed.), *De re rustica*, Vilafranca del Penedes, Andana, 2012.

McVaugh, Michael R., *Medicine before the plague. Practitionners and their patients in the Crown of Aragon (1285–1345)*, Cambridge, Cambridge University Press, 1993.

MedCat: Corpus Medicorum Catalanorum, coord. per Cifuentes, Lluís/Ferragud, Carmel (Barcelona/València, Universitat de Barcelona/Universitat de València, 2020-) <https://medcat.sciencia.cat/> [darrera consulta: 14.08.2021].

Minnis, Alastair J., *Late-medieval discussions of «compilatio» and the rôle of the «compilator»*, Beiträge zur Geschichte der deutschen Sprache und Literatur 101 (1979), 385–421.

Moliné i Brasés, Ernest, *Receptari de Micer Johan, 1466*, Boletín de la Real Academia de Buenas Letras de Barcelona 7 (anys XIII–XIV)/54–55 (1913–1914), 321–336 i 407–440.

Nichols, Stephen G./Wenzel, Siegfried (edd.), *The whole book. Cultural perspectives on the medieval miscellany*, Ann Arbor, University of Michigan Press, 1996.

Paravicini Bagliani, Agostino (ed.), *Les miscellanées scientifiques au Moyen Âge*, Firenze, SISMEL/Edizioni del Galluzzo, 2019.

Parkes, Malcolm B., *The influence of the concepts of «ordinatio» and «compilatio» on de development of the book*, in: Alexander, Jonathan J. G./Gibson, Margaret T. (edd.), *Medieval learning and literature. Essays presented to Richard William Hunt*, Oxford, Clarendon Press, 1976, 115–141.

Pensado Figueiras, Jesús, *El códice Zabálburu de medicina medieval. Edición crítica y estudio de fuentes*, tesi doctoral, Universidade da Coruña, 2013.

Petrucci, Armando, *Dal libro unitario al libro miscellaneo*, in: *Società romana e impero tardoantico*, vol. 4: Giardina, Andrea (ed.), *Tradizioni dei classici, transformazioni della cultura*, Roma/Bari, Laterza, 1986, 173–187.

Sáez Guillén, José Francisco, *Los manuscritos en catalán de la Biblioteca Colombina*, in: Cátedra García, Pedro Manuel/López-Vidriero Abello, María Luisa (dir.)/Páiz Hernández, María Isabel de (ed.), *La memoria de los libros. Estudios sobre la historia del escrito y de la lectura en Europa y América*, vol. 2, Salamanca, Instituto de Historia del Libro y la Lectura, 2004, 245–263.

Santanach i Suñol, Joan (ed.), *Llibre de totes maneres de confits*, in: *Llibre de Sent Soví. Llibre de totes maneres de potatges de menjar. Llibre de totes maneres de confits*, Grewe, Rudolf/Soberanas, Amadeu-J./Santanach, Joan (edd.), Barcelona, Barcino, 2003, 241–295.

Santanach i Suñol, Joan, *Textos mèdics, morals i culinaris en un còdex valencià excepcional. Anàlisi del ms. 216 de la Biblioteca Històrica de la Universitat de València*, Caplletra 59 (2015), 11–24.

Santanach i Suñol, Joan, *La composició de la versió catalana medieval del «Tresor de pobres» del ms. 864 de la Biblioteca de Catalunya. Anàlisi del contingut i edició de les receptes de confits*, Anuario de Estudios Medievales 47 (2017), 335–357.

Sciència.cat DB, coord. per Cifuentes, Lluís (Barcelona, Universitat de Barcelona, 2012-) <http://www.sciencia.cat/scienciacat-db> [darrera consulta: 14.08.2021].

Serrano Larráyoz, Fernando (ed.), Juan Vallés, *Regalo de la vida humana*, 2 vol., Pamplona/Wien, Gobierno de Navarra/Österreichische Nationalbibliothek, 2009.

Talbot, Charles H., *A medieval physician's vade mecum*, Journal of the History of Medicine and Allied Sciences 16 (1961), 213–233.

Vela Aulesa, Carles (ed.), *La cura de la salut més enllà dels professionals universitaris. Actors, espais, pràctiques i sabers*, Barcelona, CSIC: Institució Milà i Fontanals, 2013.

Voigts, Linda E., *What's the word? Bilingualism in late-medieval England*, Speculum 71 (1996), 813–826.

Zamuner, Ilaria, *Il ms. Barb. Lat. 311 e la trasmissione dei «regimina sanitatis» (XIII–XV sec.)*, Cultura Neolatina 64 (2004), 207–250.

Rosanna Cantavella

El *Facetus* «Moribus et vita», el *Facet* francès i el català, en el context escolar baixmedieval

Abstract: The *Facetus* is one of the oldest medieval texts on erotodidacticism, or sexual education. This chapter shows its presence amongst elementary texts for the schoolroom, such as the *auctores octo*, grammar works and artes dictandi, which seems to indicate that many of the schoolboys who read it were probably prepubescent. Attention is given to the collection character of several miscellaneous manuscripts in which the *Facetus* and its translations appear: Biblioteca Nacional de España (BNE) 4245, Biblioteca de Catalunya (BC) 309/1 (both containing a Latin *Facetus*), and Bibliothèque nationale de France (BnF) 12478 (in which all works, also school-related, appear in French translation). These manuscripts' configurations are contrasted with the apparently very different one of ms. F (in Massó's classification) from Carpentras-BnF, which instead preserves the *Facetus*' Catalan version among not scholarly but literary texts, also in Catalan. Differences between the French and Catalan translations, as well as between them and their source, are also considered in passing.

Keywords: erotodidacticism, medieval sexual education, elementary school curriculum, miscellaneous manuscripts, medieval translations

1 El *Facetus* i l'escola medieval

El *Facetus* «Moribus et vita», juntament amb el també anònim *Pamphilus*, és un dels textos erotodidàctics medievals més antics; ambdós van ser escrits al segle XII; el darrer, al voltant de 1100, el primer, cap a 1130–40 (Dronke 1979, 228–230).[1] El *Pam-*

---

[1] *Erotodidàctica* és un terme començat a emprar en el món modern per Alison G. Elliott (1977), però, en realitat, conegut ja en el món grec antic i aplicat a una tradició d'ensenyament en relacions personals i sexuals (impartit usualment per dones) de la qual s'hauria beneficiat el mateix Sòcrates. Ovidi, molt després, reprendria aquesta tradició didàctica amb la seua *Ars amandi* (cf. Gibson 2003, 13–21).

Prof.ª Dr.ª Rosanna Cantavella, Universitat de València, Departament de Filologia Catalana, Avinguda de Blasco Ibáñez, 32, E-46010 València, Rosanna.Cantavella@uv.es

https://doi.org/10.1515/9783110430622-013

philus va tenir una difusió amplíssima a l'occident medieval, amb testimonis conservats en 170 manuscrits d'arreu de l'Europa llatina (Becker 1972). El *Facetus* «Moribus et vita», si bé no va assolir aquest nivell de difusió, mostra la seua forta empremta en més de trenta testimonis conservats, i esments arreu de l'Europa occidental.

El context natural per a aquestes dues obres, des del segle XII al XVI, va ser l'escola. No hauria d'estranyar aquesta atenció a la —diguem-ne— protoeducació sexual. Per començar, la mentalitat medieval considerava que tot era ensenyable, però aquest interès s'explica sobretot per un fet fonamental: per al món antic, una bona educació començava per les bones maneres, per la cortesia. Els manuals erotodidàctics eren considerats una extensió dels d'urbanitat i no es trobaven gaire lluny dels manuals de bones maneres a taula. Aquests darrers són una constant escolar, tant a l'edat mitjana com a la moderna; i el pas gradual dels models escolars medievals als humanístics només representarà un canvi d'autors: el tema no s'abandona mai.[2] Per tant, en aquesta tradició escolar medieval, una persona educada mostraria la seua educació en la manera de relacionar-se amb els altres, tant al carrer com a la taula – i al llit.

La proximitat del *Facetus* «Moribus et vita» amb el món escolar ha estat apuntada en el passat;[3] en aquest treball en descriuré algunes mostres concretes, representatives d'aquesta associació. Aquestes mostres seran contrastades amb el cas particular de la traducció catalana d'aquesta obra. En quin punt de la seua educació era iniciat l'escolar en l'estudi d'obres erotodidàctiques? Molt aviat, com veurem.

2 Les primeres lletres

El primer contacte amb l'escola[4] comportava un aprenentatge per via oral: el nen s'hi iniciava repetint i aprenent de memòria les oracions bàsiques (*Pater noster, Ave*

---

2 Així, a Catalunya obres com els vells *Stans puer ad mensam*, *Doctrina mensae* i *Facetus* «Cum nihil utilius», aniran essent desplaçades a finals del segle XV pel *De moribus ad mensa servandis* del Verulà: Giovanni Sulpicio Verulano (testimonis a Hernando 2011, 19). Sobre manuals de bones maneres a taula, cf. també Ruiz (2014), i, sobretot, l'extens estudi de Carlos Alvar acompanyat de l'edició en castellà de bona part d'aquests textos (Alvar/Alvar Nuño 2020). Per a un estudi de conjunt de l'educació en la cortesia, cf. Nicholls (1985). És molt il·lustratiu de la vida quotidiana en una escola el poema llatí del XV *Castrianus*, pertanyent també al gènere de bones maneres (cf. Orme 2010). Un panorama de l'ensenyament en cortesia de la noblesa es pot trobar a Orme (1984, 134–141).

3 Majorment per Peter Dronke (1976, 126–127), però en podeu trobar referències també a Morlino (2009), Moisello (1993, 63), Langosch (1976), Schnell (1975), i Glier (1971). I, per a un panorama contextual, cf. de nou Cantavella (2013, 21–35).

4 Em cal especificar que ací resseguiré l'educació escolar reglada, no la privada (de la qual es té menys informació), i sols en el seu nivell més absolutament elemental. No cal dir que a la baixa

Maria, Credo), i també una selecció de salms, les primeres parts de Donatus i una sèrie de nocions, també memoritzades, configurades en forma de preguntes i respostes, a l'estil del catecisme. Aquest conjunt bàsic, al segle XV es denomina la *tabula* i en aquest període, el conjunt de preguntes i respostes sol ser l'*Es tu scolaris?*[5]

Però no podem esperar que el patró fos exactament sempre així. Malgrat l'admirable uniformitat en l'educació primària que trobem a tota l'Europa llatina, la particular aplicació de matèries i llibres varia amb el temps i la geografia. Per exemple, Carla Frova va estudiar l'aparició d'escoles seculars a Florència de l'any 1277 en avant, i de la seua documentació dedueix que les classes s'hi divideixen en sis nivells; aquests en són els quatre primers: En el primer grau, els estudiants *de carta* o *de tabula* aprenen a llegir. En el segon, continuen aquest mateix procés d'aprenentatge, i són anomenats *de quaterno* o *de septem psalmis et vesperalis* perquè llegeixen i memoritzen els salms llatins i l'ofici de vespres, però encara no comencen l'estudi de la gramàtica. Els pupils d'aquestes dues classes són denominats *pueri* o *parvi scolares* (observeu la similitud amb el terme modern *pàrvuls*). Els de tercer grau, en canvi, es coneixen com donatistes, i comencen ja l'estudi dels rudiments de gramàtica llatina amb l'*Ars minor* de Donatus, alhora que aprenen de memòria els *Disticha Catonis* i més textos gramaticals, així com l'*Ars notaria* de Rolandino de' Passeggeri (una *ars dictaminis*). En el quart grau comença l'estudi de composició llatina, i els escolars s'hi articulen en *minores, mediocres* i *maiores*; aquests darrers estudien també aritmètica i geometria (cf. Frova 1973, 102).

Com veiem, la docència escolar introductòria podia variar segons el lloc i el segle, però el pla bàsic es mantenia: primer, l'escolar escoltava i memoritzava per

---

edat mitjana existien molts altres materials educatius, interessantíssims, complementaris dels que veurem: enciclopèdies, reculls d'exemples, miralls de prínceps. . . No arribaré ací, doncs, a autors de referència com Pere Alfons, Vicent de Beauvais ni l'Egidi Romà.

5 L'escolar hi començava declarant que encara no llegia, sinó que es limitava a escoltar les nocions de la *tabula*: «Es tu scolaris?» «Sum». «Quid legis?» «Non lego sed audio». «Quid audis?» «*Tabula[m]*» (Sheffler 2008, 98–99 i n. 54). La llista de l'abecedari és dita també *tabula* o *carta* (depenent, entenc, de si era exposada a la paret o bé passada en paper o pergamí als alumnes): d'aquesta, els nens aprenien el nom i el so de les lletres llatines (Black 2013, 245). La paraula *tabula* és, d'altra banda, un terme molt general, que s'emprava per a tot allò exposat públicament d'una manera gràfica, inclosos esquemes i arbres de conceptes. Les *tabulae*, a l'època de la impremta, esdevindran de vegades obres d'art (cf. Ferguson 1988). Convé tenir present que en aquesta fase d'iniciació escolar (com, probablement, en fases posteriors), el càstig físic era freqüent. Tot i així, no tots els mestres castigaven amb igual duresa, i alguns fins i tot es guanyaven la reprovació dels seus col·legues: és interessant l'observació d'un mestre de gramàtica del XIV que, en la seua autobiografia, censura els que creuen que siga necessària la crueltat amb l'alumne, tot i que també adverteix contra la temptació de malcriar-lo (cf. Rubinstein 1988, 158).

via oral,[6] i així aprenia a llegir; després, s'iniciava en l'aprenentatge de la gramà-
tica llatina més elemental a través de les parts de l'oració i la morfologia; a con-
tinuació, llegia els denominats autors menors (als quals em referiré tot seguit),
començant pels *Disticha Catonis*, i després d'això l'escolar ja començava a estu-
diar sintaxi i a compondre els seus propis textos, incloses cartes (amb l'ajuda dels
manuals *ad hoc*, o *artes dictaminis*, cf. Witt 2005). Era en aquesta fase quan se li
feien a mans obres llatines clàssiques, o autors majors, usualment acompanyats
de comentari introductori, o *accessus*.[7] Finalment, l'escolar s'introduïa en rudi-
ments d'estilística a través de manuals de retòrica simplificats.[8]

Cal fer especial èmfasi en la importància de la gramàtica com a eix al voltant
del qual gira l'aprenentatge elemental.[9] La primera obra gramatical de contacte
solia ser, com hem dit, l'*Ars minor* o *Ars grammatica* de Donatus, obra que es man-
tindrà, més enllà de l'edat mitjana, durant l'edat moderna.[10] Després del Donatus,

---

6 Sobre el pas de l'oralitat a l'escriptura en el procés escolar, cf., per exemple, Kasper/Schreiner
(1997), Green (1994) i Doane/Pasternak (1991).

7 Virgili, Ovidi i Horaci solen ser constants. Ja hi ha molta literatura crítica sobre el tema dels
autors clàssics a l'aula; cf., per exemple, Olsen (2013 i 1999), Scaglione (1990), Friis-Jensen (1988)
i, per a una visió de conjunt, Gillespie (2005) i Rand (1929). Virgili és fonamental des de temps
antics: les seues obres bàsiques es van mantenir a les escoles tot al llarg de l'edat mitjana. Al
segle XII hi ha testimonis de la recepció de l'*Eneida* (o almenys dels seus primers sis llibres) com
a manual d'instrucció moral, amb les *Georgicae* i les *Eclogae* formava un conjunct anomenat, des
de Jean de Garlande, *rota Vergilii* (Ziolkowski 2007, 225). Virgili és també l'autor al qual primer
s'associen els *accessus* o explicacions de contingut (Olsen 2013, 132–33; Huygens 1954). Sobre les
glosses als grans *auctores*, cf. també Reynolds (2000).

8 Entre aquests destaca l'*Ars maior* de Donatus, mostra de transició de la gramàtica a la retòrica
(cf. Gillespie 2005, 34–37). Més sobre gramàtica i iniciació a la retòrica elemental a Black (2013,
245), Black (2001), Woods (2010), i Copeland (2009).

9 La gramàtica era considerada vital (cf. el seu paper a Irvine/Thomson 2005) i es condemnava
la temptació d'estudiar-la lleugerament per pressa de passar a matèries més exquisides: «Peter
of Blois [. . .] criticized one of his pupils for being among those who presume to skip letters and
particularly grammar to enter directly upon a course of dialectical studies. The rules of grammar
must be studied solicitously, as did Donatus, Servius, Priscian, Isidore, Bede, and Cassiodorus,
who recognized therein the necessary foundation of all science. Quintilian agreed: 'It is written:
knowledge resides with the ancients. He will have to undo the harm done to his new pupil by his
previous teacher and send him back to the true foundation of science'» (Scaglione 1990, 348).

10 Com indica Scaglione, Donatus és un punt de referència des de l'antiguitat, el metre gra-
matical contra el qual es mesura tot text en llatí, sense cap més excepció que la paraula divina:
«Necessary as it ever had been as a foundation of literacy, the study of the classics produced a
dilemma for the Christian, since it disclosed a puzzling divergence between the 'regular' form
of literary pagan writings and the glaring deviations apparent in the sacred texts. Should one
accept the "barbarisms" and "solecisms" of the latter or correct them in the light of Donatus'
teachings? One way of bypassing the difficulty was implied in Gregory the Great's opinion that it

i des del segle XIII, se solia donar a l'escolar una d'aquestes dues gramàtiques, o bé les dues: el *Doctrinale puerorum* d'Alexandre de Villadei, i el *Graecismus* d'Eberhardus Bethuniensis. Escrites al voltant de 1200, i en vers per facilitar-ne la memorització, són obres ubiqües als manuscrits escolars baixmedievals.[11]

En aquest panorama de materials de primer ensenyament, no podem deixar de banda el component religiós: des de la memorització d'oracions i salms en la fase introductòria fins a la lectura i aprenentatge de textos edificants (passatges d'història sagrada, alguna vida de sant) i morals (reflexions sobre vicis i virtuts, per exemple). Aquesta mena de textos sempre tenen presència en manuscrits escolars de primer ensenyament.[12]

L'altre element a tenir present, i a encaixar en els plans d'estudis citats —element que es manté amb una constància, i persistència, només comparables als *Disticha Catonis*— són les comèdies elegíaques,[13] en particular les de Terenci. La seua freqüent presència als manuscrits així ho testimonia. En quin nivell escolar es llegien aquestes comèdies? Com veurem a l'apartat 4, ho feien acompanyant els autors menors, o en la fase immediatament posterior: abans d'introduir-se als autors majors, als clàssics. Hi veurem també que, en el mateix nivell que les comèdies elegíaques, es donaven als escolars les obres erotodidàctiques (*Pamphilus*, *Facetus* «Moribus et vita», o aquella *ars dictaminis* erotodidàctica que és la *Rota Veneris*). Els seus lectors, per tant, eren impúbers, o, com a molt, preadolescents.

3 Els autors menors

Els autors menors, és a dir, les primeres obres que es fan a mans de l'escolar per tal que practique lectura i memòria més enllà de les oracions bàsiques i el psalteri, són un grup de textos que també varien amb el temps i el lloc; però els *Disticha*

---

was "unbecoming to subject the words of the celestial oracle to Donatus's rules" (preface to the *Moralia in Job*)» (Scaglione 1990, 346).

11 Cf. Bursill-Hall (1977, 6–12 i 12–14); Ziolkowski (2007, 230 i 240), i per a la presència de gramàtiques en inventaris catalans, Hernando (1998).

12 De vegades les històries de tema religiós donades als escolars són lluny del concepte habitual d'hagiografia; en l'àrea germànica, per exemple, no són rares als manuscrits escolars les vides de Pilat i de Judes (Henkel 1988, 20–21, 158).

13 Cf., per exemple, *Susenbrotus*, una popular comèdia del XVI (McQuillen 1997). Terenci segueix apareixent al segle XVI, juntament amb Cató, Donatus, Virgili i Ovidi (Scaglione 1990, 359). I la seua presència a l'escola venia de molt, molt antic: ja en el període que va de final del VIII a la primera meitat del IX, Terenci apareix en tres testimonis quantitat molt significativa, tenint present l'escassesa de manuscrits clàssics que daten d'aquella època (Olsen 1999, 233).

Catonis en són la peça primera i constant, durant molts segles. Això explica que, sovint, el recull sencer es conegués com *Liber catonianus*. Al segle XIII, aquest grup d'autors menors sol constar de sis títols, anomenats sovint *sex auctores*. Al XIV el conjunt viu una transformació, que resulta al XV en els *auctores octo*.[14]

Els *sex auctores* del XIII solen ser: els *Disticha Catonis*, l'*Ecloga Theoduli*, les faules d'Avià, les elegies de Maximià, l'*Achilleis* d'Estaci, i el *De raptu Proserpinae* de Claudià. Els *Disticha Catonis* eren una obra del segle III, a la qual s'havien anat afegint passatges amb el pas dels segles. En el seu estat baixmedieval, l'obra constava d'una primera part, el *Cato minor*, amb cinquanta-set preceptes morals en prosa (com «Prega a Déu», «Estima els teus pares», «Respecta els magistrats», etc.), seguida del *Cato maior*, en uns 306 hexàmetres apariats, que ofereix consells morals. L'*Ecloga Theoduli*, escrita al segle IX, també és anònima. Presenta el debat en vers d'un pastor pagà amb una jove jueua; ambdós contrasten les respectives tradicions culturals, entre les quals s'efectuen paral·lelismes (com Hèrcules i Deianira respecte de Samsó i Dalila). La tradició jueua hi triomfa sobre les faules dels gentils. Les *Fabulae* d'Avià (escrites en el pas del segle IV al V) presenten quaranta-dues narracions breus en vers amb personatges humans o animals. L'*Achilleis* d'Estaci (segle I) aporta al grup l'element èpic narrant en dos llibres la joventut de l'heroi grec. Claudià, coetani d'Avià, l'acompanya amb el *De raptu Proserpinae*, una obra en tres llibres, que potser no era el tema ideal per a nens a l'escola, i que va ser posat en dubte per alguns preceptistes medievals com Vicent de Beauvais (cf. Gillespie 2005, 156–157). Però l'obra més excèntrica del grup potser eren les sis elegies de Maximià (segle VI), poemes de recança en boca d'un home que lamenta la decrepitud de la seua vellesa i desitja amb luxúria cossos joves.

Pel que fa als més tardans *auctores octo*, l'evolució de gustos del XIII al XV és tan marcada, que el nou recull només mantindrà dues obres de l'antic grup dels *sex*: *Disticha Catonis*, *Ecloga Theoduli* (s. IX), *Cartula (De contemptu mundi)*, Alain de Lille (?) *Liber parabolarum*, Mathieu de Vendôme *Thobiae*, Aesopus *Fabulae*, *Floretus* (poema sobre vicis i virtuts), *Facetus* «Cum nihil utilius». Les sis obres que acompanyen el Teodul i el Cató són molt més modernes que no les del grup anterior, escrites totes al segle XII o al XIII. Als *octo* tenen més pes els temes edificants. Així, el *Floretus* és un poema profundament moral, que parla de vicis i virtuts, de la necessitat de preparar-se per a la mort, i d'altres reflexions similars. El *Cartula*, atribuït a Bernat de Morlas, és una obra conseqüentment pessimista sobre la vanitat de la vida humana i la futilitat dels béns d'aquest món. El

---

14 Per als següents paràgrafs seguisc bàsicament Orme (1973, 102–06) i Gillespie (2005, 153–160), però cf. també Avesani (1967), Boas (1914) i, per a l'àrea germànica, Henkel (1988). Observacions interessants sobre el tema a Köhn (1986, 229–231), Clogan (1982) i Wheatley (2000), entre molts d'altres.

Thobiae de Mathieu de Vendôme resulta una inclusió interessant, ja que aquest tema bíblic, desenvolupat en dístics elegíacs, usualment donava peu a reflexions sobre el matrimoni; Mathieu, però, sembla al final més interessat en temes de poètica, i particularment en formes mètriques (cf. Gillespie 2005, 159). Pel que fa a les faules d'«Esop», eren en realitat el *Romulus* en dístics elegíacs, atribuït a un tal Walterius Anglicus. El *Liber parabolarum*, també conegut com *Parvum doctrinale* (atribuït a Alain de Lille), és una llarga obra formada per més de tres-cents proverbis en versos apariats, a l'estil del Cató.

Pel que fa al *Facetus* «Cum nihil utilius», aquesta última obra (coneguda també, ocasionalment, com *Supplementum Catonis* per la freqüència amb què acompanyava, en els manuscrits, els *Disticha Catonis* (cf. Henkel 1988, 245–248), és un manual de bones maneres. Tal com s'ha avançat a la introducció, la formació en urbanitat, en la cortesia social, s'integra en el primer ensenyament per aconsellar anar net, vestir de manera honesta, tractar amb respecte els adults i els vells, i comportar-se bé a taula; això és el que presenta, amb eficàcia, aquest poema del segle XIII escrit en hexàmetres. Amb el pas del temps, en Europa alguns dels textos d'aquesta mena —igual que els d'una saviesa més especialitzada— aniran traduint-se, o redactant-se directament en vulgar (Alvar/Alvar Nuño 2020). Un exemple d'aquest pas al vulgar és una brevíssima peça del segle XIV en català editada per Barry Taylor (1997), en què els consells de bones maneres apareixen supeditats a la idea d'un comportament acordat amb regles morals.[15] La fusió de cortesia i moralitat era també freqüent en el gènere.

En el pas del XV al XVI, la sort dels *octo* comença a decaure, amb el progressiu procés d'introducció a l'aula d'obres de l'humanisme llatí, considerablement noves (cf. Coroleu 2014, 58–89), cosa que, a ulls dels més il·lustrats, fa perdre llustre al recull: Joan Lluís Vives, com altres coetanis seus, expressa poca consideració pel cànon representat pels *auctores octo* (cf. Cherchi 1986, 51–54). Tot i la poca valoració dels moderns, però, uns quants textos dels *octo* (especialment els *Disticha*) encara continuaran tenint presència a l'aula durant segles, i dominaran el primer ensenyament (i seran impresos freqüentment)[16] fins a almenys 1520, quan, exceptuat el Cató, van essent descartats i substituïts per autors pagans

---

15 Aquest text editat per Taylor em fa pensar en el *Consell de bones doctrines que una reina de França donà a una filla sua*, també breu i presentat en forma de manaments (Cantavella 2012, 81–91 i 27–31). Dubte d'una relació directa entre els dos textos, però ambdós testimonis semblen indicatius d'una tendència a presentar comportaments morals resumits en llistes fàcilment memoritzables. Pel que fa als llibres d'ensenyament de com servir i menjar a taula, cf. Alvar/Alvar Nuño 2020, i un breu panorama a Cantavella (2013, 22–23).

16 Vegeu-ne, per exemple, l'incunable de 1496 conservat a la Universitat de València: https://hdl.handle.net/10550/51709.

clàssics més estimats pels humanistes: a la revaloració de Virgili, Horaci i Ovidi s'afegirà l'èmfasi en Ciceró i en el redescobert Titus Livi (cf. Orme 1989, 29).

4 L'erotodidàctica a l'escola

Parentes, doncs, de les obres de bones maneres, i també apreses al nivell escolar elemental, són les obres erotodidàctiques. Com s'ha avançat ja a la primera part, per al món medieval representava un aspecte de la urbanitat saber com seduir una dona (particularment una donzella) d'una manera *civilitzada*: amb paraules dolces i amb gestos cortesos; per dir-ho com el *Facet* català, seduir no de manera grossera, sinó com ho fan els nobles: «Mas no u fasses con a porquer, / mas fe-u con a franc cavaller» (vv. 1169–1170, Cantavella 2013, 223). L'epítom de text eroto-didàctic és, naturalment, l'*Ars amandi* per antonomàsia: la d'Ovidi, de la qual hi ha testimonis a l'aula des de l'alta edat mitjana.[17] Però a l'ombra d'aquesta composició clàssica, se'n van generar d'altres, de les quals destaquen particularment el *Facetus* «Moribus et vita», el famós *Pamphilus*, i la *Rota Veneris* del *rhetor* Bon-compagno da Signa, que tenia al seu favor el fet de ser un híbrid genèric: escrita en prosa, participa a parts iguals de les *artes amandi* i de les *artes dictaminis*, o tècniques per a la composició d'epístoles (de *lletres*, com diu el vocabulari medi-eval), un altre dels gèneres didàctics que no podia faltar a l'escola (cf. Glier 1971).

Hi ha una antiga peça catalana en vers que testimonia l'aprenentatge ero-todidàctic acompanyant l'estudi de la gramàtica i de l'*ars dictaminis*. A aquella llarga composició catalana en vers coneguda com *Salut d'amor* (conservada al manuscrit *F*, que veurem a l'apartat 5.4 i que conserva el *Facet* català) inclou dues narracions: la dels famosos muls d'infern, que també apareix al *De amore* d'An-dreu el Capellà, i la més breu de la filla del rei N'Ariens. En aquesta, els enamorats són criats i educats junts en la infantesa: «letres apreseren e latí, / e l'art d'amor, e d'autres mans / cortés mesters» (Meyer 1891, vv. 284–286). El passatge ens diu que el nen i la nena van estudiar gramàtica («latí»), *ars dictaminis* (la tècnica de l'escriptura d'epístoles o «letres») i, acompanyant aquests ensenyaments, també van estudiar una *ars amandi*, al·ludint probablement a la d'Ovidi (l'article deter-minat fa pensar en l'antonomàsia); els altres «cortés mesters» han d'estar rela-cionats amb l'educació en bones maneres, i amb jocs socials cortesos com les demandes d'amor (cf. Cantavella 2000), també presents al mateix manuscrit *F*.

---

17 Tant l'*Ars* com els *Remedia amoris* eren vistos com a poemes didàctics (cf., per exemple, Hexter 1986, Ziolkowski 2007, 226–227, i Smolak 1995), i això es reflecteix, entre altres coses, en els abundants *accessus* o comentaris a la seua obra (Huygens 1954).

En l'apartat anterior indicava que la peça més excèntrica dels *sex aucto-res* eren les elegies de Maximià. No estranyarà, doncs, descobrir que aquesta obra va ser substituïda sovint, en el recull dels autors menors, pels *Remedia amoris* d'Ovidi, pel *Geta* (mostrant la connexió de l'ensenyament dels autors menors amb el de les comèdies elegíaques) o pel *Pamphilus* (cf. Gillespie 2005, 153–154; Avesani 1967). La permeabilitat, doncs, de l'erotodidàctica i les comè-dies elegíaques amb les obres dels autors menors indica, com avançava a l'apar-tat 2, que aquelles s'aprenien al mateix temps o poc després que aquests (i, per tant, que els que les aprenien eren encara nens) i això feia que, ocasionalment, el *Pamphilus* i el *Facetus* «Moribus et vita» figurassen al costat d'Ovidi com a *auctores*.[18]

A continuació illustraré la inclusió del *Facetus* «Moribus et vita» entre altres obres escolars a través d'una selecció de manuscrits miscellanis baixmedievals.

5 Mostres en manuscrits

5.1 BNE 4245

Comencem amb un manuscrit miscellani baixmedieval factici. El catàleg de la BNE en dóna el sumari següent:

[Opera literaria, philosophica et sacra]:

1. P. TERENTIUS: *Andria* (ff. 4–37v).
2. BOETIUS: *De consolatione philosophiae libri duo* (ff. 38–77v).
3. S. BERNARDUS: *Epistola de regimine familiae* (ff. 78–83v).
4. *Septem psalmi* (ff. 89–92).
5. *Novus Aesopus* (ff. 93–121v).
6. EBERHARDUS DE BETHUNIAE: *Graecismus* (ff. 123–200).
7. *Liber Floreti de sacra doctrina* (ff. 201–234v).
8. *Epistola Lentuli ad Octavianum de Iesucristo* (f. 235r–v).
9. *Altercatio corporis et animae* (ff. 236–243v).
10. *Lectiones defunctorum* (ff. 244–247v).
11. *Facetus* [«Moribus et vita»] (ff. 248r–263r).
12. *Panfilus de amore* (ff. 263v–284v).
13. *Altera doctrina mensae* (ff. 285–287v).
    s. XV (1491).

---

18 Cf., per exemple, el sonet de Niccolò de' Rossi «Pamphilo, Ovidio, e'l corteso Facetto» (Brugnolo 1974, 214 núm. 383).

A la succinta descripció del catàleg afegiré sols observacions superficials, ja que vaig consultar el còdex molt breument; la peça mereixeria una atenció molt més detallada. Les obres del manuscrit són totes en llatí, però amb glosses marginals en castellà. Va ser copiat el manuscrit a Castella? Probablement; tot i així, la gòtica llibrària baixmedieval predominant en el recull resulta familiar al lector de la Corona d'Aragó.

Per desgràcia, el guillotinat del còdex per a l'enquadernació moderna va fer desaparèixer la foliació primitiva; dues foliacions modernes en aràbigues en són l'alternativa: una més antiga amb tinta, i una més recent amb llapis. El còdex va perdre folis en el període entre l'una i l'altra. El catàleg no inventaria el cent per cent dels textos que s'hi conserven; cal afegir-hi algunes oracions breus, per exemple, i tenir en compte que, rere la peça 13, *Altera doctrina mensae*, hi figura la *Doctrina mensae* (editada per Ruiz 2014).

El còdex 4245 sembla factici: no només presenta diferències en el paper dels quaderns, sinó en la cal·ligrafia, color i qualitat de les tintes emprades, així com de les filigranes. Òbviament, el guillotinat que va fer desaparèixer la foliació coetània, també fa més difícil la reconstrucció dels materials primitius. Els quaderns del *Graecismus*, copiat per diverses mans, són els que representen diferències més notables.

Com hem vist, el catàleg de la BNE datava aquest còdex el 1491, però en realitat aquesta data es refereix al moment en què els diferents materials haurien estat recollits en una unitat, potser per la persona que n'efectuà l'índex, un tal fra Lupo, «baccalario in sacra theologia». La realitat és que una part considerable dels materials recopilats ací (o potser tots) van ser copiats molt abans. Considere molt improbable, per exemple, que almenys els quaderns que conserven el *Facetus* i el *Pamphilus* puguen ser posteriors a mitjan segle XV; ben al contrari, no em sembla impossible la datació de Ruiz, que situa el manuscrit en la segona meitat del XIV (Ruiz 2014, 6).

El manuscrit 4245 ha estat objecte d'interès per part de John Dagenais, que considera notable que la gran majoria dels materials escolars que s'hi recullen haguessen estat emprats per Juan Ruiz per al seu *Libro de buen amor*, cosa que el fa especular sobre el fet de si fra Lupo no els hauria reunits, precisament, per aquesta mateixa raó: perquè havien estat emprats per l'Arcipreste (cf. Dagenais 1994, 207–208, i resum en Deyermond 2006–2007, 133). Les obres, però, remeten a un estàndard tan directament escolar que, sense descartar la hipòtesi de Dagenais, no caldria aquesta remissió al *Libro* per justificar-ne la reunió.

Com veiem, aquest manuscrit conté diverses obres dels autors menors (cosa de per si ja indicativa del propòsit del recull com a eina d'escolarització bàsica): l'Esop (5), el *Floretus* (7) i les dues obres finals de maneres a taula (13 i la següent, no registrada al catàleg); fins i tot el *Facetus* «Moribus et vita», per l'associació amb els autors menors que hem vist a l'apartat 4. Que l'obra gramatical siga l'obligatori *Graecismus* apunta al mateix. El vessant escolar de formació religiosa bàsica ve representat pels salms (4), la lliçó d'ofici de difunts (10), les oracions disperses, la disputa entre el cos i l'ànima (9, que alhora proporcionava un exemple de pràctica dialèctica), la reportació de la mort de Jesús continguda a l'epístola de Lèntul (un altre text d'història sagrada molt difós, del qual hi ha una traducció catalana tardana, cf. López 1998, i base de dades TRANSLAT). Dues obres més, ubiqües, de formació moral hi són presents: la *Consolació* de Boeci (2) i l'epístola sobre el regiment de la casa del Pseudo-Bernat (3; se'n van arribar a fer almenys quatre traduccions medievals al català, cf. TRANSLAT). En aquest context, l'*Andria* de Terenci presenta el natural contrapunt, igualment escolar, sumada a les dues *artes amandi*: el *Pamphilus* i el nostre *Facetus*.

5.2 BC 309/1

Aquest manuscrit de finals del segle XIV no és el primer manuscrit català que copia el *Facetus* «Moribus et vita». El més antic n'és el manuscrit del *Facetus* documentat per Alturo (1996), del pas del XII al XIII, i un dels més antics que conserven l'original llatí; però el descrit per Alturo no resulta útil als nostres propòsits ací, ja que es tracta d'un quadern independent, que no registra cap més obra que aquesta i que, per tant, no ens permetria veure'n el context. El manuscrit BC 309/1 és, en canvi, tardomedieval, com els altres tres objectes d'interès en el present estudi. Representa, d'altra banda, un tipus de còdex escolar diferent de BNE 4245, ja que és una mena de llibre de pràctiques i d'exercicis.

El BC 309/1 s'inclou al ms. 309, que és un manuscrit totalment factici, amb alguns fulls desordenats en el seu relligat actual. Ha estat descrit per Karl-Werner Gümpel (1990) i per Anna Gudayol, el treball de la qual està encara en elaboració; li agraesc d'haver-me permès consultar-lo per confirmar i completar les meues breus notes. El BC 309, m'apunta Gudayol, va ser comprat al llibreter antiquari Salvador Babra. Per produir-lo, Babra hauria relligat almenys dos còdexs preexistents, als quals hauria afegit quaderns i fulls solts, tots baixmedievals, però de diferents èpoques, en aquest producte miscel·lani, que va ingressar a la BC en 1914, en un dels amplis lots comprats a Babra.

Com hem dit, la unitat que ens interessa és el primer còdex preexistent, el 309/1, que ha estat datat en el pas del segle XIV al XV (la segona unitat del recull, 309/2, potser seria del mateix període, i la resta de materials relligats inclourien textos posteriors, fins al pas del XV al XVI). Doncs bé, aquest primer manuscrit unitari 309/1 inclou el *Facetus* erotodidàctic. A diferència del BNE 4245, el BC 309/1 no és monolingüe: recull, intercalada entre una majoria d'obres llatines, alguna peça en català, així com passatges bilingües. El fet que continga obres tant en llatí com en català i occità, i, en algun cas, bilingües (com el glossari d'adverbis o els mateixos *Disticha Catonis*) ajuda també a entendre el procés d'estudi de l'escolar baixmedieval, que ha de partir necessàriament de la seua pròpia llengua per apropar-se a la llengua general de cultura.

Aquesta n'és la composició, a partir de Gudayol:[19]

1. Iupiter monoculus *Summa Iovis* [*ars dictaminis*]: f. 117r–v (xxix).[20] Fragmentari (38 versos), inc.: «. . .Defectum patere vocem plenamque sedere. . . / Quatuor et centus sunt in dictamine versus».

2. *De rythmico dictamine*: ff. 1r–2r (xxxʳ–xxxiʳ), inc.: «Ad habendam ritimici dictaminis noticiam primo est videndum quid sit ritimus. . .».

3. *Quid est figura* [definició de diversos termes gramaticals i retòrics]: ff. 2v–6r (xxxiʳ–xxxvʳ): «*Quid est ffigura*. Figura est alicuius proprietatis obervande obmissio. . .». Definició, explicació o etimologia de diferents termes gramaticals.

4. Aforismes i sentències en català: ff. 6v–7r (xxxvᵛ–xxxviʳ); f. 6v: Aforismes, inc.: «Tres letres say que fan hom mal traser. . .»; f. 6v: «*Hec dixit monacus de Fuxano*», inc.: «Subra fusa ab cabirel, porch ab unyo novel. . .»; f. 6v: «*Responsio sibi facta*», inc.: «Truge velle morta. . .»; f. 7r, incipit del text copiat en els ff. següents: «Gratioso et felici militi Raimundo. . .», cancel·lat; f. 7r: Tres versos sobre la mort en català: «Jo vi sens uls murir .i. mort / . . .» (f. 7v en blanc).

5. Pseudo-Bernat *Epistola de modo et cura rei familiaris*: ff. 8r–13v (xxxviiʳ–xliiᵛ), inc.: «Gratioso et ffalici militi Raimundo domino castri Santi Ambrosii Bernardus in senium deductus salutem. Doceri petisti a nobis de cura et modo rei ffamiliaris utilius gubernande qualiter patres ffamilias debeant se habere».

6. Sentències en llatí: f. 14r (xliiiʳ): «*Hec Bernardus*», inc.: «Miror de clericis cuius ordinis sint, nam in apparatu vestrum. . .»; «Ama sciencia scripturarum. . .»; «Memento inquid homo qui a in morte. . .»; «*Gregorius*», inc: «Vasa figuli probat fornax, et homines justos temptacio tribulacionis. . .» (14v, 15 en blanc).

7. Aforismes en llatí i altres: f. 16 (xliiii, olim f. 118),[21] inc. f. 16r: «Si vis proficere septem debes retinere. . .»; f. 16v: «*Hec valent Nanque*», inc.: «Chris-

---

19 Hi incloem les dues foliacions: la medieval, en xifres romanes, i la moderna, en aràbigues, feta després del relligat amb alguns fulls desordenats; d'ací la manca de correspondència entre les foliacions. Sobre aquest manuscrit, vegeu ara també la informativa fitxa de BITECA, manid 1579 (https://go.uv.es/t37xRrU).
20 Full relligat erròniament rere l'ítem 30.
21 Full relligat erròniament rere els ítems 30 i 1.

tus rex venit in pace. . .»; f. 16v: «*Quid est luxuria*. Luxuria est sitis arida, corruptio. . .»; cf.: f. 55r; f. 16v: Mètode per trobar objectes perduts, consells en català «Si auràs perduda alguna cosa. . .»; f. 16v: «Cuius maladictione os plenum est. . .» (Ps. 10, 7).

8. Explicació de diverses figures retòriques en llatí: ff. 17r–19v (xlv^r–xlvii^v); al f. 18v: «Subsequentes figure sunt in *Grecismo* et non in *Doctrinale*» [sembla continuar l'obra dels ff. 2–6r], inc: «Antitatio est subsequentium ad precedenciam, reduccio. . .».

9. Fragment d'una *Ars rhetorica* en llatí: ff. 20r–21r (xlviii^r–xlix^v), inc.: «Quibus exponens debito modo collatis aperitur. . .», explicit: «Et hiis satis patet de punctis et doctrina eorum» [el *de punctis* pot remetre a nocions de cant]; al f. 20r hi ha una referència a Tomàs de Capua i els «doctores bononienses» (f. 21v en blanc).

10. *Disticha Catonis* versió bilingüe català-llatí [falta bona part del text llatí]: ff. 22r–34r (l^r–lxiii^r). *Disticha Catonis*, en català, introducció en llatí; espais en blanc entre les màximes per incloure la versió llatina, inc.: «Cum animadverterem quod plurimos homines errare graviter. . . Com jo·m ppensas en mon cor que molts homens erraren en lacarrera de bones costumes. . .» (ff. 35–36 en blanc).

11. Proverbis en català: ff. 37r–39r / 35–37 (lxvi–lxviii), inc.: «Benestruc ne malestruc no cal matí levar. . .».

12. Frare Tusson *Vida de sant Alexi*: ff. 39v–43v / 37v–41v (lxviii–lxxii). En noves rimades occitanes, incomplet, inc.: «En nom de Déu noste Senyor Ihesucrist salvador. . .». Al f. 41v: «Perque he vul que mon nom sapiats / Frayre Tusson son apelats».

13. «Primum crede Deum nec iures vana per Eum» [tetràstrof sobre els manaments, en llatí]: f. 44r (lxxvi^r) (ff. 44v–46v en blanc).

14. Aforismes i sentències, en llatí, amb predomini dels advertiments contra les dones: f. 47 (lxxix); f. 47r: Consells sobre les dones, en llatí, inc.: «Non zeles mulierem. . .»; f. 47v: Llistes de qualitats característiques dels pobles; f. 47v: Llista de causes de la perdició del món, inc.: «*Hec sunt duodecim verba per quem perit mundus*», inc.: «Sapien – sine operibus bonis. . .».

15. «Inveni amariore forte muliere» (Eccl. 7.27): f. 48r (lxxx^r).

16. *De coniuge non ducenda*. [*Gawain on Marriage*]: ff. 49–51 (lxxx^r–lxxxiii^v). Poema misogin, incomplet, inc.: «Sit tibi laus, gloria et benedictio / . . . ad mala undique semper sic ducit».

17. Fragment d'un *Planctus* de les filles de Jerusalem, en llatí [*Tractatus beati Bernardi de planctu beate Marie*; també dita *Lamentatio beati Bernardi de passione Domini* a BC ms. 271]: f. 52 (lxxxviii). Incomplet, inc.: «Quis dabitur capiti meo aquam et occulis meis imbere/imbrem lacrimarum. . .» (Ier. 9, 1).

18. Sentència en català, cancel·lada: f. 53 (xc), inc: «Entra lussa. . .».
19. Glossari d'adverbis llatí-català: ff. 53v–54r (xcᵛ–xciʳ), inc: «*Audaciter* - ardida-
    ment / . . .».
20. Llistes de definicions en llatí: f. 55r (xciiʳ): «*Ista sunt guaudia paradisi*», inc.:
    «Vita sine morte. . .»; «*Ista sunt turmenta inferni*», inc.: «Ignis instabilis»; «*De
    meratrice*», inc.: «Turpiter lucratur»; «*Quid est luxuria*», inc.: «Luxuria est
    sitis arida» (ff. 55–57 en blanc).
21. Pierre d'Ailly, *Ratio quare beata virgo Maria dicitur advocata nostra*: ff. 58r–73v
    (xciiiʳ–cviiiᵛ). Debat, inc.: «Hostis carissimi: ut cum dei filio perambularet per
    terram, demones. . .», f. cviiiᵛ: «Explicit lis que vertebatur inter humanum
    genus et diabolum de qua era advocata nostra beata virgo Maria».
22. Aforismes en llatí advertint contra les dones: ff. 75r–78r (cxʳ–cxiiiʳ), inc.:
    «Adam Samsonem Petrum David Salamonem / femina descepit quis modo
    rutus erit? / . . .».
23. Poema sobre la degradació dels costums, en català: f. 79r (cxiiiiʳ), inc: «Pus
    que·s perdet en mercaders la fes. . .».
24. Poema en honor de Pere Planella, en llatí: f. 82 (cxv), inc.: «Valens presul de
    Planella. . .».
25. Aforismes en llatí: f. 83r (cxviiʳ), inc.: «Quod poteris odie non dicas cras faci-
    emus. . .».
26. Recepta contra els cucs en infants, en català i llatí: f. 83v (cxviiᵛ): «Oracio
    molt bona e prouada a infant qui aga cuycs fer los axir e conuertir en ayga»
    (Tornada a copiar amb lletra del s. XVI).
27. Còpia d'una carta en llatí: f. 84v (cxixᵛ), inc.: «Dilectissimo amico suo pre-
    cunctis etc. Johanni. . .».
28. *Facetus* «Moribus et vita», molt incomplet: f. 86r–v (cxxiiʳ⁻ᵛ), inc.: «[M]oribus
    et vita quisquis vult esse facetus. . .».
29. Petrus de Vineis, *Bella miscent pariter et seductiones*, ff. 87r–95v (cxxviiiʳ–
    [cxxxviᵛ]). Acèfal, inc.: «Partes mundi quatuor nunc guerra lacessit. . .»;
    f. cxxxviᵛ «Expliciunt Ritimi magistri Petri de Vineyis magni retorici».

El caràcter d'aquest grup d'obres és molt evidentment escolar. Hi trobem:
– Fragments d'obres, i exercicis, de gramàtica, *ars dictaminis* i retòrica: el glos-
  sari bilingüe d'adverbis en 19, per exemple; rudiments de retòrica (3, 8 i 9; en
  2 s'inclouen també conceptes de rima llatina) i presència d'*ars dictaminis*: el
  que més necessita un laic que no haja de fer carrera en l'estudi, sinó saber
  redactar per als afers de la vida quotidiana (1, 27).
– Autors menors: els indispensables *Disticha Catonis* (10, a mitjan escriure), i el
  nostre *Facetus* (28), que apareix una vegada més en comptes de l'altre, el «Cum
  nihil utilius». Era aquesta substitució habitual a la Catalunya de finals del XIV?

- Obres de temàtica religiosa: una de relacionada amb la Passió, en forma de plany (17), uns manaments (13) i una fragmentària *Vida de sant Alexi*, en vers occità (12, cf. Cingolani 1990). L'elecció hagiogràfica apunta a ben antic: la vida llatina d'aquest sant va ser composta el segle XI (cf. Henkel 1988, 21 i 61). El debat de 21, en què Maria apareix com a intercessora de la humanitat, proporciona alhora elements de cultura religiosa i de dialèctica. Una part significativa dels molts proverbis que inclou aquest manuscrit tenen també tema religiós (per exemple 20).
- Obres de formació moral i social: l'epístola del Pseudo-Bernat reapareix en aquest manuscrit (5); el *Facetus* «Moribus et vita» també s'associa a normes d'urbanitat i de bones maneres socials (28).
- Proverbis i sentències. És molt notable el gran espai que s'hi dedica, en aquest manuscrit (4, 6, 7, 11, 25, per exemple), cosa que remet, així mateix, a l'educació elemental (cf. Gillespie 2005, 154); no és rar trobar aquests materials agrupats en florilegis. Els llibres sapiencials de la Bíblia (Proverbis, Eclesiàstic i Eclesiastès) eren també model proverbial per a l'ús educatiu.
- Textos misògins, de denigració del sexe femení. Tant en forma de sentències (14, 15, 20, 22), com en forma de tractat (16), hi trobem múltiples advertiments prevenint de la presumpta maldat femenina; aparentment, s'ensenyava el nen a desconfiar de les dones, i fins i tot, a veure el matrimoni amb recel (cf. Cantavella 1992).

Aquest últim grup de textos també remet al món escolar, com ho mostra la presència freqüent d'aquesta mena de materials en manuscrits educatius europeus. A l'àrea germànica, per exemple, al ms. München, Bayerische Staatsbibliothek (BSB), Clm 4409, al costat d'obres elementals com *De disciplina scolarium*, *Cartula* o *Contemptus mundi*, el *Physiologus Theobaldi* i els dos *Facetus*, hi apareixen uns *Probra mulierum* (cf. Henkel 1988, 158). I també a l'àrea francesa trobem aquesta mena de versos antifemenins en contextos escolars similars; per exemple, al primer volum del manuscrit factici BnF 3718, en què un parell de peces molt breus sobre maldats femenines (XI i XII) acompanyen fragments de salms, una brevíssima vida de la Magdalena, extractes de bestiaris, una *Summa penitentie versificata*, una breu exposició dels set sagraments, un debat entre l'ull i el cor, una curiosa disputa per l'herència familiar entre Maria Magdalena i Llàtzer després de ressuscitat; exemples de poemes per a la versificació en llatí, i una obra higiènica, versió fragmentària de l'antigament anomenada *Scola salernitana*. La higiene, per cert, és un altre dels vessants dels llibres d'urbanitat: una persona educada procurarà, amb netedat i bons costums, mantenir a ratlla tant la mala educació com la malaltia. Tot el manuscrit és en versos llatins (cf. Faral 1920).

Tornant al manuscrit BC 309, cal dir que presenta un factor afegit d'interés per a l'estudi del món medieval escolar: és un manuscrit personal. Vull dir amb això que no es concep com un recull de manuals; tampoc no és un típic quadern d'exercicis (cf. Orme 1995 i Kraus 2013), sinó més aviat un còdex creat per a la pràctica de l'estudi a través de la còpia de passatges de manuals i d'altres textos escolars: la gran majoria d'obres incloses són transcrites sols fragmentàriament, com en exercici. Si el que apareix ací són deures de còpia, això explica que alguns s'hagen deixat a mitges, com la versió original llatina dels *Disticha Catonis*, o el nostre *Facetus*. Aquest manuscrit sembla, doncs, un llibre de còpia d'estudiant; i d'un estudiant no gaire bo, si hem de jutjar per la gran quantitat d'errades de gramàtica llatina que hi apareixen, i que obliguen Karl-Werner Gümpel, descriptor del manuscrit, a indicar-los sovint amb perplexos *sic!*; per exemple a l'íncipit de l'ítem 18: «Quis dabitur (*sic!*) capiti meo aquam. . . domina dilecta mater eidem (*sic!*) christi est ueuerum (*sic!*) quod dico. . .» (Gümpel 1990, 135).

El manuscrit BC 309/1, en conclusió, presenta el nostre *Facetus* acompanyant textos gramaticals i educatius associats a l'ensenyament elemental, testimoniant que també a la Catalunya del pas del XIV al XV es feia una utilització escolar d'aquesta *ars amandi*. Com ja avançava, el fenomen és general, europeu. Hom pot detectar també aquesta presència del nostre *Facetus* en manuscrits de l'àrea germànica: Nikolaus Henkel en recull algunes mostres en el seu exhaustiu treball sobre llibres escolars medievals en llatí, com el Darmstadt, Universitäts- und Landesbibliothek (ULB), Hs 2780 (cf. Henkel 1988, 20–21), o el ja esmentat München, BSB, Clm 4409 (cf. Henkel 1988, 157–158).

Del *Facetus* «Moribus et vita» sols es conserven una traducció francesa i una de catalana, ambdues en manuscrits únics que estudiarem a continuació. Arribats en aquest punt, ens convé preguntar-nos si les versions al vulgar del *Facetus* es presenten en companyia similar o en contextos diferents.

5.3 BnF 12478

La traducció francesa del nostre *Facetus* es troba en exemplar únic al manuscrit misceŀlani BnF 12478, que recull les següents obres (entre parèntesis, les seues edicions):
1. Ovidi *Remedia amoris*: «Tu, qui ordonnez ton corage. . .» (Hunt 2008).
2. Ovidi *Ars amandi*, traducció de Jakes d'Amiens: «Chieulx qui ne seet les maulx d'amours. . .» (Finoli 1969).
3. Pseudo-Richard de Fournival *Poissance d'amours*: «Qui vérité et raison voelt sçavoir. . .» (Speroni 1975).

4. *Ecloga Theoduli*, dita *Thiaudelet*: «Chest grand pourfit quant on recorde. . .» (Hunt 2007, 20–24).

5. Alain de Lille *Liber parabolarum*: «Tout homme desire sçavoir. . .» (Hunt 2007 i 2005).

6. *Facetus ‹Cum nihil utilius›*: «Dieulx [Mieulx] vault assembler .I. tresor. . .» (Morawski 1923).

7. Facetus «Moribus et vita»: «Chieulx qui voelt faitis devenir, Vie honneste et meurs maintenir. . .» (Morawski 1923).

Les set obres es recullen en versió francesa. Totes, excepte la *Poissance*, són traduccions del llatí.[22] Les tres darreres obres apareixen signades pel mateix traductor, que es diu Thomas: Thomas Maillet segons la interpretació de Joseph Morawski, qui en data les traduccions en el darrer quart del segle XIV, i la còpia del manuscrit, en la primera meitat del segle XV (Morawski, 1923, xxxiii–xxxvi).

Com veiem, aquest còdex també sembla escolar o paraescolar: de les set obres que inclou, n'hi ha quatre d'associades directament als *auctores octo*: el *Thiaudelet*, el *Liber parabolarum* d'Alain de Lille, el *Facetus* «Cum nihil utilius», i els *Remedia amoris*, que, com hem observat a l'apartat 4, substituïa sovint Maximià al *Liber catonianus* (cf. Heyworth/O'Sullivan/Coulson 2013, 100–101). A aquestes quatre obres, podem afegir-hi també el *Facetus* «Moribus et vita», per la freqüència amb què apareix lligat a aquests reculls (com hem vist als apartats 4, 5.1 i 5.2), i perquè ocasionalment hi podia substituir el «Cum nihil utilius» (la identitat de títols, sense dubte, en seria un factor). Els altres dos textos tenen també sabor escolar: l'*Ars amandi* té presència a l'escola des del segle XII, juntament amb les altres obres d'Ovidi (cf. l'apartat 4, i notes 6 i 16), i el didactisme de l'anònima *Poissance d'amours* és evident en el seu format, ja que es presenta com un diàleg entre un mestre i el seu deixeble.

Un fet ben significatiu d'aquest manuscrit miscel·lani és, també, que la majoria d'obres (quatre de set) tenen referent erotodidàctic: l'*Ars amandi*, els *Remedia*, la *Poissance* i l'últim *Facetus*. Tot i així, la idea del compilador del manuscrit és limitada en aquest aspecte: la traducció francesa del nostre *Facetus* esporga la seqüència culminant de l'obra, en què s'ensenya com desflorar físicament una donzella (vv. 265–320 de l'original), part que queda substituïda pels quartets 135–137, de to, al contrari, moralitzant:

---

[22] Sobre les traduccions al francès dels textos escolars propers als *auctores octo*, cf. Hanna et al. (2005, 369–371).

Mais en ta poursieute et ta cure
vilonnie ja ne procure,
garde honneur, mesure et raison
et d'amour ne fais trayson.

De nom d'amant n'est mie digne
qui de loyauté [ne] moustre signe
et faulsement de corps et d'ame
pretend a vilonner sa dame.

Se tu as amé follement,
tenu femme publiquement
et mené vie dissolute,
deporte t'en, c'est cose pute.
(vv. 537–548, Morawski 1923, 89)

Aquest recull francès té, doncs, una selecció molt en sintonia amb les misceŀlànies educatives llatines on trobem el Facetus «Moribus et vita».

5.4 Carpentràs, Bibliothèque Inguimbertine 381/BnF Esp 487

La companyia en què apareix el testimoni de la versió catalana, únic com el de la francesa, és ben diferent de tot el que hem vist fins ara: tant dels reculls llatins com del francès. El *Facet* català sí que coincideix amb el *Facet* francès en el fet de figurar en un misceŀlani monolingüe en vulgar.

Recordem que el manuscrit Carpentràs Inguimbertine 381/BnF Esp 487 (manuscrit *F* en la catalogació de Massó i Torrents) es conserva en dues parts: una a la biblioteca Inguimbertine de Carpentràs, i una altra a la BnF (BITECA manids 1089 i 1160). Tot i així, li manquen els primers noranta-nou fulls, és a dir, quasi la meitat dels quaderns (l'últim full en la foliació moderna és el f. 113) dels quals ignorem completament què contenien.

Considere que aquest manuscrit va ser copiat en el pas del XIV al XV, essent *terminus a quo*, i potser any de còpia, el que figura al final de les *Cobles* de Turmeda: 1398. M'he ocupat de la descripció d'aquest còdex i he reconstruït l'ordre dels fulls de *Fa* (BnF) dins *Fb* (Carpentràs) a la meua edició del *Facet*, atenent a factors com el color de la tinta (amb una gradació molt variada) i les filigranes, canviants segons les parts del manuscrit (cf. Cantavella 2013, 55–64). Ací sols en llistaré les obres en ordre, indicant entre claudàtors les peces dels quaderns de BnF:

1. *Faula.*
2. *Conte d'amor.*
3. [*Fraire-de-Joy e Sor-de-Plaser*].
4. *Planys del cavaller Mataró.*

5. *Demandes d'amors.*
6. [*Salut d'amor*].
7. [*Lausor de la Divinitat*].
8. [*L'arnès del cavaller*].
9. [*Història de Frondino e Brisona*].
10. [Cobles de l'any].
11. *Llibre dels set savis de Roma.*
12. *Llibre de tres.*
13. *Llibre dels mariners.*
14. *Disputació d'en Buc ab son cavall.*
15. *Facet.*
16. *Cobles al cos de Jesucrist.*
17. *Llibre de bons amonestaments.*
18. *Cobles de la divisió del regne de Mallorques.*

Tenint present sempre que desconeixem què hi havia als primers noranta-nou fulls, si els suposem un tipus de contingut similar (que és suposar molt), fa la clara impressió que no són obres directament escolars, ni en original ni traduïdes, i que aquest còdex representa una altra mena de producte. A diferència de la versió francesa del *Facetus*, que, traduïda encara, segueix apareixent en un context inequívocament escolar, el *Facet* català figura ací, aparentment, entre obres de pur entreteniment. Ara bé: a aquest còdex, tot i que no escolar, se li podia aplicar una funció educativa; per exemple, en aptituds socials.

Com ja vaig explicar a la meua edició, amb el que es conserva del ms. *F*, un jove podia assimilar advertiments elementals sobre la malícia humana, les normes d'urbanitat i ètiques (11, 12, 15, 17); aprendre a seduir una donzella (15); rudiments de cavalleria literària (1, 8), i històries d'amor, ja fossen més o menys idealitzants (2, 3, 6, 9), ja còmiques (4, 14, en certa manera 15). Finalment, i igual que les històries d'amor esmentades, la coneixença d'obres com 1, 5, 8 i 18 podia permetre al jove de mantenir polides converses en ambients almenys mitjanament educats. El ms. *F*, doncs, *delectat et prodest*, entreté i fa profit.

Tot i això, convé remarcar, complementàriament, alguns detalls que sí que emparenten part del contingut d'aquest manuscrit amb ensenyaments bàsics escolars: a més del nostre *Facet* (15), hi trobem obres d'edificació religiosa (la *Lausor*, 7, i les cobles al cos de Jesús, 16); informació elemental útil (cobles de l'any, 10), narracions exemplars que il·lustren sobre la presumpta maldat de les dones (*Set savis*, 11), ensenyaments proverbials (*Llibre de tres*, 12), i, finalment, una presència molt significativa: el *Llibre de bons amonestaments* de Turmeda (17), que, a l'edat moderna, esdevindrà el manual bàsic d'instrucció per antonomàsia dels nens catalans. És difícil imaginar una obra més escolar que aquesta.

6 Algunes conclusions

Aquesta ha estat una primera aproximació a l'estudi del *Facetus* «Moribus et vita» en el context dels manuscrits miscel·lanis de propòsit escolar. Hi hauria moltíssim més a fer, en aquesta línia: ens convé saber més de com s'estudiaven les primeres lletres, especialment del segle XII en avant. Pel que fa als aspectes vistos ací, el que podem concloure és el següent:

Els manuscrits BC 309/1 i *F* són ambdós catalans, i tots dos del mateix període: el del pas del XIV al XV. La contextualització del *Facetus* és diferent en l'un i l'altre: en el recull predominantment llatí, la companyia en què apareix el *Facetus* el marca com a obra de destinació escolar; en el recull en romanç, el *Facet* es recontextualitza en una companyia més variada, entre faules, narracions, i obres que fluctuen entre la formació educativa escolar i la formació per a un entorn social d'un cert nivell.

Si mirem, per finalitzar, els manuscrits visitats en conjunt, veurem que a la Corona d'Aragó el *Facetus* que s'estudiava a l'escola era, bàsicament, el *Facetus* llatí, i en això el ms. BC 309/1 es conforma a la regla general de l'Europa llatina, com ho fa també el ms. BNE 4245. Més original resulta, en canvi, des d'aquesta perspectiva, el BnF 12478, de gran coherència escolar, però que presenta tots els seus textos en vulgar. A qui anava dirigit? Què va motivar el misteriós Thomas Maillet, a finals del XIV, a traduir al francès els dos *Facetus* i el *Liber parabolarum*? A quina mena d'escolar, de lector o d'oient sense mestria en llatí anava adreçat? Potser, al cap i a la fi, i malgrat les distàncies, a un tipus de destinatari no gaire diferent del del manuscrit *F*: a un públic d'àmbit laic i urbà de cultura mitjana, que també vol llegir textos de gèneres pertanyents a l'educació escolar, però que potser ha après al marge de l'escola reglada (per dir-ho com el *Salut d'amor*) de lletres, de gramàtica, i de l'art d'amor.

Bibliografia

Alturo Perucho, Jesús, *Un «Facetus» en dístics copiat a Barcelona al segle XII–XIII*, Arxiu de textos catalans antics 15 (1996), 393–399.

Alvar, Carlos/Alvar Nuño, Guillermo, *Normas de comportamiento en la mesa durante la Edad Media*, Madrid, Sial Ediciones, 2020.

Avesani, Rino, *Quattro miscellanee medioevali e umanistiche. Contributo alla tradizione del «Geta», degli «Auctores octo», dei «Libri minores» e di altra letteratura scolastica medioevale*, Roma, Edizioni di storia e letteratura, 1967.

Becker, Franz G. (ed.), *Pamphilus. Prolegomena zum «Pamphilus (de amore)» und kritische Textausgabe*, Ratingen, Henn, 1972.

BITECA: Bibliografia de Textos Antics Catalans, Valencians i Balears, Berkeley https://bancroft. berkeley.edu/philobiblon [darrera consulta: 02.08.2021].

Black, Robert, *Humanism and education in medieval and Renaissance Italy. Tradition and innovation in Latin schools from the twelfth to the fifteenth century*, Cambridge, Cambridge University Press, 2001.

Black, Robert, *Teaching techniques. The evidence of manuscript schoolbooks produced in Tuscany*, in: Feros Ruys, Juanita/Ward, John O./Heyworth, Melanie (edd.), *The classics in the medieval and Renaissance classroom*, Turnhout, Brepols, 2013, 245–265.

Boas, Marcus, *De librorum catonianorum historia atque compositione*, Mnemosyne 42 (1914), 17–46.

Brugnolo, Furio, *Il canzoniere di Nicolò de' Rossi*, Padova, Antenore, 1974.

Bursill-Hall, Geoffrey L., *Teaching grammars of the Middle Ages*, Historiographia linguistica 4 (1977), 1–29.

Cantavella, Rosanna, *Els cards i el llir. Una lectura de l'«Espill» de Jaume Roig*, Barcelona, Quaderns Crema, 1992.

Cantavella, Rosanna, *The medieval Catalan «Demandes d'amor»*, Hispanic Research Journal: Iberian and Latin American Studies 1 (2000), 27–42.

Cantavella, Rosanna (ed.), *Alfons el Vell. Lletra a sa filla Joana, de càstig e de bons nodriments*, Gandia, CEIC Alfons el Vell, 2012.

Cantavella, Rosanna, *El «Facet», una ars amandi medieval*, Barcelona/València, Publicacions de l'Abadia de Montserrat/Institut Interuniversitari de Filologia Valenciana, 2013.

Cherchi, Paolo, *Jacopo Facciolati and the canon of Latin authors*, Storia della Storiografia 9 (1986), 46–61.

Cingolani, Stefano, *La «Vida de Sant Alexi» catalana. Noves rimades didattico-religiose fra Catalogne e Occitania*, Romanica Vulgaria. Quaderni, 12 [= Studi Catalani e Provenzali 88] (1990), 79–112.

Clogan, Paul M., *Literary genres in a medieval textbook*, Medievalia et Humanistica 11 (1982), 199–209.

Copeland, Rita/Sluiter, I., *Medieval grammar and rhetoric. Language arts and literary theory, AD 300–1475*, Oxford, Oxford University Press, 2009.

Coroleu, Alejandro, *Printing and reading Italian Latin humanism in Renaissance Europe (ca. 1470–ca. 1540)*, Newcastle, Cambridge Scholars Publishing, 2014.

Dagenais, John, *The ethics of reading in manuscript culture. Glossing the «Libro de buen amor»*, Princeton, Princeton University Press, 1994.

Deyermond, Alan, *La difusión y recepción del «Libro de buen amor» desde Juan Ruiz hasta Tomás Antonio Sánchez. Cronología provisional*, in: Morros, Bienvenido/Toro Ceballos, Francisco (edd.), *Juan Ruiz, Arcipreste de Hita, y el «Libro de buen amor»*, vol. 1, Alacant/Madrid, Centro Virtual Cervantes/Instituto Cervantes, 2006–2007, 129–138 (http://cvc.cervantes.es/literatura/arcipreste_hita/01/deyermond.htm [darrera consulta: 02.08.2021]).

Doane, Alger N./Pasternack Braun, Carol (edd.), *Vox Intexta. Orality and textuality in the Middle Ages*, Madison, Wis., University of Wisconsin Press, 1991.

Dronke, Peter, *Pseudo-Ovid, Facetus, and the arts of love*, Mittellateinisches Jahrbuch: Internationale Zeitschrift für Mediävistik / International Journal of Medieval Studies / Revue internationale des études médiévales / Rivista internazionale di studi medievali 11 (1976), 126–131.

Elliott, Alison Goddard (ed.), *The «Facetus». Or, the art of courtly living*, Allegorica 2:2 (1977), 27–57.

Faral, Edmond (ed.), *Notice sur le manuscrit latin de la Bibliothèque Nationale n. 3718*, Romania 46 (1920), 230–270.

Ferguson, Stephen, *System and schema. Tabulae of the fifteenth to eighteenth centuries*, Princeton University Library Chronicle 49 (1988), 9–30.

Finoli, Anna Maria (ed.), *Artes amandi. Da Maître Elie ad Andrea Cappellano*, Milano/Varese, Istituto Editoriale Cisalpino, 1969.

Friis-Jensen, Karsten, «*Horatius liricus et ethicus*». *Two twelfth-century school texts on Horace's poems*, Cahiers de l'Institut du Moyen-Age grec et latin (Københavns Universitet) 57 (1988), 81–147.

Frova, Carla, *Istruzione e educazione nel Medioevo*, Milano, Loescher, 1973.

Gibson, Roy K., *Ovid «Ars amatoria». Book 3*, Cambridge, Cambridge University Press, 2003.

Gillespie, Vincent, *The study of classical authors. From the twelfth century to c. 1450*, in: Minnis, Alastair/Johnson, Ian (edd.), *The Cambridge history of literary criticism*, vol. 2: *The Middle Ages*, Cambridge, Cambridge University Press, 2005, 145–235.

Glier, Ingeborg, *Artes amandi. Untersuchung zu Geschichte, Überlieferung und Typologie der deutschen Minnereden*, München, Beck, 1971.

Green, Dennis Howard, *Medieval listening and reading. The primary reception of German literature 800–1300*, Cambridge, Cambridge University Press, 1994.

Gümpel, Karl-Werner, *Zwei unbeachtete Fragmente der altkatalanischen «Art del cant pla»*, in: Casares, Emilio/Villanueva, Carlos (edd.), *Miscelánea al Prof. Dr. José López-Cano, S.J.*, vol. 1, Santiago, Universidad de Santiago de Compostela, 1990, 129–144.

Hanna, Ralph/Hunt, Tony/Keightley, R. G./Minnis, Alastair/Palmer, Nigel F., *Latin commentary tradition and vernacular literature*, in: Minnis, Alastair/Johnson, Ian (edd.), *The Cambridge history of literary criticism*, vol. 2: *The Middle Ages*, Cambridge, Cambridge University Press, 2005, 361–421.

Henkel, Nikolaus, *Deutsche Übersetzungen lateinischer Schultexte. Ihre Verbreitung und Funktion im Mittelalter und in der frühen Neuzeit*, München, Artemis, 1988.

Hernando Delgado, Josep, *El llibre de gramàtica a la Barcelona del segle XIV segons els documents dels protocols notarials*, Analecta sacra tarraconensia 71 (1998), 359–378.

Hernando Delgado, Josep, *El llibre escolar i la presència dels autors clàssics i dels humanistes en l'ensenyament del segle XV*, Estudis històrics i documents dels Arxius de Protocols 29 (2011), 7–42.

Hexter, Ralph J., *Ovid and medieval schooling. Studies in medieval school commentaries on Ovid's «Ars amatoria», «Epistulae ex Ponto», and «Epistulae heroidum»*, München, Arbeo-Gesellschaft, 1986.

Heyworth, Gregory/O'Sullivan, Daniel E./Coulson, Frank (edd.), *Les Eschéz d'Amours. A critical edition of the poem and its Latin glosses*, Leiden, Brill, 2013.

Hunt, Tony (ed.), *Les paraboles Maistre Alain en françoys*, London, Modern Humanities Research Association, 2005.

Hunt, Tony (ed.), *Les proverbez d'Alain*, Paris, Champion, 2007.

Hunt, Tony (ed.), *Ovide du remede d'amours*, London, Modern Humanities Research Association, 2008.

Huygens, R. B. C., *Accessus ad auctores*, Bruxelles, Latomus, 1954.

Irvine, Martin/Thomson, David, *Grammatica and Literary Theory*, in: Minnis, Alastair/Johnson, Ian (edd.), *The Cambridge history of literary criticism*, vol. 2: *The Middle Ages*, Cambridge, Cambridge University Press, 2005, 15–41.

Kasper, Clemens M./Schreiner, Klaus, *Viva Vox und Ratio scripta. Mündliche und schriftliche Kommunikationsformen im Mönchtum des Mittelalters*, Münster, LIT, 1997.

Köhn, Rolf, *Schulbildung und Trivium im lateinischen Hochmittelalter und ihr möglicher praktischer Nutzen*, in: Fried, Johannes (ed.), *Schulen und Studium im sozialen Wandel des hohen und späten Mittelalters*, Sigmaringen, Jan Thorbecke, 1986, 203–284.

Kraus, Manfred, *Progymnasmata and progymnasmatic exercises in the medieval classroom*, in: Ruys, Juanita Feros/Ward, John O./Heyworth, Melanie (edd.), *The classics in the medieval and Renaissance classroom*, Turnhout, Brepols, 2013, 175–197.

Langosch, Karl, *Der «Facetus, Moribus et vita» und seine Pseudo-Ovidiana*, Mittellateinisches Jahrbuch: Internationale Zeitschrift für Mediävistik 11 (1976), 132–142.

López i Casas, Maria Mercè, *Un altra traducció al català de «La carta de Lèntul al Senat de Roma»*, in: Chas Aguión, Antonio, et al. (edd.), *Edición y anotación de textos. Actas del I Congreso de Jóvenes Filólogos, A Coruña 1996*, vol. 1, A Coruña, Universidade da Coruña, 1998, 361–370.

McQuillen, Connie, *A comedy called «Susenbrotus»*, Ann Arbor, University of Michigan Press, 1997.

Meyer, Paul, *Nouvelles catalanes inédites*, vol. 2: *Salut d'amour*, vol. 3: *Résumé de doctrine chrétienne par Aymon de Cestars* [sic], Romania 20 (1891), 193–215.

Miguel Franco, Ruth, *Las traducciones peninsulares de la Epistola de cura rei familiaris del Pseudo Bernardo*, in: Alemany Ferrer, Rafael/Chico Rico, Francisco (edd.), *XVIII Simposio de la SELGYC, Alicante 2010 / XVIII Simposi de la SELGYC, Alacant 2010: Literatures ibèriques medievals comparades / Literaturas ibéricas medievales comparadas*, Alacant, Universitat d'Alacant, 2012, 329–340 (http://tinyurl.com/pxtb2fv [darrera consulta: 02.08.2021]).

Moisello, Luisa, *Echi ciceroniani in un poema latino del XII secolo*, Maia 45 (1993), 63–71.

Morawski, Joseph (ed.), *Le Facet en françois*, Poznań, Société Scientifique de Poznań, 1923.

Morlino, L., *«Alie ystorie ac doctrine». Il Livre d'Enanchet nel quadro della letteratura franco-italiana*, Padova, Università degli Studi di Padova, 2009.

Nicholls, Jonathan, *The matter of courtesy. Medieval courtesy books and the Gawain-poet*, Woodbridge, Suffolk, D.S. Brewer, 1985.

Olsen, Birger Munk, *La Réutilisation des classiques dans les écoles*, in: *Ideologie e pratiche del reimpiego nell'Alto Medioevo*, Spoleto, Centro italiano di studi sull'Alto Medioevo, 1999, 227–252.

Olsen, Birger Munk, *Accessus to classical poets in the twelfth century*, in: Ruys, Juanita Feros/Ward, John O./Heyworth, Melany (edd.), *The classics in the medieval and Renaissance classroom. The role of ancient texts in the arts curriculum as revealed by surviving manuscripts and early printed books*, Turnhout, Brepols, 2013, 131–144.

Orme, Nicholas, *English schools in the Middle Ages*, London, Metuhen, 1973.

Orme, Nicholas, *From childhood to chivalry. The education on the English kings and aristocrary, 1066–1530*, London, Metuhen, 1984.

Orme, Nicholas, *Education and society in medieval and Renaissance England*, London, Hambeldon Press, 1989.

Orme, Nicholas, *An English grammar school ca. 1450. Latin exercises from Exeter (Caius College ms 417/447, folios 16v–24v)*, Traditio 50 (1995), 261–294.

Orme, Nicholas, *Castrianus. A fifteenth-century poem of school life*, Notes and Queries 57 (2010), 484–490.

Rand, Edward Kennard, *The classics in the thirteenth century*, Speculum 4 (1929), 249–269.

Reynolds, Suzanne, *Inventing authority. Glossing, literacy and the classical text*, in: Riddy,
    Felicity (ed.), *Prestige, authority and power in late medieval manuscripts and texts*, York,
    York Medieval Press, 2000, 7–16.
Rubinstein, Nicolai, *A grammar teacher's autobiography. Giovanni Conversini's «Rationarium
    vitae»*, Renaissance Studies: Journal of the Society for Renaissance Studies 2 (1988),
    154–162.
Ruiz García, Elisa, *Saberes de oídas. «De doctrina mensae»*, Memorabilia 16 (2014), 1–60
    (http://parnaseo.uv.es/Memorabilia/Memorabilia16/PDFs/01-RUIZ.pdf [darrera consulta:
    02.08.2021]).
Scaglione, Aldo, *The classics in medieval education*, in: Bernardo, Aldo S./Levin, Saul (edd.),
    *The classics in the Middle Ages. Papers of the twentieth annual conference of the Center for
    Medieval and Early Renaissance Studies*, Binghamton, N.Y., Center for Medieval and Early
    Renaissance Studies, State University of New York at Binghamton, 1990, 343–362.
Schnell, Rüdiger, *Facetus, Pseudo-ars amatoria und die mittelhochdeutsche Minnedidaktik*,
    Zeitschrift für deutsches Altertum und deutsche Literatur: mit Anzeiger für deutsches
    Altertum und deutsche Literatur 104 (1975), 244–247.
Sheffler, David, *Schools and schooling in late medieval Germany. Regensburg, 1250–1500*,
    Leiden, Brill, 2008.
Smolak, Kurt, *Ovid im 13. Jahrhundert – zwischen Ablehnung und Bewunderung*, in:
    Leonardi, Claudio/Munk, Birger (edd.), *The classical tradition in the Middle Ages and the
    Renaissance. Proceedings of the first European science foundation workshop on «The
    Reception of Classical Texts» (Florence, 1992)*, Spoleto, Centro Italiano di Studi sull'Alto
    Medioevo, 1995, 111–122.
Speroni, Gian Battista (ed.), *La «Poissance d'Amours» dello Pseudo-Richard de Fournival*,
    Firenze, Pubblicazioni della Facoltà di Lettere e Filosofia dell'Università di Pavia, 1975.
Taylor, Barry (ed.), *Un texto breve catalán sobre cortesía. Texto y edición*, in: Lucía, José Manuel
    (ed.), *AHLM. Actas VI Congreso*, Alcalá de Henares, Universidad, 1997, 1491–1499.
TRANSLAT, Cabré, Lluís/Ferrer, Montserrat (edd.), *TranslatDB, base de dades de traduccions al
    català medieval fins a 1500*, http://translatdb.narpan.net [darrera consulta: 02.08.2021].
Wheatley, Edward, *Mastering Aesop. Medieval education, Chaucer, and his followers*,
    Gainesville, Fl., University Press of Florida, 2000.
Witt, Ronald G., *The arts of letter-writing*, in: Minnis, Alastair/Johnson, Ian (edd.), *The
    Cambridge history of literary criticism*, vol. 2: *The Middle Ages*, Cambridge, Cambridge
    University Press, 2005, 68–83.
Woods, Marjorie Curry, *Classroom commentaries. Teaching the «Poetria Nova» across medieval
    and Renaissance Europe*, Columbus, Ohio State University Press, 2010.
Ziolkowski, Jan M., *From didactic poetry to bestselling textbooks in the long twelfth century*,
    in: Harder, Annette/MacDonald, Alasdair/Reinink, Gerrit J. (edd.), *Calliope's classroom*,
    Leuven, Peeters, 2007, 221–243.

Traductors i copistes

Antònia Carré
Del llatí al català
El cas del *Regimen sanitatis ad regem Aragonum* d'Arnau de Vilanova

Abstract: The aim of this paper is to study details of a medical translation from Latin to Catalan, which shows the complication of the transmission process of a vernacular translation. The example we consider here, the Catalan translation of *Regimen sanitatis ad regem Aragonum* by Arnau de Vilanova, with numerous amendments that affect the content and structure of the work during the transmission process, raises the working methods of medieval translators and/or medieval copyists. This case, considered together with other well-known cases, can help study the complex phenomenon of translations.

Keywords: translation; vernacular languages; Catalan; vernacularization of knowledge; medicine; *regimen sanitatis*; Arnald of Villanova

1 *El Regimen sanitatis ad regem Aragonum* d'Arnau de Vilanova

Entre el 1305 i el 1308 Arnau de Vilanova va escriure per al seu rei Jaume II el *Regimen sanitatis ad regem Aragonum* en llatí.[1] A grans trets, els *regimina sanitatis* són manuals higienicopràctics destinats a garantir el manteniment de la salut individual o col·lectiva. Hereus de la medicina àrab i grega, consisteixen en un

---

[1] Per datar l'obra d'Arnau de Vilanova, s'han formulat al llarg dels anys diverses hipòtesis, que es mouen en una forquilla temporal ben estreta: entre els anys 1305 i 1308. Moritz Steinschneider (1893) proposa el 1307; Paul Diepgen (1938) aposta pel 1308; Miquel Batllori (Arnau de Vilanova 1947) es decanta pel 1305; Michael R. McVaugh (2014) opta pels anys 1306 i 1307.

Nota: Aquest treball s'inscriu en el marc del projecte de recerca MICIU-AEI/FEDER PGC2018-095417-B-C64 (2019–2021) del Ministerio de Ciencia, Innovación y Universidades (MICIU) y la Agencia Estatal de Investigación (AEI) del Govern espanyol, cofinançat amb fons FEDER de la Unió Europea, i del grup de recerca consolidat «Cultura i literatura a la Baixa Edat Mitjana» 2017 SGR 142 (2020–2021), dirigit per Lola Badia, i finançat per l'Agència de Gestió i Ajuts Universitaris i de Recerca (AGAUR), del Departament d'Empresa i Coneixement de la Generalitat de Catalunya.

Dr.ª Antònia Carré, Universitat Oberta de Catalunya, acarrep@uoc.edu

https://doi.org/10.1515/9783110430622-014

recull de regles que ensenyen a actuar de manera higiènica i a evitar els excessos, que comporten sempre conseqüències nefastes per a qui els practica. Per les seves característiques, aquest gènere aviat va despertar un gran interès entre un públic no especialista.[2] El regiment d'Arnau és un regiment *ad personam*, de caràcter particular, destinat a un sol individu, pertanyent a l'estament més elevat de la societat, i escrit en un llenguatge sense tecnicismes. Proporciona pautes de diversa índole perquè el seu destinatari reial pugui conservar la salut i incorpora consells útils per a la malaltia concreta que pateix: les hemorroides.

Arnau de Vilanova escriu aquesta obra en l'època de consolidació del gènere dels *regimina sanitatis*, situada entre l'esclat de la universitat escolàstica, portadora i transmissora del nou discurs mèdic, i la pesta negra de 1348 (Nicoud 2007, 149).[3] L'obra d'Arnau és una de les màximes representants del gènere i esdevé fonamental bàsicament per tres motius: primer, perquè fixa el títol del gènere, que a partir d'ara apareixerà en moltes altres obres; segon, perquè en fixa l'estructura, basada en els paràmetres exteriors al cos humà (les *sex res non naturales* del galenisme),[4] estructura que serà represa per molts dels tractats posteriors, i tercer, perquè fixa les regles d'una medicina preventiva escrita d'una manera entenedora i enfocada a la pràctica mèdica (Nicoud 2007, 153–154). El regiment d'Arnau és el model d'altres regiments més tardans, com el d'Arnold de Bamberg o els de Maino de Maineri. L'alemany Arnold de Bamberg (mort entre el 1321 i el 1339), prior de la catedral de Sant Jaume de Bamberg i metge del comte palatí Rudolf (1294–1317), germà del duc de Baviera, va escriure el 1317 un *Regimen sanitatis* que accentua i aprofundeix alguns aspectes del d'Arnau de Vilanova (Nicoud 2007, 171–183 i 701). Maino de Maineri (mort el 1368), metge i astròleg milanès, mestre regent de la Facultat de Medicina de París, va escriure un *Regimen sanitatis* de caràcter general pels volts de 1330 i un altre de caràcter particular, adreçat al genovès Antonio Fieschi, canonge de París, probablement entre 1330 i 1333 (Nicoud 2007, 710–711).

De l'èxit del *Regimen sanitatis ad regem Aragonum* d'Arnau de Vilanova, en són testimoni el gran nombre de còpies manuscrites llatines conservades (setanta-vuit manuscrits dels segles XIV i XV, seixanta-un dels quals tenen el

---

2 Per a l'estudi exhaustiu del gènere dels *regimina*, amb referència a d'altres obres de dietètica, cf. Adamson (1995), la introducció de Pedro Gil-Sotres a Arnau de Vilanova (1996) i Nicoud (2007).
3 Segons l'estudiosa francesa Marylin Nicaud, el gènere dels regiments de sanitat es comença a desenvolupar al segle XIII, es consolida a la primera meitat del XIV i aconsegueix una extraordinària difusió al llarg de tot el XIV i el XV. S'ha de retenir aquesta dada: consolidació a la primera meitat del XIV, perquè és important per al cas que ens ocupa.
4 Sobre el concepte galènic de les sis coses no naturals, cf. la nota 2.

text complet)[5] i l'existència de traduccions a d'altres llengües, traduccions que es produeixen perquè hi ha una demanda social que les reclama. Segurament, de l'original llatí d'Arnau se'n devien fer moltes còpies (Arnau de Vilanova 1994, 41), perquè el text conservat en els manuscrits es manté molt estable al llarg dels anys (Arnau de Vilanova 1996, 419). El text llatí va ser traduït (que sapiguem) al català, a l'hebreu, al francès, a l'alemany, a l'italià i al castellà. Les traduccions al català, a l'hebreu, al francès, a l'alemany i a l'italià (parcial) són de l'edat mitjana.[6] La traducció castellana i una altra de francesa (parcial) ens han arribat en edicions dels segles XVI i XVII.[7]

2 Les traduccions catalanes del *Regiment de sanitat* d'Arnau de Vilanova

S'han conservat tres testimonis catalans del *Regiment de sanitat* d'Arnau. Tots tres es copien en les primeres dècades del XIV, per bé que dos dels manuscrits siguin posteriors:

> Ms. 10078 de la Biblioteca Nacional de España (M). Datat al primer quart del segle XIV. (Gimeno Blay 1991, 222; editat a Arnau de Vilanova 1947)

> Ms. 1829 de la Biblioteca de Catalunya (B). Datat a mitjan segle XV. (Iglesias 2000, 402–403; el manuscrit va ser donat a conèixer per Riquer 1949)

> Ms. Barberini Lat 311 de la Biblioteca Apostòlica Vaticana de Roma (V). Volum factici, el text d'Arnau està datat al segon quart del XV. (Zamuner 2004)

Els dos primers manuscrits corresponen a la traducció que en va fer el cirurgià major del rei, Berenguer Sarriera, per encàrrec de la reina Blanca d'Anjou.[8] La

---

5 De fet, és el text d'higiene medieval del qual s'han conservat més còpies manuscrites llatines, com apunta Pedro Gil-Sotres (Arnau de Vilanova 1996, 63).

6 Per a la traducció catalana, cf. Arnau de Vilanova (1947), Cifuentes (2006, 98–99) i l'edició crítica que n'he preparat (Arnau de Vilanova 2017). Per a les traduccions hebrees, cf. Feliu (2009). Per a la traducció francesa, cf. Olivier (1944). Per a la traducció alemanya, Cifuentes (2011–2013, 207, n. 58). Per a la traducció a l'italià, Cacho (2001, vol. 2, 425). Per a un estat de la qüestió sobre les obres mèdiques arnaldianes o atribuïdes a Arnau que van circular en català, cf. Cifuentes (2011–2013).

7 Per a la traducció castellana, impresa el 1606, cf. Arnau de Vilanova (1980). Per a la traducció francesa, cf. Giralt (2002, 20 i 106).

8 Berenguer Sarriera pertany a una nissaga de cirurgians de Girona que va anar adquirint prestigi professional i social i poder econòmic gràcies a la bona pràctica sanitària. Cf. McVaugh (1994,

traducció s'ha de datar amb anterioritat a l'octubre de 1310, en què la reina va morir de sobrepart del desè fill, la infanta Violant, als 27 anys, o del desembre del mateix any, en què va morir Berenguer Sarriera (McVaugh 1986, 7).[9] El cirurgià reial, que té prestigi professional i els coneixements tècnics necessaris per dur a terme amb èxit l'encàrrec (si no hagués estat així, la reina Blanca no li hauria confiat aquesta tasca), està orgullós de la feina que ha d'emprendre i així ho declara al pròleg amb què encapçala la seva traducció:

> E per ço que aquest regiment, qui tan planament és ordonat, pusca tenir o fer profit a aquels qui no entenen latí, és vengut a plaer a la molt alta senyora dona Na Blancha, per la gràcia de Déu reyna d'Araguó, que ha manat a mi, Berenguer Sariera, surgian, que trelat aquest libre de latí en romanç. E yo, per satisfer a son manament, son-me entramès de tresladar aquest libre (Arnau de Vilanova 2017, 180).[10]

El ms. B conté també el *Llibre de conservació de sanitat* de Joan de Toledo, que és la traducció catalana del *Libellus de conservatione sanitate* atribuït a aquest autor (Trias Teixidor 1983). La descoberta d'un bifoli que conté un fragment d'aquesta traducció i que ha estat identificat i datat per Iglesias (2000, 411) a mitjan del segle XIV, permet formular la hipòtesi que la traducció del regiment de Joan de Toledo es devia fer a la mateixa època que la del regiment d'Arnau o pocs anys després i, per tant, situa l'antígraf d'aquest manuscrit en les mateixes dècades que el ms. M. Els rastres de la *scripta* librària primitiva detectats en B corroboren aquesta hipòtesi.[11]

El ms. V és un volum factici que recull fonamentalment textos sobre higiene, escrits en català, llatí i occità. Es tracta de dos manuscrits diferents relligats en un de sol, probablement al segle XVI. La lletra de la part catalana del manuscrit, que conté el *Regiment de sanitat* d'Arnau, és del segon quart del XV (Zamuner 2004). Aquest manuscrit no conté la traducció de Berenguer Sarriera, sinó que és una versió abreujada anònima que es pot datar amb anterioritat als anys 1325 i 1328,

---

esp. 213–226) i McVaugh (1993, 5–6, 76–77, 213–214). A Arnau de Vilanova (1996, 409–411) es compendien les dades biogràfiques i professionals del cirurgià.

9 Sobre la vida familiar de Jaume II, cf. Martínez Ferrando (1948).

10 Per a la significació del pròleg de Sarriera, cf. Cifuentes (1999), que l'analitza juntament amb el de Guillem Corretger a la seva traducció de la cirurgia de Teodoric Borgognoni, i Cifuentes (2006, 42–43).

11 Sobre els trets distintius de la *scripta* librària primitiva catalana, cf. Badia, Santanch i Soler (2010). Sobre la presència de trets de la *scripta* librària primitiva als ms. M i B, cf. Arnau de Vilanova (2017).

no gaire allunyada temporalment, doncs, de la traducció que en va fer Berenguer Sarriera.[12]

Però aquests tres manuscrits conservats, produïts en l'època de consolidació del gènere dels *regimina*, són la punta de l'iceberg: per força havien de circular molts més manuscrits d'aquest text tan divulgat. Ho podem comprovar amb el nombre de possessors d'exemplars del *Regiment* (en llatí o català) que tenim documentats a la Corona d'Aragó entre les primeres dècades del segle XIV i començaments del XVI i que pertanyen a les classes socials més diverses. Com es pot observar a la taula següent, en la vintena de casos documentats hi ha representats el mateix rei, nobles, eclesiàstics i membres de la burgesia, entre els quals són rellevants els professionals sanitaris (cinc ciutadans, dos notaris, un jurista i cinc professionals de la medicina). Les còpies que tenim la certesa que són en català van marcades amb un asterisc.[13]

Taula 1: Possessors documentats del *Regiment de sanitat* d'Arnau de Vilanova.

Data	Possessor	Ocupació	Procedència
1323*	Jaume II	rei	Barcelona
1326*	Elisenda de Montcada	noble	Peralada?
1341*	Jaume de Pau	ciutadà	Vic
1346*	Pere Ferrer	notari	Barcelona
1361	Bernat de Cabrera	noble (conseller reial)	Barcelona
1362*	Bernat Verdaguer	clergue (*hospitalerius*)	Girona
1363	? (jueu)	físic	Rosselló
1392	Guillem d'Horta	notari	Barcelona

---

12 Sabem que les dues traduccions hebrees del *Regiment de sanitat* d'Arnau es van fer a partir de la traducció catalana i no pas del llatí (Feliu 2009, 48), fenomen d'altra banda força habitual (García Ballester/Ferre/Feliu 1990; Samsó 2004). Com explica Feliu (2009), se'ns han conservat dues traduccions hebrees de la versió sencera de Berenguer Sarriera i una de la traducció catalana abreujada. L'autor de la traducció abreujada és Israel ben Jucef Caslarí, que va afegir-hi un pròleg on afirma que ell no és metge i que tradueix l'obra vint anys després que Arnau n'escrivís l'original (Feliu 2009, 52–55). És evident que la xifra pot ser aproximativa, però si tenim en compte que la versió llatina del *Regiment* d'Arnau es va fer entre els anys 1305 i el 1308, no és cap despropòsit pensar que la traducció d'Israel Jucef Caslarí es podria datar entre els anys 1325 i 1328. Cifuentes (2011–2013, 204–205) resumeix les diferents hipòtesis de datació de la traducció catalana abreujada i també es decanta per atorgar credibilitat a l'observació de Caslarí, que cap testimoni manuscrit no desmenteix.
13 Les dades de la taula estan extretes de Cifuentes (1999) i Cifuentes (2006, 40). Em remeto a aquestes dues publicacions per a la referència exacta de les fonts documentals.

Taula 1 (continuació)

Data	Possessor	Ocupació	Procedència
1406	Bernat de Montmany	ciutadà	Barcelona
1408	Pere de Queralt	noble	S. Coloma de Queralt
1412	Andreu Romeu	ciutadà	Perpinyà
1423	Ferrer de Gualbes	ciutadà	Barcelona
1428	Joan Gener	noble (camarlenc reial)	Barcelona
1429*	Honorat Miquel	apotecari	Barcelona
1430*	Pere Cantarell	cirurgià	Vic
1436	Jaume Vila	cirurgià	Vic
1439	Bernat Jornet	clergue (ardiaca)	Mallorca
1464*	Joan Vicenç	cirurgià	Barcelona
1491	Antoni Deslanes	jurista (doctor)	Mallorca
1506	Pere Martí	cirurgià (físic)	València

Les dues primeres atestacions proven que l'obra es va difondre a la cort, entre membres de la família reial. El rei va conservar la traducció catalana d'Arnau després de la mort de la reina Blanca, ja que apareix registrada a l'inventari de béns fet amb motiu de les seves terceres noces, amb Elisenda de Montcada, celebrades el 1323. Tres anys més tard, el 1326, la va donar a la neboda de la seva esposa, que es deia també Elisenda i era filla d'Ot de Montcada (Arnau de Vilanova 1947, 76–77).

Els professionals de la medicina representats són una quarta part del total. Hi ha un metge (físic) del Rosselló (que per la procedència geogràfica podria ser jueu), tres cirurgians (Pere Cantarell, Joan Vicenç i Pere Martí) i un apotecari (Honorat Miquel). Dels tres cirurgians, només n'hi ha un (Pere Martí) que sigui també metge, etiqueta que indica que té estudis universitaris. Observem, però, que és el de data més moderna. Tres d'aquests professionals sanitaris (Honorat Miquel, Pere Cantarell, Joan Vicenç) tenen un exemplar de la traducció catalana.[14]

Entre les versions catalanes documentades, és ben probable que hi hagi tant la traducció sencera de Berenguer Sarriera com la traducció abreujada anònima. A l'inventari del ciutadà de Barcelona Ferrer de Gualbes de l'any 1423 es consigna «un libre scrit en pergamins ab posts cubertes de cuyro empremptat, ab dos ten-

---

14 Les atestacions documentades aquí segueixen els mateixos perfils detectats per Nicoud (2007, 527–596 i annex 3, 721–750) en els possessors de tots els regiments de sanitat que estudia.

cadors de leutó, intitulat Suma de regiment de mestre Arnau de Vilanova». Tot i
que, de seguretat plena, no en tenim cap, podria tractar-se de la traducció catalana abreujada (Cifuentes 2011–2013, 204).

L'estudi dels tres manuscrits que han conservat la traducció catalana del
famós text d'Arnau, efectuat arran d'una nova edició crítica, em permet elaborar
algunes hipòtesis sobre la transmissió del text i sobre els mètodes de treball dels
traductors i/o dels copistes, i confirma l'interès de diferents sectors socials per les
obres de medicina pràctica.

2.1 La versió abreujada (V) prové d'un original llatí

La primera hipòtesi afecta la traducció catalana abreujada, que és de qualitat
inferior a la de Berenguer Sarriera, com ja va fer notar Miquel Batllori (Arnau de
Vilanova 1947, 86). Aquesta traducció abreujada anònima no parteix de la traducció de Sarriera, sinó d'un original llatí. Hi ha moltes lectures de V que només
s'expliquen si el text de partida és llatí. Com que ho he argumentat a bastament
en un article (Carré 2015), en posaré només un exemple, de l'inici del capítol 1 (els
subratllats sempre són meus).

Taula 2: Origen llatí de la versió abreujada.

Ll	Ex qua consideracione non modice regis prudencia sublimatur, cum per hoc publice utilitati provideat valde in procurando claritatem cognicionis et industrie naturalis, non solum in mente propia sed tocius consilii, unde manat gubernacionis influencia toti regno (Arnau de Vilanova 1996, 423).
M	D'esta concideracion damunt dita és reyal saviea fortment exalçada, car procuran clardat de conexença e d'enginy natural, pot mils al profit dels sotzmeses, no tan solament en si matex, ans encare en son conceyl, per lo qual ha a regir e a guovernar tot son regne (Arnau de Vilanova 2017, 183).
B	D'aquesta consideració demunt dita és la reyal saviesa fortment exalsada, cor procuran claredat de conexensa e de enginy natural, pot mills provehir dels sotmesos, no tan solament en si matex, ans encara en son consey, per lo qual ha a regir e governar tot son regna (B, p. 8).
V	De la qual consideració la prudència del rey no és poch exelçada ne ennobleÿda, ans ho és molt, car per açò ell proveeix molt a la utilitat comuna, en procurant claredat de sa conexença. E no tan solament en sa pròpria pensa, ans encara en les pençes de son consell, car d'aquí se decorra la influència de bon govern e de bon regiment a tot son regne [Arnau de Vilanova 2017, 281–282].

Com es pot veure, les versions de M i B són pràcticament idèntiques. Hi ha rastres
de la *scripta* libràlia primitiva a M (les -*n* finals caduques: «consideracion»; els
plurals masculins en -*es*: «sotzmeses») i evidències de l'adaptació de B als usos

contemporanis del copista (l'eliminació de la -*n* final; el plural masculí en -*os*; la transformació de «saviea» en «saviesa»; la substitució d'un lema per un altre: «al profit» esdevé «provehir»).[15]

En canvi, hi ha tres opcions lèxiques de V, «la prudència del rey», «la utilitat comuna» i «sa pròpia pensa», que no poden procedir de la traducció de Berenguer Sarriera, sinó que han de derivar necessàriament d'un original llatí. No disposo de prou dades per afirmar amb contundència si la traducció catalana abreujada es va fer a partir d'una versió llatina abreujada o si l'abreujament és obra del traductor català anònim, encara que el més versemblant és pensar que l'abreujament es devia haver fet primer en llatí.

He detectat la presència d'errors conjuntius comuns als tres manuscrits catalans, cosa que provaria l'existència d'un arquetip llatí comú, que permetria establir un primer *stemma*:

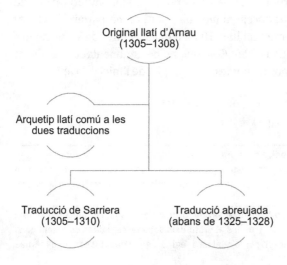

Figura 1: Primera hipòtesi de *stemma*.

2.2 Errors conjuntius en les dues traduccions catalanes

Segons el text llatí canònic, ser massa a prop del foc produeix vertigen, («vertiginem»), mentre que, segons la traducció catalana (capítol 1.7), provoca una afecció cutània caracteritzada per l'asprositat, la descamació de la pell i la picor,

---

15 Cf. la nota 11.

(«grateyla»/«gratella»).[16] És impossible que Berenguer Sarriera s'equivoqués aquí perquè sabia llatí i perquè tenia prou coneixements mèdics per fer una traducció correcta. El fet que el traductor de la versió abreujada tradueixi el mateix concepte que Sarriera demostra que l'error ha de procedir del text llatí de partida.

Taula 3: Primer exemple d'error conjuntiu.

Ll	Cum autem frigora cogent uti beneficio ignis, [. . .] et hebetat visum et acuit sanguinem causatque vertiginem (Arnau de Vilanova 1996, 425).
M	Cant, emperò, lo fret constreny que hom se calf al foch, [. . .] e destroueix la vista, e escalfa la sanc e fa grateyla (Arnau de Vilanova 2017, 187).
B	Si, per ventura, fret costreny hom de calfar al foc, [. . .] e destrouex la vista, escalfa la sanch e fa gratella (B, p. 11).
V	Emperò, com fret costreny, [. . .] e aminva la vista, e agreuja la sanch e engendra gratella (Arnau de Vilanova 2017, 283).

Tots els manuscrits llatins utilitzats en les dues edicions crítiques llatines del *Regimen sanitatis*[17] d'Arnau transcriuen «vertiginem».[18] Per tant, les dades textuals semblen indicar que aquesta lectura és la correcta. Reforçaria aquesta hipòtesi el *De interioribus* de Galè, una obra en la qual vers el 1300 Arnau estava molt interessat (McVaugh 1981). Al capítol 12 del llibre 3 Galè, quan parla del vertigen, el relaciona amb l'escalfor exterior, que prové del sol o d'una altra causa: «Haec autem ipsis accidunt maxime, quum sub sole aestuaverint, vel aliam ob causam calefacto fuerint capite» (Galenus 1821–1833, vol. 8, 202).[19] Per tant, d'acord amb el *De interioribus*, Arnau podia afirmar que seure a la vora del foc podia provocar vertigen.

Ara bé, algun copista llatí no ho devia entendre així i va escriure «serpiginem», perquè li devia semblar més lògic relacionar l'escalfor excessiva amb una alteració

---

16 La traducció hebrea, que parteix de la catalana, diu aquí, lògicament, 'fa gratella' (Feliu 2009, 66).

17 Han estat col·lacionats totalment o parcialment cinquanta-quatre manuscrits per Trias Teixidor (Arnau de Vilanova 1994, 40) i seixanta-dos per García Ballester i McVaugh (Arnau de Vilanova 1996, 419). El nombre de testimonis utilitzats en els aparats crítics és més restringit: sis manuscrits llatins en el cas de Trias Teixidor i principalment dos en el de García Ballester i McVaugh, amb referències puntuals a cinquanta-set més (Arnau de Vilanova 1996, 420). Cap dels editors, però, no ha col·lacionat la vuitantena de manuscrits de manera exhaustiva i així ho manifesten (Arnau de Vilanova 1994, 36–41; 1996, 419–421).

18 Els manuscrits seleccionats a l'aparat crític transcriuen «acuit sanguinem causatque vertiginem» (Arnau de Vilanova 1994, 70; 1996, 425). Trias Teixidor no comenta l'anomalia. Batllori tampoc no ho fa en la seva edició (Arnau de Vilanova 1947, 109).

19 Agraeixo a Michael R. McVaugh que m'hagi proporcionat aquesta valuosa pista interpretativa.

de la pell que no pas amb el vertigen. De fet, hi ha textos mèdics que relacionen la sarna amb l'escalfor[20] i versos que també ho fan, com uns de Jaume March.[21] És clar, doncs, que l'arquetip comú a ambdues traduccions havia de dir per força *serpiginem*. Si no fos així, no haurien traduït «gratella» tots dos traductors.

Un altre exemple d'error conjuntiu ens el proporciona un salt de lectura comès per M, B i V (capítol 13.1).

Taula 4: Segon exemple d'error conjuntiu.

M	*De les carns de què hom pot usar en tot temps de l'any* La gualina con comença a pondre, e·l capó con ha .VI. meses ho .VIII., e·l paó con à un any, e·l faysan, e·l moltó crestat d'un any o de .XVIII. meses al més, e·l coniyl de .IIII. o de .VI. meses [et capriolus decem vel duodecim mensium] si són miganceram ent graces seguons lur liyatge, cascuna d'aquestes coses pot hom raebra en tot temps de l'any (Arnau de Vilanova 2017, 241).
B	*En qual condició són bones gallines e capons, moltons, faysans e conills* E per tal, gallina com comensa a pondre, e capó com ha .VI. mesos o .VIII., e paó com ha .i. any o .XVIII. mesos al pus, o conills de .IIIIᵉ. o de .VI. mesos, si són miganceram ent graces, cascuna d'aquestes coses segons lur linatge pot-les hom menjar en quascun temps de l'any (B, p. 46).
V	Hon, gallina qui començ a pondre, e capó de .VI. meses, e pahó de .I. any e mig, e conills de .IIII. o de .VI. meses, sol que sien grassos, poden ésser preses en alguna partida de l'any (Arnau de Vilanova 2017, 309).

Com és lògic, V abreuja el text. Però el fragment llatí entre claudàtors i subratllat incorporat al primer testimoni no és ni a M ni a B ni a V. En canvi, sí que apareix a la traducció castellana del jurista Jerónimo de Mondragón, publicada a Barcelona l'any 1606 amb el títol de *El maravilloso regimiento i orden de vivir, para tener salud i alargar la vida*, que tradueix d'un original llatí («el cabrito de diez o

---

20 Al capítol 24 del llibre I del *Lilium medicine*, Bernat de Gordon tracta de la sarna. En la traducció castellana de 1495, es diu *serpigo* «adonde es el mayor quemamiento e sin sanies o venino». Més avall diu que hi ha quatre espècies de sarna: de sang, de còlera, de flegma salada i de melancolia. Els humors es poden cremar per excés de menjar o de beure, sobretot si hi ha pebre, i també per treballar dur o per estar-se al sol, és a dir, per una calor excessiva (Bernardo Gordonio 1993, vol. 2, 297). En el regiment de sanitat del seu *Il perché* (traduït al català amb el títol de *Quesits o perquens*), Girolamo Manfredi relaciona la gratella amb l'exercici dur: «*Per què lo fort exercici a les vegades engendra en lo cors gratella e postemes e alguns bonys en la pell defora?* En los corsos que són replens de molta superfluïtat, per lo exercici se rescalden tals superfluïtats e bullint pàssan per les porositats a les parts de fora, e engendren gratella e altres immundícies» (Manfredi 2004, 116). **21** Els versos són aquests: «per lo gran caut qui us fa tots temps suar, / e gratant-vos gratella ve mant dia». Pertanyen al joc-partit entre el poeta i el vescomte de Rocabertí per triar si és millor l'estiu o l'hivern (March 1994, 215, vs. 93–94).

doce meses», diu).[22] Es pot afirmar, doncs, el mateix que en l'exemple anterior: no es tracta d'un error de traducció, sinó que el salt de lectura procedeix del text llatí de partida. L'existència d'algun manuscrit llatí que tampoc no conté aquest sintagma (Arnau de Vilanova 1994, 182) ho corrobora.

2.3 La relació entre M i B, els dos testimonis de la traducció de Berenguer Sarriera

La comparació detallada entre el format i les lectures dels dos manuscrits que han conservat la traducció de Berenguer Sarriera permet arribar a quatre conclusions fonamentals.

Primera conclusió. M no és l'autògraf de Berenguer Sarriera (afirmació que, d'altra banda, no ha fet mai ningú), perquè, si ho fos, seria un manuscrit molt més luxós, atès que la destinatària era la reina Blanca. M té un aspecte codicològic semblant al del llibre-registre, en contraposició al llibre cortès de lectura que és de factura més luxosa i que s'adreça, per tant, a una audiència més noble (Petrucci 1983, 509–510). M és de paper, de format mitjà (uns 20 cm d'alçada), escrit en lletra cursiva, sense dedicatòries ni comentaris ni notes de lectura, sense il·lustracions ni embelliments. Està escrit a tres tintes (caplletres i calderons en blau i vermell). Aquestes característiques es poden aplicar també a B, amb l'única diferència que les tintes usades pel copista són només dues (rúbriques, inicials i calderons en vermell).

Com que la morfologia dels còdexs sempre ens dona pistes dels seus comitents i també dels destinataris, en aquest cas ens indica que els dos manuscrits han estat concebuts amb una finalitat pràctica, pensats o bé per a una audiència de professionals de la medicina que no té prou formació acadèmica per entendre el llatí, com ara apotecaris o cirurgians, o bé per a un públic de la petita noblesa i de la burgesia que utilitzarà el text per a ús privat (Cifuentes 1999, 145).

Un altre argument que corrobora que M no és l'autògraf de Sarriera són els salts de lectura que conté. A l'exemple següent s'observa que la lectura de M és incomprensible, però afortunadament es pot completar amb la lectura de B. Segurament per culpa del cansament, el copista de M s'equivoca a l'hora d'escriure «a tart sua», se salta pràcticament una línia i tot seguit un sintagma adverbial («així atempradament»), per continuar correctament després d'haver llegit «que la calor natural» al seu model. El copista de M no devia repassar el que havia transcrit.

---

22 Arnau de Vilanova 1994, 352. En el cas anterior, Mondragón tradueix «se engendran vértigos de cabeza» (Arnau de Vilanova 1980, 4).

Taula 5: Salt de lectura significatiu.

Ll	Tum quia raro sudat, tum quia rarissimum est quod aliquis ita parce vivat sive cibetur quod calor naturalis possit membrorum superfluitates propter paucitatem consumere vel quod ita sit fortis quod possit quantascumque superfluitates vastare (Arnau de Vilanova 1996, 426).
M	Una, car a tart <u>sada </u>ho menuch que la calor natural pusca consumir les sobrefluïtaz d'aquels membres per la poquea, ho que sia tan fort que pusca deguastar totes les sobrefluïtatz (Arnau de Vilanova 2017, 188).
B	Per ço com <u>a tart sua</u>, o encare, com <u>a tart</u> se esdevé que algú viva o menug <u>axí atempradement</u> que la calor natural pusca consumir les sobrefluÿtats d'aquells membres per la poquesa d'aquella o que sia axí forts que pusca totes les sobrefluÿtats deguastar (B, p. 12).

Segona conclusió. Els salts de lectura detectats a M i que no figuren a B, com el cas anterior, proven que M no és l'antígraf de B. El manuscrit B és una còpia de mitjan segle XV, però ha de procedir necessàriament d'un antígraf més antic, que es podria datar a les primeres dècades del segle XIV perquè B conserva rastres de la *scripta* libràrria primitiva, tan freqüents a M. El *stemma* seria aquest, on *a* identifica el testimoni més antic d'on ha de provenir B i que no s'ha conservat:

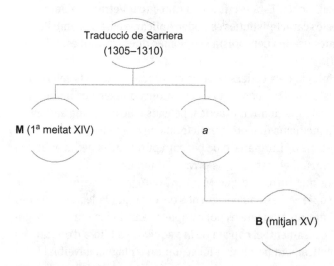

Traducció de Sarriera
(1305–1310)

M (1ª meitat XIV)   *a*

B (mitjan XV)

Figura 2: Segona hipòtesi de *stemma.*

Tercera conclusió. En algun moment del procés de transmissió que va de M a B es van produir modificacions al text, com ara canvis d'ordre en alguns passatges, canvis de capítols i canvis de rúbriques.

M té 18 capítols, copiats en una taula al final del pròleg, i B en té 19. Els dinou capítols de B, copiats també en una taula al final del pròleg de Berenguer Sarriera, surten de dividir el capítol quart en dos, un dedicat al menjar i l'altre al beure, com també ho fan alguns manuscrits llatins. Per tant, és lògic pensar que l'autor de la divisió capitular de B podia tenir al davant un model llatí, diferent del que havia fet servir Berenguer Sarriera.

D'altra banda, Berenguer Sarriera escriu unes notes als marges, en tinta negra, que serveixen per ordenar el material i, per això, M les introdueix sempre amb l'abreviatura 'Nota'. Les rúbriques serveixen per ajudar els lectors a localitzar una determinada propietat o característica, com indica Sarriera al pròleg. Sarriera deixa clar que el públic que llegeix en romanç, com que no està acostumat a llegir llibres en llatí, necessita marques per orientar-se (Cifuentes 1999, 143; Cifuentes 2006, 58):

> Emperò jo vuyl enadir en aquest libre alscunes notes per los marges <u>en manera de rúbriques</u>, per ço que aquels qui legiran en aquest libre pusquen pus leugerament trobar la propietat de l'ajudament ho del noÿment de les coses qui açí són nomenades per regiment de sanitat; per ço cor aquels qui s'an [a] ajudar ab los libres qui són en romanç no poden aver estudiatz tantz libres que leugerament pusquen trobar la propietat del regiment dejús escrit [. . .] (Arnau de Vilanova 2017, 180–181).

Les rúbriques de B, en canvi, són en vermell i apareixen integrades a la caixa del text perquè ja no són considerades una nota marginal, sinó que se'ls atorga més entitat. El copista n'ha afegit de noves, n'ha eliminat algunes, d'altres les ha canviades de lloc i sovint en modifica el contingut perquè es fixa en aspectes diferents dels que volia remarcar Sarriera. El text del pròleg de B que fa referència a les rúbriques presenta un salt de lectura significatiu i l'afegiment d'una conjunció disjuntiva que potser indiquen que el copista era molt conscient que estava manipulant la seva còpia:

> Emperò jo [vull enadir] en aquest libre alcunes notes per los màrgens <u>o</u> en manera de rúbiques, per so que aquells qui legiran en aquest libre pusquen pus leugerament atrobar la propietat de l'ajudament o del nohiment de les coses qui ací són nomenades del regiment de sanitat (B, p. 2).

Quarta conclusió. A més de modificar l'estructura del text que copia i d'adaptar la *scripta* als usos contemporanis, el copista de B va fer servir un manuscrit llatí per contrastar la traducció catalana que copiava. Només així s'expliquen les lectures de B pròximes a l'original llatí, mentre que M ja se n'ha allunyat. Vegem-ne alguns exemples:

Taula 6: Lectures de B properes al llatí.

Ll	M	B
1	ad eius presenciam (Arnau de Vilanova 1996, 423)	davant él (Arnau de Vilanova 2017, 183)	devant la sua presencia (B, p. 8).
2	maius [. . .] exercicium (Arnau de Vilanova 1996, 426)	molt exerci (Arnau de Vilanova 2017, 188)	major exerci (B, p. 12).
3	vel musice melodie (Arnau de Vilanova 1996, 434)	e encare estrumentz de música (Arnau de Vilanova 2017, 200)	e melodies d'estruments de música (B, p. 21).
4	coriandri bulliti in aceto et exiccati (Arnau de Vilanova 1996, 460)	ciliandre preparat (Arnau de Vilanova 2017, 256)	celiandre bullit en vinagre e sequat (B, p. 55).
5	ut sepe laventur (Arnau de Vilanova 1996, 469)	que hom los lau (Arnau de Vilanova 2017, 275)	que sien sovén lavades (B, p. 70).

L'autor del manuscrit més modern (B) actua com a editor perquè copia la traducció catalana amb un text llatí al costat que li serveix per corregir-ne diverses lectures. El fenomen no és gens estrany. El 1311 Bernat de Berriac va fer el mateix en la traducció de la *Chirurgia* de Teodoric Borgognoni. Va copiar i corregir els tres llibres primers de la traducció catalana que n'havia fet Guillem Corretger uns deu anys abans (1302–1304) amb un text llatí al costat i hi va anar introduint les esmenes pertinents. Després, va traduir de cap i de nou el llibre quart, directament del llatí (McVaugh 2012, 267–274).

Fet i fet, el copista de B (o del seu antígraf), no fa sinó seguir les instruccions del pròleg de Berenguer Sarriera. El cirurgià major de Jaume II hi explicitava que si algú no acabava de veure prou clara la traducció catalana d'alguna forma, el que havia de fer era contrastar-la amb el text llatí, per esvair els dubtes:

E prec los legidors d'aquest que, si per ventura en lo romanç ho en la sentència del libre trobaven nuyla cosa qui·ls semblàs no raonable, que ans que ho reprenguesen, que ho corregisen ab aquel del latí, per ço cor moltz vocables e entenimentz ha en los libres de medicina que a penes se poden metre en romanç (Arnau de Vilanova 2017, 180).

3 El taller de còpia, probable origen dels manuscrits

Així doncs, tenim tres manuscrits que ens han conservat dues traduccions catalanes diferents del *Regimen sanitatis ad regem Aragonum* d'Arnau de Vilanova, que són només una mostra dels diversos còdexs que devien circular d'aquest text cabdal del corpus mèdic d'Arnau.

Una traducció és obra de Berenguer Sarriera, cirurgià major del rei Jaume II, i es va efectuar entre el 1305 i el 1310, per encàrrec de la reina Blanca d'Anjou (M); l'altra és una traducció abreujada que es va dur a terme abans de 1325–1328 i que possiblement parteix d'un original llatí (V), encara que no ho puc assegurar amb rotunditat.

La traducció de Berenguer Sarriera va ser copiada més endavant i corregida amb un original llatí al costat (B). El fet que l'autor de la còpia es molesti a contrastar el que copia amb un text llatí i que en modifiqui l'estructura, permet pensar que l'elaboració del manuscrit s'ha de situar en un ambient professional. Sembla probable que un copista amb tanta iniciativa pugui ser un copista professional, vinculat possiblement amb algun taller de còpia, com el que hi havia a casa de l'apotecari reial Pere Jutge, dedicat a la còpia de les obres espirituals d'Arnau de Vilanova.[23] Hi ha un altre indici que apunta a la possible existència d'un taller de còpia, com els que sabem que havia organitzat Ramon Llull per a la difusió de la seva obra (Soler 2005): la presència dels errors conjuntius a M i B, perquè, com va explicar Cesare Segre (1961) ja fa molts anys, la contaminació d'un manuscrit acostuma a procedir d'un *scriptorium* que posseeix més d'un exemplar amb el mateix error.

---

23 L'inventari *post mortem* dels béns d'Arnau revela l'existència d'un obrador de còpia de textos espirituals a casa de l'apotecari Pere Jutge, a Barcelona, i sembla que n'hi havia un altre a Sicília (Arnau de Vilanova 1978, 122–125; Mensa 2012, 52–53). L'apotecari Pere Jutge proveïa de medicaments la família reial (McVaugh 1993, 18) i va ser un dels marmessors del testament d'Arnau (Chabàs 1896). Nicoud (2007, 493–504) analitza les dues principals vies de transmissió física dels regiments de sanitat, que poden ser: una, a través d'un copista professional, lligat a un taller i als seus comitents, o a través d'un copista ocasional i individual, segurament lligat a la figura d'un intel·lectual; l'altra via de transmissió és el mateix possessor del manuscrit que el copia per al seu ús personal. Com a exemple de copista individual (p. 498), Nicoud reporta el del professor de la facultat d'arts de Verceil, Franciscus de Agaciis, que segurament va copiar entre el 1349 i el 1350 la major part d'un dels manuscrits llatins que transmet el *Regimen sanitatis* d'Arnau de Vilanova, entre d'altres obres (ms. AE XIV 8 de la Biblioteca Nazionale Braindese de Milà).

La decisió d'emprendre una altra traducció de l'obra d'Arnau, aquesta vegada abreujada, segurament s'ha de situar també en el context d'un *scriptorium*, perquè se segueix un criteri concret a l'hora de decidir quins apartats se suprimeixen. S'elimina el pròleg de Sarriera (cosa que ja és una bona pista per pensar que no es tracta de la mateixa traducció); s'elimina el capítol 18, que personalitza el regiment de sanitat perquè tracta la malaltia que afectava el monarca: les hemorroides; se suprimeixen els apartats que fan referència directa al rei perquè s'amplia el públic potencial de l'obra; i se suprimeixen molts apartats dedicats als tipus de carn que es poden menjar, perquè el públic d'aquesta traducció abreujada té una categoria social molt diferent de la del primer destinatari del tractat.

L'anàlisi de la *scripta* libràa dels tres manuscrits confirma que les tres versions es van produir durant les primeres dècades del segle XIV, coincidint amb els anys de consolidació del gènere dels *regimina sanitatis* i de la proliferació de còpies, que circulen per tota l'Europa occidental.

Aquestes obres interessaven sobretot els sectors laics, no mèdics (monarquia, noblesa, burgesia), però també els vinculats amb la pràctica mèdica (en particular els metges extrauniversitaris), tots els quals demanaven traduccions a la llengua vernacla que estiguessin ben corregides. Més amunt, a la Taula 1 de possessors d'exemplars del *Regiment de sanitat* d'Arnau, es veuen representades aquestes dues categories de públic.

La tasca de traducció i correcció de textos mèdics era confiada primordialment als professionals sanitaris, com el cirurgià reial Berenguer Sarriera, originari de Girona, com el cirurgià mallorquí Guillem Corretger o el metge dels reis de Mallorca Bernat de Berriac.[24] O com el barber d'origen alemany establert a Barcelona Vicenç de Colunya, que el 1435 va copiar per al seu ús personal part del manuscrit 7-4-27 de la Biblioteca Colombina de Sevilla.[25] I possiblement també, com els copistes que hi ha al darrere dels altres dos testimonis (B i V) que ens han conservat les traduccions catalanes del *Regiment de sanitat* d'Arnau, nascudes en un ambient professional.

---

24 Bernat de Berriac és un exemple de copista ocasional i individual, ja que va emprendre la traducció per a ús personal (McVaugh 2012, 267–274).

25 Vicenç de Colunya és un altre exemple de copista ocasional i individual. El manuscrit 7–4–27 de la Biblioteca Colombina de Sevilla és una misceŀlània mèdica organitzada (Cifuentes 2000, 450), que conté el fragment conservat de la traducció catalana del *Lilium medicine* de Bernat de Gordon (Carré/Cifuentes 2017).

Bibliografia

Adamson, Melitta, *Medieval dietetics. Food and drink in Regimen Sanitatis literature from 800 to 1400*, Frankfurt am Main/New York, Peter Lang, 1995.

Alberni, Anna/Badia, Lola/Cabré, Lluís (edd.), *Translatar i transferir. La transmissió dels textos i el saber (1200–1500)*, Santa Coloma de Queralt, Obrador Edèndum/Publicacions URV, 2010.

Arnau de Vilanova, *Obres catalanes*, vol. 2: *Escrits mèdics*, ed. Batllori, Miquel, Barcelona, Barcino, 1947.

Arnau de Vilanova, *Alia informatio beguinorum*, ed. Perarnau, Josep, Barcelona, Facultat de Teologia, 1978.

Arnau de Vilanova, *El maravilloso regimiento y orden de vivir. Una versión castellana del Regimen sanitatis ad Regem Aragonum*, ed. Paniagua, Juan A., Zaragoza, Prensas Universitarias de Zaragoza, 1980.

Arnau de Vilanova, *Regimen sanitatis ad regem Aragonum. Un tractat de dietètica de l'any 1305*, ed. Trias Teixidor, Anna, Barcelona, 1994.

Arnau de Vilanova, *Regimen sanitatis ad regem Aragonum*, ed. García Ballester, Luis/ McVaugh, Michael R. (estudi introductori de Pedro Gil-Sotres, amb la col·laboració de Juan A. Paniagua i Luis García Ballester), Barcelona, Fundació Noguera/Universitat de Barcelona, 1996.

Arnau de Vilanova, *Regiment de sanitat per al rei d'Aragó. Aforismes de la memòria*, ed. Carré, Antònia, Barcelona, Universitat de Barcelona, 2017.

Badia, Lola/Santanach, Joan/Soler, Albert, *Els manuscrits lul·lians de primera generació als inicis de la «scripta» llibrària catalana*, in: Alberni, Anna/Badia, Lola/Cabré, Lluís (edd.), *Translatar i transferir. La transmissió dels textos i el saber (1200–1500)*, Santa Coloma de Queralt, Obrador Edèndum/Publicacions URV, 2010, 61–90.

Bernardo Gordonio, *Lilio de medicina. Edición crítica de la versión española, Sevilla 1495*, ed. Dutton, Brian/Sánchez, M. Nieves, 2 vol., Madrid, Arco/Libros, 1993.

Cacho, María Teresa, *Manuscritos hispánicos en las bibliotecas de Florencia*, 2 vol., Florència, Alinea, 2001.

Carré, Antònia, *La versió catalana abreujada del «Regiment de sanitat» d'Arnau de Vilanova és un abreujament de la traducció de Berenguer Sarriera?*, in: Badia, Lola/Casanova, Emili/ Hauf, Albert G. (edd.), *Estudis medievals en homenatge a Curt Wittlin*, Alacant, Universitat d'Alacant/Institut Interuniversitari de Filologia Valenciana, 2015, 103–115.

Carré, Antònia/Cifuentes, Lluís, *La traducció catalana medieval del «Lilium medicine» de Bernat de Gordon. Estudi i edició del fragment conservat (llibre VII, antidotari)*, Londres, Queen Mary/University of London, 2017.

Chabàs, Roque, *El testamento de Arnaldo de Vilanova*, Boletín de la Real Academia de la Historia 28 (1896), 87–90.

Cifuentes, Lluís, *Vernacularization as an intellectual and social bridge. The Catalan translations of Teodorico's «Chirurgia» and of Arnau de Vilanova's «Regimen sanitatis»*, Early Science and Medicine 4 (1999), 127–148.

Cifuentes, Lluís, *La promoció intel·lectual i social dels barbers-cirurgians a la Barcelona medieval. L'obrador, la biblioteca i els béns de Joan Vicenç (fl. 1421–1464)*, Arxiu de Textos Catalans Antics 19 (2000), 429–479.

Cifuentes, Lluís, *La ciència en català a l'Edat Mitjana i el Renaixement*, Barcelona/Palma, Universitat de Barcelona/Universitat de les Illes Balears, ²2006 [revisada i ampliada de l'original de 2002, amb una addenda a les pp. 411–454].

Cifuentes, Lluís, *La bibliografia mèdica catalana d'Arnau de Vilanova. Estat de la qüestió i nous textos (amb una nota sobre la difusió a Catalunya d'una «Vida» d'Arnau)*, Arxiu de Textos Catalans Antics 30 (2011–2013), 191–238.

Diepgen, Paul, *Medizin und Kultur. Gesammelte Aufsätze von Paul Diepgen*, ed. Artelt, Walter/ Heischkel, Edith/Schuster, Julius, Stuttgart, Enke, 1938.

Feliu, Eduard, *Les traduccions hebrees del «Regiment de sanitat» d'Arnau de Vilanova*, Tamid 6 (2009), 45–141.

Galenus, Claudius, *Claudii Galeni Opera Omnia = Klaudiou Galenou Hapanta*, ed. Kühn, Karl Gottlob, 20 vol. (en 22 toms), Leipzig, Carl Cnobloch, 1821–1833.

García Ballester, Luis/Ferre, Lola/Feliu, Eduard, *Jewish appreciation of fourteenth-century scholastic medicine*, Osiris 6 (1990) [= McVaugh, Michael R./Siraisi, Nancy (edd.), *Renaissance medical learning. Evolution of a tradition*], 85–117.

Gimeno Blay, Francisco, *A propósito del manuscrito vulgar del Trescientos. El Escurialense K.I.6 y la minúscula libraria de la Corona de Aragón*, Scrittura e Civiltà 15 (1991), 205–245 [tr. catalana en Ferrando, Antoni/Hauf, Albert G. (edd.), *Miscel·lània Joan Fuster. Estudis de llengua i literatura*, vol. 8, Barcelona/València, Departament de Filologia Catalana/ Publicacions de l'Abadia de Montserrat/Associació Internacional de Llengua i Literatura Catalanes, 1994, 25–78].

Giralt, Sebastià, *Arnau de Vilanova en la impremta renaixentista*, Barcelona, Publicacions de l'Arxiu Històric de les Ciències de la Salut/Col·legi Oficial de Metges de Barcelona, 2002.

Iglesias, J. Antoni, *Un bifoli en pergamí de la parròquia barcelonina de Vilanova del Vallès. El testimoni en català més antic del «Llibre de conservació de sanitat» de Joan de Toledo (s. XIV)*, Arxiu de Textos Catalans Antics 19 (2000), 399–428.

Manfredi, Girolamo, *Quesits i perquens (Regiment de sanitat i tractat de fisiognomonia)*, ed. Carré, Antònia, Barcelona, Barcino, 2004.

March, Jaume, *Obra poètica*, ed. Pujol, Josep, Barcelona, Barcino, 1994.

Martínez Ferrando, J. Ernesto, *Jaime II de Aragón. Su vida familiar*, 2 vol., Barcelona, Consejo Superior de Investigaciones Científicas, 1948.

McVaugh, Michael R., *The authorship of the Galenic compendium de interioribus, «Quoniam diversitas»*, Dynamis 1 (1981), 225–229.

McVaugh, Michael R., *The births of the children of Jaime II*, Medievalia 6 (1986), 11–16.

McVaugh, Michael R., *Medicine before de plague. Practitioners and their patients in the Crown of Aragon, 1285–1345*, Cambridge, Cambridge University Press, 1993.

McVaugh, Michael R., *Royal surgeons and the value of medical learning. The Crown of Aragon, 1300–1350*, in: García Ballester, Luis, et al. (edd.), *Practical medicine from Salerno to the Black Death*, Cambridge, Cambridge University Press, 1994, 211–236.

McVaugh, Michael R., *Academic medicine and the vernacularization of medieval surgery. The case of Bernat de Berriac*, in: Alberni, Anna, et al. (edd.), *El saber i les llengües vernacles a l'època de Llull i Eiximenis. Estudis ICREA sobre vernacularització = Knowledge and vernacular languages in the age of Llull and Eiximenis: ICREA Studies on vernacularization*, Barcelona, Publicacions de l'Abadia de Montserrat, 2012, 257–281.

McVaugh, Michael R., *The writing of the «Speculum medicine» and its place in Arnau de Vilanova's last years*, in: Perarnau i Espelt, Josep (ed.), *Actes de la III Trobada Internacional d'Estudis sobre Arnau de Vilanova (Barcelona octubre de 2011)*, Barcelona, Institut d'Estudis Catalans/Facultat de Teologia de Catalunya, 2014, 293–304.

Mensa, Jaume, *La vernacularització al català de textos profètics, bíblics i teològics en la «Confessió de Barcelona» d'Arnau de Vilanova*, in: Alberni, Anna, et al. (edd.), *El saber i les llengües vernacles a l'època de Llull i Eiximenis. Estudis ICREA sobre vernacularització = Knowledge and vernacular languages in the age of Llull and Eiximenis: ICREA Studies on vernacularization*, Barcelona, Publicacions de l'Abadia de Montserrat, 2012, 45–56.

Nicoud, Marylin, *Les régimes de santé au Moyen Âge. Naissance et diffusion d'une écriture médicale en Italie et en France (XIIIᵉ–XVᵉ siècle)*, 2 vol., Rome, École française de Rome, 2007.

Olivier, Eugène, *Un régime pour garder santé donné au duc de Savoie par un gentilhomme vaudois il y a cinq cents ans*, Gesnerus 1 (1944), 117–132.

Petrucci, Armando, *Il libro manoscritto*, in: Asor Rosa, Alberto (ed.), *Letteratura italiana. Produzione e consumo*, vol. 2, Torino, Einaudi, 1983, 499–524.

Riquer, Martí de, *Un nuevo manuscrito con versiones catalanas de Arnau de Vilanova*, Analecta Sacra Tarraconensia 22 (1949), 1–20.

Samsó, Julio, *Traduccions i obres científiques originals elaborades en medis jueus. El desenvolupament de l'hebreu com a llengua científica. La seva projecció al Llenguadoc i a la Provença*, in: Vernet, Joan/Parés, Ramon (edd.), *La ciència en la història dels Països Catalans*, vol. 1, Barcelona, Institut d'Estudis Catalans, 2004, 297–325.

Segre, Cesare, *Apuntti sulla contaminazione dei testi in prosa*, Studi e problemi di critica testuale (1961), 63–76 [= Segre, Cesare, *Ecdotica e comparatistica romanze*, Milano/Napoli, Ricciardi, 1998, 71–74].

Soler, Albert, *Difondre i conservar la pròpia obra. Ramon Llull i el manuscrit lat. Paris. 3348A*, Randa 54 (2005) [= *Homenatge a Miquel Batllori 7*], 5–29.

Steinschneider, Moritz, *Die hebraeischen Übersetzungen des Mittelalters und die Juden als Dolmetscher*, Berlin, Kommissionsverlag des Bibliographischen Bureaus, 1893 [reimp. Graz, Akademische Druck- und Verlagsanstalt, 1956].

Trias Teixidor, Anna, *Sobre un pretendido «Segon libre del Regiment de Sanitat» atribuido a Arnau de Vilanova*, Dynamis 3 (1983), 281–287.

Zamuner, Ilaria, *Il ms. Barb. Lat. 311 e la transmissione dei regimina sanitatis (XIII–XV sec.)*, Cultura Neolatina fasc. 1–2 (2004), 207–250.

Raimon Sebastian Torres
Les fonts no pal·ladianes a la traducció de Ferrer Saiol

Abstract: *Opus agriculturae* was written by Palladius at the end of the fourth century (A.D.). The fame of this agricultural book was extended in the Middle Ages because it was divided into the months of the year and the farming jobs, like a farming calendar. In the fifteenth century the Crown of Aragon was interested in Latin scientific translation themes, with agriculture as one of its concentrations. Ferrer Saiol translated *Opus agriculturae* into Catalan in 1385. Only two manuscripts of this translation have reached us: the first one in Catalan (from Biblioteca Serrano Morales in Valencia, 6437) and the other one, a translation from the Catalan version, in Spanish (from Biblioteca Nacional de España in Madrid, 10211). Ferrer Saiol's work is interesting because of his use of sources. Saiol used not only a Latin manuscript of Palladius but also other sources to complete the translation. The analysis of these sources reveals the various books he possessed. Moreover, we can study when and why he needed these books. In this way, we can better understand Ferrer Saiol's mode of translating.

Keywords: Palladius, *Opus agriculturae*, Ferrer Saiol, Medieval vernacular translation

1 La versió de l'*Opus agriculturae* de Ferrer Saiol

El 1385 Ferrer Saiol, protonotari de la reina Elionor de Sicília, enllestia la traducció de l'última obra agronòmica llatina de l'antiguitat, l'*Opus agriculturae (O. A.)* de Palladi. Era la primera versió completa al català de l'obra llatina sobre matèria agronòmica més difosa durant tota l'edat mitjana. De l'*O. A.* es conserven més d'un centenar d'exemplars llatins, que arriben fins al segle XV, fet que demostra la important difusió d'aquest autor en tot l'àmbit europeu medieval (Rodgers 1975, vii).

L'èxit de l'*O. A.* rau precisament en la constitució de l'obra. Posseïm un primer llibre anomenat per la tradició manuscrita *generale praeceptum*, en què indica

Nota: Aquest estudi s'inscriu en el projecte de recerca finançat PGC2018-095417-B-C64 de la Universitat de Barcelona (MICIU, 2019–2021).

Dr. Raimon Sebastian Torres, IRCVM - Universitat de Barcelona, Departament de Filologia Catalana, raimonsebastiantorres@gmail.com

https://doi.org/10.1515/9783110430622-015

com s'ha d'escollir l'emplaçament per a la finca agrícola, les parts que ha de tenir; hi inclou també consells a manera de refranys, remeis contra les plagues i enumera les eines que s'empren al camp. Els dotze llibres següents corresponen als mesos de l'any. Per a cada mes descriu de manera detallada les activitats agrícoles que s'hi han de dur a terme. A més a més, a l'inici de cada llibre observem que hi ha un índex de les matèries que vénen a continuació, per tal que sigui un manual de consulta eficaç per a la pràctica agrícola. Tot i que no es va escriure amb un rigor metodològic ni amb una ambició formal comparables a les que trobem, per exemple, en el seu predecessor Columel·la, l'estructura del llibre i el seu estil planer, però gens descurat, fan de l'*O. A.* una obra de consulta perfecta per a aquell que es dediqui al camp i en vulgui tenir uns coneixements més avançats. És per aquests motius que l'*O. A.* es converteix en l'obra imprescindible per a la vida al camp, i és vàlida en tot l'àmbit medieval europeu.

A mitjan segle XIV, a la Corona d'Aragó observem un interès per les obres llatines sobre matèria històrica, astrològica, geogràfica, mèdica i agrària i també per les seves traduccions a la llengua romànica. Una obra com la de Pal·ladi no podia ser menystinguda, i és per això que es té present i es tradueix a una llengua romànica. La versió autògrafa de Ferrer Saiol no s'ha conservat. No obstant això, posseïm dos testimonis manuscrits posteriors. Un és en català de finals del segle XV i inicis del XVI (València, Biblioteca Municipal Serrano Morales, 6437); l'altre és en castellà de mitjan segle XV (Madrid, Biblioteca Nacional de España, 10211). Tot i que el manuscrit castellà no depèn del català conservat, cal destacar el gran nombre de paral·lelismes i llocs comuns que comparteixen. Una anàlisi més exhaustiva dels dos manuscrits demostra que provenen d'una mateixa font comuna catalana (Sebastian 2014, 82–88). Per tal de facilitar la lectura i estudi d'aquest article només emprarem el text català, ja que els passatges que analitzarem guarden una gran afinitat amb el manuscrit castellà.

Una de les característiques de la versió de Saiol és que hi trobem interpolacions. Aquest fet és freqüent als manuscrits medievals, en especial a la literatura tècnica, són freqüents, ja que la necessitat d'adaptar l'obra al moment en què es copia fa que moltes vegades els copistes afegeixin al text notes marginals i interlineals, o bé que ampliïn la informació a través d'altres textos (Reynolds/Wilson 1991, 234–237).

A la versió de Saiol observem un gran nombre d'interpolacions a manera d'amplificacions explicatives que ajuden a comprendre millor el text. Així doncs, analitzem, en primer lloc, aquelles intervencions que ja es trobaven inserides al text llatí amb el títol *Interpolacions a la traducció* i a continuació les interpolacions explícites de Ferrer Saiol intitulades *Ferrer Saiol dins Pal·ladi*. Dins d'aquest primer apartat estudiem diferents exemples d'explicacions i amplificacions vinculats a l'àmbit agronòmic. A més, analitzem dos passatges sobre equins que no apareixen a la versió canònica de l'*O. A.* I, finalment, dins d'aquest apartat estudiem dos passatges força extensos sobre l'art de l'empelt. En el segon bloc, examinem aquelles intervencions que Ferrer Saiol incorpora en primera persona per distingir-se del text llatí canònic. D'aquesta manera apareix com a una autoritat més a la traducció i a la vegada actualitza i adapta els coneixements agronòmics a la seva època.

2 Interpolacions a la traducció

2.1 Explicacions i amplificacions

En aquest apartat ens centrem en aquelles interpolacions que fan referència al conreu i cura dels arbres fruiters i la vinya, perquè són les més notòries. L'art de l'empelt s'explica detalladament i queda ben reflectit en el text, per tal que el lector sàpiga dur a terme els empelts pertinents. Observem com, en cap moment, es notifica que procedeix d'una altra font, i per tant, s'entén com a part integrada al text. Tot seguit, per tal d'il·lustrar-ho millor, emprem el passatge en llatí de l'edició canònica de Rodgers (Palladius 1975) i l'acompanyem de la nostra transcripció del manuscrit català de la Biblioteca Municipal Serrano Morales de València. Per tal de facilitar la lectura, escrivim el text català que es troba absent a l'edició canònica llatina en cursiva:

O. A. 3.17.2: et in eum modum subducto cuneo statim surculum mergimus una parte decisum salua medulla et cortice partis alterius
Ms. 6437 [37v]: Y tantost que n'hages tret lo tascó, tu hi posaràs lo empelt, lo qual tu deus ja haver tallat de la huna part fins al cor. *Emperò que lo cor de l'empelt romanga tot sa, que no s·i deu tocar y que sia tant tallat com seran los III dits a través, y la talladura de l'empelt vaia vers la part del fust del arbre y la scorça vers la scorça del arbre.*

O. A. 4.1.4: usque ad idus uel aequinoctium uites locis frigidis pangendae sunt seu pastino seu sulco seu scrobibus more, quo dictum est.
Ms. 6437 [51r]: E deus saber que en los llochs frets pots morgonar los çeps fins a mijant lo mes de març, si·s vol a tall ubert o ab claveres segons que ja havem dit damunt de la manera de morgonar. *Altres empelten ab barrina, ço és que barrinen lo cep segons que és gros en II o en III parts. Y en cascun forat [meten] hun empelt de sarment y cobren-lo de terra. Y lo empelt deu ésser ras de totes parts que no y romanga res de la scorça.*

O. A. 9.6: Pirum nunc plerique inserunt
Ms. 6437 [76v]: En aquest mes se poden empeltar pereres velles entre la scorça y lo fust ab palluxó, segons damunt havem dit. *Encara se poden empeltar ab escudet les pereres novelles en les branques novelles ab les fulles y escorça de altres brots novells de altres pereres.*

A la versió de Saiol hi trobem també altres interpolacions, que demostren l'interès per plantar i fer proliferar la vinya i els arbres fruiters com ara la pomera, l'avellaner, la figuera i el cep novell:

O. A. 3.19.2: plantas statues radicatas, quod est melius.
Ms. 6437 [40r]: Y val molt més que les plantes ab raels que no en altra manera. *Emperò pots-ne fer branques en tal manera. Tu hauràs branques de pomera y plantar-les has en algun lloch que·s puguen regar, y com seran raygades poràs-les trasplantar. Encara, si vols, hauràs bordalls de maçaneres y ab raels tu les plantaràs en aquest any mateix o en el següent en lo stiu a manera de escudet. En aquest any mateix poràs-los empeltar o en lo següent. En aquest mateix mes poràs-los empeltar ab palluxó o ab tascó. E aprés que seran vius los empelts poràs-los tresplantar en lo verger.*

O. A. 3.25.31: mense iulio circa nonas auellana matura est.
Ms. 6437 [47r]: En lo mes de juliol són madures les avellanes, *mas en aquest mes de febrer les deus plantar.*

O. A. 4.10.24: taleam sic ponemus, ut cetera, cui leuiter ab infima parte diuisae lapidem mergemus in fisso.
Ms. 6437 [57v]: Si volràs plantar huna branqua sola, tu la fendràs a la part jusana per lo mig y en la fenedura tu metràs huna pedra y plantaràs la branqua. *Y sàpies que fan gran profit a la figuera, que les figues no·s baden, y són molt millors.*

O. A. 3.11: haec primo calamo iuuatur, donec solidetur.
Ms. 6437 [35r]: Y en lo començament ajuda-li hom ab canya *que li lligue fluxament, solament que lo vent no trenque lo ram o brot tendre.*

Encara que només hem analitzat les set amplificacions més rellevants, en trobem trenta-cinc a tota l'obra sobre el conreu, els arbres fruiters i la vinya. Apreciem com aquestes interpolacions ja es deurien trobar al manuscrit llatí original a través de notes marginals o interlineals, ja que en cap cas apareixen com a explicacions del traductor, sinó com a continuació del text. En els casos que intervé Ferrer Saiol apareixen connectors com el causal (*car*), o bé explicatius (*ço és, quasi que, així com,* que *vol dir*) que indiquen que són aclariments del traductor. Així doncs, apreciem aquestes set interpolacions com a font complementària a la traducció que ajuden a entendre millor la versió catalana. A més, hem de tenir en compte que la brevetat del llatí, acompanyada de l'estil sobri de Pal·ladi, fa que per al protonotari sigui complex traslladar idòniament el text llatí al català, per la qual cosa Saiol es troba amb la necessitat d'ampliar la informació amb notes marginals i d'aquesta manera la traducció de l'*O. A.* esdevé més entenedora.

2.2 Interpolacions sobre matèria equina

El capítol que es troba entre el llibre quart, capítol dotzè, *De domandis bobus*, i el capítol tretzè, *De equis, equabus et pullis*, no existeix a la versió canònica de Pal·ladi. Apareix amb el títol *De les propietats y natures dels cavalls*. Aquest passatge no es troba indexat al començament del llibre quart, ni a la versió catalana ni a la castellana, per la qual cosa ja es devia trobar incorporat al manuscrit llatí de Pal·ladi emprat per Ferrer Saiol, ja que l'àmbit de la manescalia despertà un gran interès durant tota l'edat mitjana tal com explica Cifuentes (2006, 146–151). A més, el fet que Pal·ladi no dediqués un extens capítol sobre el tema ens fa pensar en la necessitat d'interpolar un capítol sencer i així desenvolupar millor la matèria equina. Som davant d'uns *excerpta* en què trobem diversos textos d'autors llatins i grecs com Plini, Solí, Isidor de Sevilla, Zenó, Aristòtil i Dioscòrides. Els passatges que formen aquest capítol són un resum del comportament dels cavalls a través d'alguns dels exemples més famosos de la història de Grècia i Roma.

De les diferents obres enciclopèdiques medievals, com la *De proprietatibus rerum* de Bartholomaeus Anglicus, l'*Speculum naturale* de Vicent de Beauvais, el *Liber de natura bestiarum* d'autoria anònima o el *Liber de natura rerum (LNR)* de Thomas de Cantimpré, la que posseeix més afinitats amb el text de Saiol és la del darrer autor (Cantimpré 1973). Entenem que aquest text es deuria trobar interpolat en el manuscrit llatí i que Saiol el traduí com a part integrant de Pal·ladi sense apreciar que procedia d'una altra font llatina, ja que en cap moment no menciona l'autoria no pal·ladiana del text. L'obra de Thomas de Cantimpré comparteix els passatges del llibre quart, capítol trenta-quatre, intitulats *De equis et eorum diuersis generibus*. A més, cita les fonts emprades, tal com fa Saiol amb Plini, Solí, Isidor, Aristòtil i Dioscòrides.

Primerament, en aquest capítol observem com s'ha de provocar el zel del cavall. Tot seguit, es comenta la fidelitat de l'equí a través dels exemples d'Alexandre Magne, Juli Cèsar i Nicomedes; a més, en boca d'Isidor de Sevilla, es narra com plora el cavall en veure patir el seu amo:

> *LNR* 4.34: solum enim equum preter hominem lacrimari et doloris affectum sentire Ysidorus dicit.
> Ms. 6437 [60v]: E diu Ysidre que·l cavall solament ab làgremes mostra sa affecció de la dolor de son sennor.

Es descriu la fidelitat del cavall i es compara amb la d'un gos. També es comenten quines són les batalles que un pot guanyar o bé perdre a través de la conducta de l'animal:

LNR 4.34: Solinus et Plinius: fuerunt etiam equi, qui rectoribus perditis quos diligebant accersierunt mortem fame. interfectis uel mortuis dominis multi equorum lacrimas fundunt. Ms. 6437 [60v]: Plinius diu que·l cavall ha gran devinament de les batalles, quals deuen vèncer o ésser vençuts, quant perden lur senyor ploren.

Seguidament, es posa una atenció especial en la violència que poden exercir els cavalls contra els enemics del seu propietari. Al passatge següent apareix el títol de la versió catalana, *De la natura de les coses*, que fa referència a l'obra de Thomas de Cantimpré *Liber de natura rerum*. Apreciem com en aquest passatge es parla de la joia dels cavalls en sentir el clam de les trompetes al camp de batalla, i recorda les *Etimologies* d'Isidor de Sevilla (Isidorus Hispalensis 1919, 12.1.43). Hem de fer esment de l'oració «equarum libido extinguitur iuba tonsa», que no és de Solí, sinó de Plini (Plinius Secundus 1909, 8.66.164) i en què apareix el complement agent en singular, en comptes de plural com succeeix a l'obra de Cantimpré. Quan Ferrer Saiol tradueix *iubis* ('crinera') comet un error, ja que la lectura que en fa és *lumbis*. Per tant, ja no és la crinera del cavall la que provoca el zel de l'animal, sinó els pèls de la ronyonada. La confusió paleogràfica d'<l>, <m>, <n> i <u> és força freqüent, i podria ser que aquesta lectura ja es trobés malmesa al manuscrit llatí emprat per Saiol. Aquests dos passatges, les fonts dels quals són Isidor i Plini són extrets de l'obra de Thomas de Cantimpré, i compilats posteriorment:

LNR 4.34: Solinus equi plerumque in preliis inimicos partis sue nouerunt. gaudent ad sonitum bucine et congressionibus gloriantur. nonnulli etiam equorum tibiarum cantibus gaudent, et quidam accensis facibus prouocantur ad cursum. equarum libido iubis tonsis extinguitur. equi ore ad os se olfaciendo ad luxuriam prouocantur.
Ms. 6437 [60v]: En lo libre *De la natura de les coses* se lig que los cavalls se alegren molt del so de la botsina y de la trompa y de ésser en lo camp de batalles. La lur luxúria stà en los ronyons y qui·ls lleva los pèls sobre los renyons perden lur luxúria.

Saiol descriu un mètode abortiu per a les eugues que consisteix a olorar el greix que es desprèn quan es cremen les espelmes. El penúltim *excerptum* explica una pràctica de fetilleria per tal que el cavall no es fatigui, consistent a portar un penjoll de dents de llop. Finalment, es narren les virtuts de la femta del cavall, crua o cremada, per estrènyer el flux sanguini.

Així doncs, constatem la presència d'un passatge que no existeix a l'*O. A.* però que es conserva a tots dos manuscrits, el català i el castellà. Aquests *excerpta* serveixen per desenvolupar àmpliament una matèria que no apareix gaire detallada a l'*O. A.* Aquest fet prova l'interès que devia despertar el món eqüestre en època medieval i la voluntat de difondre tot tipus de coneixements sobre els cavalls, que de vegades són més propers a la superstició que a la realitat. Els autors que s'han anat citant són eminències en les seves disciplines, i això atorga autoritat al text.

Hem de tenir en compte que les obres enciclopèdiques medievals han transmès la matèria equina a manera de recull i, d'aquesta manera, han fet perviure la transmissió del llegat clàssic a través del temps. No hem d'oblidar les obres contemporànies a Saiol, com els llibres de manescalia estudiats per Cifuentes (2006, 146–151), que poden ajudar a comprendre aquest afany en el text de Saiol d'ampliar coneixements sobre l'àmbit equí.

Tal com hem vist en *De les propietats y natures dels cavalls*, el contingut sobre matèria equina és de gran importància en l'obra de Saiol. Trobem novament una interpolació d'Isidor de Sevilla entre els passatges segon i tercer del capítol tretzè en el llibre quart. En cap moment s'especifica que l'autoria no és pal·ladiana. Tant l'edició de l'*O. A.* de Gesner (Palladius 1774) com la d'Scheinder (Palladius 1795) inclouen aquest passatge com a part pròpia del text de Pal·ladi. Hem de ser conscients que l'obra d'Isidor utilitza l'*O. A.* com a font dels preceptes agronòmics i, per tant, dels passatges referents als equins. És per aquest motiu que la tradició manuscrita aquesta vegada ha contaminat el text de Pal·ladi, incloent aquest passatge de les *Etimologies*:

> Isid. *Etim.* 12.1.47: meritum, ut sit animo audax, pedibus alacer, trementibus membris, quod est fortitudinis indicium: quique ex summa quiete facile concitetur, uel excitata festinatione non difficile teneatur. motus autem equi in auribus intellegitur, virtus in membris trementibus.
>
> Ms. 6437 [61r]: Les costumes deuen ser tals, ço és que sia ardit en son coratge y que s'alegre al so dels seus peus quant passejara. Y que los brahons li tremolen y açò és molt gran senyal de fortalea, quant los membres del cavall li tremolen, y que sia delitós en manera que solament del sennal dels esperons se moga laugerament. La volentat del cavall pots conèxer en les orelles y la virtut y força en lo tremolament de sos membres.

Així doncs, el manuscrit de l'*O. A.* deuria contenir certes interpolacions, tal com hem apreciat en l'estudi d'aquests dos passatges sobre matèria equina. És interessant observar com l'obra de Pal·ladi és totalment permeable i com s'adapta en funció de les necessitats tècniques de l'època sense que es corrompi l'essència del text agronòmic llatí.

2.3 Interpolacions sobre l'art de l'empelt

Al llarg dels segles, l'art de l'empelt ha estat fonamental per millorar la producció agrícola de determinats arbres i arbustos. A més, gràcies a aquest mètode un agricultor pot escurçar el temps de producció, ja que en un parell d'anys ja pot obtenir fruits, mentre que si planta una nova llavor en pot tardar més de sis en aconseguir els primers fruits. Tot i que aquest art és descrit minuciosament a l'*O. A.*, Pal·ladi escrigué una obra en vers, intitulada *De insitione,* dedicada a l'empelt. L'interès per aquest tipus de pràctica és present durant tota l'edat mitjana. Al segle XIII, l'obra llatina *Palladius abbreviatus,* de l'autor Jofre de Francònia, explica en el llibre primer com s'han de plantar els diferents arbres; comença amb l'art de l'empelt i n'enumera fins a nou maneres. Aquest tractat, traduït al català, és present al manuscrit 291 de la Bibliothèque Nationale de France (Martí Escayol 2012) i també a totes dues versions, tant la catalana com la castellana, de Ferrer Saiol, amb el títol erroni de *Libre d'Albert.* Aquesta obra apareix al final d'ambdós manuscrits com a material complementari a la matèria agronòmica desenvolupada anteriorment. Cal destacar que les dues primeres tècniques descrites per part de Jofre de Francònia són les d'escudet i fenedura, com a la versió de Saiol que analitzarem a continuació. Un altre autor que té en compte l'art de l'empelt és el bolonyès Pietro de Crescenzi a l'obra *Ruralia Commoda* (Crescenzi 1995). Al capítol vint-i-dosè del llibre segon, dedica una explicació extensa a la tècnica de l'empelt i en destaca la d'escudet i la de fenedura. No és d'estranyar que aquestes dues tècniques, emprades ja des de l'antiguitat i durant l'edat mitjana, despertessin l'interès en Saiol fins al punt d'ampliar el contingut de l'*O. A.,* ja fos a través d'altres obres o del mateix manuscrit llatí interpolat.

Al llibre setè, capítol cinquè, passatge segon, trobem una interpolació en què Saiol descriu de manera ben detallada l'art d'empeltar amb escudet, ja que Palladi només en cita la tècnica. Cal dir que s'explica pas a pas tot el que s'ha de fer sense ometre cap tipus de detall. Primer, quina és la millor branca per empeltar; a continuació, com cal fer els talls en forma d'escudet, tant a la branca com a l'arbre; després, com han de quedar units empelt i arbre i, finalment, quants empelts s'hi han de deixar perquè d'aquesta manera tinguin més força per créixer:

Ms. 6437 [70v]: E sàpies que la manera de empeltar a escudet en escorça se fa per tal manera. Tu pendràs los novells rams dels arbres de què volràs empeltar. Y guardaràs que sien ben ferms y ben espessos de fulles y nets que no hagen alguna taca. Y d'aquestos novells rams tu tallaràs huna fulla ab la escorça y metràs-la en la branqua novella o vella ab què no sia molt vella de l'arbre que volràs empeltar, per tal manera sostllevaràs la scorça d'aquell arbre, ço és que tu hi faràs hun tall a través a la part sobirana y de aquell tall avall tu fendràs en avall la scorça fins al fust qualsque II dits a través y sostllevaràs la scorça a la huna part y a l'altra. Y metràs dins aquella fulla ab la scorça que hauràs llevada del ram novell de l'arbre de què volràs empeltar, encara dins aquella fenedura fins baix en manera que·s tinga ab lo fust sens altres mijà y, si no y porà tota cabre, tallaràs a la part sobirana a través en manera que sia egual ab lo tall que hauràs fet a través en l'arbre que deuràs empeltar. Y tornaràs a cobrir la scorça que novellament y hauràs mesa o empeltada ab l'altre scorça vella de l'arbre mateix empelt. Emperò guarda que lo ull o gema de la scorça que empeltaràs romanga franch y sa y aprés ab brins de lli o jonchs, tu estrenyaràs bé aquelles escorçes la huna sobre l'altra. Y sàpies que aquesta gema o escorça tendrà lloch de aquella que hauràs sostllevada de l'arbre y açò fa a fer ab ganivet ben tallant, en manera que ni la scorça ni lo fust no romanguen escorchats. Aprés deus posar sobre la empeltadura argila mesclada ab bonyiga de bou fresca y guarda que la gema o fulla de la escorça empeltada romanga franca, ço és que·ls jonchs ab què la ligaràs ni l'argila no la toquen ni l'ambaraçen al brotar. Encara, si no y volràs posar argila, ab altres fulles o rames la pots cobrir per por de pluja. Encara és mester que totes les sobiranes rames y les jusanes sien tallades de l'arbre que empeltaràs salvant huna gica a la part sobirana. E sàpies que en cascun arbre que volràs empeltar en tal manera pots fer II o III empels, per tal que si lo hu no brotava que brotàs l'altre. Emperò, si tots viuen, basta que·ls II hi romanguen, en altra quasi semblant manera o diu Pal·ladi.

La tècnica de l'empelt que descriu Saiol és una de les més comunes i encara es practica avui en dia. S'acostuma a dur a terme des de mitjan juny fins al començament de la tardor. És interessant observar com Saiol descriu minuciosament tot el procés perquè d'aquesta manera el lector en posseeixi un bon coneixement. A més, cal destacar com explica escrupolosament el procés d'unió entre l'empelt i l'arbre sense abstenir-se de cap detall perquè l'empelt creixi correctament en el nou arbre.

A continuació del capítol anterior trobem una altra interpolació intitulada *De empeltar ab palluxó*. En aquest cas s'explica l'empelt en *politxó,* és a dir, l'empelt de fenedura. En primer lloc, narra que a l'arbre en què s'han d'empeltar les branques se li ha d'haver tallat prèviament el tronc. Amb un politxó es forada l'escorça, per tal de deixar lloc per a l'empelt; a continuació, es lliga l'empelt, perquè no pugui caure; finalment, indica que, al tronc, s'hi pot introduir més d'un empelt, fins a quatre i tot, per tal d'assegurar-ne l'èxit:

Ms. 6437 [71r]: Altra manera y ha de empeltar ab palluxó, la qual dien alguns que·s pot fer axí en giner o febrer com en agost y septembre, especialment en arbres grossos y vells y fas axí. Tu tallaràs l'arbre tot redó o cascuna branqua per si volràs empeltar cascuna branqua, y allí aplanaràs lo tall que romanga redó. Y aprés fendràs la scorça fins a II o III dits ab hun palluxó que hauràs fet a manera de escarpe y sia de os o de vori, si fer-se porà, sinó faràs-ho de algun fust fort. Y és mester que sia ben polit y lis y com pus soptilment poràs, metràs-lo entre lo fust y la scorça de l'arbre, la qual escorça, per rahó de la fenedura, te farà lloch al palluxó fins al cap de la ubertura. Llavòs tu hauràs lo brot que y volràs empeltar y de la huna part tu·l tallaràs fins al cor ab huna [osca] que leixaràs al cap sobirà y aquella talladura sia feta ab coltell ben tallant y sia tan gran com la fenedura que hauràs feta en l'arbre. En lo cap de l'empelt és mester que solament y romanga la scorça menys de fust, tant com mija ungla. Y sàpies que no l'erraràs. Y de l'altra part de l'empelt, si fer-se pot, com pus sobtilment poràs, tu llevaràs hun tel prim quasi qui·l vol raure de la scorça. Emperò no és molt mester y metràs lo brot dins aquella fenedura fins a la osca que hauràs leixada en la part sobirana. Axí, emperò que la talladura de l'empelt vers lo cor se tinga ab lo fust de l'arbre vell que empeltaràs y la scorça escorxada ab la scorça de l'arbre vell. Ab jonchs ligaràs-ho fermament. Y de sobre en la corona de l'arbre o branques que hauràs tallades, encara en torn dels empelts posaràs argila mesclada ab bonyiga de bou y ab aygua y leixaràs-ho axí romandre fins veges brotar lo empelt. Llavors poràs desligar y guarda que no leixes altres brots vells en l'arbre, car metria son poder en aquells y no en los novells. Y deus saber que en cascun arbre o branqua que volràs empeltar per aquesta manera, pots metre III o IIII exercos, segons la gruixa de l'arbre o branqua. Les costumes deuen ser tals, ço és que sia ardit en son coratge y que s'alegre al so dels seus peus quant.

L'altra tècnica també emprada pel món agrícola antic i que avui en dia també està present és l'empelt de fenedura o tal com apareix a Saiol empeltar ab palluxó. Aquesta tècnica es duu a terme des de final d'hivern fins a final de primavera. En aquest cas Saiol posa especial atenció en com polir el tronc escapçat i com subjectar la nova branca dins d'aquest. El fet de poder unir correctament els dos elements és bàsic perquè s'adapti i creixi idòniament. Així doncs, aquestes dues interpolacions ajuden al lector a posseir uns majors coneixements sobre les dues tècniques més comunes d'empeltar, per tal de poder-les posar en pràctica i així aconseguir un major rendiment dels arbres fruiters.

3 Ferrer Saiol dins Pal·ladi

Ferrer Saiol intervé directament a la traducció amb veu pròpia. S'observa la seva intervenció en primera persona qüestionant el text de Pal·ladi, o bé afegint-hi informació per tal de millorar-lo, segons la seva opinió. Hem de ser conscients que som davant d'una obra tècnica i que qualsevol aportació nova al text pot ser d'ajuda per als lectors. Ferrer Saiol se serveix de tres tipus de fonts per complementar l'*O. A.*: l'escrita, l'oral i la pròpia. S'introdueix ell mateix a l'obra com a glossador dels sabers agronòmics, tot donant la seva opinió i formant part de la nova versió.

Tot i que postulem que la majoria d'interpolacions provenen directament del manuscrit llatí, trobem passatges explícits en què Saiol es mostra com a autoritat complementària i desenvolupa certs coneixements provinents d'altres llibres. A més a més, hem de tenir en compte que podia fer servir fonts sobre matèria agronòmica d'autors àrabs i llatins, i també traduccions maldestres al català de l'*O. A.*, tal com cita Saiol al pròleg:

Ms. 6437 [1v]: E és cert que lo libre de Pal·ladi, per la gran subtilitat e brevitat e vocables que no són en ús entre nosaltres en Cathalunya, ne encara en Espanya, és molt avorrit e rebujat e menspreat, per tal com no·l podien entendre, encara que alguns se'n sien fets aromançadors, los quals no an aguda cura de declarar molts vocables que y són no coneguts ne usats en nostre lenguatge, mas que·ls an posat simplament segons que·ls an trobats scrits en lo latí, de manera que si pochs són entesos en romanç, encara que en moltes partides del romanç no an espressat ne dit lo enteniment de Pal·ladi, ans y an posat contrari en derogació e perjudici de Pal·ladi.

En el pròleg Saiol descriu la dificultat de traduir una obra com la de Pal·ladi i l'existència de traduccions que eren coetànies o anteriors a ell. Aquest fet demostra la possibilitat que no només consultés el manuscrit llatí amb interpolacions, sinó que també posseís altres obres de consulta, encara que no fossin ni canòniques ni correctament traduïdes. A continuació, apreciem tres exemples en què Saiol demostra utilitzar diferents fonts per ampliar certs coneixements agronòmics. Cal destacar que són pocs els exemples en què la font explícita de Saiol és la lectura d'un altre llibre: només en tenim dos. Saiol, a través del coneixement literari agronòmic, complementa la traducció i introdueix la manera com es pot transformar un ametller en festuc.

> *O. A.* 2.15.13: Graeci adserunt nasci amygdala scripta, si aperta testa nuculeum sanum tollas et in eo quodlibet scribas et iterum luto et porcino stercore inuolutum reponas.
> Ms. 6437 [28r]: Los grechs dien que si trenques lo clovell de la amella y que lo gra qui és dins romanga sancer y tu scrius alguna cosa en lo gra de la amella ab tinta negra o vermella y aprés tornes lo gra scrit dins del clovell, hi l'untes ab fempta de porch, y·l plantes, que totes les amelles que naixeran de aquell ameller, totes hauran los grans scrits y de semblant tinta y de semblants letres. *Yo he trobat scrit que si prens dels empelts de l'ameller ans que broten en empelts en lentiscle o mata, que·l fruyt que farà serà festuchs o semblants.*

En aquest cas observem com introdueix la cita com si d'una interpolació voluntària es tractés. Apareix el pronom personal en primera persona per indicar la inserció d'una nova autoritat en el text, en aquest cas Saiol. A continuació, cita que ha trobat escrit, sense especificar ni autor ni obra, el procés de transformació d'un arbre fruiter en un altre. Hem de tenir en compte que la transmissió literària agronòmica moltes vegades està dotada d'elements màgics o de l'àmbit de la superstició i que en aquest cas el que descriu és totalment aberrant i impossible que succeeixi.

Analitzem el segon exemple, en què el protonotari complementa la traducció amb textos agronòmics. Al capítol novè del llibre setè de l'*O. A.* trobem un passatge en què la font emprada per Pal·ladi és l'obra *Geopònica*. Explica com podem saber quines llavors són millors per sembrar, tot utilitzant una tècnica egípcia explicada pels grecs. A continuació, Ferrer Saiol complementa el text amb una nova font de l'autor *Al-Cabit moro,* en què es pot saber la meteorologia de tot l'any a partir de l'observació de certs dies del mes; aquest passatge, evidentment, no és d'autoria pal·ladiana, sinó una interpolació de l'obra de l'autor toledà del segle IX Ibn ʿAbd al-Kabīr ibn Yaḥyà Ibn Wāfid (Capuano 1987, 10). Observem com en el text romànic el nom al-Kabīr es converteix en *Al-cabit.* A més, cal destacar que el protonotari assevera que ho ha sentit, ho ha trobat per escrit i, fins i tot, ho ha experimentat. Pensem que o bé Saiol havia extret aquesta interpolació d'algun *Pal·ladi* arromançat o bé que posseïa no sols coneixements agronòmics clàssics, sinó també àrabs.

O. A. 7.9: his abstinent, illa procurant, quia indicium noxae aut beneficii per annum futurum generi unicuique sidus aridum praesenti exitio uel salute praemisit.

Ms. 6437 [73r]: D'aquella sement sembraran pensant que aquella sement fructificarà. Y dien que cascuna sement ha alguna estela apropiada en cascun any a fructificar o no. *Encara yo he hoyt en hun libre que feu l'Al-Cabit moro y no res menys o he trobat scrit en diversos libres y per experiència o he vist que en aquest mes de juny deuen conciderar lo XIII dia, hi·l XIIII, hi·l XV de la luna que sia girada dins aquest mes de juny y no altre per los XIII dia. III mesos primer començats en joliol y si aquell XIII dia serà plujós y ple de núvols, sàpies que·ls IIII mesos primers seran plujosos, ço és, joliol, agost, septembre, octubre. Y si per lo matí és núvol o plou y aprés migdia fa bell y clar los dos mesos primers seran plujosos y los II darrers exuts y clars. E per semblant manera poràs conciderar del XIIII dia de la luna y del XV posat que aquestos III dies fossen en joliol puix la luna se fos girada en juny. Y sàpies que pochs anys són que no trobes per veritat.*

A l'exemple següent Ferrer Saiol narra que ell mateix ha provat i experimentat les diferents tècniques agronòmiques. En primer lloc, cita la font, Pal·ladi, i posteriorment, per tal de diferenciar el text de l'agrònom, explica en primera persona que ell ho ha provat i ha pogut comprovar l'evolució que han fet els empelts de fruiters durant els mesos de juny, juliol i agost.

O. A. 8.3: hoc etiam mense inplastratio celebrari potest, sicut ante demonstraui

Ms. 6437 [74r]: En aquest mes de joliol poràs empeltar dels arbres fruyters per la manera que ja t·e mostrada damunt. Y sàpies que·l Pal·ladi per experiència provà *y yo semblantment o he provat encara en agost, que en aquest mes ell empeltà per la manera damunt dita peres o pomers en loch humit y viu que prengueren maravellosament. Y yo dich que en los mesos de juny, y de joliol, y de agost he fet empeltar pereres, pomers, ponçemers, limoners, sirers, pruners, preseguers y altres semblants arbres. Y han vixcut los empelts y fer fruyt lonch temps.*

A través d'aquests tres exemples, hem il·lustrat la intervenció directa de Ferrer Saiol dins del text. Com que som davant d'un text tècnic són força freqüents les interpolacions i en aquest cas també ho són les explicacions per part del traductor. Saiol intervé per millorar el text i adaptar-lo al lector de l'època. El traductor és una autoritat més en el text, ja que d'aquesta manera amplia nous coneixements tot enriquint, al seu entendre, el text tècnic.

4 Conclusió

Així doncs, les diferents interpolacions de la versió de Saiol són fonamentals per entendre com es concep la traducció. Hem de distingir aquelles interpolacions en què observem la veu del traductor amb el pronom personal de primera persona i aquelles que ja devien formar part de l'obra llatina. Hi palesem l'interès per la tècnica de l'empelt i, en menor mesura, pels equins.

L'afany per les tècniques de l'empelt ja s'observa en diferents obres llatines del segle XIV, com la de Jofre de Francònia o la de l'italià Crescenzi. El desig d'obtenir una producció més ràpida i adaptada al terreny fa que calgui un bon coneixement d'aquesta tècnica i, per tant, per poder-la efectuar de manera idònia. La descripció que fa Pal·ladi sobre els equins és força curosa i precisa. Tot i així, trobem uns *excerpta* que ja es deurien trobar inserits al manuscrit llatí emprat per Saiol i que amplien el coneixement d'aquest àmbit. El fet que Saiol tradueixi el capítol interpolat *De les propietats i natures dels cavalls* demostra l'interès per aquesta disciplina. D'aquesta manera, observem com el text de Pal·ladi es va transformant segons les necessitats tècniques de l'època.

Les intervencions de Saiol amb el pronom personal de primera persona fan referència a àmbits agronòmics com empeltar i plantar. Ferrer Saiol té per costum, a més a més, esmentar les fonts que ha utilitzat, tant les orals com les escrites i, fins i tot, les provinents per pròpia experiència. Tot i que no podem asseverar que les afirmacions del protonotari al voltant de les fonts siguin reals, el que sí que cal posar de manifest és que es fa palesa per part seva una voluntat ferma d'introduir en la traducció aquestes interpolacions i millorar així, al seu entendre, el tractat d'agricultura.

Ferrer Saiol, com a bon continuador del saber científic medieval, glossa tots aquells passatges que considera que han de ser ampliats a través de notes marginals del mateix manuscrit llatí, i també provinents d'obres llatines i àrabs de matèria agronòmica que coneix de primera mà, per tal de proporcionar al públic lector un coneixement més ampli i adaptat a l'època.

Bibliografia

Cantimpré, Thomas, *Liber de natura rerum*, ed. Boese, Helmut, Berlin/New York, De Gruyter, 1973.

Capuano, Thomas, *Introduction*, in: Palladius, *The text and concordance of Biblioteca Nacional MS 10.211 [Microforma]*: *«Libro de Palladio»*, Madison: Hispanic Seminary of Medieval Studies, 1987.

Cifuentes, Lluís, *La ciència en català a l'Edat Mitjana i el Renaixement*, Barcelona/Palma de Mallorca, Universitat de Barcelona/Universitat de les Illes Balears, ²2006.

Crescenzi, Pietro, *Ruralia commoda. Das Wissen des vollkommenen Landwirts um 1300*, 4 vol., ed. Richter, Will/Richter-Bergmeier, Reinhilt, Heidelberg, Winter, 1995–2001.

Isidorus Hispalensis, *Etymologiarum sive originum libri XX*, ed. Lindsay, Wallace Martin, Oxford, Clarendon Press, 1911.

Martí i Escayol, Maria Antonia (ed.), *De re rustica*, Vilafranca del Penedès, Edicions i propostes Culturals Andana, 2012.

Palladius, *Scriptores rei rusticae ueteres latini,* ed. Gesner, Johann Matthias, Leipzig, Caspar Fritsch, 1773–1774.

Palladius, *Scriptores rei rusticae ueterum latinorum*, ed. Schneider, Johann Gottlob, Leipzig, Caspar Fritsch, 1794–1797.

Palladius, *Opus agriculturae, De veterinaria medicina, De insitione,* ed. Rodgers, Robert Howard, Leipzig, Teubner, 1975.

Palladius, *The text and concordance of Biblioteca Nacional MS 10.211 [Microforma]: «Libro de Palladio»,* ed. Capuano, Thomas, Madison, Hispanic Seminary of Medieval Studies, 1987.

Plinius Secundus, *Naturalis Historiae libri XXXVII,* 2 vol., ed. Mayhoff, Charles/ von Jan, Ludwig, Leipzig, Teubner, 1909.

Reynolds, Leighton Durham/Wilson, Nigel Guy, *Scribes and scholars. A guide to the transmission of Greek and Latin literature,* Oxford, Clarendon Press, [3]1991.

Rodgers, Robert Howard, *Introduction*, in: Palladius, *Opus agriculturae, De veterinaria medicina, De insitione,* Leipzig, Teubner, 1975, i–xxviii.

Sebastian Torres, Raimon, *Ferrer Saiol, traductor de Palladi,* tesi doctoral, Universitat de Barcelona, 2014.

Índex de noms i matèries

https://doi.org/10.1515/9783110430622-016

CPSIA information can be obtained
at www.ICGtesting.com
Printed in the USA
BVHW031527131221
623937BV00001B/1